化学工业出版社"十四五"普通高等教育规划教材

U0376808

环境地学基础

王祖伟　主编　　孟伟庆　宾零陵　副主编

化学工业出版社

·北京·

内容简介

环境地学基础是环境专业重要的学科基础课程。针对环境等专业的学科特点，以构建系统的专业知识结构为出发点，《环境地学基础》系统介绍了环境地学的研究内容、领域和研究方法，以及相关的基本概念、基本理论、基本规律和基本技能。

本书内容新颖、图文并茂、资料翔实，具有较强的知识性与实用性，可作为高等学校环境、生态、农业、地理等领域的专业基础课教材，也可供相关专业的研究生或从事环境保护工作的研究人员和政府管理人员参考。

图书在版编目（CIP）数据

环境地学基础 / 王祖伟主编；孟伟庆，宾零陵副主编 . —北京：化学工业出版社，2024.3
化学工业出版社"十四五"普通高等教育规划教材
ISBN 978-7-122-44536-0

Ⅰ.①环… Ⅱ.①王…②孟…③宾… Ⅲ.①环境地学-高等学校-教材 Ⅳ.①X14

中国国家版本馆 CIP 数据核字 （2023）第 231377 号

责任编辑：满悦芝　　　　　　文字编辑：杨振美
责任校对：宋　玮　　　　　　装帧设计：张　辉

出版发行：化学工业出版社
　　　　　（北京市东城区青年湖南街 13 号　邮政编码 100011）
印　　装：大厂聚鑫印刷有限责任公司
787mm×1092mm　1/16　印张 16¾　字数 416 千字
2024 年 3 月北京第 1 版第 1 次印刷

购书咨询：010-64518888　　　　售后服务：010-64518899
网　　址：http://www.cip.com.cn
凡购买本书，如有缺损质量问题，本社销售中心负责调换。

定　　价：59.80 元　　　　　　版权所有　违者必究

前言

环境地学是 20 世纪后期逐渐发展起来的环境科学中的一门支柱性、基础性分支学科，它运用环境科学和地学的基本理论、技术与方法，以人-地系统为对象，研究人类-地球环境系统的形成、演变、组成、结构、特性、功能及其演化与发展，探讨其整体行为对人类的影响和作用，以及人类活动对地球环境系统的影响及其对人类社会的反馈作用。环境地学包括环境地质学、环境地球化学、环境地理学、环境水文学、环境气候学、污染气象学、环境土壤学、环境海洋学、环境生态学等分支学科。

尽管各个学校环境科学类专业的学科基础不同，有的以化学学科为基础，有的以地理学科为基础，有的以生态学科为基础，但是以岩石圈、大气圈、水圈、土壤圈、生物圈为主要内容的环境地学基础是环境类专业重要的学科基础课程。因此，以适应学科发展的新趋势、新需求，支撑教学工作为目标，本书侧重于为环境专业学生提供一本形式简明、内容实用、通俗易懂、图文并茂，能突出环境科学与地球科学密切关系的教材，教材重点放在基本概念、基本原理与结合实践上。

全书共分为七章，由王祖伟任主编，孟伟庆、宾零陵任副主编，第一章、第二章、第三章、第四章和第六章由王祖伟编写，第五章由宾零陵编写，第七章由孟伟庆编写，徐文斌、黄执美、鲁雅兰、唐晓琪、陈金艳负责图表制作和文字整理工作，全书由孟伟庆统稿。第一章为绪论，简要介绍了环境与环境系统的知识、地球系统科学与环境地学的关系以及环境地学的研究方法；第二章为地球系统概况，内容包括地球在宇宙中的位置、地球的形状与大小、地球运动、地球的圈层构造、地球的表面结构、地球的物理性质以及地质年代与地球演化历史；第三章从岩石圈的物质组成、内力地质作用与地貌、外力地质作用与地貌三个方面分析了岩石圈的系统特征；第四章为大气圈系统特征，描述了大气的组成与结构、大气的热状况、大气中的水分与降水、大气运动、天气系统与气候等内容；第五章为水圈系统特征，涵盖了水循环、海洋、河流、湖泊与沼泽、地下水等内容；第六章为土壤圈系统特征，介绍了土壤的物质组成、土壤的形成与土壤剖面、土壤的性质以及土壤的分类与分布等内容；第七章为生物圈系统特征，论述了生物与环境、生物种群与生物群落、生态系统和主要陆地生态系统类型等内容。

本书参考了相关学者前辈的著作、资料以及相关领域的科研成果，在此特向这些作者致以深深的谢意。

尽管编者多年来一直从事环境地学的教学与研究工作，但限于水平和时间，教材结构、内容安排等方面疏漏在所难免，敬请专家、同行和广大读者批评指正。

编　者
2024 年 1 月

目 录

境，等等，它包括由人工形成的物质、能量和精神产品以及人类活动过程中所形成的人与人之间的关系（或称上层建筑）。社会环境往往体现了人类的发展水平。

（2）按是否受到人类活动的影响分为原生环境和次生环境

① 原生环境。指天然形成的、基本上没有受人为活动影响的环境。既包括对健康有利的许多因素，如清洁的水、空气、土壤和宜人的气候等，也包括一些对健康不利的要素。

② 次生环境。指受到人为活动影响的环境。人类对环境的改造可能使环境更加适合人类的生存，但也可能严重破坏生态平衡，带来许多环境污染问题。

1.1.2　环境系统

1.1.2.1　环境系统的概念

环境系统是以人类为中心，地域为基础，由相互联系的自然、经济、社会因素复合而成的，具有特定的结构和特定功能的多级递阶网络体系，或称广义的"人类生态系统"。

环境系统是人类生存空间的整体，是人类社会发展不可脱离的依据条件和限制因子——自然、经济、社会因素复合而成的大系统，它以地域空间为基础，其规模可以小到一个居民点、村落，大到全球。

人类是环境系统的构成者，又是调控者。人类在环境系统演进过程中主动参与，即具有认识、利用、改变、保护环境和认识、改造、控制自身的调控能力。

1.1.2.2　环境系统的特征

环境系统除具有一般系统的整体性、关联性、层次性、多级性、动态性等特点外，还具备以下特征。

（1）动态反馈性　环境系统内部结构、功能处于不断变化之中，任何一个环境组分或子系统的微小变化就能够使其相互作用的程度和质量比例发生相应的变化，呈现复杂的网络整体效应。当这种变化不超越一定的限度时，系统可以通过"自我调节"机制——动态反馈机制，即反馈控制，调整自身运行状态，重新恢复相对稳定状态，为向着给定方向运行创造条件。

（2）强功能性　所谓"强功能性"是指环境内部各组成成分和整体与外部环境相互协调、相互联系、相互作用的秩序和能力。

根据耗散结构理论——非平衡的自组织理论，任何一个系统都不是孤立系统，而是远离平衡开放的系统。这个系统具有不断耗散"外部环境物质和能量"的耗散结构，当外部环境发生变化时，系统通过本身"自组织"机制，恢复平衡或形成新的宏观结构，即新的平衡，达到在时间上、空间上以及功能上的有序状态。为维持环境系统的有序结构，要输入一定的能量。这部分能量目前主要来自太阳辐射的不断输入。外来能量的不断输入，使环境系统成为一个远离平衡态的具有耗散结构特点的开放系统。同时，环境系统内部也有不稳定的、变化的因素。其中一个或几个因素的变化，特别是重要因素的变化，会影响到整个系统，推动系统的变化和发展，并逐渐形成新的平衡。

（3）非线性　系统内部各组成成分、因子或子系统的相互作用呈现非线性关系，而非机械加和或比例关系，小的"振荡"即可引起"巨涨落"。

环境系统绝不是一两个微分方程或差分方程所能表达的,其内部抽象的数学模型可能是成百上千个方程或方程组,并出现远远高于二阶的高阶方程,给系统运行机制探索带来极大的困难。

(4) 阈值性　环境系统的"阈值性"包括构成要素"量的阈值"和"结构稳定阈值",如资源的数量稀缺性和质量不稳定性。

环境系统阈值是系统自我调节能力的界限。当外界干扰超过这一界限值时,环境系统自我调节能力丧失,系统内部物质流、能量流、信息流等传递和转换出现障碍,出现结构缺损和功能紊乱,环境系统内部或整体遭受破坏甚至瓦解。例如,一个国家或地区的经济社会发展(包括生产、生活活动)要与资源供求水平相平衡,要与环境对于污染物的容许极限相平衡,要与人口承载力相平衡,要与基础设施现状和发展水平相平衡。

(5) 资源性与价值性　资源性与价值性是环境系统在功能域上的特性。从实用性角度讲,环境整体及其各要素单元都是人类生存发展所必需的资源,即环境资源。环境资源以物质性和非物质性两种状态存在。物质性资源主要包括各种生物资源、土壤资源、水资源、矿产资源、气候资源等,这些重要资源为人类的生存和社会发展提供了必需的物质和能量。非物质性资源主要是指环境状态,不同的环境状态对人类社会的生存发展提供不同的支持,从而影响到人类对生存方式和发展方向的选择。例如,山东省威海市因其独特的海滨位置和优良的环境状况而被联合国评为人类最适居住地,从而带动了本地经济的发展;近几年在许多地区兴起的草原游、森林游,均是以其优美的自然风光、良好的环境状况吸引游客的,从而也带动了当地产业的发展。

环境是人类社会生存和发展不可脱离的依托条件和限制条件,同时它又是一种无法替代的资源。因此,环境具有价值性,是资源性与价值性、结构性与功能性的统一体。

(6) 主动性(人类参与)　人类参与环境系统的创造,是环境系统主动性特征的简明诠释。这种主动性表现在:其一,人即环境的组分之一,环境系统某一特定时空范畴的状态就是人类行为的渗透与表征;其二,环境系统在人类行为的干预下,又以"反馈"的方式影响人类本身。

1.1.2.3　环境系统的分类

(1) 以"地域空间"为基础分类　以"特定地域"为区分环境系统属性差异的基础,即与周围其他空间范畴发生节律上的"断序",体现在人-自然-经济-社会因素复合而产生质的差异的"地域空间"。

① 以地貌形态等为标准,划分为平原、高原、山区、流域等环境系统。

② 以气候特征为标准,划分为热带、温带、寒带等环境系统。

③ 以行政区划界线为标准,划分为村、乡(或镇)、县、地(或市)、省(自治区、直辖市)等环境系统。

④ 以城市经济网络覆盖面为标准,如以广州为中心的珠江三角洲环境系统,以上海为中心的长江三角洲环境系统,以京津唐为中心的环渤海环境系统,等等。

⑤ 以自然、经济、社会条件与地理位置为标准,划分为东部沿海、西部地区等环境系统,或划分为东北、华北、华东、华中、西南、西北等六大经济功能协作区的环境系统,或划分为欧盟、东盟、亚太经合组织(OECD)等环境系统。

⑥ 以聚落性质为标准,划分为城市、农村、城郊等环境系统。

　　（2）按人类生存空间以及与人类关系分类　可分为聚落环境、地理环境、地质环境和宇宙环境等。

　　① 聚落环境。聚落环境是人类有目的、有计划地利用和改造自然环境而创造出来的生存环境，是与人类的生产和生活关系最密切、最直接的工作和生活环境。聚落环境按其性质和功能可以分为院落环境、村落环境和城市环境，是人文环境中占优势的生存环境，特别是城市环境，它是工业、商业、交通汇集和非农业人口聚居的地方。这类环境的发展为人类提供了越来越方便、舒适、安全和清洁的劳动和生活环境。但是，由于经济发展和人口的高密度集聚，工商业活动频繁，资源与能源消耗大，聚落环境特别是城市和村镇环境污染日趋严重，并成为影响人类生存与发展的重要因素，逐渐引起人们的注意。

　　② 地理环境。由地球表层的大气圈、水圈、土壤圈、岩石圈和生物圈组成，上到对流层顶部，下至岩石圈底部，这里是来自地球内部的内能和来自太阳辐射的外能的交锋空间，有常温、常压的物理条件，适当的化学条件，以及繁茂的生物条件，构成了人类活动的空间基础，也是现代文明所认识的自然环境，与人类的生存和发展密切相关。

　　③ 地质环境。包括地表以下直至地核的各个地质圈层，为人类提供大量的生产资料，特别是丰富的矿产资源。

　　④ 宇宙环境。指地球以外的宇宙空间，是人类生存环境的最外层部分。人类生存环境的能量主要来自太阳的辐射。地球是迄今为止人们知道的唯一有人类居住的星球，人类之所以能够在地球上生存，主要原因在于它从太阳获取的能量为生物的产生、繁荣和昌盛创造了必要的条件。如何充分利用这种独特的优势条件，特别是充分有效地利用太阳辐射这个既丰富又清洁的能源，是全球性的课题。

　　（3）以"运作状态"分类　根据耗散结构理论，按照系统运作状态可进行环境系统分类。

　　① 有序化发展（或进化）的环境系统。包括生物在内的环境系统不断分化、演变，结构不断变得复杂而有序，功能不断进化而强化，包括整个自然界和人类社会的环境系统向着更为高级、更为有序的组织结构发展。

　　② 非平衡稳定态的环境系统。环境系统属于远离平衡区的、非线性的开放系统，通过与外界进行能量、物质交换，产生一种稳定的自组织结构。非线性的正反馈相互作用能够使系统的各要素之间产生协调动作和相干效应，使系统从杂乱无章变为井然有序。人类社会是一种高度发达的耗散结构，具有最复杂而精密的有序化结构和严谨协调的有序化功能。

　　③ 无序化发展（或退化）的环境系统。处于相对稳定状态的环境系统，当受到外界的干扰时，通过与外界进行物质和能量的交换，系统进行自我调节和恢复。当系统的自我调节和恢复能力抵御不了外界的强大干扰时，系统处于退化状态。自然因素造成的生态系统的破坏和退化以及人类活动造成的环境污染等都属于退化的环境系统。

　　（4）从环境监测和环境管理角度进行分类

　　① 按污染物的发生和迁移过程，分为污染物发生（污染源）系统、污染物输送系统、污染物处理系统、污染物受体（环境）系统等。

　　② 按环境管理体系功能，分为环境统计管理系统、环境监测系统、排污申报管理系统、排污收费系统和环境规划管理系统等。

　　③ 按环境保护对象，分为自然保护区系统、生态保护区系统、河流水系污染控制系统、

湖泊（水库）污染控制系统、大气污染控制系统、城市垃圾污染控制系统、海洋污染控制系统、道路交通污染控制系统等。

1.2　地球系统科学与环境地学

1.2.1　地球系统科学

地球系统科学是美国学者于 1983 年首先提出的。美国国际环境与发展研究所和世界资源研究所在他们编撰的年度丛书《世界资源报告 1987》中写道："我们正在目睹一门内容广泛的新学科的诞生。这门学科能够大大加深对有几十亿人居住的我们这个行星结构和代谢功能的认识。这个学科集地质学、海洋学、生态学、气象学、化学和其他学科传统训练之大成。它有各种各样的名称：地球系统科学、全球变化学或生物地球化学等。"

地球系统科学把地球看成一个由相互作用的地核、地幔、岩石圈、大气圈、水圈、生物圈、智慧圈和行星系统等组成部分构成的统一体——地球系统，研究发生于该系统中的各种时间尺度的物理、化学和生物过程，探讨研究系统各圈层内及各圈层之间复杂的物质、能量交换与流通机制，揭示地球系统变化的作用机理及其与人类活动的相互关系，为人类调整自身的行为活动方式、适应和积极影响地球系统的变化提供理论依据，是一门跨系统的自然和社会科学的综合性学科。

地球系统科学在内容上虽然仍以传统地球科学为基础，但其重点被放在对地球各部分之间的相互作用和相互关系的认识上，以便把地球各部分的组合作为一个统一的动力学系统加以研究。地球系统科学方法的基点是把地球看成一个时空尺度极宽的、各部分相互作用的联合体，而不是各个部分的简单集合，特别重视了解岩石圈、物理气候系统（大气、海洋与陆地地面）和生物圈之间的相互作用。地球系统中各种现象和过程的空间尺度可以从几毫米到地球周长，时间尺度可以从几秒到几十亿年。由于地球各部分之间存在耦合性，一个部分发生的变化可以从空间和时间上影响到其他各个部分。

地球系统科学是为了解释地球动力、地球演变和全球变化，对组成地球系统的各部分、各圈层之间的相互作用机制进行综合研究的科学。地球系统科学研究地球系统各组成部分之间的相互作用，以解释地球的动力学、地球的演变和全球变化，目标是了解地球系统过去、现在及未来的行为，从而为全球环境变化预测建立科学基础，并为地球系统的科学管理提供依据。地球系统科学的研究目的是了解地球系统所涉及的过程，特别是地球系统组成部分之间的联系和相互作用；维持充足的自然资源供给；减轻地质灾害；调节全球和区域环境变化并使之降到最小。

地球系统科学的研究领域包括：地球系统的复杂性；地球系统的结构构造特征；地球系统力学过程；地球系统物质组成；地球系统信息特征与对地观测技术；地球系统的数字表达；地球系统生物演化；地球系统行星特征；地球系统的大气和海洋特征；地球系统人类活动效应；地球系统的资源特征；地球系统的环境变化；地球系统的灾害规律；地球系统科学与可持续发展的关系；等等。

1.2.2 环境地学

环境地学是 20 世纪后期逐渐发展起来的环境科学中的一门支柱性、基础性分支学科，是环境科学与地球科学相互交叉和渗透形成的一个综合性很强的学科群。环境地学以地球系统科学思想为总的指导方针，运用环境科学和地学的基本理论、技术与方法，以人-地系统为对象，研究人类-地球环境系统的形成、演变、组成、结构、特性、功能及其演化与发展，探讨其整体行为对人类的影响和作用，以及人类活动对地球环境系统的影响及其对人类社会的反馈作用，并据此制定合理的改造、利用和保护对策，以及资源与环境优化控制和调节的途径和措施。

1.2.2.1 环境地学的研究内容

环境地学的研究内容包括：人-地系统的变化，物质、能量和信息的迁移、转化和交换过程，环境质量及其演变规律，人文过程在全球环境变化中的作用和有序的人类活动，地球环境与生命的协同演化，等等。

在空间尺度上，环境地学包括地球内部环境系统、人类与地球构成的地球表层环境系统、地球与太阳构成的日地环境系统三个基本的空间环境系统。其中，地球内部环境系统是地球自身的结构系统，是地核、地幔和地壳三者的空间关系。人类与地球构成的地球表层环境系统主要包括四个具体系统，即岩石圈表层系统、水圈系统、大气圈系统和生物圈系统，是人类根本的生存系统。

因此，环境地学所关心的重点是地球表层环境系统，而研究的核心是全球环境变化，以及人类活动对地球表层环境系统和全球环境变化的干扰。环境地学把全球与区域、宏观与微观、地球环境与生命过程等紧密结合在一起，构成了由日地空间系统、地球表层系统和地球深部圈层系统所组成的统一、多层次、开放的复杂巨系统。

对于地球表层环境系统的所有变化，都必须从该复合巨系统的不同层次或同层次的不同子系统之间的互动与耦合、相关与协同、驱动与反馈等方面进行研究，才能全面解读和揭示地球表层环境系统及其发展、变化的原因和机制。

1.2.2.2 环境地学的学科构成

环境地学的学科构成包括环境地质学、环境地球化学、环境地理学、环境气候学、环境土壤学、环境海洋学、环境生态学等分支学科。

环境地质学主要研究人类活动和地质环境之间的相互关系。主要研究内容如下。一是由地质因素引起的环境问题，如火山爆发、地震、山崩、泥石流等灾害。二是由地壳表面化学元素分布不均引起的地方病，如缺碘或多碘地区发生的地方性甲状腺肿，高氟地区引起的地方性氟中毒。三是由人类活动引起的环境地质问题，如化学污染、大型工程、资源开发、城市化等引起的环境地质问题。

环境地球化学主要研究环境中天然的和人为释放的化学元素及其化合物的分布、迁移转化规律及其与人体健康、环境质量间的关系，是环境科学与地球化学之间的一门新兴的边缘学科，也是环境地学的一个分支。其研究内容主要包括：组成人类环境的各个系统的地球化学性质；环境中各种化学物质的来源、数量及在各种环境地球化学条件影响下的迁移、转化途径；环境化学组成的变化同生命体、人体化学组成的关系；环境的化学组成、化学性质对生物体和人体健康的影响，以及生命过程的地球化学演化等。

环境地理学主要研究人类和地理环境的相互作用与影响，着重研究人类活动对地理环境结构、功能和演化的影响及其对人类生存发展的反馈作用。

环境气候学主要研究气候与环境、气候与社会、气候与人类活动的相互关系以及气候环境的改善等。该学科研究近地层大气运动引起的污染物扩散、输送、迁移和转化过程以及大气污染对天气和气象变化的影响，即大气运动对污染物稀释和再分配的影响，气象因素对污染物的分解和化合作用，大气污染对局部气候的影响，以及大气污染的全球效应，等等。

环境土壤学的研究对象是土壤-植物系统，主要研究人类活动引起的土壤环境质量变化以及这种变化对人体健康、社会经济、生态系统结构和功能的影响，探索调节、控制和改善土壤环境质量的途径和方法，研究重点是土壤背景值，土壤环境中污染物的迁移、转化和分布规律以及所产生的生态效应，土壤污染质量评价，土壤环境质量变化与人体健康之间的关系，等等。

环境海洋学是20世纪50年代以来随着海洋环境问题的发展而逐渐形成的一门新兴学科，研究污染物在海洋中的分布、迁移、转化的规律，以及污染物对海洋生物和人体的影响及其保护措施。环境海洋学研究的重点在沿岸的海域、港湾、河口，主要研究内容包括：污染物在一定时间内通过各种途径排入海洋的通量，污染物在海洋中的分布、迁移、转化的规律以及产生的生物学效应，海洋污染防治措施，等等。

环境生态学研究的对象是受人类干扰的生态系统。人类对生态系统的干扰，既包括人类活动对生态系统造成的污染，也包括人类对资源不合理的开发利用给生态系统带来的影响和破坏。环境生态学主要研究环境中污染物和人为干预对各种生物或生态系统产生影响的基本规律，污染物和人为干预对生物产生的毒害作用及其机理，并预测人类活动对生态系统可能造成的影响或危害，侧重于研究人类干扰条件下的环境污染和生态破坏引起的生态系统自身的变化规律及解决环境问题的生态途径。

1.2.3 环境地学的研究方法

环境地学研究采用的方法和技术手段包括观测和探测技术、测试与分析技术、模型与实验技术、资料信息的计算与处理技术等。

1.2.3.1 野外调查与监测

野外调查与监测是环境地学研究的传统方法，是实地获得第一手资料不可或缺的环节。野外调查与监测一般包括工作准备、实地调查、室内整理三部分内容。

野外调查工作准备包括：调查方案的制订，调查目的、研究内容、调查方法、仪器设备和监测测试方法等的确定，野外调查步骤、程序及组织的实施方案等的制订，研究区域包括遥感资料在内各种已有资料的收集与整理，相关工作图件的选择与确定，调查装备、工具和监测设备的准备，等等。

实地调查包括：利用自己的感觉器官或借助科学观察工具（照相机、摄影机、望远镜、显微镜、录音机、探测器、人造卫星，以及观察表格、观察卡片等）进行观察；利用各种监测仪器设备进行定点观测，快速、高质量获得环境地学研究所需的各种信息；布置采样点，采集相关样品；等等。

　　室内整理包括：野外调查记录内容和监测数据的归纳、整理、错误校正等；相关环境地学图件的编制与制作；采集样品的处理、测试；监测、测试结果的统计分析；等等。

1.2.3.2　室内模拟与仿真

　　环境地学研究对象是由社会、经济、资源、环境等组成的人-地环境系统，该系统涉及诸多复杂因素的相互作用，属于复杂的开放性系统，非常适合利用非线性的科学理论和方法进行研究。

　　室内模拟与仿真主要利用系统工程的理论与方法，运用一般系统论、控制论、耗散结构论、非线性动力学等理论，依据调查、分析、研究获得的各种资料，通过模型模拟和模型预测，利用人机联作计算系统对人-地环境系统的结构、功能和演化特征进行模拟与仿真，从而对人-地环境系统的演化作出科学的预测，揭示全球变化的过程、机制和规律以及人类活动对全球环境和生态系统的影响。

1.2.3.3　"3S"技术等新技术的利用

　　随着科学技术的进步与发展，包括3S技术在内的高新技术手段在环境地学的调查研究中将发挥越来越大的作用。由遥感（RS）、地理信息系统（GIS）与全球定位系统（GPS）组成的"3S"技术，是空间技术、传感器技术、卫星定位与导航技术和计算机技术、通信技术相结合，多学科高度集成的对空间信息进行采集、处理、管理、分析、表达、传播和应用的现代信息技术。其中，GPS主要用于目标物的空间实时定位和不同地表覆盖边界的确定；RS主要用于快速获取目标及其环境的信息，发现地表的各种变化，及时对GIS进行数据更新；GIS是"3S"技术的核心部分，通过空间信息平台，对RS和GPS及其他来源的时空数据进行综合处理、集成管理及动图存储等操作，并借助数据挖掘技术和空间分析功能提取有用信息，使之成为决策的科学依据。

思考题

　　1. 如何理解环境的内涵？
　　2. 简述地球系统科学与环境地学的关系。
　　3. 简述环境地学的研究内容与研究方法。

地球系统概况

[学习目的]　通过本章的学习，了解地球在宇宙中的位置，地球的形状大小、地球运动和地表形态；掌握地球的外部圈层构造和内部圈层构造的基本特点；了解固体地球主要的物理性质，以及地质年代和地球的演化历史。

2.1　地球的基本特征

2.1.1　地球在宇宙中的位置

2.1.1.1　宇宙

宇宙是广袤空间和其中存在的各种天体以及弥漫物质的总称。"宇"是空间的概念，是无边无际的；"宙"是时间的概念，是无始无终的；宇宙是无限的空间和无限的时间的统一。宇宙中常见的天体有恒星、星云、卫星、流星、彗星、行星、黑洞等，它们都在不停地运动、变化着。

恒星是由炽热气体组成的、能够自身发光的球形或类似球形的天体，是宇宙中最重要的天体。构成恒星的气体主要是氢，其次是氦，其他元素很少。拥有巨大的质量是恒星能发光的基本原因。由于质量大，内部受到高温高压的作用，恒星可以进行由氢聚变为氦的热核反应，释放出巨大的能量，以维持发光。恒星的温度越高，向外辐射能量的电磁波波长越短，因而颜色发蓝；相反，颜色发红。

在恒星与恒星之间存在的广大空间称为星际空间。弥漫于星际空间的极其稀薄的物质称为星际物质。主要的星际物质有两类，即星际气体和星际尘埃。星际气体包括气态的原子、分子、电子和离子，其中，以氢为最多，氦次之，其他元素都很少。星际尘埃就是微小的固态质点，它们分散在星际气体之中，主要成分是水、氨和甲烷的冰状物以及二氧化硅、硅酸铁、三氧化二铁等矿物。星际物质是很稀薄的，一般每立方厘米不超过 0.1 个质点；在一些星际空间区域，其密度可以超过每立方厘米 10 个甚至 1000 个，这些区域称为星际云。与星际云相比，星云是星际物质更加庞大和更加密集的组成形式。

宇宙中的物质是运动的，运动的主要方式是天体按照一定的系统和规律相互吸引和相互绕转，形成不同层次的天体系统，其中星系是构成宇宙的基本单位，是一个由恒星、气体、宇宙尘埃和暗物质组成的运行系统。我们所在的银河系是其中的一个星系，除银河系外所有的星系统称为河外星系。在人类现今所能观测到的宇宙范围内，大约存在着 10 亿个以上这样的星系。星系和星系结合成的天体系统为星系群，银河系所在的星系群叫作本星系群，本星系群约有 40 个星系。比本星系群大的天体系统叫星系团，一个星系团包括几百个或几千个星系。比星系团更高一级的天体系统为总星系，包括约 10 亿个星系。

现代宇宙学所研究的宇宙实质上就是总星系，其直径超过 200 亿光年。银河系直径 8 万光年，在离银河系中心约 3 万光年的地方，是太阳所在的位置。太阳周围有 8 颗大行星绕着它旋转，再加上其他星体和行星际物质组成了太阳系，直径约 120 亿千米。在广阔无垠的宇宙中，地球是太阳系的一颗行星，而太阳又是银河系中无数颗恒星之一，在离太阳约 1.5 亿千米的地方，就是地球在宇宙中所处的位置。

2.1.1.2　银河系

在晴朗的夜空，可以看到一条斜贯整个天空的白色条带，这就是银河，俗称"天河"。银河所在的星系为银河系，主要成员是恒星、星云、星际物质以及各种射线。

银河系的中心有一个突起的核球，半径有一万多光年，里面的物质非常密集，充满了浓厚的星际介质（恒星之间含有大量弥漫气体云和微小固态粒子的区域）和星云。银河系还有一个扁平的盘，称为银盘。银盘中恒星很密集，还有各种星际介质和星云及星团。银盘的直径有 10 多万光年，厚度只有几千光年。太阳系属于银河系的一部分，位于距离银河系中心约 3 万光年的地方。我们看到的银河，就是银盘中遥远的恒星聚集在一起形成的。银盘一个非常引人注目的结构是有旋涡状的旋臂，因此银河系属于旋涡星系。

银河系除了核球和银盘以外，还有一个很大的晕，称为银晕。银晕中的恒星很稀少，还有为数不多的球状星团。银晕的半径可伸展到 30 万光年之远。

2.1.1.3　太阳系

太阳是银河系中的一颗中等恒星。太阳系是由太阳和以太阳为中心、受它的引力支配而环绕它运动的天体所构成的系统，包括太阳、行星及其卫星、矮行星、小行星、彗星和行星际物质，绕银河系中心公转，公转周期约 2.5 亿年。广义上，太阳系的领域包括太阳、四颗类地行星、四颗类木行星、充满冰冻小岩石被称为柯伊伯带的第二个小天体区。在柯伊伯带之外还有黄道离散盘面、太阳圈和依然属于假设的奥尔特云（Oort cloud）。围绕太阳公转的八大行星，按照与太阳的距离由近到远依次为水星、金星、地球、火星、木星、土星、天王星、海王星（图 2-1）。

在太阳系中，太阳的质量占太阳系总质量的 99.8%。太阳的直径为 1392000km，质量约 1.9891×10^{30} kg，平均密度为 1.41g/cm^3，表面温度为 6000K（5727℃），中心部分温度为 1.5×10^7 K（1.5×10^7 ℃）。太阳是一个巨大的气体球，太阳大气层自内向外可分为光

图 2-1　太阳系

球层、色球层和日冕层。光球层厚度约 500 千米，色球层约 2000 千米，日冕层约几百万千米。光球层最薄，密度最高，亮度最大。日冕层最厚，密度最低。

发生在太阳大气中的各种变化称为太阳活动。太阳黑子、耀斑、日珥是太阳活动的常见标志。其中，黑子是光球上的黑色斑点，是温度相对较低的部分，是炽热气体的旋涡，温度约 4500℃，成群出现，活动周期 11 年。耀斑是一种剧烈的太阳活动，一般发生在色球层中，表现为大面积突然增亮，寿命几分钟至几十分钟，活动周期 11 年。日珥是突出在日面边缘外的一种太阳活动现象。日珥比太阳圆面暗得多，在一般情况下被日晕（即地球大气所散射的太阳光）淹没，不能直接看到。在日全食时，日珥存于日冕之中，太阳的周围镶着一个红色的环圈，上面跳动着鲜红的火舌，这种火舌状物体就叫作日珥。

水星、金星、地球、火星四颗类地行星的构造都很相似，中央是一个以铁为主且大部分为金属的核心，围绕在周围的是以硅酸盐为主的地壳，质量比较小，平均密度高；木星、土星、天王星、海王星四颗类木行星的共同特点是主要由氢、氦、冰、甲烷、氨等构成，石质和铁质只占极小的比例，质量和半径均远大于地球，但密度却较低。太阳系八大行星的主要参数见表 2-1。

表 2-1　太阳系八大行星的主要参数

行星名称	卫星数量	质量（与地球相比）	直径/10^3km	体积（与地球相比）	密度/(g/cm³)	距日距离（与地日距离相比）	公转平均速度/(km/s)	公转时间	有无大气
水星	0	0.055	4.85	0.07	5.43	0.387	48.0	88d	无
金星	0	0.815	12.10	0.87	5.20	0.723	35.0	225d	有
地球	1	1	12.75	1	5.52	1	29.8	365d	有
火星	2	0.108	6.87	0.16	4.00	1.524	24.2	687d	有
木星	92	318	139.80	1300	1.30	5.200	13.1	12a	有
土星	82	95.200	115	745	0.70	9.540	9.0	29.5a	有
天王星	27	14.500	49	70	1.56	19.180	6.8	84a	有
海王星	14	17.200	45	58	2.29	30.060	5.4	165a	有

2.1.1.4　地月系

地球是太阳系中的一颗行星，距太阳约 $14960×10^4$ km，与月球组成地月系，以约 $3×10^4$ m/s 的速度围绕太阳公转（周期 1 年），沿一条弯弯曲曲的、近似椭圆形的蛇形轨道前进。月地平均距离约为 $38.44 \times 10^4 \, \text{km}$，是日地距离的 1/390。月球与地球近地点的距离是 $36.3 \times 10^4 \, \text{km}$，与地球远地点的距离是 $40.6 \times 10^4 \, \text{km}$。

月球是地球唯一的卫星。月球半径是太阳半径的 1/400，月球的体积是地球体积的 1/49，月球质量是地球质量的 1/81.3。月面上高低起伏，从地球上看，明亮的地方是月球上的高原，也称为"月陆"，比较阴暗的地方称为"月海"，中部低陷、周围隆起的山叫作环形山或月坑。月球自身不会发光，只能反射太阳光。在太阳光照耀下，月球可以分为光明半球和黑暗半球。在地球上看，月球的明暗两部分不断变化着的状况叫作月相。月球绕地球自西向东公转，轨道平面（白道面）与黄道面交角约为 $5°9'$。月球公转的同时也在同步自转，所以月球总是以同一面对着地球。日、月、地位置的相对变化产生了月食、日食等天文现象。

2.1.2 地球的形状与大小

地球的形状通常是指大地水准面所圈闭的形状。大地测量中所谓的地球形状，是指一种以平均海平面表示的平滑封闭曲面，即大地水准面。地球不是一个正圆球体，而是两极略扁、赤道凸出的旋转椭球体。

所谓旋转椭球体，是由经线圈绕地轴回转而成的。所有经线圈都是相等的椭圆，而赤道和所有纬线圈都是正圆。测量上，为了处理大地测量的结果，采用与地球大小形状接近的旋转椭球体，确定它和大地原点的关系，称为参考椭球体。19 世纪，经过精密的重力测量和大地测量，进一步发现赤道也并非正圆，而是一个椭圆，直径的长短也有差异。这样，从地心到地表就有三根不等长的轴，所以测量学上又用三轴椭球体来表示地球的形状。

根据卫星轨道发现，地球的南北两半球不对称，南极较北极离地心要近一些，在北极凸出 10m，在南极凹进 30m；又在北纬 45°地区凹陷，在南纬 45°隆起。这一形状和参考椭球体对比，地球又有点像梨子的样子，于是测量学中又出现"梨形地球"这一名称（图 2-2）。总之地球的形状很不规则，不能用简单的几何形状来表示。

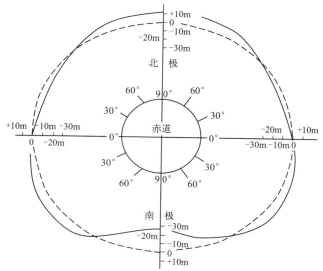

图 2-2 赤道面示意图

（虚线代表椭球体，实线代表地球的实际形状）

人类对地球形状的认识是随着科学技术的发展而逐步提高的。正圆球体、旋转椭球体以及三轴椭球体等，对于地球的真实形状而言，可以说都是近似的。

地球的形状不能用某种几何形状来表示，严格地说应称它为地球形体。地球的相关参数见表 2-2。

表 2-2   地球的相关参数

类别	参数	类别	参数
与太阳的平均距离	149597870km	重力加速度	9.80m/s^2
公转的平均速度（平均轨道速度）	29.79km/s	年龄	$4.6 \times 10^9 \text{a}$
公转一周的时间	365d	轨道偏心率	0.0167
赤道半径	6378km	近日点黄经	$102.3°$
赤道周长	40075km	扁率	1/298.257
表面积	$5.11 \times 10^8 \text{km}^2$	自转周期	0.9973d
体积	$1.083 \times 10^{12} \text{km}^3$	黄赤交角	$\pm 23.44°$
质量	$5.98 \times 10^{24} \text{kg}$	反照率	0.03
密度	50.52g/cm^3	卫星	1

2.1.3 地球的运动

2.1.3.1 地球的自转运动

法国物理学家傅科在 1851 年通过科学实验证明了地球旋转的事实。地球绕地轴旋转，称为地球自转。地球的自转方向为自西向东，地球上的东西方向即是以地球的自转方向来确定的，因此正确认识地球的自转方向是十分必要的。

（1）地球自转运动的特点   地球自转一周的时间即自转周期，叫作一日。但由于观测周期采用的参考点不同，一日的定义也略有差别。如果取春分点为标准，则春分点连续两次通过同一子午面的时间，叫作一恒星日。如果取太阳为标准，则地球上同一地点连续两次通过地心与日心的连线所需的时间，叫作一个太阳日。恒星日和太阳日的差异见图 2-3。但是地球不但自转，还绕太阳公转，公转轨道又呈椭圆形，所以一年中的太阳日并不等长。取一年的平均值就得到一个平均太阳日，即 24 小时。这是地球平均自转 $360°59'$ 的时间，其中 $59'$ 是地球公转造成的。所以，平均太阳日比一个恒星日长 3 分 55.909 秒。

地球自转速度包括线速度和角速度两种。赤道上线速度最大，为 464m/s，到 60°N 和 60°S 处几乎减少一半，到两极则为零。不同纬度（φ）的线速度 L 的计算公式为：

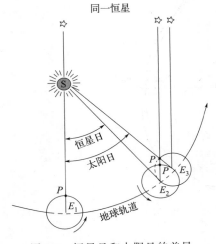

图 2-3   恒星日和太阳日的差异

$$L = 464\cos\varphi$$

自转角速度除两极点外，到处都是每日 360°，每小时 15°。

地球自转速度并不是永远固定不变的。据推测，在地球形成的初期，自转周期仅有 4 小时。而现在已经计算出，距今 5 亿年前的寒武纪晚期，自转周期为 20.8 小时，至泥盆纪增至 21.6 小时，石炭纪 21.8 小时，三叠纪 22.7 小时，白垩纪 23.5 小时，始新世 23.7 小时，目前为 24 小时。

地球自转速度并不是一直变慢，也有以变快为主的阶段，但减慢是主要趋势，而减慢的原因则是多种多样的。康德指出，月球和太阳引潮力造成的潮汐从东向西冲击地壳，而地球自转方向为自西向东，潮汐与地壳摩擦产生的阻滞地球自转的力将减慢地球自转速度。也有人认为地球自转速度减慢是太阳活动的影响以及地球不断膨胀和增大的结果。但是，地球自转速度变化的根本原因仍然在于地球的内部。地球上密度大的物质在重力作用下不断向地心集中。据估计每秒有 5×10^4 t 铁从地幔进入地核，这种运动将使地球自转加快；而火山爆发、岩浆活动等过程使地幔物质流向地表，当然也会引起自转速度的变化。

除了长期的变化之外，地球自转还有季节变化。每年 3—4 月，地球自转速度最慢，8 月最快。但季节性日长变化不超过 0.5~0.6ms。自转的季节性变化可能与地球上纬向风速、洋流和冰雪分布的季节变化有密切关系。因为它们影响地球质量分布与转动轴线间的距离，继而影响到地球的转动惯量。当转动惯量增大时，转速将减慢；反之，转速将加快。

（2）地球自转的地理意义　地球的自转决定昼夜更替，并使地表各种过程具有昼夜节奏；地球不透明，任何时刻太阳都只能照射地球的一半，使地球表面产生昼和夜的区别。如果地球只有公转而没有自转，那么昼夜更替的周期将不会是一日而是一年。在这种情况下，与地表热量平衡相关的一切过程，包括气压、气流、蒸发、水汽凝结以及有机界的状况，都将发生和现在全然不同的变化。比如，巨大的昼夜温差将会引起十分强烈的风暴，过度的炎热和严寒将造成生物的死亡，等等。

地球的自转产生地转偏向力（科里奥利力），方向在北半球偏右，南半球偏左，赤道不发生偏转。地转偏向力影响大气运动、洋流、热量和水分的全球平衡，对形成行星风带、天气系统和洋流有重要作用。在北半球，河流多有冲刷右岸的倾向。

由于地球自西向东自转，同纬度地区，相对位置偏东的地点，要比位置偏西的地点先看到日出，东边的时刻比西边早，即"东早西晚"，进而因经度不同形成"地方时"。具体为地球表面每隔 15° 经线，时间相差 1 个小时。为此，人们划分了地球的时区。全部经度 360° 划分为 24 个时区。以本初子午线为中心，包括东西经各 7°30′ 的范围为中时区。东西另外各 15° 分别为东一区、西一区，依次类推至东西十二区，即以 180° 经线为中心的时区。在同一时刻，180° 经线以东是前一日的结束，以西却是次一日的开始。180° 经线为国际日期变更线，为避开陆地和岛屿，国际日期变更线局部位置发生偏离。国际日期变更线西侧的东十二区是全球的"最东"（最早）时区，东侧的西十二区是全球的"最西"（最迟）时区；日界线的东西两侧，钟点相同，日期相差 1 日，西侧（东十二区）比东侧（西十二区）超前 1 日。向东过日界线，退 1 日；向西过日界线，进 1 日。

地球的自转产生潮汐波。月球和太阳的引力使地球发生弹性变形，在洋面上则表现为潮汐。而地球自转又使潮汐变为与之相反的潮汐波，并反过来对它起阻碍作用。

地球的自转运动同它的局部运动，例如地壳运动、海水运动、大气运动等都有密切关系。大陆漂移、地震、潮汐摩擦、洋流等现象都在不同程度上受到地球自转的影响。

2.1.3.2　地球的公转运动

地球按照一定的轨道绕太阳运动，称为公转。地球公转的周期为一年。"年"的时间也因参考点不同而有差别。地球连续两次通过太阳和另一恒星的连线与地球轨道的交点所需的时间为 365 天 6 小时 9 分 9.5 秒，称为一个恒星年。而连续两次通过春分点的平均时间为 365 天 5 小时 48 分 46 秒，则称为一个回归年。由于恒星参考点是天球上的固定点，因此只有恒星年才是地球公转的真正周期。由于春分点每年向西移动 50.29′，所以回归年比恒星年短（古人将这种现象称为岁差）。

地球公转方向也是自西向东。从地球北极高空看来，地球公转和自转如图 2-4 所示，呈逆时针方向。实际上，围绕太阳旋转的绝大多数行星和几乎所有的卫星都按同样方向运动。

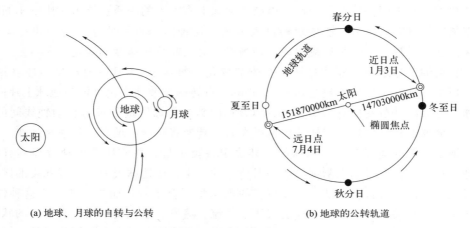

(a) 地球、月球的自转与公转　　　　(b) 地球的公转轨道

图 2-4　地球的自转与公转

地球轨道是一个椭圆，太阳位于椭圆的两个焦点之一上。椭圆的最长直径叫长轴，最短直径叫短轴。长短轴之差称为焦点距。1/2 焦点距与半长轴之比，称为椭圆偏心率。偏心率愈接近于零，椭圆愈接近圆形。地球轨道偏心率约为 0.0167 或 1/60。

地球公转过程中，在大致 1 月 3 日时地球离太阳最近，此时的位置称为近日点；大致 7 月 4 日，地球离太阳最远，此时的位置则称远日点。根据开普勒定律，在单位时间内，地球与太阳的连线在地球轨道上扫过的面积相等。所以，地球公转速度在近日点最大，在远日点最小。

地球轨道面是在地球轨道上并通过地球中心的一个平面。地轴并不垂直于这个轨道面，而是与它成 66°34′交角。这就是说，对地球轨道面而言，地轴是倾斜的（图 2-5）。太阳位于地球轨道面上，从地球上看来，太阳好像终年在这个平面上运动，这就是太阳的视运动。

太阳视运动的路线叫作黄道，黄道所在的黄道面和地球轨道面是重合的。地轴与地球轨道面约成 66°34′交角，因而赤道面与黄道面的交角即黄赤交角为 23°26′。赤道和黄道面相交的两个点称为春分

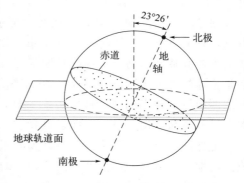

图 2-5　地轴与地球轨道面的夹角

点和秋分点。地轴的倾斜方向是固定不变的，因此，太阳光只能直射地球上 23°26'N 和 23°26'S 以内的地方。

黄道全圈为 360°，我国将黄道全圈以 15° 为单位进行划分，得到 24 个节气，24 个节气所表示的正是太阳在黄道上的位置。

地球在公转运动过程中，地轴与地球轨道面之间始终保持约成 66°34' 的夹角，太阳光直射地球的位置在一年当中出现周期性的变化，从而使自然地理现象出现春、夏、秋、冬四季的季节更替。

地球的公转运动造成太阳直射点的移动，产生昼夜长短变化与极昼极夜现象。春秋二分，太阳直射赤道，晨昏线等分所有纬线，全球昼夜平分。北至日（北半球的夏至日），太阳直射北回归线（23°26'N），北半球各地昼最长，夜最短；太阳直射线切过北极圈（66°34'N），北极圈内为极昼，南半球则相反（图 2-6）。南至日（北半球的冬至日），太阳直射南回归线，南北半球的昼夜长短与北至日相反。

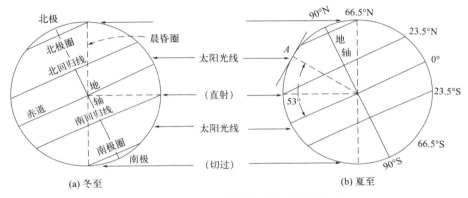

图 2-6　二至日太阳光线直射地球的位置

通常按照地表有无太阳光直射以及极昼、极夜现象将全球划分为"五带"，即热带、南温带、北温带、南寒带和北寒带。

2.2　地球的圈层构造

地球不是一个均质体，而是以固体地球的表面为界，分为内圈和外圈，而内外圈又可再分为几个圈层。地球的每个圈层都有自己的物理、化学性质和物质运动特征。

2.2.1　地球的外部圈层构造

从地表至地球大气的边界部位统称为地球的外部。地球的外部是由多种物质组成的一个综合体，既有有机物，也有无机物；既有气态物质，也有固态和液态物质。地球的外部圈层可分为大气圈、水圈和生物圈，它们各自形成一个围绕地表自行封闭的圈层体系。虽然各个圈层是一个单独的体系，但是它们之间是相互关联、相互影响、相互渗透、相互作用的，并共同促进地球外部环境的演化。

地壳运动给地球外圈增添了许多来自地球内部的物质成分，而外圈又在太阳能的作用下对地球表层的面貌不断进行改造。

2.2.1.1 大气圈

大气圈是因地球引力而聚集在地表周围的气体圈层，是地球最外部的一个圈层。大气是人类和生物赖以生存的物质条件，也是使地表保持恒温和水分的保护层，同时也是促进地表形态变化的重要动力和介质。

大气圈包围着海洋和陆地，没有确切的上界，空气密度随高度而减小，越高空气越稀薄，在离地表 2000～16000km 高空仍有稀薄的气体和基本粒子，一般认为 16000km 高空为大气圈的上界。在地下、土壤和某些岩石中也会有少量气体，它们也可认为是大气圈的一个组成部分。

地球上的大气是由多种气体组成的混合体，并含有水汽和部分杂质，总质量约为 5×10^{15} t。在 80～100km 高度以下的低层大气中，氮气占 78.1%（体积分数），氧气占 20.9%，氩气占 0.93%，氮、氧、氩大约共占大气总体积的 99.93%。其他成分为水汽、二氧化碳、臭氧、甲烷、尘埃等，其比例随着时间、空间而变化。其中，水汽的变化幅度最大；二氧化碳和臭氧所占比例最小，但对气候影响较大；硫、碳和氮的各种化合物影响到人类的生存环境。

大气圈在垂直方向上的物理性质有显著的差别，随高度不同表现出不同的特点，根据大气温度、成分、电荷等物理性质，以及大气运动特点，可将大气圈自地面向上依次分为对流层、平流层、中间层、热层和散逸层，再上面就是星际空间了。

大气圈的作用主要表现在：提供生物所需要的 C、H、O、N 等元素；保护生物的生长，避免生物受宇宙射线的伤害；防止地表温度剧烈变化和水分散失；是地质作用的重要因素；与人类的生存和发展密切相关。

2.2.1.2 水圈

水圈是指由地球表层水体所构成的连续圈层，是地球外圈中作用最为活跃的一个圈层，由地壳表层、表面和围绕地球的大气层中存在的各种形态的水，包括液态、气态和固态的水构成。水圈的总质量约为 1.386×10^{18} t。

水体存在方式不同，其作用方式也有比较大的差别，按照水体存在的方式可以将水圈划分为海洋、河流、地下水、冰川和湖泊等五种主要类型。水圈中的水，上界可达大气对流层顶部，下界至深层地下水的下限。

水圈中大部分水以液态形式储存于海洋、河流、湖泊、水库、沼泽及土壤中；部分水以固态形式存在于极地的广大冰原，以及冰川、积雪和冻土中；水汽主要存在于大气中。三者常通过热量交换而部分相互转化。

水圈的作用主要表现在：是生命的起源；是多种物质的储藏室；是改造和塑造地球面貌的重要动力；是人类生存和发展最重要的物质和能量资源。

2.2.1.3 生物圈

生物圈是指地球表层由生物及其生命活动地带所构成的连续圈层，是地球上所有生物及其生存环境的总称。生物圈范围大致为海平面以上约 10000m 至海平面以下 10000m 之间的空间，包括大气圈的下层、岩石圈的上层、整个土壤圈和水圈。生物圈同大气圈、水圈和岩石圈的表层相互渗透、相互影响、相互交错分布，它们之间没有一条截然的分界线。

生物圈主要由生命物质、生物生成性物质和生物惰性物质三部分组成。生命物质又称活质，是生物有机体的总和；生物生成性物质是由生命物质所组成的有机矿物质相互作用的生成物，如煤、石油、泥炭和土壤腐殖质等；生物惰性物质是指大气底层的气体、沉积岩、黏土矿物和水。

生物圈的作用主要表现在：是改造和塑造地球面貌的重要动力之一；与环境发生物质、能量交换，改变大气成分，间接影响外动力地质作用；是重要的物质和能量资源。

2.2.2 地球的内部圈层构造

2.2.2.1 地球内部圈层的划分

人类可直接观察到的地下深度十分有限。目前对地球内部的了解，主要是借助于地球物理学和天体物理学的资料，主要依据地震波对地球内部圈层进行划分。

地震波遇到不同波速介质的突变界面时，地震波射线就会发生反射和折射，这种界面称为波速不连续面。

根据横波的有无及波速的变化，推断出各圈层的物态（固态、塑性状态和液态）。地震波波速的变化意味着介质的密度和弹性性质发生了变化。纵波（P波）的传播速度快于横波（S波），在同一介质中纵波速度约为横波速度的 1.73 倍，横波不能通过液态介质。

地震波的传播速度总体上是随深度而递增的，但其中出现两个明显的一级波速不连续面（图 2-7）、一个明显的低速带和几个次一级的波速不连续面。莫霍面和古登堡界面是两个最明显、最重要的界面，地球内部构造可由莫霍面和古登堡界面划分为地壳、地幔和地核三个主要圈层。根据次一级波速不连续面，还可以把地幔进一步划分为上地幔和下地幔，把地核进一步划分为外地核、过渡层及内地核。在上地幔上部存在一个软流圈，软流圈以上的上地幔部分与地壳一起构成岩石圈。

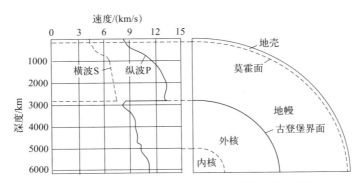

图 2-7 地震波传播速度与地球内部圈层结构示意图

莫霍洛维契奇界面（简称莫霍面）是 1909 年由南斯拉夫学者莫霍洛维契奇首先发现的，其出现的深度在大陆之下平均为 33km，在大洋之下平均为 7km。在该界面附近，纵波的速度从 6.5～7.4km/s（平均 7.0km/s）突然增加到 8.0～8.2km/s（平均 8.1km/s），横波的速度也从 4.2km/s 突然增至 4.4km/s。莫霍面以上的地球表层称为地壳。

核幔边界（又称古登堡界面）是 1914 年由美国地球物理学家古登堡首先发现的，它位于地下 2889km 的深处。在此不连续面上下，纵波速度由 13.64km/s 突然降低为 7.98km/s；横波不能通过该界面，速度由 7.23km/s 向下骤降为零。因此推断古登堡界面以下的地核部分为液态物质，并且在该不连续面上地震波出现极明显的反射、折射现象。古登堡界面以上到莫霍面之间的地球部分称为地幔；古登堡界面以下到地心之间的地球部分称为地核。

低速带出现的深度一般介于 60～250km 之间，接近地幔的顶部。在低速带内，地震波速度不仅未随深度而增加，反而比上层减小 5%～10%。低速带的上、下没有明显的界面，波速是渐变的；同时，低速带的埋深在横向上是起伏不平的，厚度在不同地区也有较大变化。低速带低速层内岩石强度低，可能局部熔融，具有塑性或柔性，被称为软流圈；软流圈之上的地球部分包括固体地壳、上地幔，被称为岩石圈。

2.2.2.2　地球内部圈层的主要特征

（1）地壳　地壳是莫霍面以上的地球表层，其厚度在 5～70km 之间，其中大陆地区厚度较大，大洋地区厚度较小，平均厚度约 33km，约占地球半径的 1/400，占地球总体积的 1%。地壳的质量约占地球总质量的 0.4%。地壳物质的密度一般为 $2.60～2.90g/cm^3$，其上部密度较小，下部密度增大。

地壳由上下两层组成，由康拉德界面将其区分，距地表约 10km。在此面上地震波发生加速，纵波（P 波）由 6.1km/s 左右增加到 6.4～6.7km/s，横波（S 波）由 3.2km/s 左右增加到 4.2km/s 左右。上地壳的物质成分与以硅、铝为主的花岗岩质岩石相似，被称为硅铝层或花岗岩层，这一层只有陆壳才有，洋壳缺少此层。地壳结构见图 2-8。

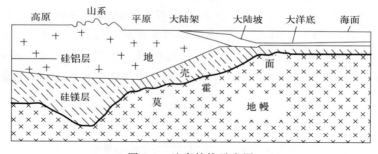

图 2-8　地壳结构示意图

下地壳与由硅、镁、铁、铝组成的玄武岩相当，被称为硅镁层或玄武岩层，大陆与大洋下面均有此层，呈连续分布，但陆壳硅镁层成分不如洋壳硅镁层均匀，混合有大量变质程度很深的中酸性成分。

按物质组成、结构、构造及形成演化的特征，地壳主要可分为大陆地壳与大洋地壳两种类型。大陆地壳（陆壳）主要分布于大陆及其毗邻的大陆架、大陆坡地区，其厚度变化较大，结构较复杂，物质成分相当于中、酸性岩，平均密度较洋壳小，岩石变形强烈，且形成年代较老；大洋地壳（洋壳）主要分布在大陆坡以外的海水较深的大洋地区，其厚度变化较小，物质成分主要相当于基性岩，物质的平均密度较陆壳大，岩石变形程度较弱，形成年代较新。

（2）地幔　地幔是地球的莫霍面以下、古登堡界面以上的中间部分。其厚度约 2850km，占地球总体积的 83%，占地球总质量的 68.1%，是地球的主体部分。从整个地幔可以通过地震波横波的事实看，它主要由固态物质组成。根据地震波的次级不连续面，以

650km 深处为界，可将地幔分为上地幔和下地幔两个次级圈层。

（3）地核 地核是地球内部古登堡界面至地心的部分，其体积占地球总体积的 16%，质量却占地球总质量的 31.5%，地核的密度达 9.98～12.51g/cm³。根据地震波的传播特点可将地核进一步分为三层：外核（深度 2885～4170km）、过渡层（4170～5155km）和内核（5155km 至地心）。在外核中，根据横波不能通过、纵波发生大幅度衰减的事实，推测其物质形态为液态；在内核中，横波重新出现，说明内核为固态；过渡层则为液体—固体的过渡状态。

2.3 地球的表面结构

2.3.1 地壳的表面结构

地壳表面高低起伏不平，大致可分为陆地与海洋两大部分，总面积约为 $5.1×10^8 \ km^2$。地球上最高处是我国与尼泊尔接壤的珠穆朗玛峰，雪面高程 8848.86m；最深处是太平洋中的马里亚纳海沟，在海平面以下 11034m。海、陆面积之比约为 2.4：1。地球表面的海陆分布是不均匀的。北半球海陆比例约为 6：4，南半球海陆比例约为 8：2。陆半球的陆地面积约占其总面积的 47%，占地球陆地总面积的 81%。

陆地是地球表面未被海水淹没的部分，面积占地球面积的 29.2%，71% 的陆地高度低于 1000m。陆地大体分为大陆、岛屿和半岛。大陆是面积广大的陆地，全球共分为六块大陆，按面积由大到小依次为亚欧大陆、非洲大陆、北美大陆、南美大陆、南极大陆、澳大利亚大陆。岛屿是散布在海洋、河流或湖泊中的小块陆地，彼此相距较近的一群岛屿称为群岛。世界岛屿总面积为 $9.70×10^6 \ km^2$，约占世界陆地总面积的 1/15。半岛是伸入海洋或湖泊的陆地，其一面同陆地相连，其余部分被水包围。

海洋面积占地球面积的 70.8%，海洋平均深度为 3.73km，75% 的海洋深度超过 3000m。图 2-9 显示了地球表面的高度分布情况。

2.3.2 陆地地形

陆地表面地形复杂，根据高差和起伏变化，将陆地地形划分为山地、丘陵、平原、高原和盆地等类型。此外，还有因受外力作用而形成的河流、沼泽、三角洲、湖泊、沙漠、戈壁等特殊的地貌景观。

2.3.2.1 山地

山地是海拔在 500m 以上的低山和 1000m 以上的中山及 3500m 以上的高山的总称。山地由山岭和山谷组合而成，具有较大的绝对高度和相对高度，切割深且切割密度大。线状延伸的山体称山脉，如喜马拉雅山脉、阿尔卑斯山脉、横断山脉。世界上高大的山脉大多是在地壳活动强烈地带逐渐形成的。

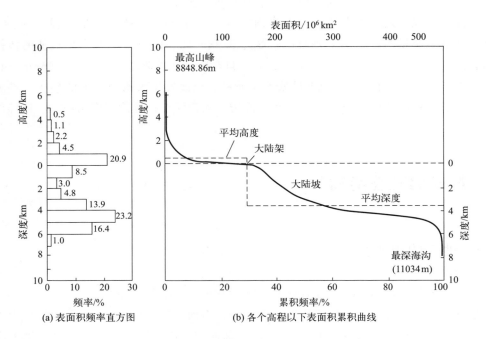

图 2-9　地球表面的高度分布（据 Thierry Juteau 等修改）

2.3.2.2　丘陵

丘陵是指海拔在 200m 至 500m 之间，高低起伏、坡度较缓、切割破碎的低矮山丘。丘陵相对高差一般仅数十米高，最高不超过 200m，如我国东南丘陵、川中丘陵。

2.3.2.3　平原

平原是指海拔较小、地表起伏微缓的广阔平地，一般分布在山地与海洋之间，或者大陆内部的山丘之间。根据海拔高程又可分为：低平原，其海拔高程在 200m 以下，如我国华北平原、东北平原；高平原，其海拔高程在 200～600m，如成都平原。

2.3.2.4　高原

高原指陆地上宽阔地区，海拔高程在 600m 以上，表面较为平坦或略有起伏，四周常有悬崖峭壁与较低的地形单元分界。世界上最高的高原是青藏高原，海拔在 4000m 以上。

2.3.2.5　盆地

盆地是四周为高原或山地及中央低平（平原或丘陵）的地区，如非洲刚果盆地、我国的四川盆地和柴达木盆地等。

2.3.2.6　洼地

洼地指陆地上的某些低洼的地区，其高程在海平面以下。例如我国吐鲁番盆地中的艾丁湖，水面在海平面以下 154m。

2.3.3　海底地形

根据海底地形的基本特征，将海底分为大陆边缘、大洋盆地和洋中脊等三个单元。

2.3.3.1　大陆边缘

大陆边缘是大陆与大洋连接的边缘地带，包括大陆架、大陆坡及大陆隆。

（1）大陆架　与陆地连接的前海平台，其范围从平均低潮位起，以极其平缓的坡度向海延伸到坡度突然增大的地段为止。

大陆架地势平坦，一般坡度小于 0.1°，其深度各地不一（从小于 20m 到大于 500m），一般系指水深 200m 以内的水域。平坦部分平均水深约 60m，边缘部分的平均水深约为130m。大陆架宽度世界各地不等，平均宽度 70km。我国大陆架宽度在 100～500km，水深不等，一般为 50m，最大水深为 180m。

大陆架上保留了原有陆地上的地貌形态，如沉溺河谷、沉溺冰川谷、多级海底平台、陆架边缘堤。

（2）大陆坡　介于大陆架和大洋底之间，是大陆架外延坡地变陡的部分。大陆坡的上限平均水深 130m，下限平均水深 2000m，是大陆和大洋的分界。

大陆坡的坡度较大，各地不一，平均坡度为 4.3°，最大坡度可达 20°以上。太平洋平均坡度 5°20′，大西洋平均坡度 3°5′，印度洋 2°55′。

大陆坡的宽度各地也不一，太平洋平均宽度 20～40km，大西洋平均宽度 20～100km。

（3）大陆隆　大陆隆又称"大陆基"，是大陆坡坡麓附近各种碎屑堆积体联合体的总称。它一部分叠置在大陆坡上，另一部分覆盖着大洋底，一般分布在水深 2000～5000m 的地方，面积约有 $2000 \times 10^4 \ km^2$，占海洋总面积的 5.5%。大陆隆的坡度为 1∶700～1∶100，由浊流和滑坡作用后在大陆坡坡麓处堆积形成，厚度很大，平均厚度为 2000m。

（4）沟-弧-盆体系

① 岛弧。岛弧为大陆边缘连绵呈弧状的、略向海洋突出的、主要由火山岩组成的一长串岛屿。岛弧由岛屿或半岛连接而成，延续数千千米。岛弧略向海洋突出，多为火山岛，岩石以钙碱性火山岩的安山岩-英安岩-流纹岩组合的特征为主，由深成岩组成，有较强的地震和火山活动。岛弧向海一侧多为海沟，向陆一侧为边缘海盆。

如西太平洋岛弧，包括北段的东亚岛弧，由千岛群岛、日本群岛、琉球群岛、台湾岛及其附近小岛和菲律宾群岛构成，面向太平洋；南段由安达曼群岛、尼科巴群岛、苏门答腊岛、爪哇岛和努沙登加拉群岛组成，向印度洋突出，称印度洋巽他岛弧。两段岛弧在苏拉威西岛衔接。

② 海沟。一般长约 1000km，宽 40～70km，一般深度在 5000～8000m。海沟通常与岛弧伴生，是世界地形高差最大的地区。海沟内可发现一些来自岛屿和陆地的沉积物质。海沟和岛弧是世界上强烈的火山、地震分布带。

③ 边缘海及边缘海盆地。边缘海是位于岛弧与大陆或岛弧与岛弧之间，仅以海峡或水道与大洋相连的海域，又称陆缘海。边缘海的深海盆地称为边缘海盆地，其内有不同厚度的主要来源于大陆与岛弧的沉积物。

大陆边缘可分为大西洋型大陆边缘和太平洋型大陆边缘。大西洋型大陆边缘由大陆架、大陆坡和大陆隆三单元构成，一般地形比较宽缓，无海沟，无强烈的地震、火山和构造变动，故又称被动大陆边缘、稳定大陆边缘。太平洋型大陆边缘大陆架较窄，大陆坡陡峭，外缘为深邃的海沟所取代，地形高差悬殊，位于板块俯冲边界，地震、火山和构造活动强烈，又称活动大陆边缘、汇聚大陆边缘，包括岛弧-海沟型（东亚型）和安第斯型大陆边缘两类。

2.3.3.2　大洋盆地

大洋盆地是地球表面最大的地貌单元，一侧与大洋中脊平缓坡麓相接，一侧与岛弧、海沟或大陆隆相接。大洋盆地是海洋的主体，约占海洋面积的45％。其中，主要部分水深在4000～5000m，为开阔水域，称为深海盆地。深海盆地中最平坦的部分称为深海平原，坡度一般小于1/1000，甚至小于1/10000，平均深度为4877m。

在深海平原中，分布有宽广而伸长，顶面起伏小且平坦，高于周围洋底1～2km的海底高地。大洋盆地中孤零分布的深海小丘，称为海山。其中，有一类比四周海底高出1000m以上，且呈锥状，并隐没于水下或露出于海面的，称为海峰。海峰多由火山形成。部分海山顶部被海浪作用削平，并位于海面以下，称为海底平顶山。大洋盆地中，还有高差不大、比较宁静而又较开阔的隆起地区，称为海岭。

2.3.3.3　洋中脊

洋中脊又称洋脊，是海底巨型山系，全长约80000km，在太平洋、大西洋、印度洋连续分布。洋中脊平均水深约为3000～4000m，高于两侧大洋盆地约1000m，仅在冰岛露出海面。洋中脊宽度不一，最宽可达1000～1500km。洋中脊由一系列与脊轴平行的岭谷组成，越接近脊轴，岭越高，谷越深。洋中脊顶部呈裂谷状，是地幔热物质上涌处。距中脊两侧越远，洋底年龄越老，扩张速度为1～2cm/a。其内有地震和火山活动。

2.4　地球的物理性质

2.4.1　地球的重力

地球上的任何物体都受着地球的吸引力和因地球自转而产生的离心力的作用。地球吸引力和离心力的合力就是重力。地球的离心力相对吸引力来说是非常微弱的，其最大值不超过引力的1/288，因此重力的方向仍大致指向地心。地球周围受重力影响的空间称重力场。

地球表面各点的重力值因引力与离心力的不同呈现一定的规律性变化。重力值具有随纬度增高而增大的规律，从地表到地下2885km的核幔界面，重力值大体上随深度而增大，但变化不大，在2855km处达到极大值（重力加速度约1069Gal❶）。这是因为地

---

❶ Gal为重力加速度单位，读作"伽"，为纪念第一个重力测量者意大利科学家伽利略而命名。1Gal＝1cm/s² ＝ 0.01m/s²。

壳、地幔的密度低，而地核的密度高，以致质量减小对重力的影响比距离减小的影响要小一些。从 2885km 到地心处，由于质量逐渐减小为零，故重力也从极大值迅速减小为零。

引起重力异常的原因很多，主要为地下物质组成不同。在地下由密度较大的物质（如铁、铅、锌等金属矿和基性岩）组成的地区显示的实测值大于理论重力值，为正异常；而由密度较小的物质（如石油、煤等非金属矿床）组成的地区，常显示负异常。地球物理勘探中的重力勘探就是利用这个原理找矿的。

2.4.2　地球的温度

在地壳表层，由于太阳辐射热的影响，其温度常有昼夜、季节和多年周期变化，这一层称为变温层（外热层）。变温层受地表温差变化的影响由表部向下逐渐减弱，外热层的平均深度约15m，最多不过数十米。在变温层的下界处，温度常年保持不变，等于或略高于年平均气温，这一深度带称为常温层。在常温层以下，由于受地球内部热源的影响，温度开始随深度逐渐升高，为增温层。通常把地表常温层以下每向下加深100m所升高的温度称为地热增温率或地温梯度（温度每增加1℃所增加的深度则称为地热增温级）。地热增温率或地温梯度适合地壳部分和岩石圈，平均地温梯度约为3℃，海底的平均地温梯度为4～8℃，大陆为0.9～5℃，海底的地温梯度明显高于大陆。

地温梯度明显高于平均值或背景值的地区称为地热异常区，这类地区地热流值高。地热流值是指单位时间内，由内到外，通过岩石单位面积放出的热量。地热异常可以用来研究地质构造的特征，同时对研究矿产（如金矿、石油等）的形成与分布也具有重要作用。地热也是一种重要的天然资源，地热田可用于发电、工业、农业、医疗和民用等。

2.4.3　地球的磁场

地球周围存在着磁场，称地磁场。地磁场的S极位于地理北极附近，N极位于地理南极附近。磁轴与地球自转轴的夹角约为15°，地磁极围绕地理极附近进行着缓慢的迁移。地球磁场不是孤立的，它受到外界扰动的影响。太阳风的主要成分是电离氢和电离氦的高温高速低密度粒子流，从太阳日冕层向行星际空间抛射。太阳风对地球磁场施加作用，好像要把地球磁场从地球上吹走似的。尽管这样，地球磁场仍有效地阻止了太阳风的长驱直入。在地球磁场的反抗下，太阳风绕过地球磁场，继续向前运动，于是形成了一个被太阳风包围的彗星状的地球磁场区域，这就是磁层。

地磁场的磁场强度是一个具有方向（即磁力线的方向）和大小的矢量，为了确定地球上某点的磁场强度，通常采用磁偏角、磁倾角和磁场强度三个地磁要素（图2-10）。

磁场强度为某地磁力大小的绝对值，方向为磁力线方向。磁偏角为地磁子午线与地理子午线之间的夹角，根据规定，磁针指向北极N，向东偏则磁偏角为正，向西偏则磁偏角为负。磁倾角为地球表面任一点的地磁场总强度的矢量方向与水平面的夹角。以指北针为准，下倾为正，上仰为负，北半球为正，南半球为负。赤道的磁倾角为0°，地磁北极（NM）的磁倾角为90°，地磁南极（SM）的磁倾角为−90°（图2-11）。

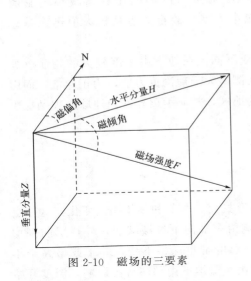

图 2-10　磁场的三要素

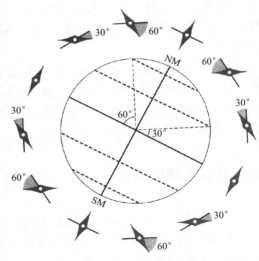

图 2-11　全球磁倾角的变化特征

地磁场是变化的，不仅强度不恒定，而且磁极也在发生变化，每隔一段时间就要发生一次磁极倒转现象。因为在岩浆冷凝时，磁性矿物经居里点（矿物由铁磁质变成顺磁质的温度）时，被当时磁场磁化，其磁场方向和成岩时的地磁场方向一致。保留在岩石中的磁性叫热剩磁，记录了当时地磁场的情况。利用热剩磁可以恢复地质时期的地磁场的大小、方向、地磁位置。科学家在研究中发现，有些岩石的磁场方向与现代地磁场方向相同，而有些岩石的磁场方向与现代地磁场方向正好相反。科学工作者通过陆上岩石和海底沉积物的磁力测定以及洋底磁异常条带的分析发现，在过去的 7600 万年间，地球曾发生过 171 次磁极倒转，距今最近的一次发生在大约 70 万年前。

磁异常是地球浅部具有磁性的矿物和岩石所引起的局部磁场叠加在基本磁场之上，引起磁偏角和磁倾角与理论值不符的现象。一般将磁场强度高于理论地磁场的地区叫正异常区，反之为负异常区。自然界有些矿物或岩石具有较强的磁性，如磁铁矿、铬铁矿、钛铁矿、镍矿、超基性岩等，它们常常能引起正异常，而石油、天然气、水则产生负异常。因此，利用磁异常可以进行找矿勘探和了解地下的地质情况。

2.4.4　地球的弹塑性

地球具有弹性，表现在地球内部能传播地震波，因为地震波是弹性波。日、月的吸引力能使海水发生涨落，此即潮汐现象。用精密仪器对地表进行观测发现，地表的固体表面在日、月引力下也有交替的涨落现象，其幅度为 7～15cm，这种现象称为固体潮，这也说明固体地球具有弹性。

地球表现出塑性。地球自转的惯性离心力能使地球赤道半径加大而成为椭球体，表明地球具有塑性；在野外常观察到一些岩石可发生强烈的弯曲却未破碎或断裂，这也表明固体地球具有塑性。

地球的弹、塑性这两种性质并不矛盾，它们是在不同的条件下所表现出来的。如在作用速度快、持续时间短的力（如地震作用力）的条件下，地球常表现为弹性体；在作用缓慢且持续时间长（如地球旋转离心力、构造运动作用力）的力或在地下深部的高温、高压条件下，则可表现出较强的塑性。

2.4.5　地球的电性

地球内部的电性主要受地内物质电导率影响。地壳的电导率与岩石的成分、孔隙度、孔隙水的矿化度等有关。如沉积岩的电导率大于变质岩的电导率，孔隙度大且充满水的岩石电导率大，孔隙水矿化度高的岩石电导率大，等等。地壳的电导率还与层理有关，沿层理方向比垂直于层理方向的电导率大。温度对电导率的影响更大。熔融岩石比未熔融同类岩石的电导率大数百到数千倍。所以地热流大的地区，电导率也大。电导率还有随深度增大的趋势。

地电场经常受到日变和电暴影响而发生改变，必须设置固定的观测站连续观测，将外加电场消除，才可获得正常电场值。将测量值与正常值比较，如有差异就是地电异常，表明可能有矿体或地质构造存在。根据这一原理进行勘探找矿的方法叫电法勘探。

2.4.6　地球的放射性

放射性是放射性元素自然衰变引起的，即元素从不稳定的原子核自发地放出射线（如 α、β、γ 射线等）衰变形成稳定的元素直至停止放射（生成衰变产物）。射线放出后会和周围物质发生作用，例如使原子电离或穿透物质，还可以使某些物质产生荧光或磷光，或引起物质的化学变化。放射性物质放出的热量，是地热的主要来源之一。根据放射性元素含量和组成地球的原始物质，可以确定地球中热能的演变情况。利用寿命长的放射性元素衰变速度稳定的特点可确定含该元素岩石的形成年龄。

放射性元素分布于各种岩石中，但主要集中在地壳，特别是集中在酸性岩浆岩中。最具有地质意义的是寿命长的放射性元素铀、钍、钾，它们的半衰期长，可与地球年龄相比，能够用它们测定地质年龄；它们在衰变过程中释放的热量是地球内部主要热源之一。

2.5　地质年代与地球演化历史

2.5.1　地质年代

正如论述人类社会的发展历史，可以将社会发展的主要事件作为时间的概念。类似于社会年代，对于整个地球发展演化的历史，对地质历史中发生的地质事件的论述、记述、研究也需要一套相应的地质年代。因此，用来表示地壳演变中各类地质事件发生的时间和顺序的测度称为地质年代。

2.5.1.1　相对年代

根据生物的演化顺序和岩石的新老关系，确定地质体形成或地质事件发生的先后顺序。根据地层层序律、生物层序律、切割穿插定律来判断。

（1）地层层序律　地壳上部广泛分布着各种层状岩石，包括沉积岩、岩浆岩以及由它们变质而成的变质岩，这些层状岩石一般称为岩层。那些具有一定年代并具有某些共同特征或属性的岩层称为地层。地层是在漫长的地质时期中逐步形成的，其形成有一定顺序。原始产出的地层具有下老上新的层序规律，老地层先形成，位于下面，新地层依次一层层叠覆上去（图 2-12）。

图 2-12　地层层序律

一般在没有遭受过剧烈构造变动的地区，在地层没有发生倒转或逆掩断层的情况下，地层保持着正常的顺序，即老地层在下，新地层覆盖于其上，"底老上新"这一非常明显的道理称为地层层序律。当地层因构造运动发生倾斜但未倒转时，倾斜面以上的地层新，倾斜面以下的地层老。当地层经剧烈构造运动，层序发生倒转时，上下关系正好颠倒。此时必须利用沉积岩的原生构造（泥裂、波痕、雨痕、交错层等）来分析岩层的顶面和底面，恢复其原始的上下关系，以定其新老。

（2）生物层序律　地球上生物的演化是从简单到复杂、从低级到高级不断发展的，具有不可逆的生物演化规律。年代越老的地层中所含生物越原始、越简单、越低级，年代越新的地层所含生物越进步、越复杂、越高级。埋藏在岩层中的地质时期的生物遗体或遗迹的生物化石结构反映了这一演化趋势（图 2-13）：化石结构越简单，地层时代越老；化石结构越复杂，地层时代越新。

不同时期地层中含有不同类型的化石及其组合，而相同时期且在相同相通的地理环境中所形成的地层（只要原先海或陆相通，无论相距多远）都含有相同的化石及其组合。可依据岩石中的化石种属确定岩石的新老关系。

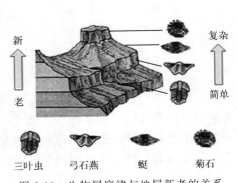

图 2-13　生物层序律与地层新老的关系

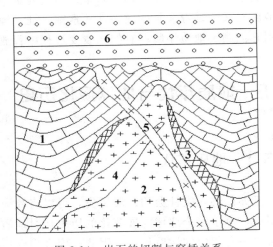

图 2-14　岩石的切割与穿插关系

1—石灰岩；2—花岗岩；3—夕卡岩；4—闪长岩；5—伟晶岩；6—砾岩

（3）切割穿插定律　用于对侵入体之间或侵入体与围岩之间的相对年代（顺序）进行确定（图 2-14），其特点是：侵入者年代新，被侵入者年代老；切割者年代新，被切割者年代老。

2.5.1.2　绝对年代

根据岩石中放射性同位素衰变规律所测定出的岩石生成的具体年龄称绝对年代。

放射性同位素（母体同位素）是一种不稳定元素，在天然条件下发生衰变，自动放射出某些射线（α、β、γ射线）而衰变成另一种稳定元素（子体同位素）。放射性同位素的衰变速度是恒定的，不受温度、压力、电场、磁场等因素的影响，即以一定的衰变常数进行衰变。

利用放射性元素有固定的衰变常数这一特点，根据保存在岩石中的放射性元素母体同位素的含量和子体同位素的含量分析计算，可得出某一子体和母体比例出现所需的时间。公式为：

$$T = (1/\lambda) \times \ln(1 + D/N)$$

式中，T为同位素的形成年龄，即所在岩石的形成年龄；λ为衰变常数；D为子体同位素含量；N为母体同位素含量。

用于岩石测年的元素应具备以下条件：半衰期长；在岩石中易分离；含量较大；易保存，不易在地史中丢失。常用的测年同位素方法有K-Ar法、U-Pb法、Ar-Ar法、Rb-Sr法等。测定年代新的地层（新生代或考古），常用C_{14}法。

2.5.1.3　地质年代表

根据生物进化顺序可把地质历史划分为太古宙、元古宙和显生宙三大阶段，宙再细分为代，代再细分为纪，纪再细分为世，世再细分为期，期再细分为时。对每个地质时期形成的地层，又赋予相应的地层单位，即宇、界、系、统、阶、带，分别与地质历史相对应。它们经国际地层委员会通过并在全世界通用。

根据地层形成顺序、生物演化阶段、构造运动、古地理特征及同位素年龄测定，对全球性地层进行划分和对比，综合得出地质年代表，见表2-3。

表2-3　地质年代表

宙	代	纪	世	距今/Ma	主要生物演化		构造运动	
显生宙(PE)	新生代(Kz)	第四纪(Q)	全新世(Q2)	2.58	人类时代	现代生物	新阿尔卑斯运动	喜马拉雅运动
			更新世(Q1)					
		新近纪(N)	上新世(N2)	23	哺乳动物繁盛	被子植物繁盛		
			中新世(N1)					
		古近纪(E)	渐新世(E3)					
			始新世(E2)					
			古新世(E1)					
	中生代(Mz)	白垩纪(K)	晚白垩世(K2)	66	爬行动物繁盛	裸子植物繁盛	老阿尔卑斯运动	燕山运动
			早白垩世(K1)					
		侏罗纪(J)	晚侏罗世(J3)	145				
			中侏罗世(J2)					
			早侏罗世(J1)					
		三叠纪(T)	晚三叠世(T3)	201				印支运动
			中三叠世(T2)					
			早三叠世(T1)					

续表

宙	代	纪	世	距今/Ma	主要生物演化		构造运动
显生宙(PE)	古生代(Pz)	晚古生代(Pz2)					
		二叠纪(P)	晚二叠世(P3)	252	两栖动物繁盛	蕨类植物繁盛	海西运动
			中二叠世(P2)				
			早二叠世(P1)				
		石炭纪(C)	晚石炭世(C3)	299			
			中石炭世(C2)				
			早石炭世(C1)				
		泥盆纪(D)	晚泥盆世(D3)	359	鱼类繁盛	裸蕨繁盛	
			中泥盆世(D2)				
			早泥盆世(D1)				
		早古生代(Pz1)					
		志留纪(S)	晚志留世(S3)	419	无脊椎动物繁盛 硬壳动物繁盛	藻类菌类植物繁盛	加里东运动
			中志留世(S2)				
			早志留世(S1)				
		奥陶纪(O)	晚奥陶世(O3)	444			
			中奥陶世(O2)				
			早奥陶世(O1)				
		寒武纪(€)	晚寒武世(€3)	485			
			中寒武世(€2)				
			早寒武世(€1)				
隐生宙(CE)	元古宙(Pt)	新元古代(Pt3)	埃迪卡拉纪	541	裸露动物繁盛	真核生物出现	晋宁运动
			成冰纪	635			
			拉伸纪	720			
				1000			
		中元古代(Pt2)	狭带纪	1200			
			延展纪	1400			
			盖层纪	1600			
		古元古代(Pt1)	固结纪	1800		绿藻出现	
			造山纪	2050			
			层侵纪	2300			
			成铁纪	2500			吕梁运动
	太古宙(Ar)	新太古代(Ar2)		3000		原核生物出现	五台运动
		古太古代(Ar1)		4000		生命现象出现	迁西运动
	冥古宙(HD)			4600			

　　在此基础上，各国结合自己的实际情况，都建立了自己的地层年代表。除此之外，地层还有以其他特征为依据的划分方法，如通常采用的地方性地层单位——群、组、阶、层等，是根据地层岩性的变化特征来对地层进行划分的，所以这种地层单位又称为岩性地层单位。这种地方性地层单位只能用在小范围的生产实践中，在大范围内没有对比性。

2.5.2　地球演化历史

地球形成迄今已有 46 亿年历史，她一经形成就处于永恒的运动之中。我们今天看到的地球的面貌只是地球演化历史中的一个片段，我们今天所能够得到的关于地球演化的资料，也只是地球演化历史长河中的一些零星信息，但我们依然可以通过这些信息重塑地球的演化过程。地球的演化历史可分为冥古宙、太古宙、元古宙和显生宙四个发展阶段。一般而言，地球的演化历史可以从构造运动史、沉积发展史和生物演化史等几个方面来探索。

2.5.2.1　冥古宙

冥古宙（Hadean）是太古宙之前的一个宙，开始于地球形成之初，结束于 38 亿年前。冥古宙最初是由普雷斯顿·克罗德（Preston Cloud）于 1972 年所提出的，原本用来指已知最早岩石之前的时期。

在整个冥古宙，地球从 46 亿年前形成，从一个炽热的岩浆球逐渐冷却固化（计算表明仅需 1 亿年），出现原始的海洋、大气与陆地，但仍然地质活动剧烈、火山喷发遍布、熔岩四处流淌，在距今 41 亿年到 38 亿年前，地球持续遭到了大量小行星与彗星的轰击。冥古宙在 38 亿年前结束后，已知的地球最古老的岩石（位于北美克拉通盖层的阿卡斯塔片麻岩及澳大利亚西部那瑞尔片麻岩层的杰克希尔斯部分）也定年在 38 亿年前。因为这个时期的岩石几乎没有保存到现在的，所以并没有正式的细分。

2.5.2.2　太古宙

太古宙（Archean Eon）大约经历了十多亿年（距今 38 亿~25 亿年）的时间，已经形成了薄而活动的原始地壳，出现了水圈和大气圈，孕育和诞生了低级的生命。

（1）缺氧的水圈和大气圈　海水中所含的盐类比现在要少，富含氯化物。大气成分以水蒸气、二氧化碳、硫化氢、氨、甲烷、氯化氢等为主。

由于岩浆活动强烈，又无植物进行光合作用，故大气中 CO_2 含量比后来要高。太古宙地层中普遍含有丰富的由低价铁沉积而成的铁矿，这些都说明当时大气组分和水体性质都处于缺氧的还原状态。

（2）频繁的岩浆活动与陆核形成　由于地壳厚度较小，幔源物质容易沿裂隙上行，常有大规模的超基性、基性断裂喷溢活动，并和沉积岩等一起经变质形成特殊火山沉积组合。

由于地壳岩石强度较低，地热梯度较高，中酸性岩浆活动和火山活动频繁，因此岩层中多塑性变形构造（如揉皱、肠状褶皱等）；多次的岩浆活动、构造运动，使岩石普遍发生热变质、深变质（区域变质）和强烈的混合岩化，改变了原来的岩性特征。

陆壳经过多次的岩浆喷出侵入、变质混合、塑性变形，局部开始固结硬化，向着稳定方向发展，终于在太古宙中、晚期形成了稳定的基底地块——陆核，但规模仍比后来的地台小得多。陆核的形成标志着地壳构造发展第一阶段的结束。

（3）原始生命萌芽　地球上有了水和空气以后，才出现最原始的生物，太古宙时期已出现菌类和蓝绿藻类。最古老的生物化石是在南非发现的 32 亿年前的超微化石——古杆菌和巴贝通球藻（利用电子显微镜观察）。这是最原始的原核生物，整个个体只由一个细胞组成。太古宙从无生命到有生命，是生物演化史上的一次飞跃。

2.5.2.3　元古宙

元古宙（Proterozoic Eon）同位素年龄 25 亿～5.43 亿年，共经历 19 亿年的悠久时间。元古宙划分为三个代：距今 25 亿～18 亿年为古元古代，距今 18 亿～10 亿年为中元古代，距今 10 亿～5.43 亿年为新元古代。其中新元古代的后半段，即距今 8 亿～5.43 亿年单独划分，称震旦纪。

(1) 从缺氧大气圈到贫氧大气圈　由于藻类植物日益繁盛，它们营光合作用，不断吸收大气中的 CO_2，放出 O_2，使大气圈和水体从缺氧发展到含有较多氧的状态。大约从中元古代开始，地层由含铁紫红色石英砂岩（如天津中、上元古界常州沟组、大红峪组等）及赤铁矿层（如串岭沟组宣龙式铁矿）形成，说明当时大气中已含有相当多的游离氧。大气及水体中氧的增多，不仅影响岩石风化及沉积作用的方式和进程，而且给生物发展和演化准备了物质条件。

(2) 从原核生物到真核生物　太古宙出现的菌类和蓝绿藻类，到元古宙得到进一步发展，经生物作用和沉积作用形成综合体。这种综合体常保存在石灰岩和白云岩中，从横剖面上看呈同心圆状、椭圆状等，从纵剖面上看呈向上凸起的弧形或锥形叠层状，就像扣着的一摞碗，称作叠层石。叠层石主要分布于滨海的潮间带和潮上带，有的能分布于潮下 100m 深处。

在元古宙地层中分离出形体微小的（常小于 $10\mu m$）微古植物，主要指一些单细胞藻类。到了新元古代，微古植物形体增大（50～100μm），种类繁多。

大约从中元古代起还出现了褐藻及红藻等高级藻类。近年在中国北部天津市蓟州区中元古代串岭沟组地层中发现了最古老的真核细胞生物化石，名为丘尔藻（*Chuaria*），距今 17 亿～16 亿年。1978 年在中元古代雾迷山组中也发现真核生物化石，命名为震旦塔乌藻（*Tawuia*），距今 14 亿～12 亿年。元古宙从原核生物到真核生物，从单细胞到多细胞，标志着地球发展史和生命演化过程进入一个新阶段。

(3) 由陆核到古地台　古代发生的构造运动包括古元古代中期的构造运动（中国称五台运动）和古元古代晚期的构造运动（中国称吕梁运动），使沉积、喷发、侵入、挤压、褶皱、变质、固结等地质作用反复进行，陆壳某些部分更趋稳定，范围扩大，在世界上终于出现了若干大规模稳定的部分——古地台，上面有稳定的浅海沉积物——盖层。由陆核到古地台，是陆壳构造发展的第二个阶段。

(4) 震旦纪　震旦纪（Sinian Period，Z）时期，大陆壳已经形成许多大规模稳定的部分——古地台。构成古地台基底的岩石都是变质的岩石，如各种片麻岩、角闪岩、混合岩、片岩、千枚岩、大理岩、石英岩等，厚度很大，其中经常穿插着各种侵入体。这些古地台，有的部分到后来一直屹立于海面之上，未接受新的沉积，构成地盾部分；但大部分又经历了多次沧桑变化，被以后的盖层所覆盖。

早震旦世（距今 8 亿～7 亿年），微古植物群（如各种刺球藻，属种繁多）和大型藻类非常繁盛，后者在地层中形成多种叠层石。晚震旦世时，澳大利亚南部弗林德斯山埃迪卡拉（Ediacara）发现了丰富的无壳动物，其中以腔肠动物门水母类为主，兼有环节动物及可能属于节肢动物的一些化石，是一个以软躯体后生动物为主体的动物群，称为埃迪卡拉动物群。

在震旦纪时，不仅中国许多地方发现有冰川沉积，而且在澳大利亚、非洲、南美、北美、亚欧等大陆上普遍出现冰川，这是已知的具有世界意义的最古老的一次冰期——震旦纪大冰期。这次大冰期至少可能包括两期：一期距今 7.4 亿～7 亿年，冰碛层分布最广；另一期距今 6.5 亿年。在前一冰期之后，许多地方形成膏盐和白云岩沉积，说明气候转为干燥炎热。在后一冰期之后，世界许多地方发现了以埃迪卡拉动物群为代表的软体裸露动物群，这也说明气候状况有很大变化。

2.5.2.4　显生宙

显生宙（Phanerozoic Eon），指"看得见生物的年代"，是开始出现大量较高等动物以来的阶段，包括古生代、中生代和新生代，从距今大约 5.4 亿年前延续至今。5.4 亿年前，寒武纪始，逐渐演化出较高级的动物，动物已具有外壳和清晰的骨骼结构，故称显生宙。

（1）早古生代（Early Paleozoic Era，Pz₁）　同位素年龄为 5.41 亿～4.19 亿年，形成的地层叫下古生界。早古生代划分为三个纪。寒武纪（Cambrian Period，ϵ），距今 5.41 亿～4.85 亿年，寒武纪形成的地层称寒武系，1835 年英国 A. 塞奇威克取名于英国西部威尔士的坎布连山脉（Cambrian，日语译为寒武）。志留纪（Silurian Period，S），距今 4.44 亿～4.19 亿年。1835 年英国 R. I. 莫企逊取名于英国南威尔士地区一个古老部族的名称（Silures）。奥陶纪（Ordovician Period，O），距今 4.85 亿～4.19 亿年。1879 年，英国 C. 拉普沃思将上述二人命名的寒武系和志留系的重复部分划分出来，称奥陶系，取名于英国威尔士地区的古民族名称（Ordovices）。

早古生代和它以前的时代相比，在古地理、古生物、沉积环境、地壳运动等方面，都有很大差异。在大陆壳地区，早古生代海洋占绝对优势，陆地不多，因此下古生界几乎都是海相沉积，少有陆相沉积。

① 动物界的第一次大发展——海生无脊椎动物时代。海水中无脊椎动物种类繁多，空前繁盛，陆生植物很少。分布在寒武纪底部的小壳动物群，为大量个体微小的原始硬壳无脊椎动物化石，包括软舌螺、腹足类、腕足类、棱管壳等。在我国的云南澄江（距今 5.3 亿年），发现了包括海绵、腔肠动物、蠕虫、腕足类、软舌螺、内肛虫、节肢动物和一些分类位置不明的化石在内的，软体组织、器官保存完美的无脊椎动物、原始脊索动物化石群，共涵盖 16 个门类 200 余个物种，代表了寒武纪开始的"生命大爆炸"（图 2-15）。

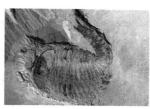
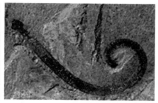

(a) 微网虫　　　　　　(b) 三叶虫　　　　　　(c) 抚仙湖虫　　　　　　(d) 帽天山虫

图 2-15　澄江生物群部分化石

寒武纪时节肢动物——三叶虫的数量占 60%～70%；腕足动物 20%～30%；其他无脊椎动物占 10%～15%，包括海绵动物、古杯动物、腔肠动物（如珊瑚）、软体动物（如头足类）、环节动物、牙形石、棘皮动物、笔石动物等。志留纪开始出现脊椎动物——无颌类鱼，半陆生的裸蕨植物出现。

② 全球性的构造运动——加里东运动。加里东运动广义上指发生在早古生代的构造运

动，狭义上指志留纪后期的构造运动。加里东运动造成北美与欧洲板块拼接，劳亚古陆形成。

(2) 晚古生代（Lately Paleozoic Era，Pz_2）　同位素年龄为4.1亿～2.5亿年，形成的地层叫上古生界。晚古生代划分为三个纪：泥盆纪（Devonian Period，D），距今4.1亿～3.6亿年，命名于英国南部的德文郡（Devon）；石炭纪（Carboniferous Period，C），距今3.6亿～2.9亿年，因为地层含煤而定名；二叠纪（Permian Period，P），距今2.9亿～2.5亿年，命名于俄罗斯乌拉尔山脉西坡的彼尔姆（Perm），该处的地层为上下两层相叠，下为陆相砂岩，上为海相灰岩。

① 植物界的第一次大发展——蕨类时代。早古生代的地壳运动（加里东运动）使海域缩小，陆地扩大，促进植物由水生转为陆生，并逐渐向高等植物转化。志留纪开始出现原始的裸蕨植物，但到泥盆纪才有相当繁盛的以裸蕨为代表的陆生植物群。所以泥盆纪又称裸蕨时代，是植物界的第一次大发展。但这种植物在泥盆纪晚期灭绝。到石炭-二叠纪代之而起的是较高级的植物，包括石松类、节蕨类和种子蕨类等，植物从海滨地带延伸到大陆内部，石炭-二叠纪称为蕨类时代。植物的发展，使石炭-二叠纪成为世界上最重要的成煤时代。

② 冈瓦纳古陆上冰川广布。石炭-二叠纪冈瓦纳古陆上出现了震旦纪和奥陶纪以来规模最大的一次冰川活动，从石炭纪末至二叠纪初，持续5000万年。

③ 全球性的构造运动——海西运动。海西运动为发生在晚古生代，特别是石炭-二叠纪的地壳运动，也称华力西运动。海西运动造成分散的大陆块不断靠近和聚集，大陆块边缘和地槽受挤压，褶皱隆起上升，形成岛屿和山脉。大陆拼接、扩大，形成联合古陆，陆块从分散趋向集中。北方的劳亚古陆和南方的冈瓦纳古陆可能局部连接，但被一条古地中海所分隔，形成南北两大古陆互相连接但又南北对峙的统一大陆——联合古大陆。

(3) 中生代（Mesozoic Era，Mz）　三叠纪（Triassic Period，T），距今2.52亿～2.01亿年，命名于德国中部地区，地层三分；侏罗纪（Jurassic Period，J），距今2.01亿～1.45亿年，命名于瑞士与法国交界的汝拉山（Jura Mountains）；白垩纪（Cretaceous Period，K），距今1.45亿～0.66亿年，命名于英吉利海峡两侧的白垩地层。

① 生物演化。无脊椎动物进一步发展。腕足类重新繁盛，珊瑚（六射珊瑚）、菊石繁盛，形成标准化石；淡水软体动物繁盛。菊石类占优势。

植物发生演替。中生代陆地面积空前扩大，地形分异，气候复杂，喜湿热的蕨类植物因不适应海西运动后干湿冷热多变的大陆环境而逐渐衰退。晚二叠世初露头角的裸子植物在中生代迅速发展，占统治地位，因此中生代又称裸子植物时代。早白垩世晚期，地史上第一次出现被子植物，到晚白垩世终于取代了裸子植物，在大陆占统治地位。与动物演化相比，植物界比动物界提前半个纪进入新生代。繁盛的裸子植物和蕨类植物是主要的造煤植物。中生代，特别是侏罗纪，是仅次于石炭-二叠纪的造煤时代。

脊椎动物大发展。中生代产生了以恐龙为代表的爬行类动物，占领海、陆、空各个领域，出现了最早的鸟类和哺乳类。中生代末，亦即白垩纪结束，昌盛并称霸中生代的恐龙类和菊石类等突然全部绝灭。中生代部分生物化石如图2-16所示。

② 构造运动。中生代构造运动剧烈而频繁，岩石圈板块从联合又走向分裂、漂移，逐步完成近代海陆分布格局。

中生代的构造运动为老阿尔卑斯运动，又称太平洋运动，相当于中国的燕山运动。中生代的构造运动包括两个阶段。一是发生于三叠纪中、晚期的运动，称为印支运动。印支运动

(a) 始祖鸟

(b) 菊石

(c) 霸王龙

(d) 苏铁

图 2-16 中生代部分生物化石

实际上是晚古生代海西运动的继续，主要发生在中国的西南部等地，最后使中国和亚洲的主要部分全部固结。因此，该阶段常合称海西-印支构造阶段。二是发生于侏罗纪和白垩纪的运动，称为燕山运动。燕山运动奠定了中国大地构造轮廓和古地理形势的基础，对于中国来说是至关重要的。燕山运动和喜马拉雅运动时期，合称燕山-喜马拉雅构造阶段，是联合古大陆解体阶段。

（4）新生代（Kainozoic Era，Kz）　同位素年代 0.65 亿～0 亿年，包括古近纪（距今 0.65 亿～0.23 亿年）、新近纪（距今 0.23 亿～0.16 亿年）和第四纪（距今 0.16 亿～0 亿年）。生物发展逐渐接近现代生物特征，所以取名新生代。

①生物演化。陆生动物以大量出现哺乳类为特征，又称哺乳动物时代。植物以被子植物占绝对优势，又称被子植物时代。第四纪出现了人类，成为地球发展历史中的一件大事。

②构造演化。古近纪和新近纪（二者合称第三纪）之后发生了喜马拉雅造山运动（新阿尔卑斯运动），造就了世界上最年轻最雄伟的喜马拉雅山系和美洲西海岸的海岸山脉及安第斯山脉等年轻而高大的山脉，形成了现今的海洋和大陆分布格局。

③第四纪冰期。又称"第四纪大冰期"。新近纪末气候转冷，第四纪初期，寒冷气候带向中低纬度地带迁移，使高纬度地区和山地广泛发育冰盖或冰川。这一时期大约始于距今 200 万～300 万年前，结束于 1 万～2 万年前。第四纪冰期的规模很大：在欧洲，冰盖南缘可达北纬 50° 附近；在北美，冰盖前缘延伸到北纬 40° 以南；南极洲的冰盖也比现在大得多；包括赤道附近地区的山岳冰川和山麓冰川，都曾经向下延伸到较低的位置。

思考题

一、简答题

1. 地球自转与公转的地理意义。
2. 大气圈、水圈和生物圈的作用有哪些？
3. 简述地球内部结构划分依据和分层状况。
4. 简述陆地地表类型和海底地形分类。
5. 什么是重力异常？如何利用重力测定为人类的生产、生活服务？
6. 什么是地质年代？地质年代的划分依据是什么？
7. 简述地球的生物演化历史。
8. 简述地球的构造运动发展历史。

二、选择题

1. 大气圈中与地壳地质作用关系最密切的次级圈层是（　　　）。

A. 对流层　　　B. 平流层　　　C. 中间层　　　D. 电离层

2. 划分地球内部圈层构造所用的主要地球物理方法是（　　　）。

A. 地磁法　　　B. 地电法　　　C. 重力法　　　D. 地震波法

3. 在地球表面北纬20°，测得的磁倾角比在北纬40°测得的磁倾角（　　　）。

A. 小　　　　　B. 大　　　　　C. 相等　　　　D. 不能确定

4. 在地球内部，占地球体积和质量比例最大的圈层是（　　　）。

A. 地壳　　　　B. 岩石圈　　　C. 地幔　　　　D. 地核

5. 地幔和地核的分界面——古登堡界面约在地下的（　　　）。

A. 250km 处　　B. 1000km 处　　C. 2900km 处　　D. 5125km 处

6. 地震波横波在地球内部不能被传播的圈层是（　　　）。

A. 内核　　　　B. 外核　　　　C. 下地幔　　　D. 软流圈

7. 把大陆型地壳分为上部的花岗岩质层和下部的玄武岩质层的不连续界面是（　　　）。

A. 莫霍面　　　B. 古登堡界面　C. 康拉德面　　D. 雷波蒂面

8. 大陆壳与大洋壳的重要区别是（　　　）。

A. 厚度与密度不同　　　　　B. 密度与岩石成分不同

C. 密度与化学成分不同　　　D. 厚度与地壳的结构不同

9. 地热增温率适用于（　　　）。

A. 常温层以下的地球浅部　　B. 常温层以上的地壳上部

C. 地表以下的地壳浅部　　　D. 自地表到地心的整个地球

10. 地幔是指地球内（　　　）。

A. 存在岩浆的软流层　　　　B. 莫霍面以下，古登堡界面以上部分

C. 地震波波速降低的部分　　D. 地震波横波不能传播的部分

11. 在磁北半球，磁偏角的正偏方向是磁北针相对于地理子午线的（　　　）。

A. 东偏　　　　B. 西偏　　　　C. 上仰　　　　D. 下倾

12. 在磁南半球，随着纬度的升高，磁北针相对地平面的变化是（　　　）。

A. 仰角变大　　B. 倾角变大　　C. 仰角变小　　D. 倾角变小

13. 在有铜、铅、锌、镍等金属的矿区，实测的重力值应（　　　）。

A. 大于理论重力值　　　　　B. 小于理论重力值

C. 等于理论重力值　　　　　D. 不能确定

14. 在青藏高原区，测定重力值时，往往（　　　）。

A. 存在重力正异常　　　　　B. 存在重力负异常

C. 不存在重力异常　　　　　D. 不能确定

15. 地球内部产生热能的最主要原因是（　　　）。

A. 放射性元素衰变能　　　　B. 地球的收缩能

C. 地球内部的化学能　　　　D. 结晶能

岩石圈系统特征

[学习目的]　通过本章的学习，了解岩石圈的物质组成——矿物、岩浆岩、沉积岩、变质岩的形成过程、结构构造特征、主要类型及特点；认识构造运动与地质构造特征及其所形成的地貌类型，了解风化作用、流水地质作用、地下水地质作用、风的地质作用、冰川地质作用与海洋地质作用等外力地质作用的特点及其形成的地貌类型。

3.1　岩石圈物质组成

3.1.1　地壳中的元素

固体地球的最外圈是岩石圈，与人类生存和发展的关系最为密切。其中地壳是人类研究最直接的对象。地壳由岩石组成，岩石由矿物组成，矿物由元素组成。矿物是组成地壳的基本物质单元，元素是构成矿物的基本物质单元。到目前为止，总共有118种元素被发现，其中94种存在于地球上，但常见的仅十余种。

1889年，美国化学家克拉克通过对世界各地5159件岩石样品化学测试数据的计算，求出了16km厚的地壳内50种元素的平均含量与总质量的比值。为表彰其卓越贡献，国际地质学会将化学元素在地壳中的相对平均含量称为克拉克值，又称地壳元素的丰度。克拉克值用质量分数来表示，常量元素的单位一般为％，微量元素的单位有g/t或10^{-6}。

地壳中各元素的含量是极不均匀的。O、Si、Al、Fe、Ca、Mg、Na、K这8种元素占98.03％，加上Ti、H，10种元素的含量占99.96％。对整个地球而言，Fe（34.6％）、O（29.5％）、Si（15.2％）、Mg（12.7％）、Ni（2.4％）、S（1.9％）、Ca和Al（共计2.2％）这8种元素占98.5％，其他所有元素共占1.5％。

3.1.2　矿物

矿物是在各种地质作用下形成的、具有相对固定化学成分和物理性质的均质体，是组成岩石的基本单元。换句话说，岩石是地质作用形成的矿物集合体。人工合成的水晶、人造金刚石等虽然具有与石英、金刚石矿物相同的特征，但不是在自然界中的地质作用下形成的，不能称为矿物，可称为人造矿物。水、气体不是晶体，也不是矿物。冰不属于矿物。花岗岩虽是固体，但它是由长石、石英等矿物组成的集合体，也不能称为矿物。

3.1.2.1　矿物的性质

（1）结晶性质　自然界的矿物多数为固体，固体矿物绝大部分为晶体，部分为非晶质体。晶体是内部质点（离子、原子团、原子、分子）在三维空间内按一定规则重复排列形成的固体，具有良好的几何外形，例如岩盐矿物中氯离子和钠离子在三维空间内按一定规则重复排列［图 3-1(a)］。非晶质体为内部质点在三维空间内不按规律重复排列形成的固体，例如由火山活动喷发出来的物质因冷凝速度极快来不及结晶，形成火山玻璃，为非晶质体［图 3-1(b)］。

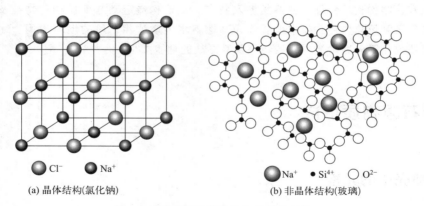

(a) 晶体结构(氯化钠)　　　　　　　(b) 非晶体结构(玻璃)

图 3-1　矿物的晶体结构与非晶体结构

相同化学成分的物质在不同环境条件（温度、压力等）下可以形成不同的晶体结构，从而形成不同的矿物，这种现象称为同质多象，如碳单质在中、低级变质条件下以石墨形式出现，而在超高压条件下则变为金刚石。两者成分相同但物理性质大不相同：金刚石是无色透明的最硬矿物，石墨是黑色不透明的极软矿物。此外，矿物晶体结构中的某种原子或离子可以部分地被性质相似的他种原子或离子替代而不破坏其晶体结构，此种现象称为类质同象。如橄榄石 $(Mg,Fe)_2[SiO_4]$ 中的 Mg^{2+} 与 Fe^{2+} 就呈类质同象的替代关系。矿物的化学式中凡写在同一圆括号内并用逗号隔开的元素都有此种关系。

根据晶格常数的特点，可将晶体划分为等轴晶系、三方晶系、四方晶系、六方晶系、斜方晶系、单斜晶系和三斜晶系等七类。矿物的晶体（单体）按延伸方向可分为柱状、针状、纤维状的一向延伸型，片状、板状的二向延展型，以及粒状的三向等长型。矿物常以单体聚集而成的集合体形式呈现，集合体多种多样，如粒状集合体，片状、鳞片状、纤维状、放射状集合体，致密块状集合体，晶簇，晶腺和杏仁体，结核和鲕状集合体，钟乳状、葡萄状集合体，以及土状集合体。

（2）光学性质

① 颜色。矿物对不同波长的光波均匀吸收或选择吸收所表现出来的性质为矿物的颜色，是在白色光照射下所显示的颜色。根据发生原因，通常将颜色分为三类。

a. 自色：由矿物本身固有的化学组成和内部构造决定。如辰砂的朱红色、橄榄石的绿色等。

b. 他色：矿物形成时，外来的杂质成分引起的颜色。如水晶无色，混入 Mn^{4+} 为紫色，混入 Fe^{2+} 为绿色，混入 Fe^{3+} 为黄色，混入有机质为黑色，等等。

c. 假色：由化学的、物理的其他原因引起的颜色。如片状矿物集合体因光程差引起的干涉色形成晕色；矿物表面形成的氧化薄膜，受日光照射后两侧均会反射，反射光干涉后有的光波消失或减弱，有的则得到加强，因而在矿物表面看到的是斑驳陆离的锖色。

② 条痕。矿物在白色毛瓷板（未上釉的瓷板）上划过后留下的粉末痕迹称为条痕，矿物的粉末颜色称为条痕色。条痕色比矿物表面的颜色更为固定，因而具有鉴定意义。条痕色与矿物本身颜色可以相同，如朱砂；也可以不同，如黄铜矿（黄铜矿本身为铜黄色，而其条痕为黑色）。

③ 光泽。矿物表面对于投射光线的反射能力称为光泽，光泽的强度是指反射能力的强弱。光泽在新鲜矿物平坦的晶面、解理面或磨光面上呈现。矿物的光泽由强至弱分为金属光泽、半金属光泽和非金属光泽三类。

a. 金属光泽：反射很强，类似镀铬的金属平滑表面的反射光，如黄铁矿、自然铜等。

b. 半金属光泽：反射较强，类似一般金属的反射光，如磁铁矿等。

c. 非金属光泽：按其对光反射的特征可以进一步划分为金刚光泽和玻璃光泽。金刚光泽反射较强而耀眼，如金刚石、辰砂的光泽；玻璃光泽反射相对较弱，类似玻璃板表面的反光，如方解石、石英晶面上的光泽。若矿物表面不平坦或成集合体时，光泽会减弱，或出现一些特殊的光泽，如珍珠光泽（如云母等）、油脂光泽（如硫黄）、绢丝光泽（如纤维石膏）、土状光泽（如高岭石）等。

④ 透明度。矿物透光能力的大小称为透明度，是鉴定矿物的主要特征之一。以矿物磨至 0.03mm 标准厚度时的透光能力为依据，将矿物分为透明矿物、半透明矿物和不透明矿物。

a. 透明矿物：能够清晰看见他物的矿物，如水晶、云母、冰洲石等；

b. 半透明矿物：模糊透见他物的矿物，如闪锌矿、辰砂、雄黄等；

c. 不透明矿物：不能透见他物的矿物，如黄铁矿、石墨等。

（3）力学性质

① 硬度。矿物抵抗外力刻划、压入、研磨的程度称为硬度。硬度的大小主要由矿物内部原子、离子或分子联结力的强弱所决定。不同的矿物具有不同的硬度。

矿物的硬度可以划分为绝对硬度和相对硬度。用测硬仪和显微硬度计等仪器可精密测定矿物的绝对硬度。相对硬度是按照矿物之间的软硬程度不同进行划分的，通常用莫氏硬度计作为标准进行测量。莫氏硬度计由 10 种硬度不同的矿物组成（表 3-1）。其中滑石的硬度最低，为 1；金刚石的硬度最高，为 10。测定某矿物的硬度，只需将该矿物同硬度计中的标准矿物相互刻划进行比较即可。如某矿物能刻划方解石，又能被萤石划动，则该矿物的硬度在 3 与 4 之间。

表 3-1　莫氏硬度计的硬度等级与代表矿物

硬度等级	代表矿物	硬度等级	代表矿物
1	滑石	6	正长石
2	石膏	7	石英
3	方解石	8	黄玉
4	萤石	9	刚玉
5	磷灰石	10	金刚石

　　通常还利用其他常见的物体代替硬度计中的矿物。如指甲的硬度约为 2～2.5，小钢刀约为 5～5.5，一般玻璃的莫氏硬度为 6。依据常见用品的硬度，一般粗略地将矿物划分为三个等级。低硬度矿物：能被指甲所刻划的矿物；中硬度矿物：不能被指甲所刻划但能被小刀刻划的矿物；高硬度矿物：不能被小刀所刻划的矿物。

　　② 解理。在力的作用下，矿物晶体按一定方向破裂并产生光滑平面的性质称为解理，所裂开的光滑平面则称为解理面（图 3-2）。

图 3-2　方解石的解理面

　　矿物受力容易分裂成光滑面，称为解理好，反之则称为解理差或无解理。矿物的解理按其解理面裂开的难易程度及解理面的完整性可分为以下五级。

　　a. 极完全解理：矿物晶体极易裂成薄片，解理面较大，平滑，如白云母、黑云母的解理。

　　b. 完全解理：矿物晶体极易裂成平滑小块或薄板，解理面较大，且平坦光滑，如方解石的解理。

　　c. 中等解理：矿物不易裂成平滑小块，解理面不连续，如普通辉石的解理。

　　d. 不完全解理：解理程度差，在细小碎块上看到不清晰解理面，如磷灰石的解理。

　　e. 极不完全解理：或称无解理，肉眼看不到解理面，碎块上只发育断口，如石英等。

　　③ 断口。矿物受力后不沿一定的结晶方向断裂，断裂面是不规则和不平滑的，这种特征称为断口。非结晶矿物也可产生断口。断口的形态有以下几种：贝壳状断口，断口呈圆形的光滑曲面，面上常出现不规则的同心条纹，如石英和玻璃质体；平坦状断口，如高岭石；锯齿状断口，断口呈尖锐的锯齿状，延展性很强的矿物具有此种断口，如自然铜；参差状断口，断口面参差不齐，粗糙不平，大多数矿物具有此种断口，如磷灰石；土状断口，断口面呈细粉状，断口粗糙，为土状矿物所特有，如高岭石。

　　④ 脆性、延展性、挠性、弹性

　　a. 脆性：矿物容易被击碎或压碎的性质，如方铅矿、方解石等。

　　b. 延展性：矿物能被压薄或拉长的性质，如自然金、自然铜等。

c. 挠性：矿物在外力的作用下发生一定程度的弯曲，但不发生折断，除去外力后又不能恢复原状的性质，如绿泥石、滑石等。

d. 弹性：矿物在外力的作用下发生一定程度的变形，外力消除后能恢复原状的性质，如云母等。

（4）其他性质

① 密度和相对密度。密度为单位体积物体的质量，单位为 g/cm^3。矿物与同体积水（4℃）的质量比为相对密度。根据相对密度，一般将矿物分为三种。轻矿物：相对密度小于 2.5，如岩盐、石膏等；中等密度矿物：相对密度在 2.5～4，如石英、方解石、金刚石等；重矿物：相对密度大于 4 者，多数为金属的化合物，如方铅矿、自然铜、磁铁矿等。

② 磁性。磁性是指矿物可以被磁铁或电磁铁吸引或自身能够吸引其他物体的性质。只有极少数矿物具有显著的磁性，如磁铁矿等。矿物的磁性与其中含有的磁性元素有关，如 Fe、Co、Mn、Cr 等。

③ 导电性、压电性和热电性

a. 导电性是指矿物对电流的传导能力。自然金属矿物和某些金属硫化物是电的良导体；离子键或共价键矿物导电性弱或不导电，如石棉、云母等。

b. 压电性是指在压力作用下，矿物晶体表面被激起电荷的现象，如石英矿物具有压电性。

c. 热电性是指在受热或冷却时，矿物晶体表面被激起电荷的现象，如电气石具有热电性。

④ 萤光和磷光。矿物受外界辐射激发后即行发光，但当激发停止时，光也就随着消失，这种现象称为萤光，如白钨矿在紫色光照射下呈现一种鲜明的蓝光。如果矿物受外界刺激停止后仍然能在一定时间内保持发光的现象，就称为磷光，如某些重晶石、萤石在加热后可以发蓝光。

3.1.2.2　矿物的分类

矿物的分类方案很多，如单纯的化学成分分类、地球化学分类、成因分类等，但目前矿物学中广泛采用的是晶体化学分类。所谓晶体化学分类，是以矿物的化学成分和晶体结构为依据的分类方案。该分类方案既考虑了矿物化学组成的特点，又考虑了晶体结构的特点，在一定程度上还反映了自然界元素结合的规律，是一种比较合理的分类方案。根据晶体化学分类方法，将矿物分为五大类。

（1）自然元素大类矿物　以单质元素形式存在的矿物，包括自然金、自然银、自然铜、石墨、金刚石等。

（2）硫化物大类矿物　包括简单硫化物、复杂硫化物、硫盐等三类。有 200 余种，主要矿物有黄铁矿（FeS_2）、黄铜矿（$CuFeS_2$）、方铅矿（PbS）、辉铜矿（Cu_2S）、闪锌矿（ZnS）、辰砂（HgS）、辉锑矿（Sb_2S_3）、辉钼矿（MoS_2）、雄黄（As_4S_4）、雌黄（As_2S_3）等。

（3）氧化物和氢氧化物大类矿物　进一步可分为简单氧化物、复杂氧化物、氢氧化物等类型。简单氧化物类有刚玉（Al_2O_3）、赤铁矿（Fe_2O_3）、锡石（SnO_2）、软锰矿（MnO_2）、三水铝石〔$Al(OH)_3$〕、石英（SiO_2）等；复杂氧化物类有磁铁矿（Fe_3O_4）、尖晶石〔$(Mg, Fe, Zn, Mn)(Al, Cr, Fe)_2O_4$〕等。

（4）含氧盐大类矿物　包括硅酸盐类，碳酸盐类，硫酸盐类，硼酸盐类，硝酸盐类，铬酸盐类，钼酸盐和钨酸盐类，磷酸盐、砷酸盐和钒酸盐类，共八类矿物。其中硅酸盐类、碳酸盐类、硫酸盐类种类较多。

① 硅酸盐类。硅酸盐类矿物是硅和氧形成的络阴离子与阳离子结合形成的矿物。根据硅氧络阴离子排列方式不同，将硅酸盐分为岛状硅酸盐、环状硅酸盐、链状硅酸盐、层状硅酸盐和架状硅酸盐。硅酸盐类矿物在自然界分布极为广泛，约800种，占已知矿物种类的四分之一，约占岩石圈总质量的85%。硅酸盐类矿物是三大岩类（岩浆岩、变质岩和沉积岩）的主要造岩矿物。

主要的硅酸盐类矿物有正长石（$K[AlSi_3O_8]$）、钠长石（$Na[AlSi_3O_8]$）、橄榄石（$(Mg，Fe)_2[SiO_4]$）、普通辉石（$(Ca，Mg，Fe，Al)_2[(Si，Al)_2O_6]$）、普通角闪石 $[Ca_2Na(Mg，Fe)_4(Al，Fe)[(Si，Al)_4O_{11}]_2(OH)_2]$、滑石 $[Mg_3[Si_4O_{10}](OH)_2]$、白云母 $[KAl_2[AlSi_3O_{10}](OH)_2]$、红柱石（$Al_2[SiO_4]O$）、蛇纹石 $[Mg_6[Si_4O_{10}](OH)_8]$、高岭石 $[Al_4[Si_4O_{10}](OH)_8]$ 等。

② 碳酸盐类。碳酸盐类矿物有80余种，主要矿物有方解石（$CaCO_3$）、文石（$CaCO_3$，方解石的同质多象变体）和白云石 $[CaMg(CO_3)_2]$ 等。

③ 硫酸盐类。硫酸盐类矿物有260余种，主要矿物有石膏（$CaSO_4 \cdot 2H_2O$）、重晶石（$BaSO_4$）等。

（5）卤化物类矿物　卤化物类包括氯化物、溴化物、碘化物和氟化物，主要矿物有岩盐（$NaCl$）、钾盐（KCl）、萤石（CaF_2）等。

3.1.3　岩浆岩

岩石是指在各种地质作用下，按一定方式结合而成的矿物集合体，是构成地壳和地幔的主要物质。岩浆岩、沉积岩、变质岩是岩石的三大类型。岩浆岩又称火成岩，是地壳中最多的岩石，占地壳总体积的64.7%。

3.1.3.1　岩浆作用与岩浆岩的形成

（1）岩浆　岩浆是地壳深处一种富含挥发性物质的高温黏稠硅酸盐熔融体，其中尚含有一些金属硫化物和氧化物。岩浆按 SiO_2 的含量（质量分数）不同，分为超基性（小于45%）、基性（45%～52%）、中性（52%～65%）和酸性（大于65%）岩浆。

基性岩浆温度较高，为1000～1200℃；含 SiO_2 较少，含 Fe、Mg 的氧化物较多（故所成岩石颜色较深），密度较大；含挥发分较少，黏度较小，容易流动。酸性岩浆温度较低，为700～900℃；含 SiO_2 较多，含 Fe、Mg 的氧化物较少（故所成岩石色浅），密度较小；含挥发分较多，黏性较大，不易流动。

（2）岩浆作用与岩浆岩　在地壳运动的影响下，由于外部压力的变化，岩浆向压力减小的方向移动，上升到地壳上部或喷出地表冷却凝固成为岩石的全过程，统称为岩浆作用。由岩浆作用形成的岩石称为岩浆岩。

① 喷出作用与火山岩。岩浆在地下深处形成后，沿破碎带、薄弱部位向上运移，冲破上覆岩层喷出地表，这种过程为喷出作用。岩浆喷出时有液体、固体、气体三种组分。气体组分主要来自地下的岩浆，小部分由岩浆在上升过程中与围岩发生作用后产生，其

中水蒸气占 60%～90%，其他为 H_2S、SO_2、CO_2、HF、HCl、NaCl、S 等挥发分。在岩浆喷发早期，气体组分中 HCl 气体较多；在喷发晚期，气体组分中富含 SO_2、CO_2。液体组分称熔浆，是岩浆喷出地表后损失了大部分气体而形成的，成分与岩浆类似。固体喷出物又称火山碎屑，由被喷射到空中的岩石碎块和熔浆凝固形成的碎块组成。根据粒径大小，分为火山灰（<2mm）、火山砾（2～100mm）、火山块（100mm 以上）等；根据形态，分为火山渣（多孔、渣状）、火山弹（熔浆在空中旋转、扭曲形成一定形状的块体）等。

喷射到空中的熔浆和火山周围岩石被炸碎而形成的碎屑物组成火山碎屑物，冷凝压固成火山岩。

② 侵入作用与侵入岩。灼热熔融的岩浆往往由于热力和上升力量的不足，并不一定能上升到达地面。岩浆由地下深处向上运移，未达到地表，在地下占据一定空间，冷凝成岩的过程称为侵入作用。岩浆在侵入过程中，可以在不同的深度凝固，形成侵入岩。在地壳不太深（一般小于 3km）的位置冷凝形成的岩石，称为浅成侵入岩（浅成岩）；在地下深处（一般在 3～10km）冷凝形成的岩石，称为深成侵入岩（深成岩）。

岩浆的侵入深度不同，直接影响到岩浆的温度、压力、冷凝速度以及挥发物质的散失等，造成不同岩浆岩在成分、结构和构造等方面也不相同。因此，岩石的成分、结构和构造等是区别岩浆作用方式、岩石类型的主要标志。

（3）岩浆岩的产状 岩浆岩的产状是指岩浆岩体的形态、规模、与围岩的接触关系、形成时所处的地质构造环境及距离当时地表的深度等。

① 侵入岩的产状。包括岩基、岩株、岩盘、岩床、岩墙和岩脉等。

a. 岩基：是一种规模庞大的岩体，一般出露面积大于 $100km^2$，向下延伸 10～30km，往往呈长圆形，与围岩的接触面不规则（图 3-3）。岩基埋藏深，范围大，岩浆冷凝速度慢，晶粒粗大，岩性均匀，多是花岗岩类岩石。我国大部分山脉皆有分布，如昆仑山、天山、秦岭、祁连山、大兴安岭、江南丘陵等。我国著名风景区黄山、华山、衡山、九华山都是花岗岩岩基。

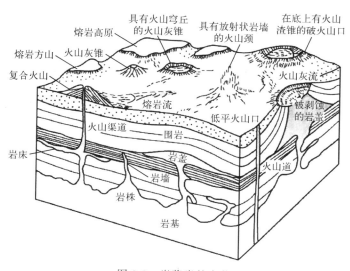

图 3-3 岩浆岩的产状

b. 岩株：出露面积较小，形态又不规则的侵入岩体，与围岩接触面较陡直，有的岩株是岩基的突出部分，边缘常有规模较小的分支贯入围岩之中。主要由中性、酸性岩石组成。

c. 岩盘：又称岩盖，是指中间厚度较大，呈伞形或透镜状的侵入体，多是酸性或中性岩浆沿层状岩层面侵入后，因黏性大，流动不远所致。

d. 岩床：黏性较小、流动性较大的基性岩浆沿层状岩层面侵入，充填在岩层中间，常常形成厚度不大、分布范围广的岩体，称为岩床。岩床多为基性浅成岩。

e. 岩墙和岩脉：岩墙和岩脉是沿围岩裂隙或断裂带侵入形成的狭长形的岩浆岩体，与围岩的层理和片理斜交。通常把岩体窄小的称为岩脉，把岩体较宽厚且近于直立的称为岩墙。岩墙和岩脉多在围岩构造裂隙发育的地方，由于它们岩体薄，与围岩接触面积大，冷凝速度快，岩体中形成很多收缩拉裂隙，因此岩墙、岩脉发育的岩体稳定性较差，地下水较活跃。

② 喷出岩的产状。喷出岩的产状受岩浆的成分和黏性、通道特征、围岩的构造及地表形态影响。常见的喷出岩产状有熔岩流、火山锥（岩锥）及熔岩台地。

a. 熔岩流：岩浆多沿一定方向的裂隙喷发到地表。岩浆多是基性岩浆，黏度小、易流动，形成厚度不大、面积广大的熔岩流，如我国西南地区广泛分布有二叠纪玄武岩流。由于火山喷发具有间歇性，因此熔岩流在垂直方向上往往具有不同喷发期的层状构造。在地表分布的一定厚度的熔岩流形成的岩石也称熔岩被。

b. 火山锥（岩锥）：黏性较大的岩浆沿火山口喷出地表，流动性较小，常和火山碎屑物粘结在一起，形成以火山口为中心的锥状或钟状的山体，称为火山锥或岩锥，如我国长白山顶的天池就是熔岩和火山碎屑物凝结而成的火山锥或岩锥。火山锥中，全由火山碎屑堆积的称为火山碎屑锥；由火山熔岩形成的火山锥叫熔岩锥，其锥体坡度缓，又称盾形火山；由火山碎屑和熔岩交互成层组成的火山锥，称为混合锥。将火山锥上层熔岩和碎屑物剥去，露出的火山喉管及填充物称为火山颈。

c. 熔岩台地：当岩浆的黏性较小时，岩浆较缓慢地溢出地表，形成台状高地，称为熔岩台地，可形成熔岩高原、熔岩方山等地貌形态。

3.1.3.2　岩浆岩的化学成分与矿物成分

(1) 岩浆岩的化学成分　岩浆岩的主要化学成分有 SiO_2、Al_2O_3、Fe_2O_3、FeO、MgO、CaO、Na_2O、K_2O 和 H_2O 等。其中 SiO_2 含量最多，它的含量直接影响岩浆岩矿物成分的变化，并直接影响岩浆岩的性质。

(2) 岩浆岩的矿物成分　组成岩浆岩的矿物有 30 多种，但常见的矿物只有十几种。其中，长石、石英、黑云母、角闪石、辉石、橄榄石等约占总量的 99%，被称为造岩矿物。岩浆岩矿物按颜色深浅可划分为浅色矿物和深色矿物两类，其中：浅色矿物富含硅、铝，有正长石、斜长石、石英、白云母等，称为硅铝质矿物；深色矿物富含铁、镁，有黑云母、辉石、角闪石、橄榄石等，称为铁镁质矿物。

根据造岩矿物在岩石中的含量及其在岩石分类命名中所起的作用，可把岩浆岩的造岩矿物划分为主要矿物、次要矿物和副矿物三类。

① 主要矿物。主要矿物是岩石中含量较多的矿物，含量>5%。主要矿物对划分岩石大类、鉴定岩石名称有决定性作用，如显晶质钾长石和石英是花岗岩中的主要矿物，二者缺一不能定为花岗岩。

② 次要矿物。次要矿物在岩石中含量相对较少，在1%～5%之间。次要矿物对划分岩石大类不起决定性作用，但在本大类岩石的定名中起重要作用。例如，某花岗岩中含少量角

闪石，可据此将该岩石定名为角闪石花岗岩。

③ 副矿物。副矿物在岩石中含量很少，通常小于1%，它们的有无不影响岩石的类型和定名，如花岗岩中含有的微量磁铁矿、磷灰石等。

3.1.3.3 岩浆岩的结构和构造

（1）岩浆岩的结构 岩浆岩结构是指岩石中矿物颗粒本身的特点及它们之间的相互关系。岩浆岩的结构特征与岩浆的化学成分、物理化学状态及成岩环境密切相关。例如：深成岩是缓慢冷凝的，晶体发育时间较充裕，能形成自形程度高、晶形较好、晶粒粗大的矿物；相反，喷出岩冷凝速度快，来不及结晶，形成的矿物多为非晶质或隐晶质。

① 按结晶程度分类。按结晶程度，可把岩浆岩结构划分成全晶质结构、半晶质结构、玻璃质结构三类 ［图 3-4(a)］。全晶质结构：矿物晶体颗粒肉眼能分辨的结构；半晶质结构：由部分晶体和部分玻璃质组成，多见于浅成岩和火山岩中；玻璃质结构：由未结晶的火山玻璃质组成。

② 按矿物晶粒绝对大小分类。按矿物晶粒绝对大小，可把岩浆岩结构分成显晶质和隐晶质两类。

a. 显晶质结构：岩石中矿物的结晶颗粒粗大，用肉眼或放大镜能够分辨。按颗粒的直径大小，可将显晶质结构分为伟晶结构（颗粒直径＞10mm）、粗粒结构（颗粒直径为5～10mm）、中粒结构（颗粒直径为1～5mm）、细粒结构（颗粒直径为0.1～1mm）、微粒结构（颗粒直径＜0.1mm）。

b. 隐晶质结构：矿物颗粒细微，肉眼和一般放大镜不能分辨，但在显微镜下可以观察矿物晶粒特征，是喷出岩和部分浅成岩的结构特点。

③ 按矿物晶粒相对大小分类。按矿物晶粒的相对大小，可将岩浆岩的结构划分为等粒结构、不等粒结构、斑状结构和似斑状结构三类 ［图 3-4(b)］。

(a) 按结晶程度分类   (b) 按晶粒相对大小分类

图 3-4　矿物按结晶程度和晶粒相对大小分类

a. 等粒结构：岩石中不同种类矿物颗粒大小大致一致。

b. 不等粒结构：岩石中不同种类矿物颗粒大小不等，但粒径相差不是很大。

c. 斑状结构和似斑状结构：岩石中两类矿物颗粒大小相差悬殊。大晶粒矿物分布在大量的细小颗粒中，大晶粒矿物称为斑晶，细小颗粒称为基质。基质为显晶质时，称为似斑状结构；基质为隐晶质或玻璃质时，称为斑状结构。似斑状结构多见于浅成岩和部分深成岩中，斑状结构是浅成岩和部分喷出岩的特有结构。

④ 按矿物晶粒形状发育程度分类。按矿物晶粒形状发育程度，可将岩浆岩的结构划分为自形结构、半自形结构、他形结构三类。

a. 自形结构：晶体发育成应有的晶形。

b. 半自形结构：晶体发育成应有的晶形的一部分。

c. 他形结构：晶体不能发育成应有的晶形，常常不规则。

⑤ 按矿物颗粒之间的相互关系分类。矿物颗粒的相互关系主要可分为交生关系和反应关系。

a. 矿物颗粒之间的交生关系：两种矿物相互穿插、有规律地生长在一起，如文象结构、条纹结构、蠕虫结构等。文象结构：岩石中石英和钾长石（通常为微斜长石或微纹长石）有规则共生的一种结构，这两种矿物互结成楔形连晶，似楔形文字，因而得名［图3-5（a）］。蠕虫结构：一种矿物呈蠕虫状、乳滴状或花瓣状穿插生长在另一种矿物中，最常见的是石英呈蠕虫状镶嵌在长石（多为斜长石）中［图3-5（b）右］。条纹结构：一种钾长石和钠长石呈星条纹状交生的现象，通常都是钠长石呈条纹状无定向或定向分布在钾长石中。

b. 矿物颗粒之间的反应关系：早结晶的矿物和熔浆发生反应而形成，如反应边结构、环带结构、暗化边结构、熔蚀结构等。反应边结构：早生成的矿物或捕虏晶与岩浆发生反应，当反应不彻底时，环绕早生成矿物形成的一个新矿物边，常见于超基性和基性岩中［图3-5（b）左］。环带结构：与反应边结构类似，不同的是反应生成矿物与被反应矿物同属一种矿物，仅端元成分及光性方位有差异，因而呈现环带特征，主要见于斜长石中。暗化边结构：含挥发分的斑晶在上升过程中常发生分解，在晶体边缘形成铁质分解氧化生成的磁铁矿等不透明矿物细粒集合体。熔蚀结构：深部结晶的斑晶在随岩浆上升过程中，由于物化条件改变而产生熔蚀，形成浑圆状、港湾状形态。

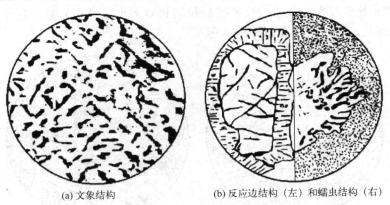

(a) 文象结构　　　　　　　　(b) 反应边结构（左）和蠕虫结构（右）

图 3-5　文象结构、反应边结构、蠕虫结构

（2）岩浆岩的构造　　岩石的构造是指组成岩石的矿物集合体的形状、大小、排列和空间分布表现出来的岩石构成特点。常见的岩浆岩构造有以下几种。

① 块状构造。矿物在岩石中分布均匀，无定向排列，结构均一，是岩浆岩中常见的构造。

② 流纹状构造。岩浆在地表流动过程中，由于颜色不同的矿物、玻璃质和气孔等被拉长，熔岩流动方向上形成不同颜色条带相间排列的流纹状构造，常见于酸性喷出岩。

③ 气孔状构造。岩浆岩喷出后，岩浆中的气体及挥发性物质呈气泡逸出，在喷出岩中常有圆形或被拉长的孔洞，称为气孔状构造。

④ 杏仁状构造。具有气孔状构造的岩石，若气孔后期被方解石、石英等矿物充填，形如杏仁，则称为杏仁状构造。

⑤ 斑杂构造。岩石的不同部位在结构上或矿物成分上有较大的差异，结果使岩石呈现出斑斑驳驳外貌的构造。

⑥ 条带状构造。岩石中具有不同结构、不同矿物成分的条带相互交替、平行排列的一种现象。

3.1.3.4　岩浆岩的分类与主要岩石特征

自然界中的岩浆岩种类繁多，相应的分类也很多。依据岩浆岩的化学成分、产状、构造、结构、矿物成分及其共生规律等特征，对岩浆岩进行分类，主要是按 SiO_2 的含量进行划分，将岩浆岩划分为酸性岩、中性岩、基性岩和超基性岩（表 3-2）。从酸性岩到超基性岩，岩石中 SiO_2 的含量逐渐减少，FeO、MgO 含量逐渐增多，K_2O、Na_2O 含量逐渐减少。

表 3-2　岩浆岩的分类

岩类		超基性岩	基性岩	中性岩		酸性岩
SiO_2 含量		＜45%	≥45%～≤52%	>52%～≤65%		>65%
主要矿物成分						石英
						钾长石
						富钠斜长石
			富钙斜长石			黑云母
						角闪石
			辉石			
		橄榄石				
代表性岩石	喷出岩	火山玻璃（珍珠岩、松脂岩、黑曜岩等，以酸性岩为主）				
		金伯利岩	玄武岩	安山岩	粗面岩	流纹岩
	浅成岩	各种脉岩（伟晶岩、细晶岩、煌斑岩等）				
		苦橄玢岩	辉绿岩	闪长玢岩	正长斑岩	花岗斑岩
	深成岩	橄榄岩	辉长岩	闪长岩	正长岩	花岗岩

注："————"表示该矿物常见，"…………"表示该矿物偶尔可见。

（1）超基性岩　超基性岩 SiO_2 含量＜45%，不含或含很少长石（斜长石），颜色深，大部分由铁镁质深色矿物组成，相对密度较大（3.27 以上），多见于侵入岩体的最深部。这类岩石抗风化能力差，风化后强度较低。典型岩石有橄榄岩和辉岩。

① 橄榄岩：主要矿物为橄榄石和少量辉石，岩石呈橄榄绿色，岩石中矿物全为橄榄石时称为纯橄榄岩。块状构造，全晶质、中、粗粒结构。橄榄岩中的橄榄石易风化转为蛇纹石和绿泥石，所以新鲜橄榄岩很少见，常见于玄武岩的包裹体中。

② 辉岩：主要矿物为辉石，含少量橄榄石，颜色多为灰黑或黑绿色，块状构造，全晶质粒状结构。

（2）基性岩　基性岩 SiO_2 含量为 45%～52%，主要矿物为辉石和基性斜长石，次要矿物为角闪石、黑云母和橄榄石，有时还含蛇纹石、绿泥石、滑石等次生矿物。基性岩是较常见的岩浆岩，特别是喷出岩中的玄武岩分布面积很广。典型的基性岩有辉长岩、辉绿岩和玄武岩。

① 辉长岩：基性深成岩，主要矿物是辉石和斜长石，次要矿物为角闪石和橄榄石；颜色为灰黑至暗绿色；呈中、粗粒结构，块状构造；多为小型侵入体，常以岩盆、岩株、岩床等产出。

② 辉绿岩：基性浅成岩，呈暗绿或黑色，矿物成分与辉长岩相同，主要矿物为辉石和斜长石，二者含量相近；具有典型的辉绿结构，其特征是粒状的微晶辉石等暗色矿物充填于由自形-半自形的微晶斜长石组成的空隙中；多以岩床、岩墙等小型侵入体产出。辉绿岩蚀变后易产生绿泥石等次生矿物，使岩石强度降低。

③ 玄武岩：分布较广的基性喷出岩，呈黑、灰绿及暗紫等色。其主要矿物成分与辉长岩相同，多呈细粒至隐晶质结构，也有玻璃质结构和斑状结构。玄武岩呈致密块状，气孔构造及杏仁构造较普遍，柱状节理❶普遍发育。玄武岩岩性坚硬，但多孔时强度较低，较易风化。

（3）中性岩　中性岩 SiO_2 含量为 52%～65%，主要矿物为角闪石和中性斜长石，并出现钾长石、石英。中性岩数量较少，分布也不广泛，很少形成独立岩体，即使有也是小型岩株、岩盘或岩脉，常与辉长岩及花岗岩伴生，成为其岩体的边缘部分。但是中性喷出岩安山岩分布广泛，仅次于玄武岩，主要分布于环太平洋活动大陆边缘及岛弧地带。典型岩石有闪长岩、正长岩、闪长玢岩、安山岩、粗面岩等。

① 闪长岩：闪长岩是中性深成岩，呈浅灰至深灰色。其主要矿物成分为中性斜长石、角闪石，次要矿物为黑云母、辉石及石英等，呈等粒状结构，块状构造。

② 正长岩：正长岩属中性或半碱性深成岩，常呈浅灰、浅肉红、浅灰红等色。其主要矿物成分为钾长石、角闪石，次要矿物有黑云母等，不含石英或含量极少，呈等粒状结构，块状构造。其物理力学性质与花岗岩类似，但不如花岗岩坚硬，且易风化，极少单独产出，主要与花岗岩等共生。

③ 闪长玢岩：闪长玢岩为中性浅成岩，矿物成分与闪长岩相同。闪长玢岩呈斑状结构，斑晶主要为斜长石，基质为细粒至隐晶质，常为灰色，如有次生变化，则多为灰绿色。闪长玢岩呈块状构造，常呈岩床、岩墙或在闪长岩体边部产出。

④ 安山岩：安山岩是分布较广的中性喷出岩，呈灰、红褐或浅褐色，常呈斑状结构。斑晶为斜长石或角闪石，基质为玻璃质或玻璃-隐晶质，也常呈隐晶质结构。安山岩常为块状构造或气孔、杏仁构造，有不规则的板状或柱状原生节理，常呈块状熔岩流产出。

⑤ 粗面岩：粗面岩是成分和正长岩相当的中性喷出岩，常呈浅灰、浅褐、灰黄等色。多具斑状结构，斑晶常为正长石，基质为隐晶质。粗面岩表面常有粗糙感，常为块状构造，少有气孔构造。斑晶中若有石英，可称为石英粗面岩。

（4）酸性岩　酸性岩 SiO_2 含量大于 65%，属 SiO_2 过饱和岩石，FeO、MgO、CaO 含量低，Na_2O、K_2O 的含量较高，反映在矿物成分上，暗色矿物含量往往小于 10%，浅色矿

---

❶ 柱状节理是几组不同方向的节理将岩石切割成多边形柱状体，柱体垂直于火山岩的基底面。玄武岩中柱状节理的生成方式一般认为是岩流冷却过程中，平坦的熔岩冷凝面形成无数规则而又间隔排列的均匀收缩中心，产生垂直于收缩方向的张力裂隙，体积收缩引起岩石物质向固定的内部中心聚集，致使岩石裂开，形成多面柱体。

物含量往往大于90%，主要是石英含量较高，岩石颜色较浅。酸性岩分布很广，在侵入岩中的分布远远超过喷出岩，花岗岩的分布面积占所有侵入岩面积的80%以上，且多呈大型的岩基及岩株。典型的酸性岩浆岩有花岗岩、花岗斑岩、流纹岩等。

① 花岗岩：花岗岩是酸性深成岩，分布面积占所有侵入岩面积的80%以上，多呈肉红色、浅灰色。其主要矿物为钾长石、石英和酸性斜长石，且钾长石多于斜长石，次要矿物为黑云母、角闪石等。花岗岩呈全晶质等粒状结构，块状构造，产状多为岩基、岩株，可作为良好的建筑物地基及天然建筑石料。

② 花岗斑岩：花岗斑岩为酸性浅成岩。成分与花岗岩相同，具斑状或似斑状结构。斑晶和基质均主要由钾长石、酸性斜长石、石英组成，斑晶所占面积大于基质。若斑晶以石英为主，则称为石英斑岩。

③ 流纹岩：流纹岩是酸性喷出岩，呈岩流状产出，大都呈灰、灰白和灰红等较浅的颜色。流纹岩呈斑状结构，含量较少且较为细小的斑晶为钾长石和石英等矿物，基质多为玻璃质，常具流纹构造、气孔构造。

(5) 脉岩类　脉岩是呈岩脉状或岩墙状产出的浅成侵入岩，常位于深成侵入岩内部或附近的围岩中，充填在裂隙内。根据矿物成分和结构特征，脉岩可分为伟晶岩、细晶岩和煌斑岩等三类。

① 伟晶岩：巨粒浅色脉岩，颗粒大小一般在1cm以上，有的可达几米至几十米。按矿物成分可分为花岗伟晶岩、正长伟晶岩、闪长伟晶岩等，但仅花岗伟晶岩较为常见，故一般所称的伟晶岩即指花岗伟晶岩。花岗伟晶岩由粗大的钾长石、石英、斜长石构成，常具文象结构。

② 细晶岩：细粒结构的浅色脉岩。不同细晶岩的成分相差很大，最常见的是花岗细晶岩。以细粒石英和长石为主要成分的花岗细晶岩也叫作长英岩。

③ 煌斑岩：深色脉岩类岩石的总称。其特点是全晶质，常具明显的斑状结构，也有细粒结构。其矿物成分以黑云母和角闪石为主，也有辉石、橄榄石以及斜长石等。最常见的是黑云母煌斑岩。

(6) 火山碎屑岩类　火山碎屑岩类是火山活动时形成的火山碎屑物质，如火山尘（粒径<0.01mm）、火山灰（粒径为0.01~2mm）、火山砾（粒径为2~50mm）、火山块（粒径>50mm）、火山弹（粒径一般>64mm）及火山渣等。它们在火山口附近就地堆积，或在空气或水中经搬运、降落、沉积、固结形成岩石，如火山凝灰岩、火山角砾岩、火山集块岩等，其中火山凝灰岩最为常见。

火山凝灰岩一般由粒径小于2mm的火山灰和碎屑堆积而成。碎屑物质有岩屑、矿物晶屑、玻璃碎屑等，胶结物为火山尘及火山灰的次生化学分解物（蛋白石、黏土、碳酸盐等），具典型的凝灰结构、块状构造。

3.1.4　沉积岩

沉积岩是在地壳表层常温常压条件下，由先期岩石的风化产物、有机质和其他物质，经搬运、沉积和成岩等一系列地质作用而形成的岩石。沉积岩在体积上占地壳的7.9%，覆盖陆地表面的75%，是地表最常见的岩石类型。

3.1.4.1　沉积岩的形成

沉积岩的形成，大体上可分为沉积物的生成、搬运作用、沉积作用和成岩作用四个过程。

(1) 沉积物的生成　沉积物的来源首先是先期岩石的风化产物，其次是组成地壳的物质受风力、地面流水、地下水、冰川、湖泊、海洋和生物等各种外动力条件破坏、剥蚀下来的物质，再次是生物堆积。然而，单纯的生物堆积很少，仅在特殊环境中才能堆积形成岩石，如贝壳石灰岩等。

先期岩石的风化、剥蚀产物主要包括碎屑物质和非碎屑物质两部分。碎屑物质是先期岩石机械破碎的产物，如花岗岩、辉长岩等岩石碎屑和石英、长石、白云母等矿物碎屑。碎屑物质是形成碎屑岩的主要物质。非碎屑物质包括真溶液和胶凝体两部分，是形成化学岩和黏土岩的主要成分。

(2) 搬运作用　沉积物在空气、水、冰等和重力作用下，被搬运到低地。搬运作用的方式有拖曳搬运、悬浮搬运和溶解搬运三种。

① 拖曳搬运。被搬运的物质因颗粒粗大，随风或流水在地面上或沿河床底滚动或跳跃前进。被搬运物质大多数在搬运过程中逐渐停下沉积于低洼地方或沉积于河床底部，只有部分被带入海中。

② 悬浮搬运。被搬运物质颗粒较细，随风在空气中或浮于水中前进，悬浮搬运的距离可以很远。我国西北地区的黄土就是从很远的沙漠地区以悬浮方式搬运来的。

③ 溶解搬运。被搬运的物质溶解于水中，以真溶液（如 Ca、Mg、K、Na、Cl 等）或胶体溶液（如 Al、Fe、Mn 等的氢氧化物）的状态搬运。这些溶解质一般都被带到湖、海中沉积。

碎屑物质在搬运过程中，由于相互的摩擦和碰撞及与河床底部、谷壁等的摩擦、碰撞，逐渐失去棱角，这个过程称为磨圆。根据碎屑颗粒磨圆的程度，分为棱角状、次棱角状、次圆状、圆状、极圆状等类型。碎屑物质长距离搬运的结果是被搬运的物质被磨圆。

(3) 沉积作用　被搬运一定距离之后，由于搬运介质搬运能力（风速或流速）的减弱、搬运介质物理化学条件的变化或在生物作用下，被搬运的物质从风或流水等介质中分离出来，形成沉积物的过程，称为沉积作用。沉积作用按沉积方式可分为机械沉积作用、化学沉积作用和生物沉积作用。

① 机械沉积作用。由于搬运介质搬运能力的减弱，以拖曳或悬浮方式搬运的物质，按颗粒大小、形状和密度在适当地段依次沉积下来，称为机械沉积。对于风、流水等介质，在机械沉积过程中，由于动能减小，粗、重的颗粒首先发生沉积，随着搬运距离增大，细、轻的颗粒依次发生沉积，形成机械沉积分异作用。因此搬运的距离越远，分选程度越高，即颗粒按大小和质量逐渐分开。而冰川是固体载运，不发生分选，因此分选作用最差。

② 化学沉积作用。呈真溶液或胶体溶液状态被搬运的物质，介质物理化学条件的改变使溶液中的溶质达到过饱和，或因胶体的电荷被中和而发生沉积，称为化学沉积。在化学沉积作用下，首先沉积下来的是最难溶解并易于沉积的物质，而易溶物质只有在有利于沉积作用的特殊条件下才发生沉积。

③ 生物沉积作用。湖沼和浅海是生物最繁盛的地带，生物沉积作用极其显著。生物沉积作用包括生物在其生活历程中所进行的一系列生物化学作用（如改变水的 pH 值等）以及

生物大量死亡后尸体内较稳定部分（主要是生物的骨骼）直接堆积下来的过程。生物骨骼成分有钙质、磷质和硅质，但绝大多数为钙质。它们有时被海浪捣碎混在机械沉积物中，数量多时也可形成生物碎屑堆积。

（4）成岩作用　使松散沉积物转变为沉积岩的过程，称为成岩作用。在成岩作用阶段，沉积物发生的变化有压固作用、胶结作用和重结晶作用三种。

① 压固作用。先成的松散沉积物，在上覆沉积物及水体的压力下，所含水分将大量排出，体积和孔隙度大大减小，逐渐被压实、固结而转变为沉积岩。黏土沉积物变为黏土岩，碳酸盐沉积物变为碳酸盐岩，主要是压固作用的结果，因为黏土和碳酸盐沉积物形成后富含水分，孔隙亦大，在压力作用下较易缩小体积、排出水分而固结成岩。

② 胶结作用。在碎屑物质沉积的同时或稍后，水介质中以真溶液或胶体溶液形式搬运的物质亦可随之发生沉积，形成泥质、钙质、铁质、硅质等化学沉积物。这些物质充填于碎屑沉积颗粒之间，在上覆沉积物等外界压力的作用下，经过压实，碎屑沉积物的颗粒借助于化学沉积物的黏结作用而固结变硬，形成碎屑岩。

③ 重结晶作用。沉积物的矿物成分在温度、压力增加的情况下，借助于溶解或固体扩散等作用，使物质质点发生重新排列组合，颗粒增大的现象称重结晶作用。重结晶强弱的内因取决于物质成分、质点大小和均一程度。一般说来，成分均一、质点小的真溶液或胶体沉积物，其重结晶现象最明显。例如，化学沉积的方解石、白云石、石膏，胶体沉积的黏土矿物、二氧化硅（蛋白石），都容易发生重结晶作用，使颗粒增大，对疏松沉积物的固结成岩起着促进作用。因此，重结晶作用主要出现于黏土岩和化学岩的成岩过程中。

3.1.4.2　沉积岩的成分

（1）化学成分　沉积岩的化学成分与岩浆岩相似，但也有区别：沉积岩中 Fe_2O_3 的含量大于 FeO，而岩浆岩则相反；沉积岩中富含 H_2O、CO_2，岩浆岩中则很少；沉积岩中富含有机物，岩浆岩中则缺少类似成分。

（2）矿物成分　沉积岩的矿物成分可分为碎屑矿物、黏土矿物、化学和生物成因矿物。

① 碎屑矿物：母岩风化后继承下来的较稳定矿物。属于继承矿物，包括石英、长石、白云母等。

② 黏土矿物：母岩化学风化后形成的矿物。属于新生矿物，包括高岭石、铝土等。

③ 化学和生物成因矿物：从溶液和胶体溶液沉淀出来，经过生物作用形成的矿物，包括方解石、白云石、铁锰氧化物等。

3.1.4.3　沉积岩的结构与构造

（1）沉积岩的结构　沉积岩的结构是指构成沉积岩颗粒的性质、大小、形态及其相互关系。常见的沉积岩结构有以下几种。

① 碎屑结构。碎屑结构是由胶结物将碎屑胶结起来而形成的一种结构，是碎屑岩的主要结构。碎屑物成分是岩石碎屑、矿物碎屑、石化的生物有机体或碎片以及火山碎屑等。

按粒径大小，碎屑可分为砾状结构（粒径＞2mm）、砂状结构（粒径为 2～0.05mm）和粉砂状结构（粒径为 0.05～0.005mm）。其中，砂状结构可进一步划分为粗砂结构（粒径为 2～0.50mm）、中砂结构（粒径为 0.50～0.25mm）和细砂结构（粒径为 0.25～0.05mm）。

碎屑颗粒之间有硅质、黏土质、钙质和火山灰等胶结物，将颗粒固结在一起。

② 泥质结构。泥质结构主要是由极细的黏土质点（粒径小于 0.005mm）所组成的、比较致密均一和质地较软的结构，是黏土岩的主要结构。

③ 化学结构。由纯化学成因形成的结构，其中有结晶粒状结构、鲕粒结构及豆状结构等。结晶粒状结构是由岩石中的颗粒在水溶液中结晶（如方解石等）或呈胶体形态凝结沉淀（如燧石等）而成的，是化学岩的主要结构。鲕粒结构由鲕粒组成，鲕粒是一种由核心和围绕核心的包壳组成的球形或椭球形颗粒，粒径绝大多数情况下小于 2mm，形似鱼卵，其核心可以是陆源碎屑、内碎屑或生物碎屑颗粒等，包壳主要由化学沉淀形成的呈同心或放射状排列的微晶碳酸盐矿物组成。豆状结构由直径大于 2mm 的球状或椭球状的颗粒及成分相同的填隙物组成，其特征与鲕状结构相同，仅大小不同。

④ 生物结构。生物结构是由生物遗体或碎片所组成的结构，是生物化学岩所具有的结构。

(2) 沉积岩的构造   沉积岩的构造是指沉积岩形成过程中，各种物质成分所产生的空间分布和相互间的排列方式。主要类型有层理构造、层面构造、结核及生物遗迹构造等。

① 层理构造。层理构造是指构成沉积岩的物质由于颜色、成分、颗粒粗细或颗粒特征的不同而形成的分层现象。每一层称为纹层，是同时同条件下形成的，是基本的沉积单位，层内具有均一性。层的顶面或底面为层面。层与层之间代表沉积条件的变化或侵蚀面，层与层之间有差异。根据层的厚度可划分为巨厚层状（大于 1.0m）、厚层状（1.0～0.5m）、中厚层状（0.5～0.1m）和薄层状（小于 0.1m）。

层理可以划分为水平层理、波状层理、斜层理（包括交错层理）、粒序层理、块状层理等类型，反映了当时的沉积环境和介质运动强度及特征。

a. 水平层理：细层之间以及细层与层系界面之间互相平行 [图 3-6(a)]。主要形成于细粉砂和泥质岩石中，多见于水流缓慢或平静的环境中形成的沉积物内，是在水动力较平稳的海、湖环境中形成的。

(a) 水平层理　　(b) 波状层理　　(c) 斜层理　　(d) 粒序层理　　(e) 块状层理

图 3-6　层理构造

b. 波状层理：层内的细层呈波状起伏，或薄的泥纹层和砂纹层成波状互层，细层可连续或断续，但其总方向平行 [图 3-6(b)]。波状层理在振荡的水动力条件下或者风力作用下形成，一般要有大量的悬浮物质沉积，沉积速率大于流水的侵蚀速度，方能保存连续的细层。

c. 斜层理：细层与大层层面（层系）斜交，且层系之间可以重叠、交错 [图 3-6(c)]。细层的倾斜方向表示介质（水或风）的运动方向，细层的厚度反映介质的流速。斜层理常用来作为水流动态（流速、方向、水深等）和沉积环境的重要标志。斜层理可分为单向斜层理、交错斜层理等类型。

d. 粒序层理：又叫递变层理，无明显的细层界线，整个层理主要表现为粒度的变化，即由下至上粒度由粗到细逐渐递变，是浊流（密度流）沉积的特征 [图 3-6(d)]。

　　e. 块状层理：岩层自下底面至上顶面之间岩性均一，肉眼看不出其他内部层理构造，一般厚度大于1m，是沉积物快速堆积的产物，甚为常见［图3-6(e)］。也可为生物扰动所致。

　　② 层面构造。层面构造是指在沉积岩层面保留的介质运动及自然条件变化形成的痕迹，如波痕、雨痕及泥裂等（图3-7）。

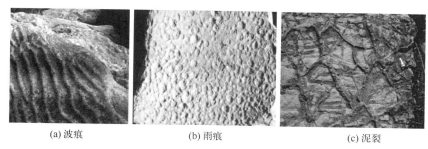

　　　　(a) 波痕　　　　　　　(b) 雨痕　　　　　　　(c) 泥裂

图3-7　沉积岩的层面构造

　　a. 波痕：岩石层面上保存原沉积物受风和水的运动影响形成的波浪痕迹。

　　b. 雨痕：雨点降落在未固结的泥质、砂质沉积物表面所产生的圆形或椭圆形的凹穴。

　　c. 泥裂：沉积物露出地表后干燥而裂开的痕迹，这种痕迹一般是上宽下窄，并为泥沙所充填。

　　③ 结核。沉积岩中含有一些在成分上与围岩有明显差别的物质团块，称为结核。结核由某些物质集中凝聚而成，外形常呈球形、扁豆状及不规则形状。根据成因可分为两类：一类为沉积过程中某些组分围绕质点层层聚积形成的原生结核，如石灰岩中的燧石结核等；另一类为岩石形成后溶液渗入，围绕某些质点沉淀的后生结核，如黄土中的石灰结核等。

　　④ 生物遗迹构造。生物遗迹构造是指由于生物的生命活动和生态特征而在沉积物中形成的构造，如化石、生物礁体、叠层构造、虫迹、虫孔等。

3.1.4.4　沉积岩的分类及常见沉积岩

　　沉积岩按成因、物质成分和结构特征分为碎屑岩、黏土岩、化学和生物化学岩三大类（表3-3）。

表3-3　沉积岩的类型及主要岩类

沉积岩类型		结构		主要岩类
碎屑岩类	沉积碎屑岩亚类	砾状结构(粒径＞2mm)		砾岩、角砾岩
		砂状结构（粒径 2～0.05mm）	粗砂结构（粒径 2～0.50mm）	粗粒砂岩
			中砂结构（粒径 0.50～0.25mm）	中粒砂岩
			细砂结构（粒径 0.25～0.05mm）	细粒砂岩
		粉砂状结构(粒径 0.05～0.005mm)		粉砂岩
	火山碎屑沉积岩亚类	集块结构(粒径＞64mm)		火山集块岩
		角砾结构(粒径 64～2mm)		火山角砾岩
		凝灰结构(粒径＜2mm)		凝灰岩

沉积岩类型	结构	主要岩类
黏土岩类	泥质结构（粒径＜0.005mm）	泥岩、页岩、黏土
化学和生物化学岩类	结晶结构或生物结构	铝、铁、锰质岩类
		硅、磷质岩类
		碳酸岩类
		蒸发岩类
		可燃有机岩类

（1）碎屑岩类

① 砾岩。由粒径大于 2mm 的粗大碎屑和胶结物组成。岩石中大于 2mm 的碎屑含量在 50％ 以上，碎屑呈浑圆状，成分一般为坚硬而化学性质稳定的岩石或矿物，如脉石英、石英岩等。胶结物的成分有钙质、泥质、铁质及硅质等。

② 角砾岩。和砾岩一样，大于 2mm 的碎屑含量在 50％ 以上，但碎屑有明显棱角。角砾岩的岩性成分多种多样。胶结物的成分有钙质、泥质、铁质及硅质等。

③砂岩。由粒径 2～0.05mm 的砂粒胶结而成，且这种粒径的碎屑含量超过 50％。按砂粒的矿物组成，可分为石英砂岩（石英矿物含量在 90％ 以上）、长石砂岩（长石矿物含量在 20％ 以上）和岩屑砂岩等。按砂粒粒径的大小，可分为粗粒砂岩、中粒砂岩和细粒砂岩。

根据胶结物的成分，又可将砂岩分为硅质砂岩、铁质砂岩、钙质砂岩及泥质砂岩几类。硅质砂岩的颜色浅，强度高，抵抗风化的能力强。泥质砂岩一般呈黄褐色，吸水性强，易软化，强度差。铁质砂岩常呈紫红色或棕红色，钙质砂岩呈白色或灰白色，二者强度介于硅质砂岩与泥质砂岩之间。

④粉砂岩。由粒径 0.05～0.005mm 的砂粒胶结而成，且这种粒径的碎屑含量超过 50％。其中，黄土是一种特殊的粉砂岩。

（2）黏土岩类　黏土岩主要由粒径小于 0.005mm 的颗粒组成，颗粒成分为黏土矿物，并含其他硅质、钙质、碳质等成分。此外，还含有少量的石英、长石、云母。

① 页岩。页岩主要由黏土矿物脱水胶结而成，大部分有明显的薄层理，呈页片状。依据胶结物可分为硅质页岩、黏土质页岩、砂质页岩、钙质页岩及碳质页岩。除硅质页岩强度稍高外，其余岩性软弱，易风化成碎片。

② 泥岩。泥岩是固结程度较高的一种黏土岩，成分与页岩相似，常呈厚层状。以高岭石为主要成分的泥岩常呈灰白色或黄白色，以微晶高岭石为主要成分的泥岩常呈白色、玫瑰色或浅绿色。

（3）化学和生物化学岩类

① 石灰岩。石灰岩简称灰岩，主要化学成分为碳酸钙，矿物成分以结晶的细粒方解石为主，其次含有少量的白云石和黏土矿物。颜色多为深灰、浅灰，纯质灰岩呈白色。石灰岩一般遇酸起泡剧烈。

石灰岩中均含有一定数量的黏土矿物，若黏土含量达 30％～50％，则称为泥灰岩。颜色有灰色、黄色、褐色、红色等。滴盐酸起泡后留有泥质斑点。结构致密，易风化。

② 白云岩。白云岩主要由白云石组成，常含有少量的方解石和黏土矿物。颜色多为灰白色、浅灰色，含泥质时呈浅黄色。隐晶质或细晶粒状结构。性质与石灰岩相似，但加冷稀

盐酸不起泡或起泡微弱，硬度比石灰岩高。

3.1.5 变质岩

3.1.5.1 变质作用与变质岩的形成

由于地壳运动及岩浆活动，已形成的矿物和岩石受到高温、高压及化学成分加入的影响，在基本保持固体状态的同时，会发生物质成分与结构、构造的变化，形成新的矿物和岩石，这一过程称为变质作用，形成的岩石称为变质岩。根据形成变质岩的原岩的不同，可将变质岩分为两大类：一类是由岩浆岩经变质作用形成的变质岩，叫正变质岩；另一类是由沉积岩经变质作用形成的变质岩，叫副变质岩。

（1）变质作用因素

① 温度。温度是变质作用的基本因素，热源为地热、岩浆热和构造活动产生的机械摩擦热。温度升高会大大增强岩石中矿物分子的运动速度和化学活性，从而使矿物在固体的状态下发生重结晶作用或重组合作用而产生新矿物。变质作用发生的温度范围的下限为 $150 \sim 200 ℃$，上限为 $700 \sim 900 ℃$。

② 压力。压力分为两种。一种是静压力，即上覆岩石对下伏岩石的压力，它随深度而增大。静压力的存在可使矿物或岩石向体积缩小、密度增大的方向变化。另一种是由于地壳运动产生的动压力，这种压力具有一定的方向，为定向压力。岩石在定向压力作用下，矿物在垂直于压力的方向将发生局部的细微溶解，并向平行于压力的方向流动而结晶。新生成的柱状或片状矿物的长轴沿垂直于主压应力轴方向产生定向排列，从而形成变质岩所特有的片理构造。

③ 化学成分的加入。外来物质主要来自岩浆热液，也有的来自混合岩化热液和变质水等。岩浆的热力可以使围岩结构、构造发生变化，而岩浆分化出来的气体和液体可与围岩发生交代作用，生成新的矿物。如岩浆中 F、Cl、B、P 等成分与围岩发生化学反应生成萤石、电气石、方柱石和磷灰石等。

（2）变质作用类型　根据引起变质作用的基本因素，可将变质作用分为接触变质作用、动力变质作用、区域变质作用、区域混合岩化作用四种。

① 接触变质作用。这种变质作用是指岩浆的热力与其分化出的气体和液体使岩石发生变化的一种作用。引起这类变质作用的主要因素是温度和化学成分的加入。前者表现为重结晶作用，主要表现为侵入体的热量使围岩的矿物成分、结构和构造发生变化，使原岩成分重结晶，如石英砂岩变成石英岩，石灰岩变成大理岩等；或原岩化学成分重新组合，形成新的矿物，如红柱石等。后者则是岩浆分化出来的气体和液体渗入围岩裂隙或孔隙中，与围岩发生化学反应（交代作用），使原岩变质而形成新的岩石，如石灰岩变成夕卡岩等。

② 动力变质作用。这种变质作用是指因地壳运动而产生的局部应力使岩石破碎和变形，但成分上很少发生变化。引起这种变质作用的因素以压力为主，温度次之。动力变质作用使岩石碎裂形成断层角砾岩（脆性）和糜棱岩（塑性）等，同时也能使矿物发生重结晶。这种变质作用多发生在地壳浅处，且常见于较坚硬的脆性岩石。

③ 区域变质作用。地壳深处的岩石，在高温高压下发生变化的同时，还伴有化学成分的加入，因而使广大的区域发生变质作用。这种变质作用和强烈的地壳运动密切相关，并常

伴有区域的岩浆活动，是各种因素的综合。这种变质作用影响范围广，所形成的岩石多具片理构造，如片岩等。

④ 区域混合岩化作用。区域变质作用进一步发展，变质岩向混合岩浆转化并形成混合岩的一种作用。区域混合岩化作用有以下两种形式。

a. 重熔作用：在一定温度下，一部分固态岩石部分选择性熔融，主要是石英和长石，形成重熔岩浆，与已变质的岩石发生混合岩化作用，形成混合岩。

b. 再生作用：由地下深部上升的热液，与已变质的岩石发生反应，使某些岩石熔化，形成再生岩浆，与已变质的岩石发生混合岩化作用，形成混合岩。

3.1.5.2　变质岩的矿物成分

组成变质岩的矿物，既有原岩成分，又有变质过程中新产生的成分。因此变质岩的矿物成分可以分为原岩残留矿物和新生矿物两大类。

(1) 原岩残留矿物　变质作用过程中原始岩石中没有发生变化的矿物，如石英、长石、云母、角闪石、辉石、方解石、白云石等。

(2) 新生矿物　在变质作用中产生而为变质岩所特有的变质矿物，如石榴子石、滑石、绿泥石、蛇纹石等。根据变质岩特有的变质矿物，可把变质岩与其他岩石区别开来。

3.1.5.3　变质岩的结构与构造

(1) 变质岩的结构　变质岩的结构按成因可分为变晶结构、变余结构、碎裂结构、交代结构。

① 变晶结构。变晶结构指原岩在固态条件下，岩石中的各种矿物同时发生重结晶或变质结晶所形成的结构。根据变晶矿物颗粒的形状，可划分为粒状变晶结构和鳞片状变晶结构等类型。

a. 粒状变晶结构：又称花岗变晶结构，特征是岩石主要由长石、石英或方解石等粒状矿物组成，各种矿物彼此之间紧密排列（图 3-8）。一般定向构造不明显，常呈块状构造。其中，角岩结构是细粒粒状变晶结构，原岩主要为黏土岩、粉砂岩、岩浆岩和各种火山碎屑岩。

b. 鳞片状变晶结构：由片状矿物（如云母、绿泥石等）组成并具有定向排列的一种结构（图 3-9）。如云母片岩即表现出这种结构。

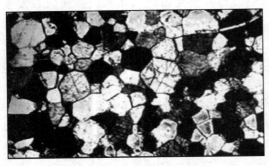

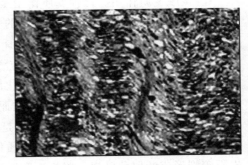

图 3-8　粒状变晶结构 　　　　　　　　　图 3-9　鳞片状变晶结构

根据变质矿物的粒度大小可分为粗粒（＞3mm）、中粒（3～1mm）、细粒（＜1mm）变晶结构，根据矿物的相对大小可分为等粒变晶结构、不等粒变晶结构及斑状变晶结构等。其中斑状变晶结构又称变斑状结构，是变晶结构的一种。斑状变晶结构是指粒度较小的矿物集合体中有相对较大的晶体的结构类型。其特征是在较细的变质矿物集合体中有较大的矿物晶体，其中较大的矿物晶体称为变斑晶，较小的矿物称为基质。斑状变晶结构与岩浆岩中的斑状结构相似，但二者的成因和特点不同。斑状变晶结构中的变斑晶和基质矿物在变质作用过程中的固体状态下基本同时形成（有些变斑晶的形成时间可能比基质矿物稍晚）。变斑晶一般是结晶力较强的矿物，如石榴子石、十字石、蓝晶石、红柱石等，变斑晶中往往有基质矿物的包裹体。而斑状结构中的斑晶和基质矿物是从岩浆中结晶形成的，斑晶比基质矿物先结晶，其中没有基质矿物的包裹体。

② 变余结构。当岩石轻微变质时，重结晶作用不完全，保留下来的原岩结构的残余即称为变余结构。如泥质砂岩变质以后，泥质胶结物变成绢云母和绿泥石，而其中的碎屑物质（如石英）不发生变化，便形成变余砂状结构。还有其他变余结构，如与岩浆岩有关的变余斑状结构、变余花岗结构等。

③ 碎裂结构。局部岩石在定向压力的作用下，矿物及岩石本身发生弯曲、破碎，而后又被粘结起来而形成新的结构，称为碎裂结构。碎裂结构常具条带和片理，是动力变质中常见的结构。根据破碎程度可分为压碎结构、糜棱结构等。

a. 压碎结构：在岩石应力的作用下，矿物颗粒破碎形成外形不规则的带棱角的碎屑，碎屑边缘呈锯齿状，并常有裂隙及扭曲变形的现象（图 3-10）。

b. 糜棱结构：在强烈应力作用下岩石的矿物颗粒几乎全部被破碎成微粒状（或细粒至隐晶质）的结构，常形成少量绢云母、绿泥石等新生矿物，有时可见类似流纹的条带状构造。破碎的微粒具明显的定向分布，其中可残留少量稍大的矿物碎块，但也常被磨圆呈眼球状。

④ 交代结构。由交代作用形成的结构，包括交代假象结构、交代残留结构、交代条纹结构等类型。交代结构对判别交代作用特征具有重要意义。

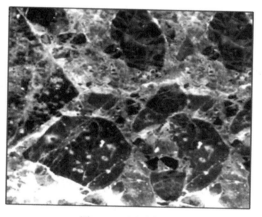

图 3-10　压碎结构

a. 交代假象结构：原有矿物被化学成分不同的另一种新矿物所置换，但仍保持原来矿物的晶形甚至解理等内部特点，如绿泥石交代黑云母或角闪石后呈黑云母或角闪石的假象。

b. 交代残留结构：原有矿物被分割成零星孤立的残留体，包在新生矿物之中，呈岛屿状。

c. 交代条纹结构：钾长石受钠质交代，沿解理呈现不规则状钠长石小条等。

（2）变质岩的构造

① 变余构造。岩石经变质后仍保留有原岩的部分构造特征，这种构造称为变余构造，属于残留构造。正变质岩常见的变余构造有变余气孔构造、变余杏仁构造、变余流纹构造等。副变质岩常见的变余构造有变余层理构造、变余波痕构造、变余雨痕构造、变余泥裂构造等。

② 变成构造。由变质作用所形成的构造称为变成构造。主要有板状构造、千枚状构造、片状构造、片麻状构造、条带状构造、眼球状构造、块状构造等（图 3-11）。

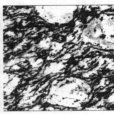

(a) 板状构造   (b) 千枚状构造   (c) 片状构造   (d) 片麻状构造   (e) 眼球状构造

图 3-11　变质岩的各种构造

a. 板状构造：具这种构造的岩石中，矿物颗粒很细小，肉眼不能分辨，但它们具有一组组平行破裂面，沿破裂面易于裂开成光滑、平整的薄板。破裂面上可见由绢云母、绿泥石等微晶形成的微弱丝绢光泽。

b. 千枚状构造：岩石中重结晶的矿物颗粒细小，多为隐晶质片状或柱状矿物，呈定向排列。片理为薄层状，呈绢丝光泽，这是千枚岩特有的构造。

c. 片状构造：在定向挤压应力的长期作用下，岩石中含有的大量片状、板状、纤维状矿物互相平行排列形成的构造，如各种片岩。

d. 片麻状构造：岩石中柱状、片状矿物在粒状矿物中定向排列和不均匀分布形成的构造，呈条带状，这是片麻岩所特有的构造。

e. 条带状构造：岩石中的矿物组成、颜色、颗粒或其他特征不同的组分形成的彼此相间、近乎平行排列、呈条带状的构造。

f. 眼球状构造：在定向排列的片柱状矿物中，局部夹杂有刚性较大的凸镜状或扁豆状的矿物团块的构造。

g. 块状构造：岩石中矿物颗粒分布较均匀，无定向排列的构造。大理岩、石英岩等具有块状构造。

3.1.5.4　变质岩的分类及主要变质岩

变质岩由于原岩类型复杂、种类繁多，又经受了不同程度、不同类型的变质作用，因此所形成的变质岩石类型更为复杂，岩性变化更大，以致直到现在还没有一个包括所有变质岩石的统一分类。一般按变质作用类型将变质岩划分为区域变质岩类、接触变质岩类、混合岩化岩类、动力变质岩类四大类。

（1）区域变质岩类　常见区域变质岩石有板岩、千枚岩、片岩、片麻岩、变粒岩、大理岩、石英岩等。

① 板岩类。板岩是具有板状构造特征的浅变质岩石，由黏土岩、粉砂岩或中酸性凝灰岩经轻微变质作用而形成。外表呈致密隐晶质，矿物颗粒很细，肉眼难以鉴别。有时在板理面上有少量绢云母、绿泥石等新生矿物，使板理面略显绢丝光泽。常见的板岩类岩石有绢云板岩、绿泥板岩、碳质板岩、钙质板岩、粉砂质板岩和凝灰质板岩等。

② 千枚岩类。千枚岩是比板岩变质程度深的岩石，属于低温和较强应力作用的产物，原岩基本上同板岩。岩石以千枚状构造为特征，在薄的片理面上具丝绢光泽和微细皱纹。岩石基本全部重结晶，新生矿物占据优势，变余残留物少。但颗粒仍很细小，通常在 0.1mm 以下。常见千枚岩类型有绿泥千枚岩、绢云千枚岩以及绢云石英千枚岩等。

③ 片岩类。岩石具有明显片状构造，片状矿物及粒状矿物呈方向性排列，矿物主要由

云母、绿泥石、滑石、石英、长石、普通角闪石及透闪石组成。根据片状、柱状和粒状矿物组合可划分为云母片岩和云英片岩类（绢云片岩、石英片岩、二云片岩等）、绿片岩类（分为绿泥片岩、阳起石片岩等）、角闪片岩类（黑云角闪片岩、斜长角闪片岩、磁铁石英角闪片岩）、镁质片岩类（蛇纹片岩、滑石片岩）、钙质片岩类等类型。

④ 片麻岩类。片麻岩类具片麻状构造，中、粗粒鳞片粒状变晶结构，浅色矿物多为粒状的石英、长石，深色矿物多为片状、针状的黑云母、角闪石等。深色、浅色矿物各自呈条带状相间排列，属深变质岩，岩石定名取决于矿物成分，如花岗片麻岩、闪长片麻岩等。

⑤ 变粒岩类。变粒岩类是由粉砂岩、硬砂岩、中-酸性火山凝灰岩等经区域变质作用形成的变质岩。岩石具细粒变晶结构，片麻状构造不明显，主要由长石和石英组成，铁镁矿物约占15%。常见的岩石类型有角闪变粒岩、电气变粒岩、透辉变粒岩、斜长变粒岩等。

⑥ 大理岩类。大理岩是由碳酸盐岩（石灰岩、白云岩等）受热接触变质作用形成的产物。一般呈白色，含杂质时可形成不同的颜色和花纹。粒状变晶结构，块状构造。矿物成分主要为方解石，其次为白云石。当原岩中含有 Fe、Al、Si 等杂质时，变质形成蛇纹石、滑石、绿泥石、透闪石、阳起石、钙铝榴石、镁橄榄石、透辉石、硅灰石等，从而形成各种不同的大理岩。

⑦ 石英岩。石英岩是各种石英砂岩受热变质作用的产物。一般呈白色或灰白色，具隐晶质或中细粒花岗变晶结构，块状构造，有时稍具片理构造。矿物成分主要为石英，其次是长石。当原岩中含有 Ca、Fe、泥质等杂质时，在低级变质条件下可形成绢云母、绿泥石，从而形成各种不同的石英岩。

（2）接触变质岩类　根据接触变质作用分为热接触变质岩类和接触交代变质岩类。

① 热接触变质岩类。热接触变质岩的分类主要是依据原岩成分及变质条件，同时适当考虑产物的特征进行的。主要岩类有斑点板岩、角岩、石英岩、大理岩等。

a. 斑点板岩：基本保存原岩特征，板状构造，重结晶微弱，具有斑点构造，斑点形态大小不一，分布不均匀。斑点是绢云母、绿泥石等的集合体，或是非晶质的铁质、碳质的集合体，代表在温度的影响下，变质结晶作用围绕某些中心开始进行。

b. 角岩：泥质岩受中高级热变质作用的产物。一般为灰色至灰黑色，颗粒细小，多数呈隐晶质，致密状，有时稍具片理。镜下观察，原岩基本上已全部重结晶，形成角岩结构和斑状变晶结构，矿物成分主要为黑云母、石英，并经常有红柱石、董青石、长石、夕线石等。常见的岩石有红柱石云母角岩、董青石云母角岩等。

② 接触交代变质岩类。接触交代变质岩主要出露于侵入体的外接触带，接触变质作用类型及强弱程度随围岩性质不同而有所不同。主要岩石有夕卡岩、大理岩、云英岩等。

a. 夕卡岩：花岗变晶结构、变余结构、柱粒状变晶结构，蜂窝状构造或块状构造。矿物组成复杂，有石榴子石、石英、黄铁矿、锡石、锆石、黑钨矿、白钨矿、绿帘石、透辉石、透闪石、磷灰石、硅灰石、绿泥石、萤石和方解石等，形成各种夕卡岩。

b. 云英岩：鳞片粒状变晶结构、花岗变晶结构，块状构造。主要由大量石英、白云母及少量长石、电气石组成。主要岩石包括含电气石云母石英岩、交代石英岩和云英岩等。

（3）动力变质岩类　可分为角砾岩、糜棱岩、千糜岩等。

① 断层角砾岩。角砾状碎裂结构，块状构造，是断层错动带中的岩石在动力变质中被挤碾成角砾状碎块，经胶结而成的岩石。胶结物是细粒岩屑或溶液中的沉积物。

② 糜棱岩。粉末状岩屑胶结而成的糜棱结构，块状构造，矿物成分与原岩相同，含新

生的变质矿物，如绢云母、绿泥石、长石等。糜棱岩是高动压力断层错动带中的产物。

（4）混合岩化岩类　混合岩化作用形成的岩石称为混合岩。混合岩化作用较弱的混合岩，明显分出脉体和基体两部分，前者是由于注入、交代或重熔作用而形成的新生物质，后者基本代表原来变质岩的成分。混合岩条带状构造明显。随着混合岩化作用增强，浅成体与古成体的界线逐渐消失，形成类似花岗质岩石的混合岩。典型的混合岩有眼球状混合岩、条带状混合岩、混合片麻岩、混合花岗岩等。

3.2 内力地质作用与地貌

由地球转动能、重力能和放射性元素衰变产生的热能引起的地质作用，称为内力地质作用，主要存在于地壳或地幔中，引起该作用的地质营力的能量也主要来源于地球内部。

3.2.1 构造运动

3.2.1.1 构造运动特征

构造运动主要是由地球内部能量引起的组成地球物质的机械运动。构造运动的结果：使地壳或岩石圈的物质发生变形和变位，引起地表形态的剧烈变化，如山脉形成、海陆变迁、大陆分裂与大洋扩张等；在岩石圈中形成各种各样的岩石变形，如地层的倾斜与弯曲、岩石块体的破裂与相对错动等；促进岩浆活动和变质作用。

（1）构造运动类型　构造运动在整个地质历史时期中都在不断进行，常把新近纪以来发生的构造运动称为新构造运动，其中有人类历史记载以来的构造运动称为现代构造运动。新近纪以前发生的构造运动称为古构造运动。

（2）构造运动的基本方式

①垂直运动。垂直运动是指地壳或岩石圈物质垂直于地表即沿地球半径方向的运动，是地壳演变过程中表现得比较缓和的一种形式。意大利那不勒斯湾海岸的塞拉比斯城镇的遗迹（图 3-12）就是地物记录地壳垂直运动的一个典型实例。

(a) 古罗马塞拉比斯古庙石柱

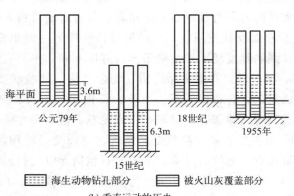
(b) 垂直运动的历史

图 3-12　垂直运动

在城镇废墟中耸立着三根高 12m 的大理石柱，每根石柱上均保留着相同的地质遗迹：石柱地基以上 3.6m 是被火山灰掩埋部分，柱面光滑；其上 2.7m 长的一段石柱被海生动物钻蚀了无数密集的小孔；柱子上段 5.7m 一直未被海水淹没过，但遭受风化，不甚光滑。由此可知，在古城建成后，这个地区曾经历过下降、上升、再下降的过程。

垂直运动常表现为大面积的上升、下降或升降交替运动，可造成地表地势高差的改变，形成山地、高原与盆地和平原，引起海陆变迁等。因此，这类运动常称为造陆运动。

② 水平运动。水平运动是指地壳或岩石圈物质平行于地表即沿地球切线方向的运动，是地壳演变过程中表现得相对较为强烈的一种运动形式。

水平运动常表现为地壳或岩石圈块体的相互分离拉开、相向靠拢挤压或呈剪切平移错动，可造成岩层的褶皱与断裂，在岩石圈的一些软弱地带则可形成巨大的褶皱山系。因此，传统的地质学常把产生强烈的岩石变形（褶皱与断裂等）并与山系形成紧密相关的水平运动称为造山运动。

升降运动和水平运动是密切联系而不能截然分开的，在地壳运动过程中都起作用，只是在同一地区和同一时间以某一方向的运动为主，而另一方向的运动居次或不明显。它们在运动过程中也可以互相转化，即水平运动可以引起升降运动，甚至转化为升降运动，反之亦然。例如山脉的形成必然会同时引起陆地的上升。

（3）构造旋回　构造运动从缓和到强烈的现象叫构造旋回，是构造运动周期性的表现。每一次大的构造旋回都会引起世界或区域性的海陆、气候、生物、环境的巨大变化。

（4）构造运动速度和幅度　构造运动是长期缓慢的运动，以 mm/a、cm/a 计。只有在极特殊的情况下表现得快速而激烈，如地震、断层短时间内引起显著的变形和位移，产生山崩、地陷与海啸。

3.2.1.2　构造运动学说

（1）构造运动之槽台学说

① 槽台学说的产生。霍尔（J. Hall）1859 年在北美考察时发现，古生界同一时代的地层在阿巴拉契亚山脉比其以西的密西西比河平原几乎厚 10 倍，他据此提出褶皱山系是在地壳原来的巨大拗陷部位生成的，从而第一次把山脉与沉陷带联系起来。1873 年，丹纳（J. Dana）提出地壳拗陷不是由于沉积物的重压，而是由于侧向挤压形成的，并把这种拗陷称为地槽。在地台概念提出之前，1883 年苏联地质学家卡尔宾斯基发现东欧平原近水平产状的古生界地层呈角度不整合形态覆盖在已强烈变质和变形的结晶基底之上，表明这两个构造层的形成规律和发展特征不同，代表了两个不同的大地构造发展阶段。1885 年，奥地利地质学家修斯提出在地壳上存在一些稳定地区，其上的沉积层十分平缓，地貌也非常平坦，他把这种地壳上稳定的、自形成后不再发生褶皱变形的地区称为地台，地台概念由此产生。1900 年法国地质学家奥格在《地槽和大陆块》中首次把地槽和地台并列为两类基本大地构造单元。

② 地台。地台是地壳上相对稳定的地区，岩层平缓，地貌平坦，岩浆活动和构造活动较弱。具有"基底＋盖层"的双层结构，下层基底是褶皱带残留的基部，上层盖层由稳定型的碳酸盐岩、砂页岩组成，两者呈显著的角度不整合接触。地台发展也经历了前期下降、后期上升过程，但与地槽相比，地台阶段地壳缓慢地升降，升降幅度小，无明显的水平挤压，以至构造变动、岩浆活动和变质作用都较弱，因而沉积盖层上岩层呈现水平或缓倾斜，厚度

薄，岩相较稳定，没有遭受区域变质作用，缺乏大规模岩浆活动。

地台上大面积长期隆起，具有很大的稳定性，基底露在地面，一般缺乏沉积盖层的称为地盾。地台和地盾合称克拉通，一般仅在大陆区发育。

③ 地槽。地槽是地壳上巨大狭长的或盆地状的沉积很深厚的活动地带，长达数百至数千千米，宽数十至数百千米。主要位于大陆边缘倾向海洋的斜坡，或介于两个陆地之间的海沟。早期主要表现为强烈拗陷，接受巨厚的沉积物沉积，厚度可达几千米至一两万米，并且常有火山活动，形成基性甚至超基性的熔岩流和岩床等；晚期经造山运动褶皱成山，还伴有强烈的岩浆活动和变质作用，形成以中酸性为主的岩基以及贯入围岩中的岩脉等。地槽经过一系列地质活动以后转变成相对稳定的褶皱山脉，称为褶皱带，地槽是褶皱带的前身，而褶皱带是地槽发展的结果，褶皱带形成后仍不断上升，地貌上表现为巍峨的山脉。

地槽又分为优地槽和冒地槽（图 3-13）。优地槽远离克拉通，位于地槽系的内部，沉积岩除陆源物质外，出现基性熔岩、蛇绿岩、深海相放射虫硅质岩系，地层多受变质作用。冒地槽邻近克拉通，位于地槽系的外部，主要是海相碎屑沉积物，几乎没有火山作用，沉积物以陆源物质及碳酸盐岩为主，岩层不变质或轻微变质。

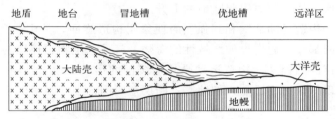

图 3-13　利用板块构造解释地台与地槽

地槽和地台在漫长的历史中不是恒定不变的，而是互相制约、互相转化。如地槽区在褶皱回返后逐渐失去活动性，最后转化为褶皱带，开始具有地台性质，而地台区又可能重新活化形成地槽。因此，地台与地槽只是地壳发展中不同的发展阶段而已。

（2）构造运动之板块构造学说　　板块构造学说是在大陆漂移说和海底扩张说基础上提出的，用于解释地震和火山分布、地磁和地热现象、岩浆与造山作用，阐明全球性大洋中脊和裂谷系、大陆漂移、洋壳起源等重大问题。

① 大陆漂移说。大陆漂移说是 1912 年德国学者魏格纳（A. Wegener）提出来的。1915年，魏格纳在《海陆的起源》一书中提出了大陆漂移的时间、大陆漂移的前后情况、漂移机制、部分证据。

大陆漂移说的主要内容为：中生代以前是同一巨大的陆块，称泛大陆；泛大陆周围是统一的大洋；泛大陆包括北方的劳拉古陆、南方的冈瓦纳古陆；劳拉古陆、冈瓦纳古陆从侏罗纪开始分裂漂移，直到现在的位置。

大陆漂移说的主要证据有：许多动物尤其是陆生动物只能在同一大陆内迁移而不能远渡重洋，但在大西洋两岸许多浅海或陆地上，生活的动物种属相同（如二叠纪生活在内陆的中龙，分别发现于非洲和南美洲）；地层岩性特征的跨洋延伸，如非洲南部二叠系岩层组成的开普山脉向西延伸，这种岩层也出现在南美洲的布宜诺斯艾利斯，而非洲高原出露的前寒武纪片麻岩在巴西也有出现；分布于石炭-二叠纪的冰川活动遗迹发现于印度、澳大利亚、非洲、南美洲，它们分别位于热带或赤道的不同地带，现今的气候条件无法形成冰川。如果没有发生过统一的大陆分裂和漂移，则上述现象无法解释。

大陆漂移的原理在于：大陆由密度较小的花岗岩层组成，漂浮在密度较大的玄武岩层之上，由于地球自转离心力以及潮汐摩擦力的作用，漂浮在玄武岩层基底上的花岗岩层产生由东向西的漂流，由于漂流速度不同，大陆分裂成各大洲，其间形成各大洋，大陆漂移前缘受基底阻碍处就挤压形成褶皱山脉。

魏格纳未能证明大陆漂移的机制。刚性的花岗岩层不可能在刚性的玄武岩层上漂移；潮汐摩擦阻力与离心力太小，不足以引起大陆漂移。因此大陆漂移遭到部分人的反对和嘲讽，未能成为当时大地构造学派的主流思想，只有少数学者继续探索大陆漂移的真谛。

英国学者霍尔姆斯提出了地幔对流说来解释大陆漂移。其原理为：由于岩石的导热性差，放射性热能在地球内部发生不均匀聚积，使地幔下层物质受热上升，地幔上层温度相对低而密度大的物质则下降，两者构成封闭式的循环流动；在对流的早期阶段，上升的地幔流到达原始大陆中心部分，然后分成两股，并朝相反方向流动，从而将大陆撕破，并使分裂的块体随地幔流漂移，其间便形成海洋，上升的地幔流因压力降低而熔化成岩浆，这些岩浆组成洋底和岛屿；地幔流的前缘碰到从对面来的另一地幔流时就转向下流，从而将大陆块体的底部向下牵引，使大陆边缘受到挤压而形成褶皱；当对流停止时，褶皱体因均衡力而上升形成山脉，在褶皱形成的同时，地幔流把洋底的玄武岩也往下拖曳，从而形成海沟。地幔对流说克服了大陆漂移说不能解决的问题，即地幔对流驱动大陆运动。地幔对流说得到了较广泛的支持，至今仍受到重视。

② 海底扩张学说。20 世纪 60 年代初，随着古地磁、地震学以及宇航观测的发展，大洋地磁条带、大洋中脊和转换断层的发现及其解释，一度沉寂的大陆漂移学说获得了新生。美国地震地质学家迪茨（R.S.Dietz）正式提出海底扩张的概念，接着美国地质学家赫斯（H.H.Hess）进行了深入的论述。海底扩张说继承了大陆漂移说和地幔对流说的基本思想，对洋底的形成与演化规律进行了解释，为板块构造学的诞生打下了基础。

海底扩张说的核心思想是：地幔温度不均匀导致密度不均匀，引起软流圈和地幔热对流而形成环流，洋脊轴部是对流圈的上升处，海沟是对流圈的下降处；如果上升流发生在大陆下面，就导致大陆的分裂和大洋的开启；地幔环流的上升流处在地表形成洋脊，来自深部的岩浆反复从洋脊的裂谷处涌出冷凝后形成新洋壳，洋壳驮在软流圈上随环流向两侧漂移，新洋壳不断生长，洋壳向两侧扩张，老的洋壳远离洋脊；地幔环流的下降流处在地表形成海沟，岩石圈在此断裂，洋壳插入地幔，呈向陆倾斜的贝尼奥夫带；老的洋底在海沟处潜没消减，因而洋底不断更新；洋底的扩张是刚性的岩石圈块体驮在软流圈上运动的结果。

海底磁异常与地磁倒转的记录、深海钻探揭示的海底岩石年龄及转换断层的发现都验证了海底扩张的存在。

a. 海底磁异常与地磁倒转的记录：地球是一个磁性体，有磁北极和磁南极。人们发现地质历史中地磁的南北极与现在有时一致，有时则相反；前者称为正向，后者称为反向。地磁极的转向是周期性变化的，长周期者大约几十万年变化一次，短周期者大约数万年。从洋中脊裂谷带涌出的玄武岩浆冷却到居里点（650℃）时，会因地磁场的作用被磁化，其磁化方向与地磁方向一致。而古地磁场的极性方向是周期性倒转的，因而海底玄武岩所记录到的磁性方向也应该是正向与反向交替排列，而且沿洋中脊轴部两侧，不同年龄玄武岩的磁性条带应是对称分布的。在冰岛西南部的雷克雅内斯洋脊上进行的地磁检查结果显示出这种对称

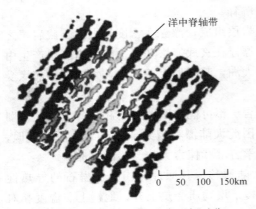

图 3-14　雷克雅内斯洋脊两侧对称
分布的地磁条带

式分布的海底磁性条带，而且各磁性条带的宽度和地磁场转向期与事件的持续时间长短成正比（图 3-14）。

b. 深海钻探揭示的海底岩石年龄：20 世纪 60 年代中期美国制订并执行了一项深海钻探计划（DSDP，1968—1983），在法、德、英、日等国的参与下在大洋和深海区进行钻探，通过获得的海底岩心样品和井下测量资料研究大洋地壳的组成、结构、成因、历史及其与大陆的关系。深海钻探计划结果表明，海底最古老岩石年龄不超过 2 亿年，愈接近洋中脊洋底，年龄愈新（图 3-15）。这一结果进一步说明了海底扩张推断的合理性。

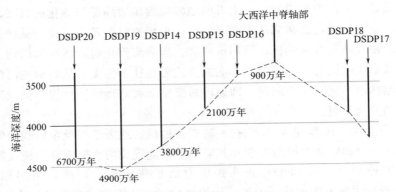

图 3-15　格洛玛挑战者号（Glomar Challenger）海洋钻探船 1968 年
在南大西洋的深海钻探中获得的海底岩石年龄

c. 转换断层的发现：20 世纪 50 年代，人们发现洋中脊被一系列横向断裂切割，断裂长度可达数千千米，相邻两条断裂的间距约为 100～1000km。洋中脊轴部在断裂两侧错位达数百到千余米，如大西洋洋中脊。这种规模巨大的断裂为转换断层（图 3-16）。转换断层的发现是海洋地质研究中的一项重大成果，不仅证明了海地扩张的存在，还说明了海底扩张的运动方式。

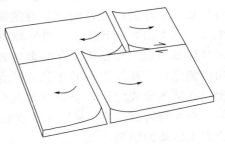

图 3-16　转换断层示意图

③ 板块构造学说。在大陆漂移说、地幔对流说、海底扩张学说的基础上，随着新资料的不断累积，摩根（W. J. Morgen）、勒皮雄（X. Le Pichon）、麦肯齐（D. P. Mckenzie）和艾萨克斯（B. Isacks）于 1968 年在美国地质学会上正式提出板块学说。后来这个学说不断得到丰富和完善，板块构造成为固体地球统一理论并被绝大多数学者所接受。板块构造学说的基本内容如下。

固体地球上层在垂向上可分为性质不同的两个圈层，即上部的刚性岩石圈和下部的软流圈。岩石圈包括地壳和地幔的最上部，且有较高的刚性和弹性，平均厚度 70～80km；下部软流圈为高温、高压的低密度层，具有塑性。岩石圈板块驮伏在软流圈之上，像传送带一样可做大规模水平运动。洋脊、海沟和转换断层三种构造活动带把地球岩石圈分割成若干大小不一的块体,这些块体叫作岩石圈板块,简称板块。

板块边界主要有离散边界、汇聚边界和转换断层边界三种类型。

a. 离散边界(或增生、拉张、扩张边界):新地壳增生的地方,包括大洋中脊、大陆裂谷。大洋中脊的岩石圈张裂,岩浆涌出,形成新的洋壳,并伴随高热流值和浅源地震;大陆裂谷为复式地堑构造,由一系列正断层组成,火山活动频繁,浅源地震多发,是胚胎期的洋脊。

b. 汇聚边界(或俯冲、挤压边界):见于两个板块相向移动、挤压、汇聚、俯冲、消减的地方,包括海沟岛弧型边界(太平洋板块和欧亚板块之间的边界)、地缝合线型边界(印度洋板块和欧亚板块之间的边界)。海沟岛弧型边界,两板块相向运动,洋壳俯冲潜入陆壳之下消亡,地震、岩浆活动强烈,构造变形、变质作用发育;地缝合线型边界为两陆壳的碰撞带或焊接线,两板块相碰,中间的大洋消失,由于挤压、褶皱、变质、混杂、破裂,形成复杂的地带。

c. 转换断层边界(或次生、剪切、平错边界):在这种边界上,没有板块的新生和消亡,由于前两类边界的活动导致板块间的其他部分做剪切向水平错动而形成,仅见于大洋地壳中。

法国地质学家勒皮雄(1968)将全球岩石圈划分为六大板块。随着新资料增多,大地构造学家对板块做了更详细的划分。

板块与大陆、大洋并不对应,大部分板块既包括大陆岩石圈又包括大洋岩石圈,有些板块如纳兹卡板块仅由洋壳构成。

板块的相互作用是引起大地构造活动的基本原因。板块内部地壳相对稳定。板块的相互作用主要发生在板块的边缘部分,这里火山活动、地震及断裂、挤压褶皱和变质变形强烈。岩石圈板块是活动的,围绕一个旋转扩展轴在活动,水平运动占主导地位。板块运动的驱动力来自地幔对流,地幔对流是热力对流和重力对流联合作用的结果。热而密度低的地幔物质上涌,在近岩石圈处向两侧扩散转为平流,平流过程中热传导使之变冷,冷而重的地幔物质沉入深处,在深处重新加热而再升起,如此往复循环构成了地幔对流。岩石圈板块由于地幔对流的拖曳作用而发生大规模的水平运动。

3.2.2 地质构造

地质构造(简称构造)是地壳或岩石圈各个组成部分的形态及其相互结合方式和面貌特征的总称,包括构造运动在岩层和岩体中遗留下来的各种构造形迹,如岩层褶曲、断层等。

3.2.2.1 岩层产状与地层接触关系

(1)岩层产状　岩层产状指岩层在空间产出的状态和方位的总称。除水平岩层呈水平状态产出外,一切倾斜岩层的产状均以其走向、倾向和倾角表示,称为岩层产状三要素(图3-17)。

① 走向:岩层面同假想水平面的交线为走向线,走向线两端延伸的方向为走向。走向有两个方向。

② 倾向:岩层面上与走向线垂直并沿斜面向下所

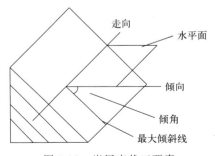

图3-17　岩层产状三要素

引的直线为最大倾斜线，与走向垂直。最大倾斜线在水平面上的投影所指示的方向为倾向。斜交走向线并沿斜面向下所引的直线在水平面上的投影所指示的方向为视倾向。

③ 倾角：岩层面最大倾斜线和其在水平面上投影的夹角。

根据岩层的倾向和倾角，可以划分为不同的产状类型。水平岩层：岩层水平，倾角在0°~5°；倾斜岩层：岩层面与水平面有一定交角，倾角在5°~90°；直立岩层：岩层面与水平面直交或近于直交，倾角为90°；倒转岩层：岩层反转，老岩层在上，新岩层在下。

（2）地层接触关系　地层接触关系分为整合接触和不整合接触两种。

① 整合接触：上下地层连续沉积，无沉积间断，岩层产状一致。

② 不整合接触：上下地层沉积不连续，有沉积间断。如果上下地层产状一致，为平行不整合接触；如果上下地层产状不一致，为角度不整合接触。不整合的形成过程见图3-18。

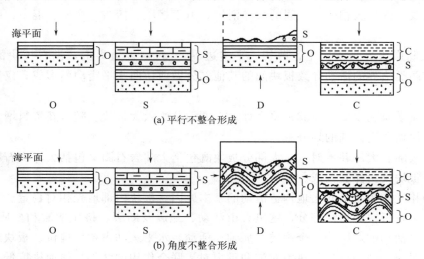

图 3-18　不整合的形成过程
O—奥陶纪；S—志留纪；D—泥盆纪；C—石炭纪

3.2.2.2　褶皱构造

组成地壳的岩层，受构造应力的强烈作用，形成一系列波状弯曲而未丧失其连续性的构造称为褶皱构造。褶皱构造是岩层产生的塑性变形，是地壳表层广泛发育的基本构造之一，在层状岩石中表现得最明显。绝大多数褶皱是在水平挤压作用下形成的，有的褶皱是在垂直作用力下形成的。

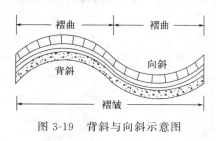

图 3-19　背斜与向斜示意图

（1）褶曲的基本形态　褶皱的基本单位是褶曲，褶曲是发生了褶皱变形的岩层中的一个弯曲。褶曲的形态是多种多样的，但其基本形态只有两种，即背斜和向斜（图3-19）。

① 背斜。背斜一般是向上凸出的弯曲，核心部位岩层较老，两侧地层较新，越向外地层越新，呈对称重复出现。

② 向斜。向斜一般是向下凹陷的弯曲，核心部位岩层较新，两侧地层较老，越向外地层越老，也呈对称重复出现。

（2）褶曲的几何要素（图 3-20）　核：褶曲的中心部分。翼：褶曲核部两侧的岩层。轴面：平分褶曲两翼的假想的对称面，形状多样。枢纽：褶曲岩层同一层面与轴面相交的线，可以水平、弯曲。轴：轴面与水平面的交线。转折端：褶曲一翼向另一翼过渡的部分。

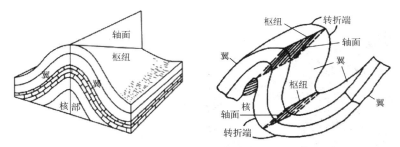

图 3-20　褶曲的几何要素示意图

（3）褶曲的形态分类　褶曲的形态多种多样，按褶曲轴面和两翼产状的分类见图 3-21。

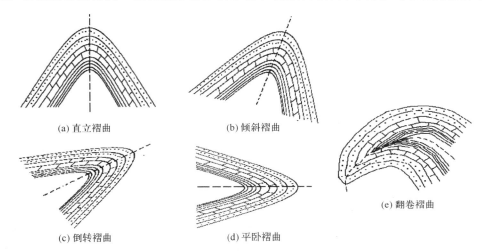

(a) 直立褶曲　　(b) 倾斜褶曲

(c) 倒转褶曲　　(d) 平卧褶曲　　(e) 翻卷褶曲

图 3-21　按轴面和两翼产状的褶曲分类

直立褶曲：轴面直立，两翼岩层倾向相反，倾角大致相等。倾斜褶曲：轴面倾斜，两翼岩层倾向相反，倾角不相等，轴面与褶皱平缓，两翼倾向相同。倒转褶曲：轴面倾斜，两翼倾斜，两翼岩层倾向相同，倾角相等或不相等，一翼岩层层序正常，另一翼层序倒转。平卧褶曲：轴面水平，两翼岩层近于水平重叠，一翼层序正常，另一翼层序倒转。翻卷褶曲：轴面卷曲的平卧褶皱，如平卧背斜由于轴面弯曲使转折端翻卷向下而成为向形背斜。

3.2.2.3　断裂构造

岩层受力后产生变形，当应力达到或超过岩层的强度极限时，岩层的连续完整性遭到破坏，在岩层一定部位和一定方向上产生的破裂称为断裂构造。根据岩层破裂面两侧岩块有无明显位移，可将断裂构造分为节理和断层。

（1）节理　岩层断裂后，两侧岩块未发生显著位移的断裂构造称为节理，又叫裂隙。节理的破裂面称为节理面。节理面的产状有直立的、倾斜的和水平的。节理的规模大小不等，小者数厘米，大者几十米甚至更长。

节理按成因分为两大类：一类是由构造运动产生的构造节理，它们在地壳中分布极广，且有一定的规律性，往往成群、成组出现；另一类是非构造节理，如成岩过程中形成的原生节理以及风化、爆破等作用形成的次生节理。

按节理形成时的力学性质，主要分为由张应力形成的张节理和由剪应力形成的剪节理（图 3-22）。

(a) 张节理（被矿物充填）　　　　　　(b) 剪节理

图 3-22　节理构造

① 张节理。张节理是由张应力产生的破裂面，产状不稳定，延伸不远；节理面粗糙不平；在砾石或砂岩中的张节理常常绕过砾石和粗砂粒；节理比较稀疏，相邻节理之间的距离比较大；张节理有时呈不规则的树枝状、各种网络状，有时也构成一定的集合形态。

② 剪节理。剪节理是在剪应力的作用下产生的，产状稳定，在平面和剖面上都呈直线延伸，规模较大，常沿走向和倾向延伸较远；剪节理较平直光滑，有时具有因剪切滑动而留下的擦痕，在砾石或砂岩中的剪节理穿切砾石和粗砂粒；相邻两条节理之间的距离较小，单位距离内的节理条数较多；剪节理的组合形态常成组出现，往往等距排列，两组发育常组成 X 型共轭节理系。

（2）断层　断层是指断裂面两侧的岩石有明显相对位移的断裂构造。断层规模有大有小：大者可延伸数百千米至数千千米，相对位移可达几十千米，有的甚至跨越洲际而切穿地壳硅铝层；小者延伸只有几米，相对位移不过几厘米。断层分布虽不及节理广泛，但也极为常见，它是最重要的地质构造。

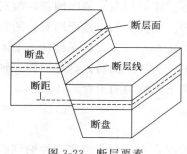

图 3-23　断层要素

① 断层的要素。构成断层的要素包括断层面、断层线、断盘、断层位移（断距）等（图 3-23）。

a. 断层面：岩层发生错动位移的破裂面称为断层面，其产状可以用走向、倾向、倾角表示。断层面可以是水平的、倾斜的或直立的。其形状可以是平面，也可以是曲面或呈台阶状。自然界的断层面往往并不是一个产状稳定的平直面，顺走向或倾向均会发生变化以致形成曲面。

b. 断层线：断层面与地面的交线称为断层线，反映断层在地表的延伸方向。

c. 断盘：指断层面两侧沿断层面发生相对位移的岩块。如果断层面是倾斜的，位于断层面上侧的一盘称为上盘，位于断层面下侧的一盘称为下盘。如果断层面直立，则按断盘相对于断层走向的方位进行描述，如东盘、西盘或南盘、北盘。在断层错动过程中，断层两盘位移是相对的，可以同时错动，也可以是其中一盘相对于另一盘错动，凡沿断层面相对上升的一盘称为上升盘，沿断层面相对下降的一盘称为下降盘。上、下盘均可以相对上升也可以相对下降。

d. 断层位移（断距）：断层两盘的相对运动有位移和旋转两种。在相对位移时，两盘相对平直滑移而无转动，两断盘上错动前的平行直线在运动后仍然平行。在旋转运动中，两盘以断层面法线为轴相对转动滑移，断盘上错动前的平行直线在运动后不再平行。多数断层常兼具以上两种运动。

② 断层类型。断层分类涉及较多因素，包括地质背景、运动方式、力学机制和各种几何关系等。目前广泛使用的断层分类方法是几何分类和成因分类。

根据断层两盘相对位移方向，将断层分为正断层、逆断层、平移断层等（图 3-24）。

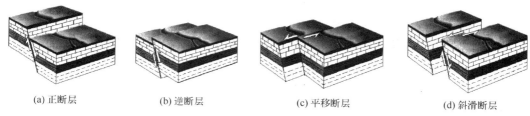

(a) 正断层　　　　(b) 逆断层　　　　(c) 平移断层　　　　(d) 斜滑断层

图 3-24　断层的类型

a. 正断层：上盘相对下降、下盘相对上升的断层。正断层的两盘在水平方向上具分离现象，反映地壳在水平方向上的伸张。

b. 逆断层：上盘相对上升、下盘相对下降的断层。习惯上把断层面倾角小于 45°或等于45°的具有挤压收缩性质的逆断层叫作冲断层，把断层面倾角小于 30°、位移距离很大的逆断层叫作逆掩断层。逆断层的上盘超覆在下盘之上，表明在逆断层形成过程中地层受到了水平方向挤压力的作用。

c. 平移断层：也叫作平推断层，是指断层两盘沿断层面发生水平方向相对位移的断层。平移断层的规模可以很大，如北美洲西岸的圣安德列斯平移断层的水平断距即达 400～500km。规模巨大的平移断层叫作走滑断层。

d. 斜滑断层：现实中的断层很少是纯的正断层、逆断层或平移断层，通常它们同时具有水平和垂向运动分量，称为斜滑断层。

实际上，自然界几乎所有断层两盘的相对位移并非只是简单的上下移动或水平移动，往往多少均兼有两种或两种以上不同的移动方式。为了比较确切地反映断层两盘相对位移的方向，常采用组合命名方法。而在习惯上人们仅仅区分出正断层、逆断层和平移断层就能满足工作需要，故该类方案是在野外应用最多的一种分类方案。

根据断层走向与岩层走向的关系可将断层分为走向断层、倾向断层、斜交断层等。其中，走向断层是指断层走向与所切割岩层走向基本一致的断层；倾向断层是指断层走向与所切割岩层倾向基本一致的断层；斜交断层是指断层走向与所切割岩层走向明显斜交的断层。

断层可以孤立地出现，也可以由若干断层组合在一起以一定组合形式出现。在平面上，断层可组合成平行式、斜列式、环状和放射状等型式。在剖面上，可组合成地堑、地垒、阶梯状构造、叠瓦状构造等型式。

a. 地堑：由两条或两条以上倾向相对的正断层组成，致使中间岩块相对下降、两侧岩块相对上升的断层组合类型 ［图 3-25(a)］。巨型地堑系属于裂谷，如东非大裂谷、大西洋中脊。

b. 地垒：由两条或两条以上倾向相背的正断层组成，致使中间岩块相对上升、两侧岩块相对下降的断层组合类型 ［图 3-25(b)］。

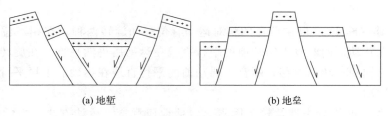

(a) 地堑   (b) 地垒

图 3-25   地堑和地垒

c. 阶梯状构造：由两条或两条以上产状基本一致的正断层组成，致使上盘在剖面上呈阶梯状向同一方向依次下降的断层组合类型。

d. 叠瓦状构造：由两条或两条以上产状基本一致的逆断层组成，致使上盘在剖面上呈叠瓦状向同一方向依次上推的断层组合类型。叠瓦状构造常发育在地应力挤压强烈的地区。

3.2.3   构造地貌

不同地质构造和不同岩层由于抗蚀力存在差异而表现出来的地貌称为地质构造地貌。

3.2.3.1   水平岩层构造地貌

水平岩层组成的构造地貌包括构造高原和构造平原（图 3-26）。

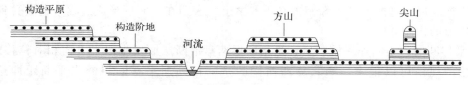

图 3-26   水平岩层组成的构造地貌

地形面与地层面相一致的高原地形称为构造高原，平原地形则称为构造平原。构造高原受河流切割形成构造台地或低山丘陵，山顶若有硬岩层覆盖则形成方山或桌状山，方山进一步发展，顶部呈锥形则成为尖山。岩层软硬相间时可形成构造阶地。坚硬岩层构成构造阶地的面或阶地陡坎的上部，软弱的岩层构成阶地陡坎的下部。

水平岩层构造地貌有岱崮地貌、丹霞地貌、嶂石岩地貌等典型类型。

（1）岱崮地貌   以临沂市岱崮为代表的，由石灰岩组成的山峰顶部平展开阔如平原，峰巅周围峭壁如刀削，峭壁以下是逐渐平缓山坡的地貌景观，在地貌学上属于地貌形态中的桌状山或方山［图 3-27(a)］。

（2）丹霞地貌   一种特殊的水平岩层构造地貌，以广东丹霞山（第三纪的红色砂砾岩）最为典型，"色如渥丹，灿若明霞"，以赤壁丹崖为特色。其特点是一些中、新生代的红色盆地堆积物，经过构造上升和流水切割，由水平岩层构成了一种顶平、坡陡、麓缓的地形，称为丹霞地貌［图 3-27(b)］。

（3）嶂石岩地貌   主要由易于风化的薄层砂岩和页岩形成，多形成绵延数千米的岩墙峭壁，三叠崖壁，除顶层为石灰岩外，多由红色石英岩构成。嶂石岩地貌以延续不断的丹崖长墙、弯曲相连的 Ω 形嶂谷以及一头开口的峡谷为主要特色。

(a) 岱崮地貌　　　　　　　　　　　　　　(b) 丹霞地貌

图 3-27　岱崮地貌和丹霞地貌

3.2.3.2　单斜构造地貌

向一个方向倾斜的岩层称为单斜构造，可能出现在已被破坏的背斜和向斜构造的翼上、舒缓的穹窿构造的四周、盆地的外围、掀斜的水平岩层或断层的掀斜层等处。软硬交互的岩层经侵蚀、剥蚀后，多出现这种单斜地貌。典型的单斜地貌主要有单面山和猪背脊（图 3-28）。

(a) 单面山　　　　　　　　　　　　　　　(b) 猪背脊

图 3-28　单斜构造地貌

（1）单面山　组成单面山的岩层倾角一般在 25°以下，山体沿岩层走向延伸。两坡不对称：一坡与岩层面一致，长而缓，称为单面山的后坡（或构造坡）；另一坡与岩层面近乎垂直，短而陡，一般由外力作用沿岩层裂隙破坏而成，称为单面山的前坡（或剥蚀坡）。由不对称的两坡组成的单面山只有从单斜崖一侧看上去才像山形，故名单面山。

（2）猪背脊　当岩层倾角超过 30°时，构造面控制的后坡与由侵蚀造成的前坡的坡度和长度都近于对称的，称为猪背脊。猪背脊几乎全由坚硬岩层构成，山脊走线非常平直，被顺向河穿凿的地方常形成深狭的峡谷。

3.2.3.3　褶曲构造地貌

（1）原生褶曲构造地貌和次生褶曲构造地貌

① 原生褶曲构造地貌。未经外力破坏或受破坏轻微的背斜和向斜所成的地貌称为原生褶曲构造地貌，背斜隆起为山，向斜为谷。这种褶皱地质构造形态与地形起伏相吻合的地貌，又称顺构造地貌，简称顺地貌［图 3-29（a）］。

② 次生褶曲构造地貌。背斜和向斜经长期侵蚀都会受到严重破坏，原来受其支配的地貌也会发生重大变化，结果是背斜快速下蚀成为谷地，向斜下蚀较慢反而高起成为山地，这种地质构造形态与地形起伏相反的地貌又称逆地貌或地貌倒置［图 3-29（b）］。

（2）多褶曲的山地地貌和穹窿构造地貌

① 多褶曲的山地地貌。世界上常见的褶皱山脉大多数由多列褶曲山地和谷地组成，更

(a) 顺地貌　　　　　　　　　　　　　　(b) 逆地貌

图 3-29　褶皱构造地貌

图 3-30　复杂褶皱山地

复杂的褶皱山脉则由一系列强烈褶皱曲如倒转褶曲、平卧褶曲或逆掩断层推覆构造体等山地组成（图 3-30）。事实上，该类山地的构造形态大部分已被破坏，影响山地形态的主要是岩性（古老而又坚硬的岩石形成山岭，软弱的岩石及断层带形成谷地）。

② 穹窿构造地貌。穹窿是指没有明显走向的背斜隆起，长宽比小于 3∶1，通常呈平面状，轮廓呈圆形或椭圆形。下部岩浆后期侵入或岩盐呈塑性状态侵入沉积岩中都可以形成穹窿（盐丘）。穹窿的内核为岩浆岩体，外部是沉积岩盖层，盖层剥蚀后，穹窿周围多为单斜山地，穹窿中心多为岩浆岩山地。活动穹窿常形成放射状水系。

3.2.3.4　断层构造地貌

典型的断层构造地貌主要有断层崖、断层三角面山、断层谷、断块山地、地堑谷地等。

（1）断层崖　当岩层遭受的构造作用力超过其塑性限度时就会出现断裂，在断层面两侧的上、下盘位移时所出露的陡崖即为断层崖（图 3-31）。断层崖的高度和坡度分别取决于断距大小和断层面的倾角。断层崖最高可达百米，低的只有数米甚至不到 1m。断层崖的走向各式各样，与断层的性质有关。

（2）断层三角面山　断层崖由于受到外力剥蚀作用（多为一些暂时性水流形成的河流），完整的断层崖被分割出许多三角形的断层崖，这时断层崖山地称为断层三角面山。

断层三角面山是由断层崖发育而来的，断层三角面山的底线就是断层线，在这里能见到断层破碎带。如果组成三角面山的岩石很坚硬，或者断层崖形成的时代很近，断层三角面就较清楚；如果断层崖形成时代久远，在外力长期剥蚀作用下，断层三角面高度逐渐降低，坡度也逐渐变缓，断层三角面山就形成缓缓的山坡，甚至最后使山地也被夷平。

（3）断层谷　断层谷的剖面特征是断层线通常为构造破碎带且容易被风化侵蚀，在断层线上发育的谷地称为断层谷，形态上一般为深窄的峡谷（图 3-32）。在单一断层线上发育的断层谷走向平直；在两组不同走向的断层线上发育的谷地，其走向随断层而变化，呈"之"字形走向或有不自然的转弯。当断层穿过软硬相同的岩层时，在易蚀的软岩层中发育宽谷，在硬岩层中发育峡谷，从而出现宽窄相间的串珠状谷地。断层谷支流往往不依地势倾斜而是形成反向河流。

图 3-31　断层崖

图 3-32　断层谷

（4）断块山地　受断层控制的块体，呈整体抬升或翘起抬升形成的山地称为断块山地。断块山地或是地垒式山地，或是一侧沿断层翘起、一侧缓缓倾斜的掀斜式山地。

① 掀斜式山地：山形不对称，断裂上升一侧为陡峻的断层崖，另一侧山坡缓长，向盆地或谷地过渡，山体的主脊偏居翘起的一侧。

② 地垒式山地：断块沿两条或多条断裂隆起而成的山地。两侧山坡较对称，为陡立的断层崖，山坡线较平直，与相邻的谷地或盆地间有明显的转折。如中国江西庐山、山东泰山、陕西华山等。

（5）地堑谷地　地堑构造因形成时就是凹下的，所以常顺地堑凹地发育河流，河流将地堑改造成地堑谷地。特点是两坡陡峻，谷地边沿线平直，谷地平坦，有时也有小丘分布其中，河流在地堑谷地底部蜿蜒。如汾渭地堑谷地。

3.3　外力地质作用与地貌

外力地质作用主要发生在地球表层，引起地质作用的地质营力主要来自地球范围以外的能源，包括太阳辐射能以及太阳和月球的引力、地球的重力能等。

3.3.1　风化作用与坡地重力地貌

3.3.1.1　风化作用

在常温常压下，温度、H_2O、O_2、CO_2 和生物等因素的影响，使组成地壳表层的岩石发生崩裂、分解等变化以适应新环境的作用，称为风化作用。

（1）风化作用类型　按风化作用因素的不同，可以分为物理风化作用、化学风化作用和生物风化作用三种。

① 物理风化作用。物理风化是指压力场、热力场发生变化使得岩石或矿物发生剥离和分解的过程，也称为机械风化。岩石在物理风化过程中只发生机械破碎，而化学成分不变。引起物理风化的主要因素是温度的变化（温差效应）、水的冻结（冰劈作用）和盐溶液的结

晶胀裂（盐劈作用）等，风化类型包括温差风化、冻融风化、卸荷剥离、岩盐风化等。

　　a. 温差风化作用（图 3-33）：由于温差变化，岩石热胀冷缩，发生破裂的过程。其原因在于：岩石是热的不良导体，不同时间岩石表里由于温度差异产生不均匀膨胀收缩，导致岩石破碎；岩石由多种矿物组成，不同矿物导热性能不同，产生膨胀收缩差异，破坏矿物之间的结合力，导致岩石破碎。常产生温差风化作用的地区为温差变化大的地区。如沙漠地区，岩石白天被阳光照射，温度可达 60～80℃，到夜间则降至 0℃ 以下，岩石随温度变化反复膨胀和收缩，胀缩转换愈快，岩石破坏愈快。

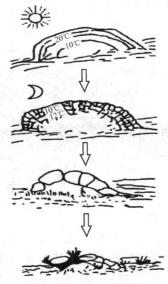

　　b. 冻融风化作用：填充于岩石裂隙和孔隙中的水分因冰冻使岩石机械破碎。水热缩冷胀，结冰体积增大，产生压力，崩碎岩石。常产生冻融风化作用的地区昼夜温度 0℃ 上下，温度波动剧烈，如雪线附近。

　　c. 卸荷剥离：又称层裂作用。位于地下深处的岩石，其上覆岩石被剥蚀掉，上覆岩石压力消除，岩石体积膨胀，产生平行地表的裂隙。深成侵入岩的层裂作用最为典型。

图 3-33　温差风化

　　d. 岩盐风化：潮解性盐类夜晚吸收水分溶解，白天在阳光下蒸发失水结晶，盐类潮解与结晶反复进行，对岩石产生破坏作用。

　　② 化学风化作用。化学风化是指岩石或矿物在水、大气和太阳辐射的影响下通过化学作用溶解或破碎岩石的过程。主要类型有水化作用、水解作用、溶解作用、碳酸化作用、氧化作用等。

　　a. 水化作用：矿物与水结合，水直接进入矿物中形成结晶水，产生新的矿物，对岩石产生压力，使岩石破碎。例如：

$$CaSO_4 + 2H_2O == CaSO_4 \cdot 2H_2O（硬石膏变成石膏）$$

$$Fe_2O_3 + (n+1)H_2O == 2FeO(OH) \cdot nH_2O（赤铁矿变成褐铁矿）$$

　　b. 水解作用：与水相遇后矿物分解，原来的矿物被破坏，产生新的矿物，对岩石产生压力，使岩石破碎。例如：

$$4K[AlSi_3O_8] + (6+8n)H_2O == 4KOH + Al_4[Si_4O_{10}][OH]_8 + 8SiO_2 \cdot nH_2O$$

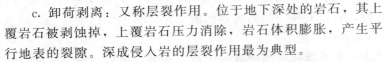

钾长石　　　　　　　　　　　　　　　　　　　高岭石　　　　　　　硅胶

　　c. 碳酸化作用：溶于水的 CO_2 形成 CO_3^{2-}、HCO_3^-，与矿物中的金属离子 K^+、Na^+、Ca^{2+} 等结合，形成易溶的碳酸盐类随水流失，原有的矿物被分解，产生新的难溶矿物残留原地。例如：

$$CaCO_3 + H_2O + CO_2 == Ca(HCO_3)_2$$

$$4K[AlSi_3O_8] + (4+8n)H_2O + 2CO_2 == 2K_2CO_3 + Al_4[Si_4O_{10}][HO]_8 + 8SiO_2 \cdot nH_2O$$

　　d. 氧化作用：在大气和水中游离氧作用下，岩石矿物中的低价化合物成为高价化合物，原来的矿物解体，产生新的矿物。金属矿物尤其是含铁矿物氧化作用强烈。例如黄铁矿 → 硫酸亚铁 → 硫酸铁 → 褐铁矿，其过程为：

$$2FeS_2 + 7O_2 + 2H_2O == 2FeSO_4 + 2H_2SO_4$$

$$4FeSO_4 + 2H_2SO_4 + O_2 == 2Fe_2(SO_4)_3 + 2H_2O$$

$$2Fe_2(SO_4)_3 + 12H_2O = 4FeO[OH] \cdot H_2O + 6H_2SO_4$$

含低价铁的硅酸盐等矿物，都可以被氧化破坏生成褐铁矿和赤铁矿。岩石、矿物风化面上常被染成红、褐色，原因就在于此。

总的来说，化学风化作用使一些原来在地壳中比较稳定和坚硬的矿物发生化学变化，形成在大气和水环境中比较稳定的矿物，如高岭石、褐铁矿等。化学风化作用常使岩石的硬度降低，密度变小，矿物成分变化，破坏岩石的本来面貌。

③ 生物风化作用。生物风化作用是指岩石在动植物活动的影响下所发生的破坏作用，既有机械破坏，也有化学作用。如植物生长在石缝中，随植物不断长大，其根部会对周围岩石产生挤压（根劈作用，生物物理风化作用），并分泌出酸类，破坏岩石中的矿物以吸取养分，生物死亡后分解产生的物质对岩石具有腐蚀破坏作用（生物化学风化作用）。岩石孔隙中的细菌等微生物也会析出各种有机酸、碳酸等，对岩石和矿物起着强烈的破坏作用。

自然界中，上述三种作用总是同时存在、互相促进的。总体来讲，物理风化使岩石破碎、表面积增大，有利于水、气体和生物渗进岩石中，为化学和生物风化提供条件；化学和生物风化作用使岩石变得松软，促进物理风化进行。不同自然地理条件下，三种风化作用的强度不同。

（2）风化作用产物与风化壳

① 风化作用产物。风化作用产生的物质为风化物，包括碎屑物质、溶解物质、难溶物质。其中，碎屑物质包括岩石碎屑和矿物碎屑，主要为物理风化产物，部分是化学风化未完全分解产物，残留在原地；溶解物质为化学风化和生物化学风化产物，以真溶液和胶体溶液形式流失；难溶物质为化学风化产物，残留在原地。风化作用的碎屑物质、难溶物质残留在原地，形成松散的堆积物，称为残积物。

② 风化壳。风化作用下形成的薄的残积物，不连续覆盖于基岩之上，形成残积物外壳，称为风化壳。风化壳可以划分为以下几种类型。

a. 砖红土型：形成于湿热气候，为化学风化晚期阶段产物，母岩完全风化，Si、Al、Fe 形成氧化物，呈红色。

b. 高岭土型：形成于温湿气候，为化学风化中期阶段产物，高岭石、蒙脱石等黏土矿物大量形成。

c. 硅铝-硫酸盐、碳酸盐型：形成于干旱、半干旱气候的荒漠和草原，为化学风化初期阶段产物，标志矿物为石膏和方解石。

d. 碎屑型：由碎屑物质组成，形成于寒冷气候，为物理风化产物。

3.3.1.2 坡地重力地貌

3.3.1.2.1 概念

（1）坡地 通常地面坡度大于 2°就称为坡地。坡地要素包括坡度、坡长和坡形。其中，坡地是指坡面与水平面的夹角，坡长是指坡顶至坡底的斜线长度，坡形是指坡面的几何形态。

对于坡地的类型，最常见的是根据坡度划分，可将坡地分为大于 35°的极陡坡（35°被认为是坡地上松散物质的休止角）、15°~35°的陡坡、5°~15°的缓坡和 2°~5°的极缓坡。

（2）块体运动 坡地上的岩体或松散物质（块体）在重力的作用下沿斜坡向下运动的过程被称为块体运动。坡地重力地貌的主导营力为重力，坡面上块体的下滑力是重力坡面分力，阻力是坡面摩擦力；坡面表层土体或岩体的下滑阻力包括坡面摩擦力和块体黏结力。

坡地上的土体或岩体在重力、流水、风等作用影响下发生崩塌、滑坡、蠕动等形成的地貌称为坡地重力地貌。

3.3.1.2.2　崩塌

斜坡上的碎屑或块体，在重力作用下，快速向下移动称为崩塌。崩塌的岩土体顺坡猛烈地翻滚、跳跃、相互撞击，最后堆积于坡脚。崩塌具有突然性，常发生在陡峭山坡上，或河流、湖泊、海边的高陡岸坡上，或路堑的高陡边坡上。

（1）崩塌作用方式　崩塌作用方式包括山崩、塌岸、散落。山崩通常是山岳地区发生的一种大规模崩塌现象；塌岸是河岸、湖岸或库岸、海岸的陡坡，由于河水、湖水以及海水的冲蚀和掏蚀作用，岸坡临水面位置被掏空，使岸坡上部物体失去支撑发生崩塌的现象；散落是岩屑沿斜坡向下滚动或跳跃式的连续运动。

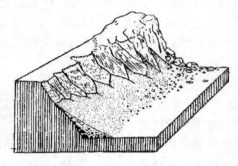

图 3-34　崩塌形成的倒石堆

（2）崩塌特征　崩塌发生先兆不明；崩塌过程迅速；崩塌位移、规模差异大；崩塌后块体结构发生变化；运动中的块体无固定的滑动面。

（3）崩塌产物　崩塌产生的岩块、松散物质堆积在坡脚，称为崩积物。崩积物的特征表现为：崩积物大小不一，凌乱无序，通常呈锥体堆积在坡脚处。

堆积在坡脚的崩积物形成上尖下宽的锥状，称倒石堆（图 3-34）。倒石堆的特点是：规模大小不一；呈锥体状，剖面呈半圆形或三角形；坡面坡度一般也较大，与基坡有关；物质组成与基坡处的岩性无关；颗粒混杂，分选性差，因重力关系，堆顶颗粒较细，堆缘颗粒较粗。

（4）崩塌的形成条件和影响因素　崩塌的形成条件见图 3-35。

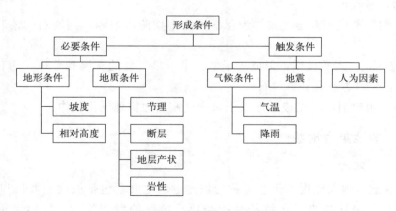

图 3-35　崩塌的形成条件

影响因素有以下几个方面。

① 地貌因素：主要是坡度和坡高等。坡度越大，坡高越高，越容易发生大规模的崩塌。

② 地质因素：主要是岩性和地质构造等。坚硬而脆的沉积岩、软硬相间的沉积岩容易产生崩塌；垂直节理发育或有后期岩脉、岩墙穿插的花岗岩易产生崩塌；断层、节理等地质

构造发育的岩石易产生崩塌。

③ 气候和气象因素：崩塌概率与降雨量成正比，如宝成铁路沿线易产生崩塌，主要是因为降雨量大的缘故。地表流水对凹岸的冲刷、坡脚的掏蚀，以及温差变化、冻融风化等都容易引发崩塌现象。

④ 人为因素：主要由边坡设计过高、爆破不当、坡脚开挖、水库浸泡等引起。

3.3.1.2.3　滑坡

滑坡是指斜坡上的土体或岩体在地表水和地下水的影响下，受重力作用沿滑动面整体向下滑动的现象。滑坡是山区公路、铁路、城镇和村庄等建筑物的主要灾害之一。山坡或路基边坡发生滑坡，常导致交通中断，影响道路的正常运输。大规模滑坡可以堵塞河道、摧毁道路、破坏厂矿，甚至掩埋居民点，造成巨大损失。

（1）滑坡要素　包括滑坡体、滑床、滑动面等（图3-36）。

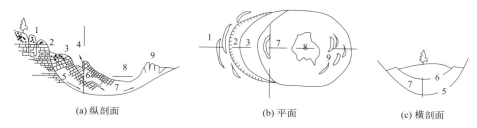

(a) 纵剖面　　　　　　　　(b) 平面　　　　　　　　(c) 横剖面

图 3-36　滑坡的要素

1—环状张裂隙；2—滑坡壁；3—滑坡阶地；4—醉汉林；5—滑动面；6—分支滑动面；
7—滑坡体；8—滑坡洼地（水池）；9—滑坡鼓丘或张裂隙

① 滑坡体：是指滑动的岩土体。滑坡体内部一般仍保持滑动前的层位和结构，但常产生许多新的裂缝，个别部位也可能遭受较强烈的扰动。

② 滑床：是指滑动面之下支撑滑坡体而本身未经移动的部分。

③ 滑动面（带）：是指滑床与滑坡体间具有一定厚度的滑动碾碎物质的剪切带，厚度可达几厘米至几米。某些滑坡的滑动面（带）可能不止一个。滑动面的形状因地质条件而异，一般来说，发生在均质岩土中的滑坡，滑动面多呈圆弧形；沿岩层层面或构造裂隙产生的滑坡，滑动面多呈直线形或折线形。

④ 滑坡壁：是指滑坡体向下滑动时，在斜坡顶部形成的陡壁，是滑坡体和母体脱开的分界面暴露在地表面的部分。滑坡后壁呈弧形向前延伸，形态上呈圈椅状，高度自不足一米到几米，甚至几十米或数百米不等。

⑤ 滑坡阶地：滑坡体下滑后在斜坡上形成的梯状地形。

⑥ 醉汉林：滑坡体上的树木随土体滑动而歪斜，称为醉汉林，是新滑坡整体、慢速滑动的标志。滑动停止后，醉汉林中的倾斜树木上部向上直长，形成下部弯、上部直的树干，称为马刀树。

⑦ 滑坡洼地：滑坡体与滑坡壁之间拉开形成沟槽，形成四面高而中间低的封闭洼地。此处常有地下水出现，或地表水汇集，成为清泉、湿地或水塘。

⑧ 滑坡鼓丘：滑坡体向前滑动时因受到阻碍而形成隆起的小丘，称为滑坡鼓丘。

（2）滑坡类型　滑坡按组成物质可分为黄土滑坡、黏土滑坡、碎屑滑坡和基岩滑坡；按滑坡体的厚度可分为浅层滑坡（<10m）、中层滑坡（10～20m）和深层滑坡（>20m）；按滑坡面与构造特征可分为顺层滑坡、构造面滑坡和不整合面滑坡；按滑坡年龄可分为新滑坡、老滑坡和古滑坡等。

（3）滑坡发展阶段   滑坡的发展一般经过蠕动变形阶段、滑动阶段和停息阶段三个阶段。蠕动变形阶段：斜坡上的土体和岩体平衡状态被破坏，发生塑性变形，斜坡上出现拉张裂隙，滑坡两侧出现剪切裂隙，地下水下渗加强，滑动面逐渐形成。滑动阶段：滑动面已经形成，滑坡体向下滑动，滑坡前缘出现滑坡鼓丘，滑坡裂隙开始增多，滑坡体与滑动面之间渗出地下水。停息阶段：滑坡滑动中受地形变化和摩擦影响，滑坡体趋于稳定，土体开始压实，滑坡裂隙逐渐闭合，滑坡壁因崩塌变缓，滑坡体恢复植物生长，形成马刀树。

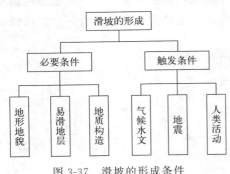

图 3-37   滑坡的形成条件

（4）滑坡的形成条件   滑坡的形成条件见图3-37，主要有地形地貌、易滑地层和地质构造等必要条件，气候水文、地震、人类活动等触发条件。

① 地形地貌：通过临空面和坡度实现。斜坡的高度、坡度、形态、成因等地形地貌条件与滑坡的形成密切相关。边坡的高度越高，坡度越陡，越易产生滑坡；平坦的边坡面较起伏的边坡面易产生滑坡；凸形边坡面较凹形边坡面易产生滑坡；堆积层边坡较岩质边坡易产生滑坡。

② 易滑地层：是滑坡产生的内在原因，因为不同的岩土体抗剪强度存在很大差异。松散岩土体尤其是砂土、软黏土与黄土较坚硬岩石更易产生滑坡；当斜坡上部是松散堆积层而下部是坚硬基岩，且基岩表面与坡面倾向基本一致时，易沿接触面产生滑坡。

③ 地质构造：常常导致岩土体中存在各种地质结构面，如岩层或地层层面、断层面、断层破碎带、节理面或不整合面等，它们常控制滑动面的空间位置与滑坡范围。另外，地质结构面产状也与滑坡存在密切联系。例如，若地质结构面与坡面倾向基本一致，则较易产生滑坡；若地质结构面与坡面倾向相反，则边坡较稳定。

④ 气候水文：通过降水和冰的融化使边坡岩土性质产生变化。其一，水的存在降低了边坡岩土体的抗剪强度；其二，地表水和地下水的作用破坏了原有平衡。大量调查表明，90%以上的滑坡与水的作用有关，在雨季尤其是暴雨季节经常发生大量滑坡。

⑤ 地震：地震引起岩土体震（振）动从而产生地震附加力，地震附加力作用于边坡岩土体，使边坡原有的力学平衡被破坏，从而产生滑坡。这是每次地震时发生大量滑坡的根本原因。

⑥ 人类活动：人类工程活动不当经常会引起滑坡。例如，在边坡上弃土或修建房屋，边坡下部不合理开挖，坡面植被破坏，大爆破和设计施工不当，等等。

3.3.1.2.4   蠕动

斜坡上的碎屑或土粒在重力作用下顺坡发生缓慢下移的现象叫蠕动（图3-38）。

蠕动可分为松散层蠕动和岩体蠕动两种。松散层蠕动可分为土溜和土爬。土溜是指被水饱和的松散碎屑在重力作用下的缓慢下移；土爬是指水分和温度的变化造成碎屑物颗粒体积涨缩压动向下缓慢下移。

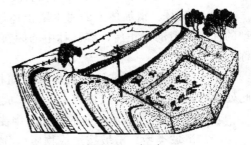

图 3-38   蠕动

蠕动的特征表现为：移动缓慢、隐蔽性强、发生普遍、破坏性小。

蠕动发生的条件包括地形条件、地质条件、气候条件等。地形条件方面，松散层蠕动出现在 $25°\sim30°$ 的坡地上，其速度在接近地表处最大，影响深度 20mm 至数米；岩体蠕动多发生在 $35°\sim45°$ 的陡坡上，深度 $3\sim5m$，最大者可达 50m。地质条件方面，一般黏土含量越高，膨胀和收缩幅度越大，越容易发生蠕动；软弱岩层在自身重力作用下首先发生弧形变曲的弹塑变形，接着出现拉张裂隙，最后形成向下坡的缓慢位移，容易发生蠕动。气候条件方面，干湿、温差和冻融都会对蠕动的幅度产生影响。另外，人为因素以及动物洞穴、植物根系腐烂产生的空洞也对蠕动产生影响。

3.3.2 地面流水地质作用与流水地貌

地面流水包括片流、洪流和河流，它们是塑造陆地地貌形态最重要的地质营力。其中，片流是在大气降水的同时在山体斜坡上出现的面状流水，流速小、水层薄，水流方向受地面起伏影响大，无固定流向，随着大气降水的结束而停止流动。洪流是在大气降水的同时或紧接其后在山体的沟谷中形成的线状流水，在大气降水结束后不久即消退。片流和洪流为暂时性流水。河流则是常年性的线状流水。

3.3.2.1 坡面流水侵蚀作用与地貌

片流对山坡松散层产生的破坏作用称为片流的侵蚀作用。片流的侵蚀作用弱且具有面状发展的特点，故又称洗刷作用。

（1）坡面流水侵蚀形式

① 雨滴击溅侵蚀：在雨滴击溅作用下，土粒结构发生破坏和土粒发生位移的现象称为雨滴击溅侵蚀（简称雨滴溅蚀）。雨滴溅蚀可分为三个阶段：干土溅散阶段、湿土溅散阶段、泥浆溅散阶段。

② 坡面径流侵蚀：坡面降水或融水在重力作用下呈分散状态冲走地表土粒的现象称为坡面径流侵蚀。

（2）坡面径流作用强度的影响因素

① 气候：作用强度主要取决于降水强度和降水量。

② 斜坡物质组成：影响斜坡的抗蚀力和渗透率。

③ 植被：防止雨滴溅蚀，减少坡面径流量，降低流速，固结土壤，等等。

④ 坡度：坡度越大，流速越快，侵蚀能力越强，但单位面积受雨量减少，造成侵蚀能力相对减弱。一般认为：坡度小于 $20°$，冲刷能力随坡度增大而迅速增强；坡度在 $20°$ 至 $40°$ 之间，冲刷能力有所增加；坡度大于 $40°$，冲刷能力减弱。

⑤ 坡长：一般坡长越长，冲刷量越大，但随着搬运量增加，冲刷能力会有所减弱。

（3）坡面流水产物

① 坡积物：坡麓处被坡面径流带来发生堆积的物质叫坡积物。坡积物的基本特征有：一般由粉砂、碎屑和块砾组成，磨圆度与分选性差；自裙顶至前缘，物质由粗变细；在垂直方向上稍具层理结构；岩性与所在坡地的基岩相同。

② 坡积裙：坡积物围绕坡麓堆积形成的形如裙边的堆积地形称为坡积裙。

坡面流水侵蚀-堆积模式见图 3-39。

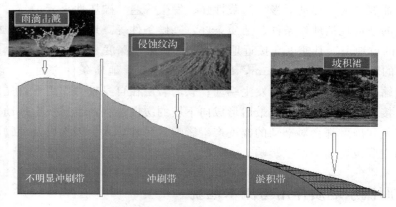

图 3-39　坡面流水侵蚀-堆积模式

3.3.2.2　沟谷流水地质作用与地貌

沟谷流水又称暴流，是暂时性的地面流水，其水文特征有：流量变化大，暴涨暴落，有时干涸；水流湍急，历时短；含沙量大，颗粒混杂，分选磨圆差；一般发生在坡度较大的沟谷地区，多数是高强度降水或融雪所致。

（1）洪流的剥蚀作用　洪流以其自身的动力和挟带的沙石对沿途沟壁和沟底产生的破坏作用称为洪流的剥蚀作用。由于洪流的流量较大，流速快，挟带沙石较多，机械冲击很强，所以常具较强的剥蚀能力，而且以机械方式作用为主，故又称冲蚀作用。

图 3-40　洪积扇

（2）沟谷流水堆积地貌　由于沟谷流水的流速大，紊流作用强烈，所以被搬运的物质不仅包含细小的悬移质、较粗的跃移质和推移质，而且还有巨大的石块和砾石。

被搬运的物质主要沉积在沟口段，由于在沟谷出口处坡度骤降，比降变缓，流速骤减，有时再加上强烈的下渗，水量明显减小，因此搬运能大大减弱，使被搬运的物质大量地堆积下来，形成洪积物，在沟口形成以沟口为顶点的扇形堆积体的洪积扇（图3-40）。

洪积物的特征包括：洪积物具有明显的分带现象；扇顶、扇中、扇缘的洪积物存在差异；洪积物的岩性分布具有明显的地域性；洪积物的分选性较差，砾、砂、黏土混在一起；洪积物的磨圆度较低；洪积物的层理不发育；洪积物剖面上砾石、砂、黏土的透镜体相互交叠，呈现多元结构。

洪积扇的形态规模大小不一，面积自几百平方米到数平方千米；扇顶到扇缘物质颗粒渐细；由扇顶到扇缘地形剖面为一下凹型，坡度一般小于10°；洪积扇表面分布有泄洪沟槽，边缘分布有次生洪积扇。

洪积扇出山口的部分为扇顶，洪积扇外围边缘部分为扇缘，扇顶与扇缘之间为扇中。扇顶相：由砾石组成，有层理，分选性较差，常夹有砂质透镜体或砾石透镜体，磨圆性差。扇中相：主要由砂、粉砂、亚黏土组成，含砂质透镜体或砾石透镜体，有清楚的层理。扇缘相：主要由细的亚黏土、黏土和部分粉砂组成，层理清晰，有地下水出露。

（3）泥石流　　山地沟谷中大量的松散固体碎屑堆积物，在强降水或融雪作用下，突然暴发所形成的具有强大破坏力的特殊洪流被称为泥石流。泥石流运动时，其前锋部分称为龙头，或阵头，其后续部分为泥石流的主阵。其运动形式有连续性和阵发性两大类。连续性泥石流的流量过程线呈单峰型或多峰型；阵发性泥石流是一阵接一阵，阵间为断流，一次泥石流过程可达数十阵至数百阵。

① 泥石流的形成条件。包括物质条件、水分条件和地形条件。

a. 物质条件：丰富的松散碎屑物质，这些固体物质一般来源于构造破碎带、强烈物理风化的石质山区，还包括冰川作用形成的堆积物等。

b. 水分条件：主要来源于特大暴雨、快速而且大量的冰雪融水，以及湖泊和水库的决口。

c. 地形条件：泥石流往往形成在比降较大的沟谷中，沟谷的坡度一般大于 $10°$。

在上述固体物质来源、水源以及沟谷条件均具备的情况下，泥石流就会形成发育。除这些地质、地貌、气象和水文方面的因素外，泥石流的发育还与人类的不合理活动有关，例如山区的滥垦滥牧、弃土弃渣不合理的堆放等均有可能促使泥石流暴发。

② 泥石流的分类。根据不同的分类原则，可以将泥石流分成不同的类型。按成因可分为降雨型和冰川型等；按流体性质可分为黏性和稀性两种；按固体物质组成可分为泥石流、泥流和水石流三种类型，现就此三种类型做简要说明。

a. 泥石流：其固体物质含量一般在 15% 以上，主要由泥、沙和石块组成，容重通常大于 $1.3t/m^3$。泥石流可分为黏性泥石流和稀性泥石流。黏性泥石流容重通常大于 $1.5t/m^3$，其固体物质含量一般在 40% 以上；稀性泥石流容重通常小于 $1.5t/m^3$，其固体物质含量一般在 $15\%\sim40\%$。

b. 泥流：固体物质主要由粉砂和黏土组成，只夹有少量的岩屑，所以往往呈浑水流或泥浆流的状态，泥流流动时具有很大的承浮力，在其表面可能观察到大量漂浮的石块和泥球。在我国的黄土高原最为发育。

c. 水石流：固体物质以石块为主，细粒的粉砂和黏土物质含量很少，故没有黏性。

③ 泥石流的发生特征。泥石流的发生特征，通常上游以侵蚀为主，中游以搬运为主，下游以堆积为主（图3-41）。

泥石流沟谷及上游段是泥石流中的固体物质和水流的供应区，可称为形成区，通常沟谷风化和崩塌地貌发育。这里的松散碎屑物在流水和重力的作用下被搬运到沟谷中。在流体动压力和个别石块的冲击力作用下，泥石流的侵蚀速度和数量均很大，使沟头后退，沟槽加深和展宽。

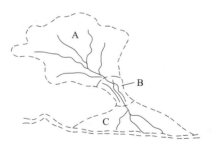

图 3-41　泥石流发育示意图
A—形成区；B—通过区；C—堆积区

泥石流沟谷的中游段以搬运为主，可称为通过区，往往由峡谷组成，搬运泥沙和石块的量及速度是很惊人的。谷壁陡且光滑，常保留被泥石流磨蚀的痕迹。

泥石流沟谷的下游是堆积区，多为山麓平原和大河谷底，一般以堆积为主，在流出山口处形成舌状或扇状堆积体。

泥石流在沟口堆积形成泥石流堆积扇。黏性泥石流堆积扇多呈由粗大砾石组成的泥石流堆积扇，扇面上丘岗起伏，坎坷不平；大小石块混杂，层次不清楚，颗粒分选性差，常出现泥球、泥包砾。稀性泥石流堆积扇中巨大石块少，丘岗状堆积物少，扇面较为平整，倾斜度小，堆积扇上可见沟槽，堆积物有一定的分选。

3.3.2.3   河流地质作用与河流地貌

（1）河流地质作用

① 河流侵蚀作用。河流破坏地表、掀起并带走地表物质的作用称为河流侵蚀作用。河流的侵蚀作用可分为机械和化学两种方式。机械侵蚀作用是通过其动能或挟带的沙石对河床造成机械破坏的过程，包括冲蚀作用和磨蚀作用两种方式；化学侵蚀作用是通过河水对河床岩石的溶解和反应完成的，在可溶性岩石地区比较明显。

河流侵蚀作用按侵蚀的方向又可分为下切侵蚀作用（下蚀作用）和侧蚀作用。

下蚀作用：一方面，流动的河水具有一定的动能，在重力的作用下产生一个垂直向下的分量作用于河床底部，使其受到冲击而产生破碎；另一方面，河流常挟带有沙石，在运动过程中对河床底部也有冲击和磨蚀作用，使其产生破坏。在长期的剥蚀作用下，河床就不断地降低，河谷加深，同时也延长。河流的下蚀作用不能无休止进行，下切侵蚀的最大深度往往受控于某一基面，这个面就是侵蚀基准面。由于地球上河流大多流入海洋，海平面通常被认为是终极侵蚀基准面，而湖泊、洼地、支流汇入点、坚硬岩坎通常被认为是局部侵蚀基准面（图 3-42）。

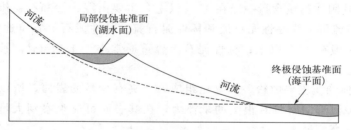

图 3-42   河流的侵蚀基准面

侧蚀作用：河水以自身的动力及挟带的沙石对河床两侧或谷坡进行破坏的作用称为河流的侧蚀作用。侧蚀作用主要出现在河流中、下游或河流发育的中、老年期，这时河谷坡降变缓，下蚀作用处于次要地位。

侧蚀的原因包括由弯道离心力引起的横向环流和科里奥利力引起的水体运动方向的偏离。侧蚀作用的结果是河床弯曲、谷坡后退、河谷加宽。

弯道离心力是指流水在河流弯曲部位因惯性作用而产生的离心力。自然界中平直的河流很少见，河道多是弯曲的。即便是平直的河道也会因水体的运动而向弯道发展。河流产生侧蚀作用的原因是横向环流的表流对河岸的冲刷作用。水质点做单向的螺旋形运动的水流称为单向环流。当水流进入弯曲河段时，河水在弯道离心力的作用下，水质点向凹岸偏离，造成凹岸（深水区）一侧水面抬高，凸岸水面降低，这时两岸出现水位差，产生横比降，引起自凹岸向凸岸的横向力，在弯道流水断面的垂线上，水质点的流速随深度增大而逐渐减小，故垂线上各点的离心力在表层最大，向下逐渐减小。在水体上层，离心力大于横向力，合力向凹岸移动；在水体下层，离心力小于横向力，合力向凸岸移动；由此形成了弯道横向环流（图 3-43）。横向环流的作用使凹岸侵蚀，侵蚀下来的物质随横向环流向凸岸搬运；在凸岸，因底流向上运动，流向表层，其能量逐渐减弱，物质便在此发生沉积。

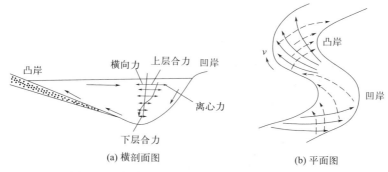

图 3-43 弯道横向环流形成的横剖面图和平面图

科里奥利力是由地球自转引起的，又称为地球偏向力。在科里奥利力的作用下，地球上一切运动着的物体都将产生运动方向上的偏离，水体运动的方向也会发生偏离：在北半球运动的水体偏向前进方向的右侧，在南半球运动的水体偏向前进方向的左侧。在河流弯道，离心力和科里奥利力同时作用。以北半球为例，当河流左弯时，离心力和科里奥利力方向相反，互相抵消一部分，故对凹岸的侵蚀力减弱；河流右弯时，二力方向一致，对凹岸的侵蚀力增强。此外，凹岸的最大侵蚀点和凸岸的最大堆积点并不是在它们的顶部而是偏向前方。随着横向环流的不断作用，不仅仅弯道幅度逐渐增大，而且弯道位置也不断向下游方向迁移。

② 河流的搬运作用。流水将侵蚀下来的物质向下游搬运移动的作用称为河流的搬运作用。碎屑物质的机械搬运方式包括悬移、跃移、推移三种（图 3-44）。

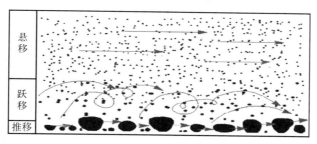

图 3-44 河水中碎屑物质的机械搬运方式

在河流中、上游，水流湍急，颗粒较大，推移、跃移和悬移三者共存，且推移、跃移更重要；在中、下游则是跃移和悬移更主要。颗粒的搬运方式不是固定不变的，随着流速增大，推移可变为跃移，跃移也可变为悬移。流速降低时，则发生相反的转变。

流水搬运能力的大小取决于河水的流量和流速，且流速是主要因素。根据艾里定律，被搬运碎屑颗粒的粒径与流速的二次方成正比，而颗粒质量与其半径的三次方成正比，所以被搬运颗粒的质量与流速的六次方成正比。因此，在山区河流或上游河段中，常可见到直径 2～3m 的石块被搬运走。

河流的搬运能力不仅与流速、流量有关，还与流域内的自然条件有关。气候干燥、风化强烈、地面缺少植被的地区，进入河流的泥沙多；反之，进入河流的泥沙则少。

③ 河流的沉积作用。当河床的坡度减小，或搬运物质增加而引起流速变慢，河水挟带的泥沙、砾石等搬运物质超过了河水的搬运能力时，河水挟带的碎屑物质逐渐沉积下来，形成冲积物，称为河流的沉积作用。化学溶解的物质多在进入湖盆或海洋等特定的环境后才开

始发生沉积。

河流的沉积作用主要发生在河流入海、入湖和支流入干流处，或者在河流的中、下游，以及河曲的凸岸，但大部分都沉积在海洋和湖泊里。河谷沉积物几乎全部是泥沙、砾石等机械碎屑物，只占河流搬运物质的小部分，而且多是暂时性沉积，很容易被再次侵蚀和搬运。

由于河流搬运物质的分选作用，一般在河流的上游沉积较粗的砂砾石，越往下游沉积的物质越细，多为砂土或黏性土，并且可形成广大的冲积平原及河口三角洲。更细的胶体颗粒或溶解质多被带入海、湖中沉积。

（2）河流地貌　流水在运动过程中，使沿途的物质发生侵蚀、搬运和堆积，形成各种侵蚀地貌和堆积地貌。这种由流水作用所塑造的地貌称为河流流水地貌。

① 河谷谷底地貌。河谷是由于流水作用所形成或改造而成的相对负地貌，通常为呈带状延伸的凹地（图3-45）。河谷通常由谷坡和谷底所组成。谷坡是河谷两侧的岸坡，常有阶地发育，谷坡与谷底交界处为坡麓；谷坡与原始山坡或地面的交界处为谷肩或谷缘。谷底又可分为河床和河漫滩。

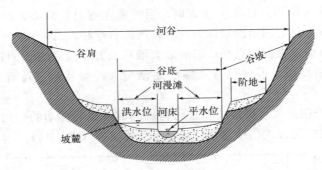

图3-45　河谷的组成（横剖面）

河流不同区段的河谷特征有明显差异。河流上游大多为高原和山地，落差大，水流急，河水侵蚀作用强烈，常形成深切而狭窄的河谷，即"V"型谷。河流中游河道变宽，水流变缓，往往形成曲流（河曲）。河流下游河道更加宽阔，河床平缓，水流缓慢，堆积作用强烈，往往形成三角洲平原。

a. 河床：河床是河流平时或洪水季节占据和通过的谷底部分，也被称为河槽。河床包括以下几种类型：顺直微弯型（河床曲率小于1.5）、弯曲型（河床曲率在1.5与5.0之间，河曲）、分汊型（河床因心滩、沙洲而分汊成辫流）、游荡型（河段顺直，河身宽浅，水流散乱，槽滩高差不大，河汊密布）。

b. 浅滩与深槽：浅滩是河床底部的冲积物堆积体，分布在岸边叫边滩，分布在河心叫心滩。浅滩与浅滩之间较深的河段为深槽（图3-46）。通常边滩堆积在河流的凸岸，是由弯道处的（单向）横向环流所致。心滩通常堆积在河流的中心，是由双向横向环流所致。

c. 沙波：沙波是河床中的堆积地貌，一般河流中都可见到。沙波的脊线与河岸线斜交，横剖面不对称，陡坡朝向河流的下游，迎水面的一坡较缓。水流不断搬运迎水面一坡的砂粒，在背水面一坡堆积下来，沙波便不断向下

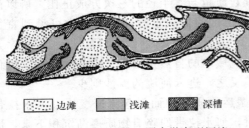

图例：边滩　浅滩　深槽

图3-46　浅滩和深槽（顺直微弯型河流）

游移动。沙波的运动形成斜层理，顺行沙波的斜层理向下游倾斜，逆行沙波的斜层理向上游倾斜。

d. 壶穴与岩槛：壶穴是基岩河床中被水流冲磨的深穴，其深度可达数米到几十米。壶穴多在瀑布下方，由湍急水流冲击河床基岩形成。如果河床基岩节理发育，或是构造破碎带，水流则往往沿岩石节理面或破碎带冲击，掏蚀河床。河床一旦被掏蚀成穴，就在壶穴处形成水流旋涡，一些砾石随着旋涡流一起运移，对河床进行磨蚀。岩槛是基岩河床中较坚硬的岩石横亘于河床底部形成的，是瀑布或跌水的所在之处，并构成上游河段的局部侵蚀基准面。岩槛的形成与构造或岩性有关：有些活动断层可直接形成岩槛，岩槛位置和断层位置一致；有时岩槛位于活动断层上游的一定距离，这是由于岩槛向源后退之故。前者表明断层活动时期很近，后者说明断层活动已有相当长时期。穿插在基岩中的岩脉也常形成岩槛。

e. 牛轭湖：在平原地区流淌的河流河曲发育，随着流水对河面的冲刷与侵蚀，河流愈来愈曲，最后导致河流自然截弯取直，河水由取直部位径直流去，原来弯曲的河道被废弃，形成湖泊，因这种湖泊的形状恰似牛轭，故称为牛轭湖（图3-47）。

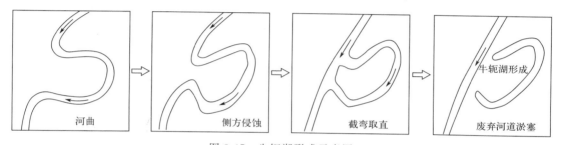

图 3-47　牛轭湖形成示意图

f. 河漫滩：河漫滩是洪水期被淹没、平水期露出水面的河床两侧的谷底部分。平原河流河漫滩发育且宽广，常在河床两侧分布，或只分布在河流的凸岸。山地河谷比较狭窄，洪水期水位高度较大，河漫滩的宽度较小，相对高度却比平原河流的河漫滩要高。

河漫滩沉积物具有明显的二元结构。下层为较粗的河床相冲积物，通常由砾石与砂层组成，是河床侧向移动过程中沉积下来的。上层是较细的河漫滩相冲积物，通常为粉砂、黏土或亚黏土，是洪水期的泛滥堆积物（图3-48）。

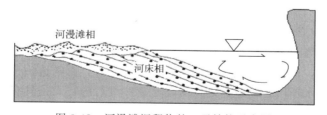

图 3-48　河漫滩沉积物的二元结构示意图

② 阶地。因河流下切而抬升到洪水位以上并呈阶梯状分布于河谷谷坡的地貌体称为阶地。组成阶地的要素包括阶地面、阶地斜坡、阶地前缘、阶地后缘、阶地高度、阶地宽度、阶地级数等（图3-49）。

河流阶地的形成过程：河流拓宽谷底，形成宽阔的河漫滩；河流下切侵蚀强烈，使得原先的河漫滩部分出露正常年水位，形成阶地。

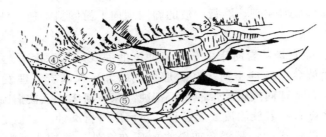

图 3-49   阶地形态要素示意图

①—阶地面；②—阶地斜坡；③—阶地前缘；④—阶地后缘；⑤—坡脚；

h_1—阶地前缘高度；h_2—阶地后缘高度；h—阶地平均高度；d—坡积物

根据组成结构，可将河流阶地划分为侵蚀阶地、基座阶地、堆积阶地和埋藏阶地（图 3-50）。

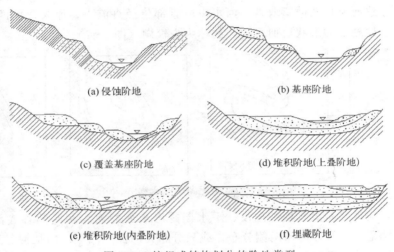

图 3-50   按组成结构划分的阶地类型

侵蚀阶地：阶地面基岩出露，少有河流冲积物覆盖。基座阶地：阶地上部为河流冲积物，下部为基岩。如果阶坡被冲积物覆盖，则称为覆盖基座阶地。堆积阶地：阶地仅由河流冲积物组成，可分为内叠阶地和上叠阶地。内叠阶地：下切深度与冲积物堆积深度一致（新阶地在老阶地之内）。上叠阶地：下切深度小于原先冲积物的堆积深度（新阶地在老阶地之上）。埋藏阶地：早期形成的多级阶地被后期冲积物覆盖。

阶地形成的影响因素包括构造运动、气候变化和侵蚀基准面的变化。构造运动对河流阶地形成的影响体现在：构造相对稳定有利于河漫滩的发育，而构造抬升或下降易改变河谷的纵比降，从而影响流水作用。构造运动通常不是持续进行的，而是具有旋回性，多级构造抬升的结果是形成多级阶地。构造运动不同，阶地形态也不同：如果整体抬升，则在整个流域形成完整的阶地；如果发生掀斜抬升，上升幅度大的区域易形成侵蚀阶地，幅度小的区域则易形成埋藏阶地。

气候变化对阶地形成的影响有以下方面。气候变化主要反映在水量和含沙量，我国第四纪气候特征表现为冰期与间雨期同期，气候干冷，河流含沙量增多，水量减少，发生堆积；间冰期与雨期同期，气候湿热，河流水量增多，含沙量减少，发生侵蚀。河流在气候影响下发生堆积，堆积在河流纵剖面的分布是不均匀的：在干冷时期，中游地区堆积物厚度最大；

当湿暖时期到来时，中游阶地发育典型。

侵蚀基准面的变化对阶地形成的影响体现在：当河流侵蚀基准面下降，新出露部分坡度大于河流比降时，河流发生溯源侵蚀，溯源侵蚀开始处坡度通常在河床纵剖面上表现为突然增加，这种点称为裂点，裂点以下表现为下切侵蚀，原先的河漫滩部分出露正常年水位，形成阶地。

③ 冲积平原。冲积平原在大河中下游由河流带来的大量冲积物堆积而成。根据作用营力和地貌形成部位可分为山前平原、中部平原和滨海平原三种。

a. 山前平原：位于山前地带，成因属洪积-冲积类型。由于河流出山入平原，河流比降急剧减小而发生大量堆积，形成洪积扇，各条河流的洪积扇联结而成洪积-冲积倾斜平原。

b. 中部平原：冲积平原的主体。组成中部平原的沉积物主要是冲积物，其中常夹有湖积物、风积物甚至海相堆积物。中部平原坡度较缓，河流分汊，水流流速小，带来的物质颗粒较细。洪水时期，河水往往溢出河谷，大量悬浮物也随洪水一起溢出，首先在河谷两侧堆积成天然堤。天然堤的两坡不对称，朝向河谷的一坡较缓，背向河谷的一坡较陡。天然堤随每次洪水上涨而不断增高。如果天然堤不被破坏，河床也将继续淤高，最后甚至高于河道之间的冲积平原，形成地上河。在两河之间的低地，就常形成湖泊或沼泽。有时，天然堤被洪水冲溃，河流沿决口处改道，形成很大范围的决口扇。洪水退后，决口扇上的沙粒被风吹扬，形成风成沙丘和沙地。我国豫东地区的大面积沙地和沙丘就是黄河南岸多次决口带来的沙粒再经风的作用形成的。冲积平原上的河流经常改道，在平原上留下许多古河道的遗迹，并常保留一些沙堤、沙坝、迂回扇、牛轭湖、决口扇和洼地等地貌和沉积物。古河道中储存丰富的地下水，是浅层地下水的主要含水层。因此，查明古河道的分布规律具有实际意义。

c. 滨海平原：在成因上属冲积-海积类型。其沉积物颗粒很细，湖沼面积大。因有周期性的海潮侵入陆地，形成海积层和冲积层相互交错的现象。在滨海平原常见海岸沙堤或贝壳堤、潟湖等地貌。

④ 河口地貌。河口是河流与其受水体的结合地段，包括支流河口、入湖河口、入库河口、入海河口等，其中入海河口最重要，所以河口一般指河流与海洋的结合地段。根据河流作用与海洋作用的对比关系，可将河口划分为两种类型：建设型河口，又称河道型河口，以河流作用为主，如黄河口；破坏型河口，为河港型河口，以海洋作用为主，如钱塘江口。

河口区是河流与其受水体相互作用的地段，受河川径流、潮流双重影响，咸淡水发生混合。河口区上限是河流中受海洋影响最远端，或潮流涉及的上界，或咸水入侵的上界。河口区的下限是海洋受河流影响最远端，或径流扩散的末端，或淡水扩散的末端。河口区依据潮汐作用的影响自陆向海可依次分为近口段、河口段和口外海滨段（图3-51）。潮区界和潮流界之间为近口段，以河流作用为主，受潮流顶托影响。潮流界与口门之间为河口段。口门到波浪作用海底处之间为口外海滨段，以海洋作用为主。

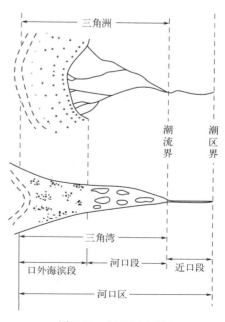

图 3-51 河口区分段

河口三角洲是指河流和海洋共同作用下，由河流挟带的泥沙在河口地区停积而成顶点向陆的三角形堆积体。河口三角洲的形成条件有：丰富的泥沙来源（根据世界上许多三角洲的河流含沙量测定，河流年输沙量约等于或大于年径流量的1/4就会形成三角洲）；河口附近的海洋侵蚀搬运能力较小，泥沙才容易沉积下来；口外海滨段水深较浅，坡度平缓，一方面对波浪起消耗作用，另一方面浅滩出露水面，有利于河流泥沙进一步堆积。

三角洲的发育过程包括水下三角洲形成阶段、沙岛与汊道形成阶段和三角洲平原形成阶段三个阶段。水下三角洲形成阶段：水下浅滩（心滩）、边滩、沙坝形成。河流出口门之后，在宽浅的口外海滨能量被消耗，泥沙发生堆积，从而出现一系列水下浅滩、边滩和沙坝以及水下汊道，与此同时，口门两侧亦发育了水下边滩。但这时的口外海滨仍为一连续水体。沙岛与汊道形成阶段：水下心滩、边滩露出水面，形成沙岛、沙嘴，河流多分汊入海。水下心滩或边滩不断接受陆源及海源物质的沉积而增高，特别是汊道的横向环流作用使心滩堆积加强并逐渐露出水面而变成沙岛和沙嘴。原来的连续水面也被沙岛分割成几股汊道，汊道的两岸有时形成天然堤，堤间往往是低平的小海湾、潟湖或沼泽洼地。洪水泛滥时，这些低洼地带淤积泥沙和黏土及死亡的植物发育形成泥炭层。这样，洼地便逐渐消失，成了沙岛的组成部分。三角洲平原形成阶段：沙岛、沙嘴等合并，三角洲形成。被沙岛分割的各股汊道，由于水量分配、输沙特征以及侵蚀和堆积不均匀，必然使得某汊道发展成为主河道，而另一些支汊道由于水流不畅逐渐淤塞和消亡，并导致了沙岛的联合或并岸。这样，沙岛、沙嘴通过塞支、并连，最后成为三角洲。

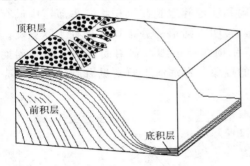

图 3-52　三角洲的结构

在纵剖面上，三角洲自下而上由底积层、前积层和顶积层构成（图 3-52）。前积层是三角洲的主体部分，由河流沉积物向海（或湖）推进沉积而形成。前积层向外在三角洲的底缘逐渐转变成近水平的粉砂和黏土的薄层，称为底积层。当三角洲生长时，河流向海洋或湖泊方向推进，在前积层上发育网汊状河流，河流有轻微的淤积，并且扩展成新的冲积层，即顶积层。

在平面上，三角洲沉积相共分为三角洲平原亚相、三角洲前缘亚相、前三角洲亚相。三角洲平原亚相，为河流沉积物组成的三角洲陆上沉积部分，以河床、低地、沼泽沉积为主，沙粒比例大，分选好。三角洲前缘亚相，为河流沉积物组成的三角洲水系沉积部分，常呈环状分布，沉积分选好，沙粒多。前三角洲亚相，是由河流挟带的黏土悬浮物和胶体物质在海底的沉积部分，水分含量多，富含有机质。

3.3.3　地下水地质作用与岩溶地貌

3.3.3.1　地下水地质作用

地下水是以各种形式存在于地表之下岩石和松散堆积物孔隙中的重力水。与地表水相比，地下水的流速小，机械动能低，矿化度高，化学动力大。

（1）地下水类型　按赋存空间，可将地下水划分为裂隙水、孔隙水和岩溶水等类型；按埋藏条件，可将地下水划分为滞水、包气带水、饱水带水（潜水、承压水）等类型。

① 包气带水：地面以下潜水面以上的地带为包气带。包气带也称非饱和带，是大气水和地表水同地下水发生联系并进行水分交换的地带，是岩土颗粒、水、空气三者同时存在的一个复杂系统。包气带具有吸收水分、保持水分和传递水分的能力。

② 饱水带水：饱水带是在地下水面以下，土层或岩层的孔隙全部被水充满的地带。饱水带岩层按其透过和给出水的能力，可分为含水层和隔水层。饱水带岩石孔隙全部为液态水所充满，既有重力水，也有结合水。饱水带中的地下水连续分布，能够传递静水压力，在水头差的作用下，可以发生连续运动。

饱水带水包括潜水和承压水。潜水是指地表以下，第一个稳定隔水层以上具有自由水面的地下水。潜水的自由水面称潜水面，潜水面相对于基准的高程称潜水位，地面至潜水面间的距离为潜水埋藏深度。潜水层以上没有连续的隔水层，潜水面可自由升降，不承压或仅局部承压，同时可直接得到降水和地表水通过包气带的下渗补给。潜水位易受当地气候影响而有季节性的变化。承压水是指充满于两个隔水层之间承受一定压力的地下水。承压水的主要特征是其承受较大静水压力。承压水的分布区与补给区常不一致，这是承压水的又一主要特征。

（2）地下水的地质作用

① 地下水的潜蚀作用：地下水在运动过程中对周围岩石的破坏作用称为地下水的潜蚀作用。包括机械冲刷作用和化学溶蚀作用。机械冲刷作用是指地下水主要在岩石孔隙中渗流，使岩石变松，带走细小颗粒，使孔隙扩大。地下水的流速慢，水量分散，冲击力小，所以其机械潜蚀作用很弱。机械冲刷作用造成管涌、流沙、地面塌陷等现象。化学溶蚀作用是指地下水对岩石进行不同程度的溶蚀，造成岩石破坏的作用。最为常见的溶蚀作用发生于一些可溶性岩石地区，如在石灰岩地区，石灰岩或含碳酸盐类矿物的岩石溶解，分解而成的钙离子和碳酸氢根离子便随水流失，是岩溶地貌形成的主要动力。地下水的化学成分较复杂，常含有较多 CO_2 和各种溶质，因而化学溶蚀作用显著。溶蚀作用的发生受可溶岩石性质、透水性、地下水的溶蚀能力和流动性影响。

② 地下水的搬运作用：包括机械搬运和化学搬运作用。机械搬运作用是指地下水在岩石孔隙、裂隙流动时，可以搬运黏土、粉砂等物质。化学搬运作用是指地下水在岩石孔隙、裂隙流动时，可以搬运真溶液和胶体物质。

③ 地下水的沉积作用：包括机械沉积作用和化学沉积作用。机械沉积作用是指挟带泥沙的地下水到宽阔地段时，流速降低，部分泥沙沉积。化学沉积作用是指地下水溶液中的溶解物质析出和胶体凝聚，形成化学沉积，包括溶洞沉积、泉化沉积、孔隙沉积等。

3.3.3.2　岩溶地貌

地下水和地表水对可溶性岩石发生化学作用和物理作用形成的地貌（岩溶地貌）和水文现象（岩溶水文）称为岩溶地貌。岩溶地貌在石灰岩地区发育最为典型，也称为喀斯特地貌。喀斯特原是伊斯特拉半岛上的石灰岩高原的地名，意思是岩石裸露的地方，那里有发育典型的石灰岩岩溶地貌。

（1）岩溶地貌发育的影响因素　影响岩溶地貌发育的因素包括水的溶蚀能力、岩石的可溶性和透水性、地质构造等。

水的溶蚀能力是岩溶地貌发育的基础，取决于水的化学成分、温度、气压、水的流动性及流量等。其中，水的化学成分特别是水中含有的酸是岩石溶蚀的关键，含酸量越高，溶蚀能力越强；水的温度则确定了水中二氧化碳的含量和水的化学反应速度；气压主要影响水中二氧化碳的含量，进而影响岩石溶解能力；水的流动性影响水的溶解能力，滞留的水中碳酸氢钙容易达到饱和，水的溶解能力有限，流动的水则可以保持水的溶解能力。水的流动与降水量（气候）和岩石的透水性相关：湿热地区，降水量大，地下水丰富，溶蚀能力强；干旱地区，降水量少，地下水得不到补充，溶蚀能力弱；寒冷地区，以固体降水为主并发育冻土，阻碍地下水的流动。

岩石的可溶性是发生岩溶的必要条件。不同岩石成分的溶解度依次为：卤盐类岩石＞硫酸盐类岩石＞碳酸盐类岩石。岩溶主要发育在碳酸盐岩分布地区。岩石结构对岩石可溶性产生影响：组成岩石矿物的结晶颗粒越小，溶解度越大；不等粒结构比等粒结构溶解度大。

透水性好的岩石的可溶性有利于岩溶作用的进行。一般情况下，成分纯、刚性强的岩石透水性好；厚层可溶性岩石较薄层可溶性岩石的透水性好；构造发育的岩石透水性好。

岩层的产状和破碎程度影响岩溶作用的进行，控制岩溶的方向和速度。背斜轴部张性节理发育，利于水的垂直运动，容易形成竖井；节理发育，特别是两组节理交叉部，利于岩溶作用的进行；断层发育岩石，特别是张性断裂发育的地方，岩溶作用增强，常形成溶洞；水平或倾斜岩层受隔水层影响，地下水易沿层面流动，发生沿水平方向的溶蚀。

（2）地表岩溶的地貌特征　地表岩溶形态包括溶沟和石芽，岩溶漏斗，落水洞和竖井，峰林、峰丛和孤峰，岩溶盆地，干谷、盲谷和伏流，等等。

① 溶沟和石芽。溶沟是溶岩地区地表水流在流动过程中侵蚀而成的凹槽，规模大小不一，宽从几十厘米到几米，深从几厘米到几米。石芽是溶沟之间突起的石脊，高度多为 1～2 米，而在热带多雨湿润气候下石芽高度可在 10 米以上，被称为石林（图 3-53）。

② 岩溶漏斗。岩溶化地面上的一种圆碟形洼地，平面轮廓为圆形或椭圆形，下部通常有排水管道。圆碟形洼地扩大、合并形成溶蚀洼地。根据成因可分为溶蚀漏斗、沉陷漏斗、塌陷漏斗

图 3-53　石芽（马来西亚姆鲁山剑状石林）

（图 3-54）。其中，溶蚀漏斗主要是地表岩溶水对低洼处沿裂隙处向下渗漏溶蚀的结果，松散堆积物随岩溶水迁移搬运使地面下沉成为沉陷漏斗，浅层溶洞顶板塌陷形成塌陷漏斗。

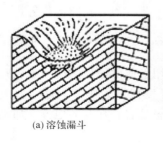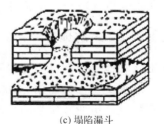

(a) 溶蚀漏斗　　　　　(b) 沉陷漏斗　　　　　(c) 塌陷漏斗

图 3-54　岩溶漏斗类型

③ 落水洞和竖井。落水洞是岩溶区地表岩溶水流向地下河或地下溶洞的通道，主要由溶蚀作用伴随着塌陷而成。落水洞大小不同，形状也各异，直径通常小于深度。根据断面形态有裂隙状落水洞、竖井状落水洞、漏斗状落水洞。竖井又称天坑，是由于地壳上升，地下

水位下降，落水洞进一步向下发育而成，深度可达数百米（图3-55）。

④ 峰林、峰丛和孤峰。峰林是石灰岩强烈溶蚀地区溶蚀而成的形态各异的山峰集合体［图3-56(a)］；峰丛是基座相连的山峰集合体；孤峰是指孤立的石灰岩山峰，通常分布在溶蚀盆地和岩溶平原［图3-56(b)］。

⑤ 岩溶盆地。包括溶蚀洼地和岩溶平原。其中，溶蚀洼地是四周为低山丘陵和峰林所包围的封闭洼地，形状与溶蚀漏斗相同，但规模要大得

图 3-55 重庆小寨天坑

(a) 峰林　　　　　　　　　　　　(b) 孤峰

图 3-56 峰林与孤峰

多，底部比较平坦，直径超过 100 米；岩溶平原是指岩溶地区一些宽广平坦的盆地和谷地，也叫坡立谷，宽度自数百米至数千米，长度可达几十千米，盆地边坡陡峭，底部平坦，常积留有河流冲积物。

⑥ 干谷、盲谷和伏流。干岩溶地区地表干涸的河谷称为干谷，由地壳上升失去水源补给形成；在岩溶区，一些地表河流的上游水源来自泉眼涌水，而下游河水经落水洞转入地下，这种上下游封闭的谷地称为盲谷；由岩壁流出或地下河补给的河流称为断头河；转入地下的河流暗流段称为伏流。

（3）地下岩溶的地貌特征　地下岩溶形态包括洞穴和洞穴堆积物等。

① 洞穴。又称溶洞，是地下水沿着可溶性岩石的层面、节理、断层进行溶蚀和侵蚀而形成的地下孔道。洞穴形态多样，规模不一，可形成多层（图3-57）。

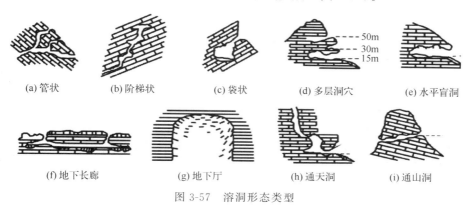

(a) 管状　　　(b) 阶梯状　　　(c) 袋状　　　(d) 多层洞穴　　　(e) 水平盲洞

(f) 地下长廊　　　(g) 地下厅　　　(h) 通天洞　　　(i) 通山洞

图 3-57 溶洞形态类型

溶洞主要集中在水平循环带；溶洞内常积水；溶洞内发育各种堆积地貌，特别是化学堆积地貌发育；洞穴内常有地下河、湖、地下瀑布等。

地下河：有长年流水的地下溶洞称为地下河或暗河。地下河与地表河一样发育有瀑布、冲蚀坑、壶穴、深槽地貌和沙砾堆积物，其河流过水面积受石质河槽限制不能自由扩大，其流向受断裂构造节理或层面走向支配，显得十分曲折和不连续，宽窄也不一致。当地壳上升和潜水面下降时，河水便渗入更深的地下，原来的地下河槽则变成了干涸的水平溶洞，以后就会发育出各种各样的碳酸钙堆积地貌。

② 洞穴溶蚀地貌。溶洞的顶、侧壁受到地下水（河流）的溶蚀、侵蚀形成各种凹槽洞穴溶蚀地貌。位于溶洞顶部的溶蚀凹槽被称作石锅，位于溶洞边部的溶蚀凹槽被称作边槽。

③ 洞穴崩塌地貌。溶洞内周围岩石的临空和洞顶的溶蚀变薄会使洞穴内的岩石应力失

图 3-58   天生桥（重庆武隆）

去平衡而发生崩塌，形成洞穴崩塌地貌。溶洞崩塌的典型地貌有崩塌堆、天窗、天生桥等。

崩塌堆主要发生于洞顶岩层薄、断裂切割强以及地表水集中渗入的洞段，崩塌发生后随即在洞底堆积形成崩塌堆。洞顶局部崩塌并向上延及地表，或地面往下溶蚀与下部溶洞贯通，都会形成一个透光的通气口，称为"天窗"。天窗扩大及至洞顶塌尽时，地下溶洞就成为竖井。地下河通道塌顶后就变为箱形谷或峡谷，但这种崩塌常常不是一次性完成的。如果通道上、下游两端先崩塌而中间局部保留，就会出现横跨谷地的桥状地形，称为"天生桥"（图 3-58）。天生桥是洞顶崩塌的残余地形，呈拱形，宽数米至百米。

④ 溶洞化学堆积地貌。目前已发现溶洞内堆积矿物 80 余种，其中大部分为方解石的化学堆积，造成方解石堆积的主要原因是渗入洞内的碳酸水溶液中的 CO_2 逸出，CO_2 的逸出与水质、水温、洞内空气中 CO_2 的含量、水的运动和藻类生物的化学作用等有关。常见的溶洞化学堆积形态有石钟乳、石笋、石柱、鹅管、石幔、石旗、边石坝、钙华板、石花、卷曲石、爆玉米等。

石钟乳、石笋、石柱、鹅管是一组由洞顶滴水产生的堆积地貌（图 3-59）。其中，岩溶水从洞顶渗出时，碳酸钙悬滞在洞顶上形成悬挂状的突起，形似钟乳，称为石钟乳；从洞顶滴落到地表的岩溶水逸出二氧化碳，碳酸钙逐渐沉积，似竹笋，称石笋；石钟乳下伸触及洞底或石笋向上长至洞顶或二者相向对生后连接时就成为石柱；鹅管是石钟乳发育过程中最初

(a) 石钟乳

(b) 石笋与石柱

(c) 鹅管

图 3-59   石钟乳、石笋与石柱和鹅管

的造型，自洞顶向下生长，上下大小基本一致，呈空心细玻璃管状。

　　石幔、石旗、边石坝、钙华板是一类由薄膜（层）状溶水形成的堆积地貌，总称为"流石"（图 3-60）。当水沿额状洞壁往下漫流时就会形成布幔状或瀑布状流石，即"石幔"；水集中沿一条凸棱下流时会形成薄片状的堆积，称为"石旗"；若薄层水在洞底斜面上作缓流而又遇到小凸起时流速就会加快，水中的 CO_2 会逸出，并会在凸起处发生堆积，这些局部堆积反过来又会加快流速并再次促进局部堆积，这样反复作用的结果就会最终形成花边状弯曲的小堤，称"边石坝"。饱和的碳酸钙水溶液在洞底流动时常会形成多孔状的堆积层，称"钙华板"或"灰华层"，其最厚者可达数米，其结构通常呈多孔状，与地表河流瀑布坎的钙华相似，因此跌水急流也可能是钙华板的成因。

(a) 石幔　　　　　　　　(b) 石旗　　　　　　　　(c) 边石坝

图 3-60　"流石"

　　石花、卷曲石、爆玉米是一类毛发状、草叶状、豆芽状或花球状的微小岩溶形态，常附生在其他大型碳酸钙堆积形态上（图 3-61）。石花、卷曲石、爆玉米的生长方向散乱，似是不受重力影响。其成因复杂，主要与毛细水运动有关，同时还受洪水量少、环境较封闭、气温较稳定和气流扰动少等条件影响。

(a) 卷曲石　　　　　　　　　　(b) 石花

图 3-61　卷曲石和石花

　　卷曲石似豆芽，关于其成因尚无一致看法，有毛细作用、气溶胶作用、蒸发作用等成因说；石花的"花瓣"呈针状向外辐射，形似蓟草的花球，常由文石组成。

　　（4）岩溶地貌的发育过程与地带性分布

　　① 岩溶地貌的发育过程

　　a. 幼年期：地壳抬升，非可溶性岩石剥蚀，可溶性岩石出露，地表流水岩溶作用开始进行，地表常出现小规模石芽和溶蚀浅沟及少量漏斗。

b. 青年期：地表河流下切侵蚀加剧，岩溶作用盛行，地表水绝大多数转化为地下水，地表岩溶地貌发育，漏斗、落水洞、干谷、盲谷、溶蚀洼地发育，地下溶洞开始发育，存在许多地下河。

c. 壮年期：地表河流下切侵蚀停止，溶洞进一步发育扩大，洞顶机械崩塌，地下河成为地面河，同时溶蚀洼地、溶蚀盆地和峰林发育。

d. 老年期：不透水岩层出露，地表水系重新发育，形成冲积平原，残留一些孤峰和残丘。

② 岩溶发育的地带性分布

a. 热带亚热带岩溶：热带、亚热带地区，高温多雨，岩溶作用强烈，地表和地下的岩溶地貌均发育典型。

b. 温带季风气候区岩溶：温带季风气候区，降雨分配不均匀，雨季集中，地表岩溶不发育，地表干谷发育，只有一些小规模的溶蚀浅沟和石芽，地下溶洞发育，但大规模溶洞少见。

c. 温带干旱区岩溶：温带干旱区，地表岩溶作用微弱，几乎看不到现代岩溶地貌，地下在地下水的作用下可发育小规模的溶洞。

d. 寒带和高山岩溶：寒带和高山地区，气温低，溶蚀作用极缓慢，地表岩溶地貌不发育，可见小规模溶洞，高山石灰岩地区常在构造面发育处形成类似峰林景观。

3.3.4　冰川地质作用与冰川地貌

冰川是指发生在陆地上，由大气固态降水演变而成的，常处于运动状态的运动冰体。在高山和高纬地区，气候严寒，年平均温度在 0℃ 以下，常年积雪，当降雪的积累大于消融时，地表积雪逐年增厚。在低温干燥的环境中，下部的粒雪在静压力的作用下，排出空气发生重结晶形成冰川冰；或在夏季白天，表层粒雪融化，沿粒雪孔隙下渗，到了夜间，下渗水以粒雪晶粒为中心冻结重结晶，形成冰川冰。冰川冰是多晶固体，具有塑性，受自身重力作用或冰层压力作用沿斜坡缓慢运动，即形成冰川。

3.3.4.1　冰川地质作用

冰川地质作用是指冰川在运动过程中通过剥蚀、搬运、沉积改造地表形态及物质组成的作用。

（1）冰川的剥蚀作用　冰川在流动过程中，以自身的动力及挟带的沙石对冰床岩石的破坏作用称为冰川的剥蚀作用。其方式有挖掘作用和磨蚀作用两种，两种方式都是机械破坏过程。

① 挖掘作用。又称拔蚀作用，是指冰川在运动过程中，将冰床基岩破碎并拔起带走的作用。冰川自身的重力和冰体运动，使底床基岩破碎，冰雪融水渗入节理裂隙，时冻时融，从而使裂隙扩大，岩石不断破碎，冰川就像铁犁铲土一样，把松动的石块挖起带走。挖掘作用的强弱受岩石的性质、冰层的厚度等因素影响。冰床岩石的裂隙越发育，冰层越厚，挖掘作用越显著。挖掘作用在冰床的底部最为发育，两侧次之。在挖掘作用过程中，自始至终有冰劈作用的参与，冰劈作用使裂隙不断扩大，岩石破碎，利于挖掘作用的进行。

② 磨蚀作用。又称锉蚀作用，是指冰川以冻结在其中的岩石碎屑为工具刮削、磨蚀冰床的过程。由于冰川是一种固体，冻结在冰川中的岩屑不能自由运动，当冰川流动时，岩屑和冰川也一起整体运动，在岩屑和冰床接触时，岩屑就像锉刀一样锉削冰床中的岩石，使岩

石破碎。在被锉削的岩石上常留下一些痕迹，如冰川擦痕、磨光面等。

（2）冰川搬运作用　冰川侵蚀下来的松散碎屑以及山坡崩落下来的碎屑，进入冰川体后随冰川运动向下游搬运的过程称为冰川搬运作用。搬运的物质除来自冰川磨蚀和拔蚀作用的岩屑、岩粉外，还有来自沟脑和山坡崩落到冰川上的寒冻风化碎石。冰川搬运的巨大的砾石被称为漂砾。

冰川搬运作用的碎屑物按在冰川中运移时所处的位置，分成冰面碎屑（表碛）、冰内碎屑（内碛）、冰川两侧碎屑（侧碛）、冰下岩屑（底碛）等。两条冰川合并，侧碛合在一起成为中碛（图 3-62）。

(a) 表碛　　　　　　　　　　　　(b) 中碛和侧碛

图 3-62　表碛、中碛和侧碛

（3）冰川沉积作用　冰川消融后，以各种形式被搬运的物质堆积下来，形成各类冰碛物。冰碛物的特点包括：结构疏松；堆积杂乱，无层理；无分选、磨圆；岩性和矿物成分受冰川作用区域基岩控制；砾石上可见冰川擦痕。

3.3.4.2　冰蚀地貌

冰川在形成和运动过程中主要由侵蚀作用形成的地貌形态称为冰蚀地貌，包括冰斗、刃脊和角峰，冰川槽谷，羊背石，冰川擦痕和磨光面，峡湾，等等。

（1）冰斗、刃脊和角峰　冰斗是冰川在雪线附近塑造的椭圆形基岩洼地，是雪蚀与冰川剥蚀的结果 [图 3-63(a)]。典型冰斗由峻峭的后壁（三面）、深凹的斗底（岩盆）和冰坎组成。冰斗发育于雪线附近的地势低洼处，剧烈的寒冻风化作用使基岩迅速冻裂破碎，崩解的岩块随着冰川运动搬走，洼地周围不断后退拓宽，底部被蚀深，并导致凹地不断扩大而形成。冰斗后壁受到不断的挖蚀作用而后退，两个冰斗或冰川谷地间的岭脊变窄，最后形成薄而陡峻的刃状山脊称为刃脊 [图 3-63(b)]；当不同方向的两个及以上冰斗后壁后退时，发展成为棱角状的尖锐山峰，叫作角峰 [图 3-63(c)]。刃脊和角峰的岩性和地质构造不同，有的可残留，有的则被破坏殆尽。

(a) 冰斗　　　　　　　　　(b) 刃脊　　　　　　　　　(c) 角峰

图 3-63　冰斗、刃脊和角峰

（2）冰川槽谷　　由冰川运动形成或改造而成的槽形谷地，叫冰川槽谷，因其横截面呈 U形，故又称 U 型谷或幽谷，是山岳冰川分布最广的地形（图 3-64）。

冰川槽谷谷肩发育典型，谷壁平直；纵剖面通常由岩槛和洼地交替呈阶梯状；平面形态通常中上游宽深而下游窄浅；主冰川谷深宽，支冰川谷浅窄，主支谷交会处往往呈悬交状态，被称为悬谷。

（3）羊背石　　冰川基岩槽谷底部常成群分布着由基岩组成的小丘，远望犹如匍匐的羊群，故称羊背石。在大陆冰川作用区，石质小丘往往与石质洼地、湖盆相伴分布，成群地匍匐于地表。羊背石由岩性坚硬的小丘被冰川磨削而成。顶部浑圆，纵剖面前后不对称，迎冰坡一般较平缓，带有擦痕、刻槽及新月形的磨光面，是冰川磨蚀作用的结果；背冰坡较陡峻且粗糙，由阶状小陡坎及裂隙组成，是冰川拔蚀作用的结果。羊背石的长轴方向与冰川运动的方向平行，因而可以指示冰川运动的方向。

图 3-64　冰川槽谷

图 3-65　冰川擦痕和磨光面

（4）冰川擦痕和磨光面　　冰川搬运和运动过程中，冰碛物与谷壁或谷底相互摩擦成的深痕称为擦痕（图 3-65），长度几厘米到几米，深度为数毫米，呈钉形，擦痕的粗端指向上游。在羊背石上或 U 型谷壁及大漂砾上，常因冰川的作用而形成磨光面（图 3-65）。当冰川搬运物是砂和粉砂时，在较致密的岩石上，磨光面更为发达。

（5）峡湾　　冰川槽谷在冰川退却后，被海水入侵而形成。一般分布在高纬度沿海地区，在冰期被冰川所覆盖，冰期后槽谷被海水侵入，形成峡湾。

峡湾的特点表现为：两侧平直，崖壁陡峭，谷底宽阔，深度很大。

3.3.4.3　冰碛地貌

冰川消融后，随冰川搬运的冰碛物堆积形成的各种地貌形态，称为冰碛地貌，包括冰碛丘陵、侧碛堤、终碛堤、鼓丘等。

图 3-66　冰碛丘陵

（1）冰碛丘陵　　冰川消融后，原来的表碛、内碛和中碛都沉落到冰川谷底，和底碛一起统称为基碛。这些冰碛物受冰川谷底地形起伏的影响或受冰面和冰内冰碛物分布的影响，堆积后形成波状起伏的丘陵，称为冰碛丘陵或基碛丘陵（图 3-66）。冰碛丘陵高度可达数十米至数百米，例如北美的冰碛丘陵高 400m。山岳冰川也能形成冰碛丘陵，但规模要小得多，如西藏东南部波密冰川槽谷内的冰碛丘陵，高度只有几米到数十米。

（2）侧碛堤　侧碛堤是由侧碛堆积而成的。侧碛大部分是冰舌两旁表碛不断由冰面滚落到冰川与山坡之间堆积起来形成的，有一部分则是山坡上的碎屑滚落到冰川边缘堆积而成的。当冰川融化时，这些物质就以融出的方式堆积在冰川谷的两侧，形成与冰川平行的长堤状地形，称为侧碛堤（图3-67）。

（3）终碛堤（隆）　当冰川的补给和消融处于相对平衡状态时，由于冰川中部运动稍快，冰碛物就会在冰舌前端堆积成向下游弯曲的弧形长堤，称为终碛堤。终碛堤的特征表现为：内缓外陡，高度不一，有时可积水成湖（图3-68）。

图 3-67　侧碛堤

图 3-68　终碛堤

大陆冰川终碛堤的高度约30～50m，长度可达几百千米，弧形曲率较小。山岳冰川的终碛堤高达数百米，长度较小，弧形曲率较大。

（4）鼓丘　鼓丘是由冰砾碎屑组成或覆盖而成的丘状地形，平面呈椭圆形，长轴与冰流方向一致。纵剖面呈不对称的上凸形，迎冰面坡缓，是基岩，背冰面坡陡，是冰碛物（图3-69）。鼓丘的高度可达数十米。北美的鼓丘高度为15～45m，长450～600m，宽150～200m。欧洲有些鼓丘高只有5～10m，但长度可达800～2600m，宽300～400m。

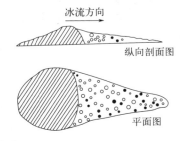

图 3-69　鼓丘

鼓丘分布在大陆冰川终碛堤以内的几千米到几十千米范围内，常成群分布。山谷冰川终碛堤内也有鼓丘分布，但数量较少。鼓丘是冰川在接近末端，底碛翻越凸起的基岩时，搬运能力减弱发生堆积而形成的。

3.3.4.4　冰水堆积地貌

冰雪融化后形成的水流称为冰水。冰水堆积是指冰川消融时冰下径流和冰川前缘水流的堆积物，大多数是原有冰碛物，经过冰融水的再搬运、再堆积而成。因此，冰水堆积既具有河流堆积物的特点（如有一点分选、磨圆度和层理构造），同时又保存着条痕石等部分冰川作用痕迹。按其形态、位置及成因等，分为冰砾阜和冰砾阜阶地、锅穴和蛇形丘等地貌（图3-70）。

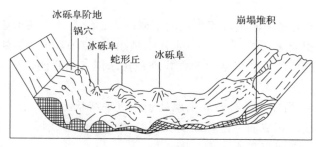

图 3-70　冰水堆积地貌

① 锅穴。锅穴指分布于冰水平原上的一种圆形洼地，深数米，直径十余米至数十米。底部有底碛物等隔水层时，可积水成池，称窝状湖。锅穴是由于地表停滞冰块被冰水堆积物掩埋，冰块融化后冰水堆积物塌陷而形成的。

② 冰砾阜和冰砾阜阶地。冰砾阜是一些圆形的或不规则的小丘，由一些有层理的并经分选的细粉砂组成，冰砾阜的下部通常有一层冰碛层。冰砾阜是冰面上或冰川边缘的小湖或小河的冰水沉积物，在冰川消融后沉落到底床堆积而成的。在山谷冰川和大陆冰川中都发育有冰砾阜。

在冰川两侧，由于岩壁和侧碛吸热较多，附近冰体融化较快，又由于冰川两侧冰面相对中部低，所以冰融水就汇聚在这里，形成冰川两侧的冰面河流或湖泊，并带来大量冰水物质。冰川全部融化后，这些冰水物质就堆积在冰川谷的两侧，形成冰砾阜阶地。冰砾阜阶地只发育在山地冰川谷中。

③ 蛇形丘。蛇形丘是一种狭长而曲折的垄岗地形，由于它蜿蜒伸展如蛇，故称蛇形丘（图 3-71）。两坡对称，一般高度 15～30m，高者达 70m，长度由几十米到几十千米；主要组成物质是略具分选的沙砾，夹有冰碛透镜体。

图 3-71　蛇形丘

3.3.4.5　冰缘地貌

冰川区外围虽然没有冰川的覆盖，但是气候寒冷，地表及地下存在多年冻土，温度周期性地发生正负变化，冻土层中的地下水不断发生相变与迁移，导致土体或岩体破坏、扰动和移动，这一复杂过程被称为冻融作用。冻融作用塑造了各种类型的冻土地貌，所以冰缘地貌也称冻土地貌。

（1）寒冻地貌　由于冰冻风化作用形成的地貌称为寒冻地貌。主要类型有石海、石河和多边形构造土等。

① 石海：寒冻风化作用下，岩石发生崩解破碎，形成大片巨石角砾，就地堆积在平坦的地面上，形成石海。石海的形成条件包括：气温经常在 0℃ 上下波动，日温差大，且有一定的湿度，物理风化强烈；地形较为平坦，风化岩石不易移动，多数保留在原地；岩石质地坚硬，节理发育，块状结构。

② 石河：山坡上冻融作用所产生的风化碎屑滚落到沟谷中，在重力作用下整体移动，产生位移，形成石河。

③ 多边形构造土：多年冻土区广泛分布的一种
微地貌形态。由松散堆积物组成的地表，因冻裂作
用和冻融分选作用而形成多边形裂隙（图3-72）。
从平面上看，裂隙组成环形、多边形；从剖面上
看，裂隙为楔形。根据楔形的充填物可分为冰楔、
沙楔。

（2）冻胀地貌　由于冰冻作用和冻融分选作
用形成的地貌称为冻胀地貌。主要类型有石环与
石圈、冰核丘等。

① 石环与石圈：在颗粒大小混杂而又饱含水
分的松散土层中，冻融作用产生垂直分选和水平

图 3-72　多边形构造土（加拿大北极地区）

分选，使砾石由地下被抬升到地面，再集中到边
缘，并呈环状分布，而细粒土或碎石则位于中间，形成石环（图3-73）。石环多发于河漫滩
或洪积扇的边缘，土中水分充足，颗粒大小混杂，直径1～2m或更小，深度几十厘米。由
于冻融分选，在重力和融冻泥流作用的参与下，石环过渡到椭圆形的石圈（图3-74）。

图 3-73　石环

图 3-74　石圈

② 冰核丘：冻土中所夹的未冻结层中的水分在地下慢慢凝结成冰块，使得地面膨胀隆起，
形成冰核丘。冰核丘的平面呈圆形或椭圆形，顶部扁圆，周边较陡。冰核丘的规模大小各异。

（3）热融地貌　由于活动层中地下冰体融化所形成的各种地貌，统称为热融地貌。热融
地貌与岩溶地貌形态特征比较类似，在地面可以形成一系列形态不同、规模不等的洼地，在
地下可以产生洞穴。如洼地充水形成热融湖。

融冻泥流：冻结的饱水松散土层和风化层解
冻后，融水被地下冻层所阻隔，不能渗入深处，
致使该层富含水分，其含水量超过流态时，在重
力作用下缓慢顺坡向下滑动，这种现象称为融冻
泥流。一般只有含大量黏土和亚黏土的堆积物才
可能发生融冻泥流作用。融冻泥流又叫冻融泥流、
泥流、土溜、土滑、冰滑等。图3-75显示了2017
年9月7日发生于青海省玉树州称多县扎朵镇直
美村牧场的融冻泥流。

图 3-75　融冻泥流

3.3.5　风的地质作用与风成地貌

3.3.5.1　风的地质作用

风对地面进行侵蚀、搬运和堆积的过程，称为风的地质作用。

（1）风蚀作用　风以自身的动力以及所挟带的沙石对地面进行破坏的作用称为风蚀作用。风蚀作用是一种纯机械的破坏作用，其方式包括吹扬作用和磨蚀作用。

① 吹扬作用：风把地表的松散沙粒或尘土扬起并带走的作用，称为吹扬作用。由于是以风为动力把物质吹离原地，故又称为吹蚀作用。当风刮过地面时，风就对沙粒产生正面冲击力，并由紊流和涡流产生上举力，如果这两种力的合力大于重力，沙粒就能离开地面被扬起随风带走。影响吹扬作用强度的因素主要有风速和地面性质。风速大，地面植被稀少，组成地面的物质松散、细，吹扬作用就强烈；反之，吹扬作用就弱。所以吹扬作用主要见于沙漠及海滩等地。

② 磨蚀作用：风挟带沙粒对岩石或胶结程度不同的泥沙进行碰撞和摩擦，或在岩石裂隙和凹坑内进行旋磨，造成岩石或泥沙的破坏，这种作用称为磨蚀作用。磨蚀作用的强度主要与风沙流的特征有关，因为风沙流在近地表 10cm 范围内含沙量最高，沙粒的运动也最活跃，所以在该范围内风的磨蚀作用最强烈。风的磨蚀作用还受风速和地面性质的影响。风速大，地面松散物质多，风沙流的含沙量高，风的磨蚀作用就强。

（2）搬运作用　近地表的气流由于地表摩擦和地形起伏多呈紊流状态，能吹扬地表的松散沙粒。当风速达到一定数值时，沙粒才能克服阻力吹离地表，这一风速为临界风速。临界风速的大小主要取决于沙粒粒径、地表性质、植被覆盖情况和水分、风本身的性质（含沙量的大小）。

风速大于临界风速的风，吹扬地表的松散沙粒同气流一起运动形成风沙流。风沙流中 90％以上的固态沙粒存在于近地面 10cm 以内（图 3-76）。风沙流的含沙量和颗粒大小、风速、风时、风区及地表自然环境有关。

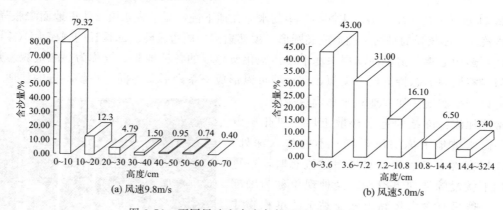

图 3-76　不同风速和高度条件下风沙流的含沙量

风沙流中沙粒的运动形式有悬移、跃移和蠕移三种方式。细而轻的沙粒在风力的吹扬下，悬浮于气流中移动的方式，简称悬移。悬移的沙粒粒径一般小于 0.1mm，其中小于 0.05mm 的粉沙和黏土容易发生悬移，随风飘扬至很远的地方。沙粒在风力的作用下以跳跃方式前移，简称跃移。跃移是风力搬运作用中最主要的方式，其搬运量约为总搬运量的 70%～80%。跃移的颗粒粒径一般在 0.05～0.5mm，其中 0.1～0.15mm 的沙粒在较大风速影响下容易发生跃移。当风速较小或者地面沙粒较大（粒径大于 0.5mm）时，沙粒沿着地面滚动或滑动，称为蠕移。蠕移的搬运量占风力总搬运量的 20% 左右。蠕移的颗粒粒径多在 0.5～2.0mm，蠕移速度较慢。

（3）风积作用　沙粒因风速降低或遇到障碍物堆积下来的过程称为风积作用。风积作用形成的物质为风积物，粒径主要在 0.25～1mm，成分以石英为主，含有少量的角闪石、绿帘石等。风积物粒度均一，分选好，磨圆度高，沙粒表面可见撞击形成的碟形凹坑。

3.3.5.2　风蚀地貌

（1）风棱石　在戈壁荒漠风沙作用强盛的地区，近地表的风沙流对地表附近的岩块吹蚀和磨蚀形成的表面光滑、外形如橄榄状的地貌。

（2）风蚀壁龛（石窝）　陡峭岩壁或直立的岩石受风沙流的吹磨，表面上密布各种大小不等、形状各异的凹坑，使岩石表面具有蜂窝状的面貌，称为风蚀壁龛（图 3-77）。

图 3-77　风蚀壁龛

（3）风蚀蘑菇　荒漠中直立或突起的孤立岩石，受风蚀作用形成的上部大、下部小的蘑菇形地貌称为风蚀蘑菇。

（4）风蚀垄槽（雅丹地貌）　风蚀垄槽是风对干旱区的湖积或冲积平原吹蚀，形成的地表支离破碎、垄槽相间的地貌形态，也称为雅丹地貌。发育在河湖相土状沉积地层，强大单一的盛行风起主导作用（图 3-78）。

（5）风蚀残丘　经过长期风蚀后，原始地面不断缩小，最后残留下来的小块原始地面称为风蚀残丘。

（6）风蚀城堡　如果基岩为软硬相间的水平岩层，经过长期风蚀后，形成平顶的层状或宝塔状的山丘，宛如废弃的城堡，称为风蚀城堡。

图 3-78　风蚀垄槽

（7）风蚀谷　风力作用形成或改造而成的沟状地形。

3.3.5.3　风沙堆积地貌

（1）沙波纹　沙地和沙丘表面呈波状起伏的微地貌。相邻两个沙波纹的脊线间距一般为

20～30cm，脊高可达10cm，风力越大，脊线间距越大。野外观察和风洞实验发现，沙波纹脊线与风向垂直。

（2）沙堆　风沙流遇到障碍（植被或地形变化），在背风面产生涡流，引起风速减小，沙粒发生沉积形成沙堆。

（3）沙丘　沙丘是风沙堆积中最主要的堆积形态。沙丘的发育由风力、水分、供沙量和下垫面的性质等因素所决定。

单向风或几个近似方向风的作用下形成的各种风积地貌为信风型风积沙丘，包括新月形沙丘［图3-79（a）］、纵向沙垄等。

当两个方向相反的风交替出现，其中一个风向占优势时形成的各种风积地貌称为季风型风积沙丘，有新月形沙丘链［图3-79（b）］、横向沙垄等。

在龙卷风的作用下形成的地貌为对流型风积地貌，最典型的是蜂窝状沙地。

(a) 新月形沙丘　　　　　　　　　　(b) 新月形沙丘链

图3-79　新月形沙丘与沙丘链

当主要气流向前运动时，遇到山地阻挡而使气流运行方向发生改变，引起气流干扰形成的各种风积地貌称为干扰型风积地貌，有金字塔形（锥形）沙丘、形如海星的星形沙丘等。

沙丘移动的主方向与积沙风的合成风向一致，移动方式有前进式、往复前进式、往复式三种；沙丘移动的速度和沙丘本身的高度成反比（高度越大，移动越慢），与输沙量成正比，输沙量与风速的三次方成正比，受地表状况影响明显（植被发育，沙丘移动的速度变慢；沙子含水量增加，不易搬运）。

3.3.5.4　黄土地貌

黄土是一种黄色、质地均一的第四纪土状堆积物，在北半球各大陆均有分布，以中国北方的黄土最为典型，在黄河中游构成了著名的黄土高原。

（1）黄土的特点和成因

① 黄土的特点。多呈灰黄色、棕黄色；质地均一，以粉砂颗粒（0.05～0.005mm）为主；结构疏松、多孔隙，孔隙度在40%～50%；无沉积层理；富含碳酸钙，达10%左右；垂直节理发育；湿陷性强（疏松、多孔隙和节理、易渗水、有可溶性物质）。

② 黄土的成因。黄土主要为风成，其特点为：黄土披盖在多种成因和多种形态的原始地貌上，并保持相近的厚度，有时表现出一定的坡向性规律，即迎风侧的北坡或西北坡厚度一般较大；黄土颗粒以粉砂为主，为大面积均一的粉砂沉积，无层理；黄土中的矿物成分具有高度的一致性，与所在区域的下伏基岩没有必然的联系，而且矿物颗粒多呈棱角状，同时含有角闪石、辉石、黑云母等干燥环境中存在的矿物；黄土中的矿物土中含有陆生草原性动物和植物化石，反映偏干的气候条件。

黄土地貌在我国黄土高原地区最为典型。可分为黄土沟谷地貌、沟间地地貌、潜蚀地貌和重力地貌。

（2）黄土沟谷地貌 黄土地区具有众多的沟谷，这是流水侵蚀作用形成的地貌。流水对黄土的直接侵蚀作用，主要有面状（片状）散流侵蚀和沟状线流侵蚀两种方式。主要类型有浅沟（纹沟）、细沟、切沟、冲沟和坳沟。不同类型侵蚀沟的纵、横剖面见图3-80。不同类型侵蚀沟的特征见表3-4。

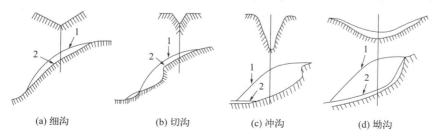

(a) 细沟 (b) 切沟 (c) 冲沟 (d) 坳沟

图 3-80　不同类型侵蚀沟的纵、横剖面示意图

1—原始地面；2—现在地面

表 3-4　不同类型侵蚀沟的特征

类型	深度	宽度	形态特征
浅沟	<0.01m	—	无固定位置，无明显沟缘，纵剖面坡度与地面坡度一致
细沟	0.1~0.4m	<0.5m	宽度和深度相等或略大于深度，有固定的位置，由坡面上的细股流水作用而成，纵剖面坡度与坡地坡度也较为一致，无明显沟缘
切沟	1~2m	1~2m	由具有一定水量的水流侵蚀而成，深沟宽度大于深度，纵剖面坡度与坡地坡度有显著差别，横剖面有明显的沟缘，呈"V"字形
冲沟	几米至几十米	几米至几十米	由下切能力强的较大水流冲刷而成，深度和宽度均较大，纵剖面坡度与坡地坡度不一致，多下凹
坳沟	—	—	纵剖面平缓，沟底有沉积物覆盖，沟坡相对平缓，沟缘不明显

① 浅沟（纹沟）：由坡面面状流水侵蚀而成，沟路不固定。

② 细沟：由细小的股流冲刷而成，宽度小于0.5m，深度在0.1~0.4m，长数米到数十米，坡面坡度决定细沟纵剖面坡度（其纵剖面与斜坡一致），没有明显的沟缘。

③ 切沟：细沟进一步发展，切穿犁底层，深度和宽度均可达1~2m，切穿土壤层，沟谷纵剖面坡度与坡地坡度不一致，有明显的沟缘，沟床多陡坎，有水时使溯源侵蚀加快。

④ 冲沟：沟谷纵剖面下凹与坡面相反，深度可达数米，长度可达几千米。沟缘、沟壁和沟头坡陡，常发生重力崩塌，加上溯源侵蚀，使冲沟展宽加长加速进行。

⑤ 坳沟：冲沟进一步发育，沟头停止发展，谷缘圆化，纵剖面塑造成下凹形，横剖面呈浅"U"字形，坡地崩塌发育，谷底有崩积物，可发育植被。

（3）黄土沟间地地貌 沟间地是指沟谷之间的地面，在横剖面上，两侧以沟坡顶端坡度转折处为界。当地群众称之为"塬边""墚边""峁边"，也就是沟谷顶部的谷缘部分。随着沟谷的发育、沟壁的后退，沟间地被蚕食得愈来愈小。主要类型有黄土塬、黄土墚、黄土峁等（图3-81）。

① 黄土塬：又称黄土平台、黄土桌状高地，顶面平坦，周边被沟谷切割。黄土塬代表黄土的最高堆积面。

(a) 黄土塬   (b) 黄土墚   (c) 黄土峁

图 3-81   黄土塬、墚、峁

② 黄土墚：长条状的黄土丘陵。主要是黄土覆盖在墚状古地貌上，又受到近代流水等作用的侵蚀而形成的，包括顶面平坦的平顶墚和顶面倾斜的斜墚。

③ 黄土峁：单个的黄土丘，横剖面呈圆形或椭圆形，顶部多为平顶，略穹凸，四周多为凸形坡。坡长较短，坡度变化比较明显，主要分布在高原沟壑区。

（4）黄土潜蚀地貌   地下水沿着黄土的裂隙、孔隙渗透，溶解碳酸钙，并把细粒物质带走，产生空洞，引起塌陷，形成黄土潜蚀地貌。包括黄土碟、黄土陷穴、黄土桥等。

① 黄土碟：平缓的黄土地面上，由于地表水的渗透，土体浸湿压实，地面形成碟形洼地，直径 10～20m。

② 黄土陷穴：黄土地区，地表水汇集沿节理转入地下，经潜蚀作用形成的漏斗状、串珠状、竖井状洞穴。

③ 黄土桥：黄土陷穴之间由于地下水流的串通而底部相通，顶部土体残留在陷穴之间成为黄土桥。

（5）黄土重力地貌

① 泻溜：黄土坡地上的土体在地表干湿、冷热、冻融作用下引起胀缩，造成碎土和岩屑剥离，在重力作用下缓慢顺坡向下移动。

② 崩塌：黄土谷坡由于地表水和地下水沿垂直节理渗透，节理不断扩大，土体发生崩塌。

③ 滑坡：黄土的滑坡常发生在不同时代的黄土接触面之间或黄土与基岩之间。黄土的滑坡常能阻塞沟谷而形成湖池。湖池淤满后，湖水排干，形成平整的低洼地，称湫地。

3.3.6   海洋地质作用与海岸地貌

3.3.6.1   海岸带特征

海岸带是陆地与海洋交互作用而成的带状区域。陆上界限是风暴浪能够达到的位置，海下的界限是波浪作用开始扰动海底处。海岸带自陆向海依次可分为后滨（潮上带）、前滨（潮间带）、临滨（潮下带）三部分（图 3-82）。

后滨：高潮线以上的海岸带部分，至风暴浪达到的地方，又称潮上带（滨海陆地）；前滨：高低潮之间的部分，又称潮间带（海滩、潮滩）；临滨：低潮线以下到海浪掀起海底泥沙的海岸带部分，又称潮下带（水下岸坡）。

根据海岸物质组成将海岸划分为基岩海岸、砂砾质海岸、淤泥质海岸和生物海岸。其

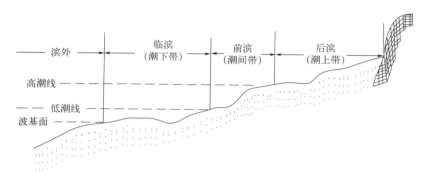

图 3-82　海岸带分带示意图

中，基岩海岸由岩石组成；砂砾质海岸由泥沙（砾）在激浪带堆积形成；淤泥质海岸由粉砂和淤泥堆积成平坦海岸；生物海岸由红树林或珊瑚礁构成。

3.3.6.2　海蚀作用与海蚀地貌

（1）海蚀作用　海洋的侵蚀作用是指由海水的机械动能、溶解作用和海洋生物活动等因素引起的对海岸及海底物质的破坏作用，简称海蚀作用（图 3-83）。

图 3-83　海蚀作用

海蚀作用按方式分为机械的、化学的和生物的三种。机械海蚀作用主要是由海水运动产生动能而引起的（如波浪、潮汐等），破坏的方式有冲击、拍打、磨蚀；化学海蚀作用是海水对岩石的溶解、腐蚀作用；生物海蚀作用既有机械的也有化学的。机械、化学和生物海蚀作用这三种方式往往是共同作用的，但以机械方式为主。海岸地区水浅，受波浪和潮汐作用影响大，因而该区域是海蚀作用最强烈的地带。

（2）海蚀地貌

① 海蚀崖与海蚀平台。海蚀崖：基岩海岸在海浪长期侵蚀下，基岩不断崩塌后退，形成高出海面的基岩陡崖［图 3-84（a）］。海蚀平台：海蚀崖后退过程中形成的微向海倾的基岩平台。海蚀平台上常留有海蚀拱桥、海蚀柱等。

② 海蚀穴、海蚀洞与海蚀窗。海蚀穴：海蚀崖下部，大致与海平面高度相等处，波浪不断掏蚀下形成的凹槽，叫海蚀穴［图 3-84（b）］。海蚀洞：深度比宽度大的海蚀穴被称为海蚀洞。海蚀窗：海蚀洞中由于浪流和空气压缩的作用，洞顶被击穿，形成海蚀窗。

③ 海蚀拱桥与海蚀柱。海蚀拱桥：向海突出的岬角同时遭受两个方向波浪的作用，可

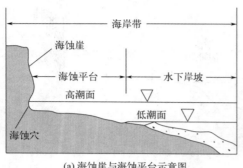
(a) 海蚀崖与海蚀平台示意图

(b) 海蚀穴

图 3-84　海蚀崖、海蚀平台、海蚀穴

使两侧海蚀穴蚀穿而呈拱门状，称海蚀拱桥。海蚀柱：海蚀拱桥崩塌后，留下的岩柱或岩脉称为海蚀柱，属于侵蚀残留形成的突立岩柱。

3.3.6.3　海积作用与海积地貌

海浪侵蚀形成的碎屑物质，经过海浪的搬运，发生横向移动和纵向移动。泥沙的运动受阻时，会产生堆积，形成海岸堆积地貌。

（1）泥沙的横向移动与地貌类型　当外海波浪作用方向与海岸线直交时，海底泥沙在波浪作用力和重力的切向分力共同作用下做垂直岸线方向的运动，称为泥沙横向移动。泥沙横向移动可形成的堆积地貌有海滩、水下沙坝、沿岸堤、离岸堤和潟湖等。

① 沿岸堤：风暴浪作用时，沉积物在海滩外缘形成垄岗状堤，称为沿岸堤（滨岸堤）。沿岸堤可以是砂砾堤，也可以是贝壳堤。

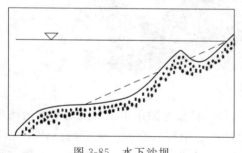

图 3-85　水下沙坝

② 水下沙坝：一种大致与岸线平行的长条形水下堆积体（图 3-85）。在水下岸坡，波浪发生破碎时，翻卷的水体强烈掏蚀海底，被掏起的泥沙和向岸搬运的泥沙堆积在波浪破碎点附近，形成水下沙坝。水下沙坝分布在水下岸坡的上部。如果水下沙坝不断增高，露出水面，则称为离岸坝。

③ 海滩：在激浪流作用下形成的由松散泥沙或砾石堆积而成的平缓地面。海滩按组成物质颗粒的大小，可分为砾石滩（卵石滩）、粗砂滩和细砂滩。一般来说：砾石滩渗透性好，波浪回流弱，滩面窄而陡，横剖面呈凸形；粗砂滩渗透性较差，滩面松软；细砂滩的渗透性最差，滩面平缓而坚硬，横剖面呈凹形。

④ 离岸堤：离岸一定距离高出海面的沙堤，又称岛状坝或堡岛。离岸堤可由水下沙坝不断加积形成或海面下降使水下沙坝出露海面形成。其长度一般由几千米至几十千米不等。

⑤ 潟湖：由离岸堤或沙嘴将滨海海湾与外海相分离形成的半封闭的局部海水水域。潟湖有通道与外海相连，并有内陆河流注入，但也有些潟湖与外海完全隔离封闭，或只在高潮时海水进入潟湖。潟湖沉积通常以细粒物质为主，富含有机质；细粒沉积物中可加有砂质层，为风暴潮带来的产物；潟湖的含盐量差异很大，多数为半咸水；潟湖中生物的属种少，但个数可以很多。

（2）泥沙的纵向移动与地貌类型　当海浪的作用方向与岸线斜交，海岸带泥沙所受的波浪作用力和重力的切向分力不在一条直线上时，泥沙颗粒在两者的合力作用下沿着岸线方向移动，称为泥沙的纵向移动。泥沙纵向移动可形成的堆积地貌有海滩、沙嘴、连岛坝等。

① 海滩：纵向移动的泥沙在凹形海岸处堆积，形成海滩，又称湾顶滩。海滩的形成过程：在海岸的 AB 段，波浪方向与海岸大致成 45°角，饱和的泥沙流从 A 到 B 运动；在 BC 段，由于海岸线改变，波浪方向与海岸的夹角大于 45°，泥沙流速降低，搬运能力减弱，泥沙发生堆积，形成海滩（图 3-86）。

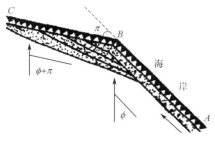

图 3-86　海滩的形成

② 沙嘴：在凸形海岸，纵向移动的泥沙堆积，形成一端与陆地相连、另一端向海伸出的泥沙堆积体，叫沙嘴。沙嘴的形成过程：在 AB 段，波浪方向与海岸大致成 45°角，饱和的泥沙流从 A 到 B 运动；在 BC 段，由于海岸线改变，波浪方向与海岸的夹角小于 45°，泥沙流速降低，搬运能力减弱，泥沙发生堆积（图 3-87）。如果海岸受到冲刷后退，沙嘴也随之改变位置，一方面不断向陆方向后退，一方面不断向前伸长。老沙嘴的弯曲尾部留在沙嘴内侧形成几个弯曲的小沙嘴，称为复式沙嘴。

③ 连岛坝：连接岛屿与陆地的沙坝（图 3-88）。连岛坝的形成过程为：岸外岛屿与陆地之间形成波影区，泥沙流进入波影区后由于速度降低，其挟带的泥沙逐渐在岸边堆积下来，形成三角形沙嘴，然后逐渐扩大，与岛屿连在一起形成连岛沙坝。同时岛屿向海的一面受到冲蚀，被冲蚀下来的物质在岛屿侧后方推挤形成两个沙嘴，沙嘴与岸接触也可形成连岛沙坝。

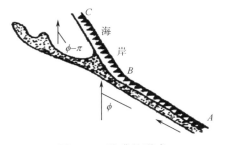

图 3-87　沙嘴的形成

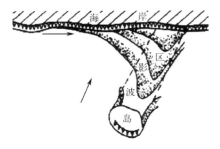

图 3-88　连岛坝的形成过程

3.3.6.4　海平面变化与海岸地貌发育

（1）海平面变化　海平面变化是指周期性的海面升降变化，可以是潮汐、风暴和海啸等引起的短期海面上涨和回落，也可以是地质时期气候变化、构造运动、沉积物堆积等造成的长期海面升降变化。

高于现代海平面的证据有大陆上发现贝壳堤、珊瑚礁等；低于现代海平面的证据有埋藏于海水下的贝壳堤、海滩、村落遗址等。由气候因素引起的海面变化被称为水动型海面变化；由构造运动引起的海面变化被称为地动型海面变化。

（2）海平面变化与海岸地貌发育　海平面下降：原来的海蚀平台被侵蚀形成海蚀崖；原来的海底沉积受到侵蚀；新的沉积向海方向延伸。海平面上升：海蚀崖向陆后退；海蚀平台接受沉积。

思考题

一、填空题

1. 地壳中的主要化学元素按其含量从多到少的顺序分别为氧、硅、_____、铁、钙、钠、钾、镁、_____等。

2. 莫氏硬度计将矿物硬度分为_____个等级，其中石英的硬度为_____，钾长石的硬度为_____。

3. 矿物的光学性质包括_____、_____、_____和_____等。

4. 矿物的力学性质包括_____、_____、_____和_____等。

5. 矿物的解理程度可分为_____、_____、_____、_____和_____等类型。

6. 常见的矿物断口类型有_____、_____、_____和_____几种类型。

7. 莫氏硬度属于_____硬度，常见的莫氏硬度计标本按顺序分别是滑石、_____、_____、_____、_____、正长石、石英、_____、_____和金刚石。

8. 矿物的颜色按成因可以分为_____、_____和假色三种类型，其中假色可分为_____和_____两种。

9. 矿物的透明度可分为_____、_____和_____三级。

10. 矿物的光泽强度可分为_____、_____和_____三种类型。

11. 矿物的非金属光泽可分为_____、_____、_____、_____、_____、_____等许多类型。

12. 以氧化物形式表示，岩浆的化学成分以_____含量为最大，其次是_____；常根据 SiO_2 含量将岩浆分为_____、_____、_____和_____四种基本类型。

13. 岩浆作用的主要方式包括_____和_____，前者又可进一步细分为_____和_____两种。

14. 岩浆侵入作用所形成的岩体的产状类型包括_____、_____、_____、岩盖和岩盆、岩墙、_____。

15. 岩浆喷出作用所形成的岩体的产状类型包括_____、_____、_____等。

16. 岩浆岩的常见构造有_____、_____、_____、_____、_____等。

17. 岩浆从超基性到酸性，SiO_2 含量依次为_____、_____、_____、_____。

二、简答题

1. 简述矿物和岩石的关系。

2. 矿物的性质包括哪几个方面？简述主要造岩矿物的鉴定特征。

3. 矿物按结晶化学可分为哪几大类（类）？并各举出两种代表矿物。

4. 岩浆岩的结构构造有哪些？

5. 岩浆岩中的结构、构造与形成环境分别有何关系？

6. 简述岩浆岩的分类及其特征。

7. 简述沉积岩的形成过程，沉积岩的结构构造、分类方法及类型。

8. 正常碎屑沉积岩有哪些类型？其分类原则如何？

9. 沉积岩根据成因可分为哪三大类？各有何结构特征？

10. 什么是变质作用？促使岩石变质的因素有哪些？

11. 变质作用有哪些主要类型？各产生哪些典型的变质岩？

12. 简述变质岩的主要结构构造类型、变质岩的类型。

13. 识别变质岩的主要标志有哪些方面？

14. 简述大西洋型陆缘构造地貌的组成。

15. 简述太平洋型陆缘构造地貌的组成。

16. 海洋构造地貌有哪些？

17. 对比分析猪背脊与单面山的特征。

18. 什么是断裂构造？断层地貌类型有哪些？

19. 什么是褶皱构造？褶皱地貌类型有哪些？

20. 简述风化作用的类型。

21. 崩塌的特征有哪些？

22. 简述崩塌的影响因素。

23. 对比分析崩积物和倒石堆的特征。

24. 滑坡的影响因素有哪些？

25. 坡积物的特征有哪些？

26. 洪积扇的特征有哪些？

27. 河谷不同区段分别具有哪些特征？

28. 河漫滩的沉积结构是什么？

29. 阶地的类型有哪些？分析河流阶地形成的影响因素。

30. 试述河口三角洲的结构。

31. 简述冰川地质作用与冰碛物的形成过程。

32. 简述冰川地貌的类型。

33. 对比分析冰川槽谷与河谷的特征。

34. 对比分析冲积物和冰碛物的特征。

35. 岩溶作用的影响因素有哪些？简述岩溶地貌的类型及特征。

36. 风积物的特征有哪些？

37. 简述风蚀地貌和风积地貌的特征。

38. 简述黄土地貌的类型及特征。

39. 冰川沉积物的特征有哪些？

40. 对比分析冰川槽谷和河谷的特征。

41. 冻土地貌的类型有哪些？

42. 试述海岸带的划分。

43. 试述海蚀地貌的类型及特征。

44. 分析海岸泥沙横向移动形成的地貌类型。

45. 分析海岸泥沙纵向移动形成的地貌类型。

大气圈系统特征

由于地球引力，地球周围聚集着一个气体圈层，这个气体圈层构成了大气圈。大气总质量约为 $5.3\times10^{18}\,kg$，50% 集中在离地面 5.5km 范围内。

4.1　大气的组成与结构

4.1.1　大气的物质组成

大气是由多种气体组成的混合物，可以分为干洁空气、水汽、悬浮尘粒或杂质几部分。

通常把大气中除了水汽和固体杂质外的混合气体称为干洁空气。干洁空气主要集中在从地面到距地面 90km 处，是地球大气的主体，主要成分是 N_2、O_2、Ar 等，三者占整个干洁空气体积的 99.97%。大气的气体组成成分见表 4-1。

表 4-1　大气的气体组成成分

气体成分	分子式	含量(体积分数)
氮	N_2	78.09×10^{-2}
氧	O_2	20.94×10^{-2}
氩	Ar	0.93×10^{-2}
二氧化碳	CO_2	0.03×10^{-2}

续表

气体成分	分子式	含量（体积分数）
氖	Ne	1.8×10^{-6}
氪	Kr	1.0×10^{-6}
氙	Xe	8.0×10^{-6}
甲烷	CH_4	2.0×10^{-6}
氢	H_2	5.0×10^{-7}
氧化亚氮	N_2O	3.0×10^{-7}
一氧化碳	CO	$5.0 \times 10^{-8} \sim 2.0 \times 10^{-7}$
臭氧	O_3	$2.0 \times 10^{-8} \sim 1.0 \times 10^{-5}$
氨	NH_3	4.0×10^{-9}
二氧化氮	NO_2	1×10^{-9}
二氧化硫	SO_2	1×10^{-9}
硫化氢	H_2S	5×10^{-9}
水汽	H_2O	$1 \times 10^{-6} \sim 1 \times 10^{-5}$

4.1.1.1 氮气

氮气是大气中含量最多的常定气体成分，来自地球形成过程中的火山喷发。氮元素是地球上生命体的基本成分。自然条件下，大气中的氮通过植物的根瘤菌作用被固定在土壤中，成为植物体内不可缺少的养料。发生闪电时，大气中的氮和氧结合成氮氧化物，随降水进入土壤，被植物吸收利用。大气中的氮气能够稀释氧气，使氧气不致太浓，氧化作用不过于激烈。

4.1.1.2 氧气

氧气占地球大气质量的23%，大气体积的21%，来源于水的离解、光化学反应以及植物的呼吸。氧气是生物呼吸必需的气体。地球上的动物和植物都要进行呼吸，都要通过氧化作用得到热能以维持生命。氧还决定着有机物的燃烧、腐败及分解过程。植物的光合作用又向大气放出氧并吸收二氧化碳。大气中氧的含量很高，也很稳定，可以满足动物和植物需要。土壤中，植物根部的呼吸、细菌和真菌的活动都要消耗氧气，可是氧的补充过程十分缓慢，氧的含量常常不足。土壤水分过多和土壤板结情况下，植物有时会出现缺氧中毒现象。

4.1.1.3 二氧化碳

二氧化碳是空气中常见的化合物，常温下是一种无色无味气体，密度比空气略大，能溶于水。它主要来源于燃料的燃烧、有机物的腐烂分解、生物的呼吸等。二氧化碳吸收和放射长波辐射的能力强，影响空气温度，也是植物光合作用制造有机物不可缺少的原料。

大气中，二氧化碳含量不多，平均只有0.03%，且集中在20km以下的低层大气中。二氧化碳含量随地区变化有差异，人口稠密的工业区含量高，可达0.05%或以上，在农村则含量相对较低。二氧化碳在大气中的含量也随时间而变化，一般白天少于夜间，夏季少于冬季。

4.1.1.4　水汽

大气中的水汽来自江、河、湖、海及潮湿物体表面的水分蒸发和植物的蒸腾，并借助空气的垂直交换向上输送。空气中的水汽含量有明显的时空变化，一般情况下夏季多于冬季。低纬度暖水洋面和森林地区的低空水汽含量最大，按体积可占大气的4%；在高纬度寒冷干燥的陆面上，其含量则极少，可低于0.01%。从垂直方向而言，空气中的水汽含量随高度的增加而减少。观测证明，在1.5～2km高度上，空气中水汽含量已减少为地面的一半；在5km高度，减少为地面的1/10；再向上含量就更少了。

虽然在大气中的含量不多，但水汽是天气变化中的一个重要角色。在大气温度变化的范围内，水汽可以凝结或凝华为水滴或冰晶，成云致雨，落雪降雹，成为淡水的主要来源。水的相变和水分循环不仅把大气圈、海洋、陆地和生物圈紧密地联系在一起，而且对大气运动的能量转换和变化以及地面和大气温度都有重要的影响。

水汽含量在地区之间差异显著，一般低纬度地区比高纬度地区多，海洋上空比陆地上空多。随着空气的水平运动，海洋上空的水汽被带到大陆，所以离海愈远，水汽含量愈少。水汽含量随时间变化，在我国是夏季多于冬季。

4.1.1.5　臭氧

臭氧在常温、常压下无色，有特殊腥臭味，具有强氧化作用。大气中臭氧含量虽少，但很重要。臭氧集中在10～60km高度，在20～25km浓度最大。臭氧吸收了对生物有害的紫外辐射，起到保护作用。在臭氧集中的高度上大气增暖，大约在50km附近出现一个暖区，影响大气温度的垂直分布，从而对地球大气环流和气候的形成起着重要作用。

臭氧含量随纬度的分布是，由赤道向极地减少，并随季节变化，一般春季含量最多，秋季最少。

4.1.1.6　大气中的杂质

大气中悬浮着各种各样的固态和液态微粒，这些微粒统称杂质。

（1）尘粒　包括烟粒、尘埃、盐粒等。烟粒是燃烧产生的；尘埃的来源很多，有被风吹起的沙土，有火山喷发、流星燃烧所产生的细小颗粒及其他宇宙灰尘，还有由花粉、细菌、病毒等组成的有机灰尘；盐粒一般是由飞溅起的海水细沫蒸发后留在空中的。

大气的含尘量随地区、时间和天气条件而改变。通常是陆上的尘粒多于海上，城市多于乡村。空气的乱流运动对尘粒的分布影响很大，当乱流混合强时，尘粒可散布到高空，反之则集中在下层。由于这个缘故，有居民的地区特别是工业区的近地面层中，阴天的尘粒多于晴天，晚间多于白天，冬季多于夏季。

这些尘粒中，有些（如盐粒等）易溶于水；有些虽不溶于水，但能为水所润湿。它们都能成为水汽凝结的核心，促进水汽的凝结。此外，这些杂质还能吸收一部分太阳辐射和地面辐射，影响气温和地温，降低能见度。

（2）水汽凝结物　包括水滴和冰晶等。它们常聚集在一起，以云、雾、降水等形式出现，降低能见度，并减弱太阳辐射和地面辐射。

4.1.2　大气的分层

　　大气的下界是地面，上界则说法不一。在理论上，压力为零或接近零的高度称为大气顶层，但这种高度不可能出现，因为在很高的高度渐渐到达星际空间，不存在完全没有空气分子的地方。气象学家认为，只要发生在最大高度上的某种现象与地面气候有关，便可定义这个高度为大气上界。因此，过去曾把极光出现的最大高度（1200km）定为大气上界。物理学家、化学家则从大气物理、化学特征出

发，认为大气上界至少高于1200km，但不超过3200km，因为在这个高度上离心力已超过重力，大气密度接近星际气体密度。所以在高层大气物理学中，常把大气上界定在3000km。

　　大气的物理性质在垂直方向上是不均匀的，按照其各种特性的差异将大气分为若干层次。按照分子组成，大气可分为两大层次，即均质层和非均质层。均质层为从地表至85km高度的大气层。除水汽有较大变动外，其组成较均一。按大气电离状况，可分为电离层和非电离层。在气象学中，通常按照温度和运动状况将大气圈分为对流层、平流层、中间层、热层和散逸层（图4-1）。

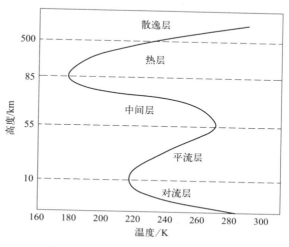

图4-1　大气层垂直分层结构示意图

4.1.2.1　对流层

　　位于大气的最底层，从地球表面开始向高空伸展，直至对流层顶即平流层的起点为止，高度随纬度和季节而变化。平均厚度10km，在低纬度地区平均高度为17～18km，在中纬度地区平均为10～12km，极地平均为8～9km；夏季高于冬季。

　　对流层集中了约75%的大气质量和90%以上的水汽质量。对流层中有对流和湍流，天气现象和天气过程主要发生在这一层。

　　（1）温度随高度的增加而降低　该层不能直接吸收太阳的短波辐射，但能吸收地面反射的长波辐射，从而利用下垫面加热大气。因而靠近地面的空气受热多，远离地面的空气受热少。每升高1000m，气温约下降6.5℃。

　　（2）空气对流　因为岩石圈与水圈的表面被太阳晒热，而热辐射将下层空气烤热，冷热空气发生垂直对流，又由于地面有海陆之分、昼夜之别以及纬度高低之差，所以不同地区温度也有差别，这就形成了空气的水平运动。

　　（3）温度、湿度等各要素水平分布不均匀　该层大气与地表接触，水蒸气、尘埃、微生物以及人类活动产生的有毒物质进入空气层，故该层中化学过程十分活跃，并伴随气团变冷或变热，水汽形成雨、雪、雹、霜、露、云、雾等一系列天气现象。

4.1.2.2　平流层

　　自对流层顶到55km左右为平流层。在平流层内，随着高度的增高，气温最初保持不变

或微有上升。大约到 30km 以上，气温随高度增加而显著升高。30km 以上大气温度随高度增加迅速升高，造成显著的暖层。平流层内气流比较平稳，空气的垂直混合作用显著减弱。

平流层中水汽含量极少，大多数时间天空是晴朗的。有时对流层中发展旺盛的积雨云也可伸展到平流层下部。在高纬度 20km 以上高度，有时在早、晚可观测到贝母云（又称珍珠云）。平流层中的微尘远较对流层中少，但是当火山猛烈爆发时，火山尘可到达平流层，影响能见度和气温。

4.1.2.3 中间层

自平流层顶到 85km 左右为中间层。该层的特点是气温随高度增加而迅速下降，并有相当强烈的垂直运动。在这一层顶部气温降到 $-113 \sim -83 ℃$，其原因是这一层中几乎没有臭氧，而氮和氧等气体所能直接吸收的那些波长更短的太阳辐射又大部分被上层大气吸收掉了。

中间层内水汽含量极少，几乎没有云层出现，仅在高纬度地区的 $75 \sim 90km$ 高度处，夏季黄昏有时能看到一种薄而带银白色的夜光云，但出现机会很少。中间层有一个只有白天才出现的电离层，由于受到强太阳辐射，气体原子电离，产生带电离子和自由电子，处于部分电离或完全电离的状态，能够产生电流和磁场，并可反射无线电波。该层习惯上称为电离层的 D 层。

4.1.2.4 热层

热层又称热成层或暖层，位于中间层顶以上，一般认为热层顶距离地球表面约 500km。该层气温随高度的增加而迅速升高，其增温程度与太阳活动有关，这是由于波长小于 $0.175\mu m$ 的太阳紫外辐射都被该层中的大气物质所吸收的缘故。

在热层中空气基本上处于高度电离状态，其电离的程度是不均匀的，有时又称电离层，完全电离的大气区域称磁层。其中最强的有两区，即 E 层（约位于 $90 \sim 130km$）和 F 层（约位于 $160 \sim 350km$）。

此外，在高纬度地区的晴夜，热层中可以出现彩色的极光。这可能是太阳发出的高速带电粒子使高层稀薄的空气分子或原子激发后发出的光。这些高速带电粒子在地球磁场的作用下向南北两极移动，所以极光常出现在高纬度地区上空。

4.1.2.5 散逸层

散逸层又名外层，是热层以上的大气层，也是大气层的最外层，延伸至距地球表面 1000km 以上。这里的大气已极其稀薄，密度为海平面处的一亿亿分之一。由于温度高，空气粒子运动速度很快，又因距地心较远，地心引力较小，所以这一层的主要特点是大气粒子经常散逸至星际空间。散逸层是大气圈与星际空间的过渡地带，外面没有什么明显的边界。

4.2 大气的热状况

地球大气的热状况、温度的分布变化制约着大气运动状态，影响着云和降水的形成，是产生各种大气现象和过程的根本原因。

4.2.1　大气的受热过程

4.2.1.1　太阳辐射

炽热的太阳以电磁波的形式源源不断地向宇宙空间放射能量的过程称为太阳辐射。太阳辐射的能量主要集中在可见光部分，其中 $0.38\sim0.76\mu m$ 的可见光能量占太阳辐射总能量的 46%，最大辐射强度位于波长 $0.47\mu m$ 附近（图 4-2）。

太阳辐射是地球表面最主要的能量来源。太阳辐射到达地球经过大气时，被大气吸收、反射和散射后到达地表。

太阳辐射有大约 20% 被云层反射回宇宙空间。由于反射没有选择性，所以反射光呈白色。云的反射能力与云的形状和厚度有关。

另外，太阳辐射有大约 4% 被地表反射。

太阳辐射有大约 6% 被大气散射，太阳辐射通过大气遇到空气分子、尘粒等质点都要发生散射。由于大气散射集中在太阳辐射能量最强的可见光区，因此散射是太阳辐射衰减的主要原因。散射分为瑞利散射、米氏

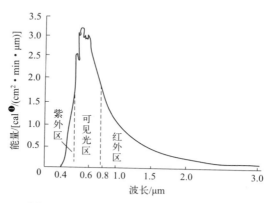

图 4-2　太阳辐射能量随波长的变化特征

散射和非选择性散射。当散射微粒的直径比辐射波长小得多时，发生瑞利散射；当散射微粒的直径与辐射波长相差不大时，发生米氏散射；当散射微粒的直径比辐射波长大得多时，发生非选择性散射。瑞利散射、米氏散射为分子散射，具有选择性，波长越短，散射能力越强，如雨后天晴，天空呈青蓝色；非选择性散射为粗粒散射，对波长没有选择性，水滴、雾、尘埃、烟等气溶胶常常产生非选择性散射，因此这些情况下天空呈灰白色。

太阳辐射有大约 19% 被大气吸收。被大气吸收的太阳辐射中，氧气主要吸收波长小于 $0.2\mu m$ 的太阳辐射，其中在 $0.155\mu m$ 处吸收最强；臭氧能强烈地吸收波长较短（$0.2\sim0.36\mu m$）的紫外线；水汽在 $0.5\sim0.9\mu m$ 有四个窄吸收带，在 $0.95\sim2.85\mu m$ 有五个宽吸收带，在 $6.25\mu m$ 附近有个强吸收带；二氧化碳同样主要吸收波长较长的红外线；粉尘对太阳辐射的吸收量很少。

最后，到达地面的太阳辐射大约为 51%。

4.2.1.2　地面辐射和大气逆辐射

地球表面在吸收太阳辐射的同时，又将其中的大部分能量以辐射的方式传送给大气。地球表面这种以其本身的热量日夜不停地向外放射辐射的方式，称为地面辐射。由于地面温度比太阳低得多，地面辐射的辐射能最大段的波长在 $10\sim15\mu m$，与太阳短波辐射相比，地面辐射称为地面长波辐射。

地面的辐射能力主要取决于地面本身的温度。由于辐射能力随辐射体温度的升高而增

---

❶ 1cal＝4.1868J。

强，因此，白天地面温度较高，地面辐射较强；夜间地面温度较低，地面辐射较弱。

大气能强烈地吸收地面长波辐射。对流层中的大气主要靠吸收地面长波辐射而增热。大气吸收地面长波辐射的同时，又以辐射的方式向外放射能量。大气这种向外放射能量的方式，称为大气辐射。由于大气本身的温度也较低，放射的辐射能的波长较长，所以，大气辐射也是长波辐射。大气辐射中既有向上的，也有向下的。大气辐射中向下的那一部分，刚好和地面辐射的方向相反，因此称为大气逆辐射。大气逆辐射减少了地面长波辐射损失的热量，使地球表面温度变化不会过于激烈，对地面起着保温作用。

4.2.2　大气的温度

简单来说，气温就是空气的温度，是表示空气冷热程度的物理量。气温可用温度计测量，表征气温特征值的量有最高温度、最低温度、平均温度等。

4.2.2.1　气温的时间变化

（1）气温的日变化　气温在一日内有一个最高值，一般出现在午后 2 时左右；有一个最低值，一般出现在日出前后。一天中气温的最高值与最低值之差称为气温日较差，其大小反映气温日变化的程度。

一天中正午太阳辐射最强，但最高气温却出现在午后 2 时左右。这是因为大气的热量主要来源于地面。地面一方面吸收太阳的短波辐射而得热，另一方面又向大气输送热量而失热。若净得热量，则温度升高；若净失热量，则温度降低。这就是说，地温的高低并不直接取决于地面当时吸收太阳辐射的多少，而是取决于地面储存热量的多少。早晨日出以后随着太阳辐射的增强，地面净得热量，温度升高。此时地面放出的热量随着温度升高而增强，大气吸收了地面放出的热量，气温也跟着上升。到了正午，太阳辐射达到最强。正午以后，地面太阳辐射强度虽然开始减弱，但得到的热量比失去的热量还是多些，地面储存的热量仍在增加，所以地温继续升高，长波辐射继续加强，气温也随着不断升高。到午后一定时间，地面得到的热量因太阳辐射的进一步减弱而少于失去的热量，这时地温开始下降。地温的最高值就出现在地面热量由储存转为损失、地温由上升转为下降的时刻。这个时刻通常在午后 1 时左右。由于地面的热量传递给空气需要一定时间，所以最高气温出现在午后 2 时左右。随后气温便逐渐下降，一直下降到清晨日出之前地面储存的热量减至最少为止。所以最低气温出现在清晨日出前后，而不是在半夜。

气温日较差的大小与纬度、季节和其他自然地理条件有关。日较差最大的地区在副热带，向两极减小。热带地区的平均日较差约为 12℃，温带约为 8～9℃，极圈内为 3～4℃。日较差夏季大于冬季，但最大值并不出现在夏至日。这是因为气温日较差不仅与白天的最高温度值有关，还取决于夜间的最低温度值。夏至日，中午太阳高度角虽最高，但夜间持续时间短，地表面来不及剧烈降温而冷却，最低温度不够低。所以，中纬度地区日较差最大值出现在初夏，最小值出现在冬季。海洋上空的日较差小于大陆。盆地和谷地由于坡度及空气很少流动，白天增热与夜间冷却都较大，日较差大。而小山峰等凸出地形区，地表面对气温影响不大，日较差小。气温日较差还与地面的特性和天气情况等有关。例如沙漠地区日较差很大，潮湿地区日较差较小。

就天气情况来说，如果有云层存在，则白天地面得到的太阳辐射少，最高气温比晴天低。而在夜间，云层覆盖又使地面热量不易散失，最低气温反而比晴天高。所以阴天的气温日较差比晴天小。

（2）气温的年变化　气温的年变化和日变化在某些方面具有共同的特点，如地球上绝大部分地区，在一年中月平均气温有一个最高值和一个最低值。由于地面储存热量的原因，一年中月平均气温最高值和最低值出现的时段不在太阳辐射最强和最弱的那天所在的月份（北半球 6 月和 12 月），而是比这一时段要落后 1～2 个月。大体上，海洋上落后较多，陆地上落后较少；沿海落后较多，内陆落后较少。就北半球来说，中、高纬度内陆的气温以 7 月为最高，1 月为最低；海洋上的气温以 8 月为最高，2 月为最低。

一年中月平均气温的最高值与最低值之差称为气温年较差。气温年较差的大小与纬度、海陆分布等因素有关。低纬度地区气温年较差很小，高纬度地区气温年较差可达 40～50℃。赤道附近，昼夜长短几乎相等，最热月和最冷月热量收支相差不大，气温年较差很小；到高纬度地区，冬夏区分明显，气温年较差就很大。

4.2.2.2　气温的空间分布

（1）气温的水平分布　气温的水平分布通常用等温线来表示。等温线是指将同一水平面上气温相同的地点连接起来形成的曲线，其间隔按需要而定。任意一条等温线上各点的温度都相等。表示同一时间等温线水平分布状况的地图叫作等温线图。等温线图上等温线密集的地区气温差别大，等温线稀疏的地区气温差别小。等温线向高纬度地区凸出，说明高温地区分布广泛；等温线向低纬度地区凸出，说明低温地区分布广泛。等温线与纬线平行，说明受纬度影响较大；等温线与海岸线平行，说明受海洋影响较大。

气温的水平分布受纬度、海陆位置、地形起伏、洋流等因素的影响。但是，在绘制等温线图时，常把温度值订正到同一高度即海平面上以便消除高度因素，把纬度、海陆及其他因素更明显地表现出来。

在一年内的不同季节，气温分布是不同的。通常以 1 月代表北半球的冬季和南半球的夏季，7 月代表北半球的夏季和南半球的冬季。

从全球 1 月份、7 月份海平面气温分布图可知，由于太阳辐射随纬度变化，等温线分布的总体趋势大致与纬圈平行，气温从低纬度向高纬度递减。等温线并不完全与纬线平行，这是由于气温除受纬度影响外，还受海陆分布、洋流等因素的影响。南半球的等温线，无论在 1 月还是 7 月都比北半球平直。这是由于南半球的海洋比陆地面积大得多，海面物质性质比较均一，热力差异较小。

北半球 1 月份等温线较密，等温线在大陆上凸向赤道，在海洋上凸向极地，说明冬季各纬度之间气温差异较大，冬季大陆上的气温比海洋上的气温低。7 月份等温线较稀疏，等温线在大陆上凸向极地，在海洋上凸向赤道，说明夏季各纬度之间的气温差异较小，夏季大陆上的气温比海洋上的气温高，使等温线发生了弯曲。这是由于冬季太阳直射在南半球，北半球的中高纬地区，不仅正午太阳高度低，而且白昼短，而北半球的低纬度地区不仅正午太阳高度较高，而且白昼较长，因此冬季北半球的南北温差较大。北半球的夏季，虽然中高纬地区的正午太阳高度比低纬度地区低，但是白昼比低纬度地区长，因此南北温差较小。南半球因海洋面积较大，等温线较平直。

洋流对气温的分布也有很大影响，暖流对沿岸有增温增湿的作用，寒流对沿岸有降温减湿的作用。1 月份，太平洋和大西洋东岸的中高纬地区，等温线急剧地向北极凸出，0℃ 等温线在大西洋伸展到 70°N 附近，这分别是由于黑潮和北大西洋暖流强大的增温作用。南半球南美洲西部和非洲西部因分别受秘鲁寒流和本格拉寒流的影响，等温线向赤道方向凸出。7月份寒流的影响比较显著，由于受本格拉寒流和秘鲁寒流的影响，南半球等温线在非洲和南美洲西岸的中低纬地区向北凸出。

最高温度带并不位于理想赤道上，冬季在 5°～10°N 处，夏季移到 20°N 左右。这个带的平均温度 1 月和 7 月均高于 24℃，故称为热赤道。热赤道的位置从冬季到夏季有向北移的现象，这是因为这个时期太阳直射点的位置北移，同时北半球有广大的陆地使气温强烈受热的缘故。

南半球无论冬夏最低气温都出现在南极地区。北半球夏季最低气温出现在北极附近，冬季出现在高纬大陆。位于东西伯利亚的奥伊米亚康，气温曾达 −73℃，被称为寒极。北半球的最高气温出现在低纬大陆 20°～30°N 的沙漠地区，撒哈拉沙漠等地是全球的炎热中心，世界上的绝对最高气温出现在索马里境内，气温曾达 63℃。

（2）气温的垂直分布　对流层大气距离地面越高，所获得的地面长波辐射就越少。对流层中气温随着海拔的升高而降低，气象学中常用气温直减率来表示这种递减程度。一般说来，平原地区海拔每升高 100m，气温降低 0.65℃。地面构筑物不同，气温直减率也不同。

由于受纬度、地表性质和大气环流等的影响，气温直减率随地点、季节不同而变化。一般说来，夏季和白天地面吸收大量太阳辐射，地面长波辐射强度大，近地面空气层受热多，气温直减率大；相对地，冬季和夜晚气温直减率就小。但在特殊情况下，对流层中还会出现温度随高度的增加而升高的逆温现象。

逆温是指在一定条件下，对流层中出现的大气温度随高度增加而升高的现象。具有逆温的大气层是强稳定的大气层。逆温分为辐射逆温、湍流逆温、平流逆温、下沉逆温以及锋面逆温等。

① 辐射逆温：由于地面强烈辐射冷却而形成的逆温，称为辐射逆温。通常在晴朗无云的夜间易发生，黎明时最强，日出后逆温消失。其原因在于：在晴朗无云或少云的夜间，地面很快辐射冷却，贴近地面的气层也随之降温。由于空气愈靠近地面，受地表的影响愈大，所以离地面愈近，降温愈多，离地面愈远，降温愈少，因而形成了自地面开始的逆温；随着地面辐射冷却的加剧，逆温逐渐向上扩展，黎明时达最强；日出后，太阳辐射逐渐增强，地面很快增温，逆温便逐渐自下而上地消失。

② 湍流逆温：由于低层空气的湍流混合而形成的逆温，称为湍流逆温。

③ 平流逆温：暖空气平流到冷的地面或冷的水面上，会发生接触冷却作用，愈近地表面的空气降温愈多，而上层空气受冷地表面的影响小，降温较少，于是产生逆温现象。这种因空气的平流而产生的逆温称为平流逆温。

④ 下沉逆温：当某一层空气发生下沉运动时，因气压逐渐增大以及气层向水平方向辐散，其厚度减小。如果气层下沉过程是绝热的，而且气层内各部分空气的相对位置不发生改变，这样空气层顶部下沉的距离要比底部下沉的距离大，其顶部空气的绝热增温要比底部多。于是可能有这样的情况：当下沉到某一高度时，空气层顶部的温度高于底部的温度，从而形成逆温。这种因整层空气下沉而造成的逆温称为下沉逆温。

⑤ 锋面逆温：冷暖空气团相遇时，较轻的暖空气爬到冷空气上方，在界面附近也会出现逆温，称为锋面逆温。锋面是冷暖空气的交界面，暖空气因密度小而位于冷空气之上，温度的垂直分布表现为同一数值的等温线位置在暖空气中要比冷空气中高，当等温线穿过锋面

时，便发生转折。当冷暖空气的温差较大时，就可形成锋面逆温。

4.3 大气中的水分与降水

大气从海洋、湖泊、河流及潮湿土壤的蒸发中，或植物的蒸腾中获取水分。进入大气中的水分，通过本身的分子扩散和空气的运动传递而散布于大气之中。在一定条件下，大气中的水分（水汽）发生凝结，形成云、雾等许多天气现象，并以雨、雪等降水物返回陆地和水面。地球上的水分通过蒸发、凝结和降水等物理过程构成了水分循环。

4.3.1 大气的湿度

空气湿度是表示大气中水汽量多少的物理量。大气湿度的常用度量指标为水汽压和饱和水汽压、绝对湿度和相对湿度、露点温度、饱和差、比湿和水汽混合比。

4.3.1.1 水汽压和饱和水汽压

大气压力是大气中各种气体压力的总和。水汽和其他气体一样，也有压力。大气中的水汽所产生的压力称水汽压（e）。它的单位和气压一样，用百帕（hPa）表示。显然，大气中水汽含量越多，水汽压越大；水汽含量越少，水汽压越小。

在温度一定的情况下，单位体积空气中的水汽量有一定限度，如果水汽含量达到此限度，空气中的水汽就呈饱和状态，这时的空气称为饱和空气。饱和空气的水汽压称为饱和水汽压（E），也叫最大水汽压，因为超过这个限度，水汽就要开始凝结。饱和水汽压随温度的升高而增大。温度升高时，饱和水汽压变大，空气中所能容纳的水汽含量增多，因而能使原来已处于饱和状态的蒸发面因温度升高而变得不饱和，蒸发重新出现；相反，如果饱和空气的温度降低，由于饱和水汽压减小，就会有多余的水汽凝结出来。

4.3.1.2 绝对湿度

单位容积的湿空气中含有的水汽质量，称为绝对湿度（a），单位是 g/cm^3。绝对湿度就是空气中的水汽密度。绝对湿度不易直接测定，通常通过气温（T）、水汽压（e）间接求算而得，公式为：$a = 289e/T$。

4.3.1.3 相对湿度

相对湿度（f）是空气中的实际水汽压与同温度下的饱和水汽压的比值（用百分数表示），即：$f=e/E\times100\%$。相对湿度的大小反映了空气中水汽饱和程度的高低。当空气饱和时，$e=E$，$f=100\%$；未饱和时，$e<E$，$f<100\%$；过饱和时，$e>E$，$f>100\%$。

相对湿度与水汽压、温度有关。在一定温度下，即饱和水汽压为定值时，相对湿度仅与水汽压有关：水汽压大，相对湿度也大；水汽压小，相对湿度也小。在水汽压一定的情况下，相对湿度仅与温度有关：温度高，相对湿度小；温度低，相对湿度大。

相对湿度的日变化与气温日变化相反。晴天情况下，高值出现在日出之前的清晨，低值出现在午后。温度升高时，虽然蒸发加强，近地面层大气中的水汽含量增加，水汽压增大一些，但午后乱流强，低层大气中的水汽常被带到高空，导致近地面层大气中的水汽含量增加不多。可是温度升高时，饱和水汽压按指数律增大得很多，这样相对湿度反而减小。反之，温度降低时，相对湿度增大。可见，在相对湿度的日变化中，气温是影响相对湿度的主导因子。

相对湿度的年变化与气温的年变化相反。一般来说，冬季相对湿度最大，夏季最小。但是我国在季风气候区内，相对湿度的年变化与气温的年变化大体一致。夏季气温最高时，相对湿度最大；冬季或春季，相对湿度最小。其原因是：夏季我国大陆上的盛行气团来自海洋，带来充沛的水汽，水汽压大；冬季盛行气团来自干燥的内陆，水汽极少，水汽压小；春季气温回升快，相对湿度低。

4.3.1.4　露点温度

在气压不变、水汽含量无增减的情况下，未饱和空气冷却降温而达到饱和状态时，其温度称为露点温度，简称露点（f_d），单位为℃。露点虽然是一温度值，却反映了空气中的水汽含量。露点对应的饱和水汽压即为实际水汽压。露点愈高，水汽压愈大；露点愈低，水汽压愈小。

露点温度与当时气温的差值表示空气的湿润程度。差值为正，说明空气处于未饱和状态，差值愈大，空气愈干燥；差值为零，空气饱和；差值为负，则空气处于过饱和状态。

4.3.1.5　饱和差

在一定温度下，饱和水汽压与实际空气中水汽压之差称为饱和差（d），即 $d=E-e$，表示空气中实际水汽含量距离饱和空气的程度。饱和差大，说明空气中水汽含量少，空气干燥；当空气饱和时，$f=100\%$，$e=E$，则 $d=0$。在研究水面蒸发时常用到 d，它能反映水分子的蒸发能力。

4.3.1.6　比湿和水汽混合比

在一团湿空气中，水汽的质量与该团空气总质量（水汽质量加上干空气质量）的比值称为比湿（q）。其单位是 g/g，即表示一克湿空气中含有多少克水汽。也有用每千克湿空气中所含水汽质量表示的，即 g/kg。计算公式如下：

$$q=m_w/(m_w+m_d)$$

式中，m_w 为该团湿空气中水汽的质量；m_d 为该团湿空气中干空气的质量。据此公式和气体状态方程可导出：

$$q=0.622e/P$$

式中，P 为气压。由上式知，对于某一团空气而言，只要其中水汽质量和干空气质量保持不变，不论发生膨胀或压缩，体积如何变化，其比湿都保持不变。因此在讨论空气的垂直运动时，通常用比湿来表示空气的湿度。

水汽混合比和比湿的概念相似，是指湿空气内水汽与干空气的质量比。

上述各种表示湿度的物理量中，水汽压、比湿、露点、绝对湿度基本上表示空气中水汽含量的多寡，而相对湿度、饱和差则表示空气中水汽含量距离饱和空气的程度。

4.3.2 蒸发与凝结

4.3.2.1 水的相态变化

自然界中的同种物质由不同的物态组成，每一种物态被称作相。水的气态（水汽）、液态（水）和固态（冰）被称为水的三相。

物质从气态转变为液态的必要条件之一是温度必须低于它本身的临界温度，而水的临界温度为374℃，大气中的水汽基本集中在对流层和平流层内，该处大气的温度不但永远低于水汽的临界温度，而且还常低于水的冻结温度。因此水汽是大气中唯一能由一种相转变为另一种相的成分。液态水与气态水相互转化的过程为蒸发和凝结。固态水与气态水相互转化的过程为升华和凝华。

水相变化过程中伴随着能量的转换。通常蒸发和升华吸收热量，凝结和凝华释放热量。实际水汽压小于饱和水汽压时，存在蒸发；实际水汽压大于饱和水汽压时，存在凝结。夏天温度高，饱和水汽压大；温度降低时，饱和水汽压减小，实际水汽压大于饱和水汽压因而存在凝结，大量水分突然下降，多形成暴雨。

4.3.2.2 蒸发

蒸发是指常温情况下（即温度低于沸点时），液面上水的汽化现象，即水汽由液面上逸出。海洋、江河、湖泊等水体，以及土壤中的水都在不断地蒸发，水汽进入大气中，随着空气的铅直运动和水平运动，水汽由地表被带到高空，由水体上空被带到陆地上空，所以蒸发是水循环中的重要环节之一。

一般用于衡量蒸发大小的指标为蒸发量。蒸发量是指一段时间（一日、一月或一年）内，由于蒸发而消耗的水量，以单位面积上失去的水层的厚度计，单位 mm。目前，各级气象台站使用蒸发器测定蒸发量。但蒸发器所测得的蒸发量与自然水面的蒸发量还有一定的误差。

实际上，下垫面（包括陆面、水面和冰雪表面等地球表面）蒸发到大气中的水分是很难能精确测量和计算出的。如果下垫面足够湿润，水分能持续并充分地供给蒸发的需要，这种情况下的蒸发量称为最大可能蒸发量，又称蒸发力，单位同蒸发量。

影响蒸发的因素有水源、热源、饱和差、风速与湍流扩散强度等。

（1）水源 没有水源就不可能有蒸发，因此开阔水域、雪面、冰面或潮湿土壤、植被是蒸发产生的基本条件。在沙漠中几乎没有蒸发。

（2）热源 蒸发必须消耗热量，在蒸发过程中，如果没有热量供给，蒸发面就会逐渐冷却，从而使蒸发面上的水汽压降低，于是蒸发减缓或逐渐停止。因此蒸发速度在很大程度上取决于热量的供给。

（3）饱和差 蒸发速度与饱和差成正比。严格地说，此处的饱和水汽压应由蒸发面的温度算出，但通常以一定气温下的饱和水汽压代替。饱和差愈大，蒸发速度愈快。

（4）风速与湍流扩散强度 大气中的水汽垂直输送和水平扩散能加快蒸发速度。无风时，蒸发面上的水汽单靠分子扩散，水汽压减小得慢，饱和差小，因而蒸发缓慢。有风时，湍流加强，蒸发面上的水汽随风和湍流迅速散布到广大的空间，蒸发面上水汽压减小得快，饱和差增大，蒸发加快。

除上述基本因子外，大陆上的蒸发还应考虑到土壤的结构和湿度、植被的特性等，海洋上的蒸发还应考虑水中的盐分。

4.3.2.3 凝结和凝华

凝结是指大气中的水汽变为液态水的过程；凝华是水汽不经历液态阶段，直接变为固态冰晶的过程。当大气中的水汽含量达到饱和状态，并有凝结核或凝华核时，便出现凝结或凝华现象。因此，大气中水汽凝结或凝华的一般条件有两个，一是有凝结核或凝华核的存在，二是大气中水汽要达到饱和或过饱和状态。

（1）凝结核   在大气中，只要水汽压达到或超过饱和，水汽就会发生凝结，但在实验室里却发现，在纯净的空气中，水汽过饱和到相对湿度为 $300\%\sim400\%$ 也不会发生凝结。实验得出结论：纯净空气的相对湿度达到 $400\%\sim800\%$，水汽分子才会自身凝结。这是因为做不规则运动的水汽分子之间引力很小，通过相互之间的碰撞不易相互结合为液态或固态水。只有在巨大的过饱和条件下，纯净的空气才能凝结。然而巨大的过饱和在自然界是不存在的。

大气中存在着大量的吸湿性微粒物质，它们比水汽分子大得多，对水分子吸引力也很大，从而有利于水汽分子在其表面上集聚，使其成为水汽凝结核心。这种大气中能促使水汽凝结的微粒，叫凝结核，其半径一般为 $10^{-7}\sim10^{-3}$ cm。半径越大、吸湿性越好的核周围越易产生凝结。凝结核的存在是大气产生凝结的重要条件之一。凝结核对水汽具有吸附作用，形成的液滴也比水分子形成的大。

（2）大气中水汽含量达到过饱和状态的过程   大气中水汽含量达到过饱和有两条途径：一是在一定温度下通过蒸发增加空气中的水汽从而增大空气中的水汽含量，即水汽压增大，并出现实际水汽压大于该气温下的饱和水汽压，即 $e>E$；二是大气中水汽含量不变，空气冷却，气温降低，饱和水汽压随之减小，当实际水汽压满足饱和或过饱和状态时，水汽凝结。

第一条途径中必须具有蒸发源，且蒸发面的温度高于气温的情况下才有可能出现 $e>E$。例如冷空气流经暖水面，水面温度高于气温，暖水面蒸发，水汽分子进入冷空气中，水汽含量增加并达到过饱和状态，就会出现凝结现象。秋季和冬季早晨，在江、海、湖泊等大面积水体面上出现的雾（称蒸发雾）就属于这种过程。此外，雨后转晴，地面增热，土壤蒸发迅速，乱流弱时也可使贴地层空气中的水汽含量出现过饱和状态。

大气中常见的凝结现象以第二条途径居多，即空气冷却到露点以下，空气呈饱和或过饱和状态。大气中常见的降温过程有绝热冷却、辐射冷却、平流冷却、混合冷却等四种类型。

① 绝热冷却。指空气在上升过程中，因体积膨胀对外做功而导致空气本身发生冷却。随着高度升高，温度降低，饱和水汽压减小，空气上升至一定高度就会出现过饱和状态。该方式对于云的形成具有重要作用。

② 辐射冷却。指在晴朗无风的夜间，地面的辐射冷却导致近地面层空气降温。当气温降低到露点以下时，水汽压就会超过饱和水汽压产生凝结。辐射雾就是水汽以这种方式凝结形成的。

③ 平流冷却。暖湿空气流经冷的下垫面时将热量传递给冷的地表，造成空气本身温度降低。如果暖空气与冷地面温度相差较大，暖空气降温较多，也可能产生凝结。

④ 混合冷却。温差较大且接近饱和的两团空气水平混合后，水汽压大于饱和水汽压，也可能产生凝结。

4.3.2.4　凝结物

水汽的凝结既可产生于空气中，也可产生于地面或地物上。前者有云和雾，后者有露、霜、雾凇和雨凇等。

（1）露和霜　傍晚或夜间，地面或地物由于辐射冷却，使贴近地表面的空气层也随之降温，当其温度降到露点以下，即空气中水汽含量过饱和时，地面或地物的表面就会有水汽凝结。如果此时的露点在0℃以上，在地面或地物上就出现微小的水滴，称为露。如果露点在0℃以下，则水汽直接在地面或地物上凝华成白色的冰晶，称为霜。有时已生成的露，由于温度降至0℃以下，冻结成冰珠，称为冻露，实际上也归为霜的一类。

形成露和霜的气象条件是晴朗微风的夜晚。夜间晴朗有利于地面或地物迅速辐射冷却。微风可使辐射冷却在较厚的气层中充分进行，而且可使贴地空气得到更换，保证有足够多的水汽供应凝结。无风时可供凝结的水汽不多，风速过大时湍流太强，使贴地空气与上层较暖的空气发生强烈混合，导致贴地空气降温缓慢，均不利于露和霜的生成。对于霜，除辐射冷却形成外，在冷平流以后或洼地上聚集冷空气时，都有利于其形成。这种霜称为平流霜或洼地霜，常因辐射冷却而加强。因此在洼地与山谷中，产生霜的频率较大。在水边平地和森林地带，产生霜的频率较小。

（2）雨凇　雨凇是降落在地面物体上的过冷却的毛毛雨滴或小雨滴迅速冻结而成的毛玻璃状或透明的紧密冰层，外面光滑或略有隆突。雨凇常在气温0～3℃时出现，在垂直面和水平面上均能生成，但以近地面物体的迎风面上为多，如树干和树枝上、电线上、柱上以及草上等。在细长物体（电线、树枝等）上的各面都可有雨凇沾附。

雨凇的厚度有时可达几厘米，能将树枝和电线压断，对交通运输、用电及农林业生产都有很大隐患。

（3）雾凇　雾凇是形成于树枝上、电线上或其他地物迎风面上的白色疏松的微小冰晶或冰粒，常见于冬季寒冷且有雾的天气。根据其形成条件和结构可分为以下两类。

① 晶状雾凇：晶状雾凇主要由过冷却雾滴蒸发后再由水汽凝华而成，往往在有雾、微风或静稳以及温度低于-15℃时出现。由于冰面饱和水汽压比水面小，因而过冷却雾滴不断蒸发变为水汽，凝华在物体表面的冰晶上，使冰晶不断增长。这种由物体表面冰晶吸附过冷却雾滴蒸发出来的水汽而形成的雾凇叫晶状雾凇。其晶体与霜类似，结构松散，稍有震动就会脱落。在严寒天气，有时在无雾情况下，过饱和水汽也可直接在物体表面凝华成晶状雾凇，但增长较慢。

② 粒状雾凇：粒状雾凇往往在风速较大、气温在-2～-7℃时出现，是由过冷却雾滴被风吹过，碰到冷的物体表面迅速冻结而成的。由于冻结速度很快，因而雾滴仍保持原来的形状，即呈粒状。

（4）雾　雾是指悬浮于近地面气层中的大量微小的水滴或冰晶，使水平能见度小于1km的一种天气现象。形成雾的基本条件是近地面空气中水汽充沛，有使水汽发生凝结的冷却过程和凝结核的存在。如果能见度在1～10km，则称为轻雾。雾中水滴半径平均为2～5μm。雾多乳白色，但城市和工业区出现雾时，也可带土黄色或灰色。在极寒冷的天气里（气温在-20℃以下），雾中以冰晶为多，可呈暗灰色。

根据雾形成的天气条件，可将雾分为气团雾及锋面雾两大类。气团雾是在气团内形成的，锋面雾是锋面活动的产物。根据气团雾的形成条件，又可将其分为冷却雾、蒸发雾及混合雾三种。根据冷却过程的不同，冷却雾又可分为辐射雾、平流雾及上坡雾等。其中最常见的是辐射雾和平流雾。

① 辐射雾：辐射雾是地面辐射冷却使贴地气层变冷而形成的，厚度随空气的冷却程度及风力而定，具有明显的地方性。有利于形成辐射雾的条件是：空气中有充足的水汽；天气晴朗少云；风力微弱（1~3m/s）；大气层结稳定。

② 平流雾：平流雾是暖湿空气流经冷的下垫面逐渐冷却而形成的。海洋上暖而湿的空气流到冷的大陆上或者冷的海洋面上，都可以形成平流雾。由于平流雾的生消主要取决于有无暖湿空气的平流，因此只要有暖湿空气不断流来，雾可以持久不消，而且范围很广。海雾是平流雾中很重要的一种，有时可持续很长时间。

平流雾的范围和厚度一般比辐射雾大，在海洋上四季皆可出现。形成平流雾的有利天气条件是：下垫面与暖湿空气的温差较大；暖湿空气的湿度大；适宜的风向（由暖向冷）和风速；大气层结较稳定。

（5）云　云是悬浮在大气中的小水滴，或冰晶微粒，或二者混合的可见聚合体，有时还含有一些较大的雨滴和冰雪粒。云滴的半径在 $100\mu m$ 以下，多数为 $2\sim15\mu m$。

云是降水的基础，是地球上水分循环的中间环节，并且云的发生发展总伴随着能量的交换。云的形状千变万化，一定的云状常伴随着一定的天气出现，因而云对于天气变化具有一定的指示意义。

① 云的分类。云的外貌千变万化，使得云的分类十分困难，目前通用的方法是根据云的特性和形成过程将云区分归类的体系。气象观测中最为通用的是世界气象组织 1956 年在国际云图中公布的分类体系。我国以这一分类体系为基础，根据云的基本外形将云分成三族十属（表 4-2）。

表 4-2　云的分类

云族	云属		高度	特征
	学名	符号		
低云	积云	Cu	云底 500~1500m	由水滴、冰晶、雪花组成,雨层云产生大陆降水,积雨云产生阵性降水,层云有时产生毛毛雨
	积雨云	Cb	云底 100~2000m	
	层积云	Sc	1000~2000m	
	层云	St	一般<2000m	
	雨层云	Ns	一般<2000m	
中云	高层云	As	2000~5000m	由水滴组成,高层云增厚时可产生降水
	高积云	Ac	3000~6000m	
高云	卷云	Ci	6000~8000m	由微小冰晶组成,一般不产生降水
	卷层云	Cs	6000~8000m	
	卷积云	Cc	7000~8000m	

② 云形成的条件。水在大气中凝结的重要条件是要有凝结核的存在，以及空气达到过饱和。对于云的形成来说，空气过饱和主要是由空气垂直上升所进行的绝热冷却引起的。上升运动的形式和规模不同，形成的云的状态、高度、厚度也不同。大气的上升运动主要有如

下四种方式。

a. 热力对流：指地表受热不均和大气层结不稳定引起的对流上升运动。由对流运动所形成的云多属积状云。

b. 动力抬升：指暖湿气流受锋面、辐合气流的作用所引起的大范围上升运动。这种运动形成的云主要是层状云。

c. 大气波动：指大气流经不平的地面或在逆温层以下所产生的波状运动。由大气波动产生的云主要属于波状云。

d. 地形抬升：指大气运行中遇地形阻挡，被迫抬升而产生的上升运动。这种运动形成的云既有积状云，也有波状云和层状云，通常称为地形云。

4.3.3 大气降水

降水是从云中降到地面上的液态或固态水，或指地面上从大气中获得的各种形式的降水物，包括从云中下降的液态水（如雨）或固态水（如雪、冰雹、霰等），还有地面和近地面气层中的水汽凝结物（如露、霜、雾等）。在一定时段内，上述各种形式的降水，未经蒸发、渗透、流失，在水平面上积聚的水层厚度（包括固体降水融化后）称为降水量，以 mm 为单位。我国大部分地区处于中纬度，露、霜、雾等凝结物的水量不多，不计入降水量内。

降水虽然主要来自云中，但有云不一定都有降水。这是因为云滴的半径小于雨滴（半径大于 $100\mu m$）。标准云滴半径为 $10\mu m$，标准雨滴半径为 $1000\mu m$。

4.3.3.1 降水的类型

（1）降水形态类型　由于云的温度、气流分布等状况存在差异，降水具有不同的形态，如雨、雪、霰、雹等。雨是自云体中降落至地面的液体水滴；雪是从混合云中降落到地面的雪花形态的固体水；霰是从云中降落至地面的不透明的球状晶体，由过冷却水滴在冰晶周围冻结而成，直径为 $2\sim5mm$；雹是由透明和不透明的冰层相间组成的固体降水，呈球形，常降自积雨云。

（2）降水性质类型　根据降水的性质，可分为连续性、阵性降水和毛毛状降水三种。连续性降水：降水持续时间较长，强度稳定少变，降水范围大，降水主要来自高层云和雨层云；阵性降水：降水开始和结束都很突然，变化快，强度大，范围小，降水来自积雨云和积云中的浓积云；毛毛状降水：水滴极小，强度很小，雨滴细如牛毛，俗称毛毛雨，主要来自层云。

（3）降水强度类型　降水强度是指单位时间内的降水量，通常时间单位取 10min、1h 或 1d。按降水强度可划分为小雨、中雨、大雨、暴雨、大暴雨、特大暴雨，或小雪、中雪、大雪、暴雪、大暴雪、特大暴雪（表4-3）。

表 4-3　降水的强度等级　　　　　　　　　　　　　单位：mm/d

种类	降水强度等级					
雨	小雨	中雨	大雨	暴雨	大暴雨	特大暴雨
	<10	10~25	25~50	50~100	100~200	>200
雪	小雪	中雪	大雪	暴雪	大暴雪	特大暴雪
	<2.5	2.5~5.0	5.0~10	10~20	20~40	>40

（4）降水成因类型 根据降水成因，可分为对流雨、地形雨、锋面雨、台风雨。

① 对流雨：暖季空气湿度大，近地面层结不稳定，引起对流形成降水。常以暴雨形式出现。赤道地区全年以对流雨为主。

② 地形雨：暖湿空气由于地形阻挡被迫抬升，绝热冷却，达到凝结高度时产生降水。迎风坡常成为多雨的中心。背风坡因水汽凝结降落，空气干燥，下沉增温，产生焚风效应，形成雨影区。

③ 锋面雨：两种物理性质不同的气团锋面相遇，暖湿空气循界面滑升形成锋面雨。

④ 台风雨：台风活动过程中产生的云雨过程为台风雨。

4.3.3.2 雨和雪的形成

（1）雨的形成 由液态水滴（包括过冷却水滴）组成的云体称为水成云。水成云内如果具备云滴增大为雨滴的条件，并使雨滴具有一定的下降速度，这时降落下来的就是雨或毛毛雨。由冰晶组成的云体称为冰成云，而由水滴（主要是过冷却水滴）和冰晶共同组成的云称为混合云。从冰成云或混合云中降下的冰晶或雪花，下落到 0℃ 以上的气层内，融化以后也成为雨滴下落到地面，形成降雨。

（2）雪的形成 在混合云中，冰水共存使冰晶不断凝华增大，成为雪花。当云下气温低于 0℃ 时，雪花可以一直落到地面而形成降雪。如果云下气温高于 0℃，则可能出现雨夹雪。雪花的形状极多，有星状、柱状、片状等，但基本形状是六角形。

雪花之所以多呈六角形，花样繁多，是因为冰的分子以六角形为最多。对于六角形片状冰晶来说，由于它的面上、边上和角上的曲率不同，相应地具有不同的饱和水汽压，其中角上的饱和水汽压最大，边上次之，平面上最小。在实有水汽压相同的情况下，由于冰晶各部分饱和水汽压不同，其凝华增长的情况也不相同。例如当实有水汽压仅大于平面的饱和水汽压时，水汽只在面上凝华，形成的是柱状雪花。当实有水汽压大于边上的饱和水汽压时，边上和面上都会发生凝华。由于凝华的速度还与曲率有关，曲率大的地方凝华较快，故冰晶边上凝华比面上快，多形成片状雪花。当实有水汽压大于角上的饱和水汽压时，虽然面上、边上、角上都有水汽凝华，但尖角处位置突出，水汽供应最充分，凝华增长得最快，故多形成枝状或星状雪花。再加上冰晶不停地运动，所处的温度和湿度条件也不断变化，这样就使得冰晶各部分增长的速度不一致，形成多种多样的雪花。

4.3.3.3 降水分布

降水量在空间上的分布受地理位置、海陆位置、气流运动、天气系统和地形等因素的制约。

（1）降水量的纬度分布 全球可以划分为四个降水带。

① 赤道多雨带：赤道及其两侧地带是全球降水最多的地带，年降水量在 1500mm 以上，一般在 2000～3000mm。

② 15°～30°少雨带：从大气环流来看，这一纬度带受副热带高压带控制，下沉气流占优势，是全球降水量很少的地带，尤其是大陆西岸及大陆内部降水更少，年降水量一般不超过 500mm。应该指出，这个带内并不到处都是少雨，受地理位置、季风环流、地形等因素影响，该降水带某些地区降水很丰富，全球年降水量最高记录即出现在该降水带内。例如，喜马拉雅山南坡印度的乞拉朋齐（25°N）年平均降水量高达 12665mm。我国大部分属于这一

纬度带，因受季风及台风影响，东南沿海一带降水量在 1500mm 左右。

③ 中纬多雨带：温带年降水量比副热带多，一般在 500～1000mm。这里多雨的原因主要是受天气系统影响，多锋面雨、气旋雨。大陆东岸还受到季风影响，夏季风来自海洋，带来较多的降水。

④ 高纬少雨带：因纬度高，全年气温很低，蒸发微弱，故降水量偏少，一般全年降水量不超过 300mm。

(2) 年降水量和蒸发量的变化　划分为干旱区、半干旱地区、半湿润地区、湿润地区等。

① 干旱区：干燥度（年蒸发量与年降水量之比）大于 4 的地区，年降水量小于 200mm，很多地区甚至小于 50mm。

② 半干旱地区：干燥度在 1.50～3.99 的地区，年降水量一般在 200～400mm，蒸发量超过雨量很多，自然植被是温带草原，耕地以旱地为主。

③ 半湿润地区：干燥度在 1～1.49 的地区。降水量一般在 400～800mm。

④ 湿润地区：干燥度小于 1.00 的地区。降水量一般在 800mm 以上，空气湿润，蒸发量较小。

4.4　大气的运动

大气时刻不停地运动着，运动的形式和规模复杂多样：既有水平运动，也有垂直运动；既有规模很大的全球性运动，也有尺度很小的局地性运动。大气的运动使不同地区、不同高度间的热量和水分得以传输和交换，使不同性质的空气得以相互接近、相互作用，直接影响着天气、气候的形成和演变。

4.4.1　气压与作用于空气的力

4.4.1.1　气压

气压是大气压强的简称，是由于地球表面大气所受重力产生的压强，其大小为从单位面积向上，一直到大气外界的垂直气柱内空气所受的重力。世界气象组织规定，气压单位为百帕（hPa），1hPa 正好与 1mbar 相当。

气压随高度和密度而变化。海拔越高，气压就越低。空气密度越大，气压就越高，反之则越低。气压在水平方向分布的不均匀性是产生风的直接因素。因而气压梯度越大，风速越大。气压的空间分布和变化，直接支配着天气系统的分布和演变。

一地的气压变化在于空气柱的质量变化，质量增加气压增大，质量减小气压减小。空气柱的质量变化主要由热力和动力因子引起。对于水平气流来说，气流辐合气压增大，气流辐散气压减小。高密度气团移到低密度气团所在地会引起当地气压增大。

气压的空间分布为气压场。同一水平面上各气压相等点的连线为等压线。空间气压相等点组成的面为等压面。等压面是一个曲面，等压面下凹部位对应水平面上的低压区域，等压面上凸部位对应水平面上的高压区域。

闭合等压线构成的低气压区简称低压，空间等压面向下凹陷，形如盆地，气压值由中心向外逐渐升高。闭合等压线构成的高气压区简称高压，空间等压面向上凸，气压值从中心向外逐渐降低。由低压延伸出来的狭长区域称为低压槽，各等压线弯曲最大处的连线为槽线；由高压延伸出来的狭长区域称为高压脊，各等压线弯曲最大处的连线为脊线。两个高压和两个低压交错分布的中间区域称为鞍形气压场。

4.4.1.2 作用于空气的力

大气的运动是在力的作用下产生的。大气受到的力除重力之外，还有由气压分布不均而产生的气压梯度力、地球自转产生的地转偏向力、空气之间的摩擦力、空气做曲线运动的惯性离心力，这些力的不同组合便形成了不同形式的大气运动形式。

(1) 气压梯度力 单位质量的空气在气压场中受到的作用力，称为气压梯度力。气压梯度力可分解为垂直方向和水平方向两个分量。垂直气压梯度力虽大，但由于空气重量与之平衡，所以空气在垂直方向所受作用力并不大。水平气压梯度力虽小，却是大气运动的主要原因。只要水平方向上存在气压差，就有水平气压梯度力作用在大气上，使大气由高压向低压方向加速运动，直到有其他力与之平衡为止。显然，水平气压梯度力是产生大气水平运动的直接动力。

(2) 地转偏向力 地转偏向力又称科里奥利力，简称科氏力。它不是作用在物体上的真实力，而是观察者在旋转参照体系中感觉到的假想力。地转偏向力分为水平和垂直地转偏向力，但垂直地转偏向力与重力相比可忽略不计，而水平地转偏向力对空气水平运动有着重要作用，因此常将水平地转偏向力简称为地转偏向力。

只有当大气相对地面运动时，才会产生地转偏向力。因为水平地转偏向力与大气运动方向垂直，它只能改变大气运动的方向，而不能改变运动的速度。

(3) 惯性离心力 惯性离心力是物体在做曲线运动时所产生的，由运动轨迹的曲率中心沿曲率半径向外作用在物体上的力。其方向与物体运动方向垂直，自曲率中心指向外缘，大小与物体运动的角速度（ω）的二次方和曲率半径（r）的乘积成正比。惯性离心力只改变物体的运动方向，不改变其运动速率。

当大气做曲线运动时，还要受到惯性离心力的作用。惯性离心力的方向与大气运动方向垂直，由曲线路径的曲率中心指向外缘，大小与大气运动的线速度的二次方成正比，与曲率半径成反比。实际上，由于大气运动的曲率半径一般很大，所以惯性离心力通常很小。

(4) 摩擦力 摩擦力是两个相互接触的物体做相对运动时，接触面之间产生的一种阻碍物体运动的力。运动速度不同的相邻两层大气层之间以及贴近地面运动的大气和地表之间都存在能阻碍大气运动的摩擦。其方向与空气运动方向相反，大小与空气运动速度和摩擦系数成正比。摩擦力的大小随大气高度不同而异，在近地层中最为显著，高度越高，作用越弱。在 1～2km 高度，摩擦力始终存在。所以一般把 1～2km 以下的大气层称为摩擦层，把这以上的大气层称为自由大气层。

在作用于大气的力中，气压梯度力和重力是引起大气运动的直接动力，没有它们，大气就不会运动。至于其他各力的作用，则视具体情况而定。例如：在讨论低纬度大气或近地层大气的运动时，地转偏向力可不考虑；在大气运动轨迹接近直线时，离心力可不考虑；在讨论自由大气的运动时，摩擦力可忽略不计。

4.4.2　风

空气的水平运动称为风。风向不是指空气运动的指向，而是空气来源的方向。风存在有规律的日变化：近地面层中，白天风速增大，午后增至最大，夜间风速减小，清晨减至最小；摩擦层上层则相反，白天风速小，夜间风速大，这是因为在摩擦层中，通常是上层风速大于下层。风的日变化晴天比阴天大，夏季比冬季大，陆地比海洋大。当有强烈的天气系统过境时，日变化规律可能被干扰或被掩盖。

自由大气中，空气的运动规律比摩擦层简单。空气做直线运动时，只需考虑气压梯度力和地转偏向力；空气做曲线运动时，还需考虑惯性离心力。

4.4.2.1　地转风

地转风指气压梯度力和地转偏向力相平衡时，空气做的等速、直线水平运动。图 4-3 显示了气压梯度力和地转偏向力作用下的地转风的形成过程。

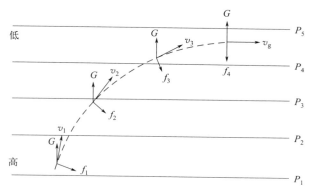

图 4-3　气压梯度力和地转偏向力作用下地转风的形成过程

从图 4-3 中可知，在气压梯度力 G 的作用下，起始风速为 v_1 的气团开始由气压较高的 P_1 向气压较低的 P_5 方向运动，在地转偏向力 f 的作用下，风向逐渐向右偏移。在风速不断增大的同时，地转偏向力也相应地不断增大，直到与气压梯度力达到平衡，风向才停止偏转，风速也趋于稳定（达到 v_g）。这种风称为地转风，这种平衡称为地转平衡。

地转风方向与气压场之间存在一定的关系，即白贝罗定律（又称风压定律）：在北半球，背风而立，高压在右，低压在左，南半球则相反。地转风是气压梯度力和地转偏向力达到平衡时的空气水平运动，因而是稳定的直线运动，风向与等压线平行，等压线也互相平行。但严格说来，等压线还应平行于纬圈，因为地转偏向力随纬度变化，只有等压线平行于纬线时才能达到气压梯度力与地转偏向力处处相平衡，以获得稳定的直线运动。实际大气中，严格意义上的地转风很少存在，只有中高纬度自由大气中的实际风与地转风十分相近。

4.4.2.2　梯度风

自由大气中，空气做曲线运动时，水平气压梯度力、地转偏向力和惯性离心力三个力达到平衡时的空气水平运动，称为梯度风。当空气做直线运动时，惯性离心力为零，梯度风转为地转风，因此地转风是梯度风的特例。

在低气压中，气压梯度力 G 的方向指向中心，惯性离心力 C 的方向自中心指向外缘，两者方向正好相反。在一般情况下，空气运动的曲率半径很大，惯性离心力较气压梯度力为小。要使三个力达到平衡，则地转偏向力 f 必须与气压梯度力 G 方向相反，大小正好等于气压梯度力 G 和惯性离心力 C 之差。在北半球，地转偏向力指向空气运动的右方，因此低气压中的梯度风沿等压线按逆时针方向吹［图 4-4(a)］。

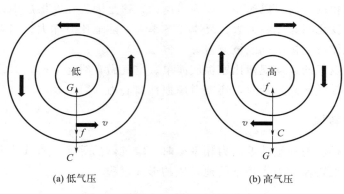

(a) 低气压   (b) 高气压

图 4-4   低气压和高气压中的梯度风

在高气压中，气压梯度力 G 的方向自中心指向外缘，和惯性离心力 C 的方向相同。当三个力达到平衡时，地转偏向力 f 必定指向它们的反向，即自外缘指向中心，大小等于前两力之和。因此，在北半球，高气压中的梯度风沿着等压线按顺时针方向吹［图 4-4(b)］。南半球情况正好相反，高气压（反气旋）中的梯度风按逆时针方向吹，低气压（气旋）的梯度风按顺时针方向吹。

4.4.3　大气环流

大气环流是指大范围的大气运动状态。其水平范围达数千千米，垂直尺度在 10 千米以下，时间尺度在 1 日以上。大气环流反映了大气运动的基本状态，并孕育和制约着较小规模的气流运动。大气环流是各种不同尺度的天气系统发生、发展和移动的背景条件。

4.4.3.1　大气环流形式

大气环流的直接能源来自下垫面的加热、水汽相变的潜热加热和大气对太阳短波辐射的少量吸收，然而其最终的能量来源还是太阳辐射。低纬度大气因加热膨胀上升，在高空流向高纬地区和极地，高纬度大气因冷却收缩下沉，在低空流向低纬地区和赤道，便形成了直接热力环流。

在地转偏向力的作用下，北半球赤道地区上升的暖气流，在高空由南向北流动的过程中不断向右偏转，气流的南风分量逐渐减小。到了 30°N 附近，地转偏向力已增大到与水平气压梯度力相等的程度，则气流方向转为大致与纬圈平行（偏西风）。偏西风的形成阻碍了从赤道上空源源不断流来的空气继续北进，加上气流在北进过程中的辐射冷却，致使 30°N 附近上空空气堆积并产生下沉运动，形成了一个高压区，称为副热带高压。低空自副热带高压区流出的空气分别向南、北流去。向南的一支气流在地转偏向力的作用下变为东北风，称为东北信风，它补充了赤道附近的上升气流，构成了一个低纬闭合环流圈。

从副热带高压区向北去的一支气流，在地转偏向力的作用下，方向不断右偏逐渐变成了西南风。同理，在北极地区下沉的气流，在地面层向南流的过程中也向右偏逐渐转变为东北风，这支东北风与从中纬度来的西南风在 60°N 附近汇合，形成了锋面（极锋）。锋面上的暖湿西南气流在冷干的东北气流上方爬升，到了高空又分为南北两支。向北的一支逐渐转变成偏西风，到极地变冷下沉，补偿了极地地面南流的空气。这样在高纬地区也形成了一个环流圈，一般称为极地环流圈（高纬环流圈）。

从 60°N 附近高空向南的一支气流，逐渐转变为具有北风分量的西风气流，在副热带地区下沉，构成了中纬闭合环流圈。

可见，整个半球范围从南到北出现了所谓的"三圈环流"（图 4-5）。

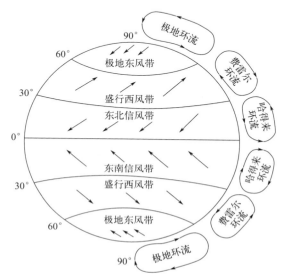

图 4-5　三圈环流与地面行星风带示意图

低纬的环流圈暖处上升、冷处下沉，一般又称为"正环流""直接环流"或"哈得来流"；中纬的环流圈是暖处下沉、冷处上升，一般又称为"反环流""间接环流"或"费雷尔环流"；高纬的环流圈，又称"极地环流圈"，与低纬环流圈一样，是一个直接热力环流。与三圈环流模式对应的地面气流，在低纬度是信风带，极地附近大致是东风带，而在中纬度是西风带。

在南半球，同样存在低纬、中纬、高纬三个环流圈。由于南半球的地转偏向力使气流向左偏转，所以环流的方向与北半球不同。

4.4.3.2　行星风带

地面行星风带有信风带、盛行西风带、极地东风带、赤道无风带和副热带无风带。由于水平气压梯度的存在，自副热带高压带流向赤道的一部分气流在地转偏向力的作用下，在北半球形成东北风，在南半球形成东南风。因这个地区的风向和风力都少变，故称为信风带。自副热带高压带流向副极地低压带的气旋，在地转偏向力的作用下，在南北半球均形成了偏西风气流，即所谓的盛行西风带。在南半球，因海洋广大，西风风向稳定、风力强，故又称为咆哮西风带。自极地高压带向南（北）辐散的气流，因地转偏向力作用变成偏东风，故称极地东风带。

4.4.3.3   季风

由于大陆及邻近海洋之间存在的温度差异而形成的大范围盛行的、风向随季节有显著变化的风系称为季风。一般认为，季风是大范围地区的盛行风向随季节改变的现象。随着风向变换，控制气团的性质也发生转变，例如，冬季风来时，人们往往会感到空气寒冷干燥，夏季风来时，空气温暖潮湿。盛行风向的变换将带来明显的天气气候变化。

世界上季风明显的地区主要有南亚、东亚、非洲中部、北美东南部、南美巴西东部以及澳大利亚北部，其中以印度季风和东亚季风最著名。有季风的地区都可出现雨季和旱季等季风气候。夏季时，吹向大陆的风将湿润的海洋空气输进内陆，往往在那里被迫上升成云致雨，形成雨季；冬季时，风自大陆吹向海洋，空气干燥，伴以下沉运动，天气晴好，形成旱季。

（1）海陆季风   由于海陆热力性质差异而形成的季风，称为海陆季风。夏季，大陆的增温要比海洋剧烈，陆地上气压随高度的变化要慢于海洋上空，所以在一定的高度上，海洋上的气压高于陆地上的气压，空气会从海洋流向大陆，形成了与高空方向相反的气流，构成了夏季的季风环流；冬季，大陆迅速冷却，海洋上温度比陆地要高些，因此大陆上为高压，海洋上为低压，低层气流由大陆流向海洋，高层气流由海洋流向大陆，形成冬季的季风环流。

凡海陆之间温度差异较大的地方，就会有海陆季风产生。地球上季风最强的区域在热带和副热带之间。这是因为赤道附近海陆温度差异终年都很小，随着纬度的升高，海陆温度差异增大，季风势力增强。但到中纬度以上，气旋活动增多，风向变化多端，季风又不明显了。

（2）行星季风   行星风带随季节南北移动，使风带边缘地区的风向发生季节性转变而形成的季风，称为行星季风。7月，太阳直射位置北移，整个行星风带跟着北移，赤道辐合带（两半球信风气流形成的辐合地带的总称，为低压槽）全部在赤道以北，一般位于 10°N～15°N 以北，尤其在南亚地区，由于受大陆温度特高的影响，赤道辐合带甚至移到 25°N 以北。这样，南半球的东南信风吹过赤道转向成为西南季风。因此，北半球 10°N～15°N 以南地区一般盛行西南季风。1月，整个行星风带南移，除大西洋部分外，赤道辐合带移到赤道以南，在大陆部分南移最多，约到 l0°S～15°S。这样，冬季在赤道以南大约 5°S～10°S 这一狭长地带的大部地区盛行从东北信风转向而成的西北季风。

这种季风可以发生在沿海、陆地和海洋中心部位。就纬度来说，多见于赤道和热带地区，所以常称为赤道季风或热带季风。

（3）青藏高原等大地形的影响   青藏高原平均海拔 4km 以上，东西长约 3000km，南北宽约 1600km，总面积约 $250 \times 10^4 km^2$。这样一个面积庞大的高原突出在自由大气层中，除引起动力作用外，夏季的热源作用和冬季的冷源作用都是不可忽视的。模拟实验表明，如果不存在青藏高原，南亚季风现象就会明显减弱。它的存在对维持和加强南亚夏季风起到重要作用，是西南季风较强的重要原因之一。冬季由于大地形阻挡作用，冷空气进入南亚后强度明显减弱，因此南亚冬季风的强度变得较弱。

实际上，某一地区的季风往往是特定的海陆分布、行星风带的季节性位移和地形等多种因素共同作用的结果。例如，温带和副热带季风的成因除海陆热力差异外，往往还包含行星风带季节性位移的作用；赤道和热带季风的成因除行星风带季节性位移外，也包含海陆热力差异的作用。较大的地形常常是改变季风强度和方向的不可忽视的因素。此外，各地区由于所处纬度和地理条件等的不同，季风的强度、特点也存在差异。

4.4.3.4　局地环流

由局部环境如地形起伏、地表受热不均等引起的小范围气流变化称为局地环流。常见的形式有山谷风、海陆风、焚风。

（1）山谷风　山地中，风随昼夜交替而转换方向。白天，风从山谷吹向山坡，称谷风；夜间，风从山坡吹向山谷，称山风。山风和谷风合称山谷风。山谷风是接近山坡的空气与同高度谷底上空的空气间因白天增热与夜间失热程度不同而产生的一种热力环流。

白天，山坡接受太阳辐射很快增温，紧贴山坡的空气也随之增温，而同高度谷底上空的空气因远离地面增温缓慢，温度较低，这种热力差异产生了由山坡坡面指向山谷上空的水平气压梯度，而在谷底则产生了由山谷指向山坡的水平气压梯度，所以白天风从山谷吹向山坡，形成了谷风，上层则相反，风从山坡吹向山谷上空，二者与山坡上升气流和谷地下降气流一起形成了山谷风局地环流［图 4-6（a）］。

夜间，山坡由于辐射冷却而很快降温，紧贴山坡的空气随之降温，而同高度谷底上空的空气冷却较慢，因此形成了和白天相反的热力环流，下层风由山坡吹向山谷形成了山风，上层风由山谷吹向山坡，二者与山坡下降气流和谷地上升气流一起构成了山谷风局地环流［图 4-6（b）］。

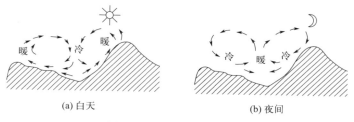

(a) 白天　　　　　　　　　　　　(b) 夜间

图 4-6　山谷风形成示意图

山风和谷风的方向是相反的，但比较稳定。在山风与谷风的转换期，风向是不稳定的，山风和谷风均有机会出现，时而山风，时而谷风。这时若有大量污染物排入山谷中，由于风向的摆动，污染物不易扩散，在山谷中停留时间很长，有可能造成严重的大气污染。

（2）海陆风　发生在海陆交界地带，以 24 小时为周期的一种大气局地环流。海陆风是由于陆地和海洋的热力性质存在差异而引起的（图 4-7）。

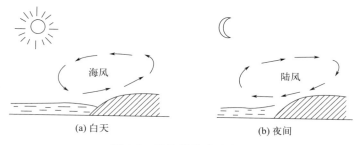

(a) 白天　　　　　　　　　　　　(b) 夜间

图 4-7　海陆风形成示意图

在白天，由于太阳辐射，陆地升温比海洋快，在海陆大气之间产生了温度差、气压差，使低空大气由海洋流向陆地，形成海风，高空大气从陆地流向海洋，形成反海风。它们与陆地上的上升气流和海洋上的下降气流一起形成了海陆风局地环流。在夜晚，由于有效辐射发生了变化，陆地比海洋降温快，在海陆之间产生了与白天相反的温度差、气压差，使低空大气从陆地流向海洋，形成陆风，高空大气从海洋流向陆地，形成反陆风。它们与陆地下降气流和海面上升气流一起构成了海陆风局地环流。

在大湖泊、江河的水陆交界地带也会产生水陆风局地环流，称为水陆风。但水陆风的活动范围和强度比海陆风要小。

（3）焚风　气流吹向山坡，被迫沿山坡做上升运动，产生凝结和降水，到达山顶后又沿背风坡下降，从而形成高温低湿的干热风，称为焚风。

当未饱和暖湿气流翻越高大山脉而过时，在山的迎风坡被迫抬升，按干绝热直减率降温，到一定高度，空气达到饱和，水汽凝结并产生云，降雨下雪；气流继续上升，则按湿绝热直减率降温，当气流越过山顶而沿坡下滑时，按干绝热直减率下沉增温，加上水汽在迎风坡已凝结降落，气流湿度减小，因而在山坡中部或山脚就出现了高温而干燥的焚风（图 4-8）。

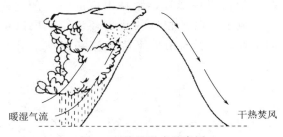

暖湿气流　　　　　　　　　　　　　　　　干热焚风

图 4-8　焚风形成示意图

不论是冬季还是夏季，白天还是夜间，焚风在山区都可以出现。初春的焚风可使积雪融化，利于灌溉。夏末的焚风可使谷物和水果早熟。但强大的焚风会引起背风坡坡脚森林火灾和旱灾。

我国幅员辽阔，地形起伏较大，很多地方有焚风现象。如喜马拉雅山、横断山脉、秦岭、天山等高大山体的背风坡都有极为强烈的焚风效应。

4.5　天气系统

所谓天气，一般是指某地区在某瞬间或较短时间内，各种气象要素和大气现象的综合状态。引起天气变化和分布的高压、低压、高压脊、低压槽等具有典型特征的大气运动系统就是天气系统。

4.5.1　气团

4.5.1.1　气团的形成

通常把在广大区域内，水平方向上各处温度、湿度分布比较均匀，而垂直方向上温度、湿度的改变也处处相近的大块空气称为气团。气团的另一个定义是对流层下部水平方向的一定范围内，物理性质相对均匀的大团空气。气团的水平范围可由几百千米到几千千米，垂直范围也由几千米到十几千米，有的甚至可伸展到对流层顶。

气团的形成需要具备两个条件：一是大范围性质比较均匀的下垫面；二是利于空气停滞和缓行的环流条件。

当占据着广大地表的大块空气，通过和下垫面充分进行水汽和热量交换，获得了和该地表近乎一致的温湿性质，并且这种性质随时间变化较小时，就称气团已经形成。形成气团的地区称为气团源地。气团源地必须是面积广大的性质均匀的下垫面，如辽阔的海洋、无垠的沙漠、冰雪覆盖的大陆和极区等都可能成为气团源地。在冰雪覆盖的地区往往形成冷而干的气团；在水汽充沛的热带海洋上，常常形成暖而湿的气团；在沙漠或干燥大陆上则形成干而热的气团。

气团在形成过程中，必须有合适的环境条件，以使大范围的空气能够较长时间停留或缓慢运行在同一下垫面上，才能充分获取与下垫面相适应的比较均匀的物理属性。移动缓慢的高压系统，如高纬地区的准静止高压、副热带高压等，不仅能使空气有充足的时间同下垫面相互作用，而且高压中的下沉气流在低空的辐散风场将属性相近的空气散开，有利于空气温度、湿度水平差异的减小。因此，移动缓慢的高压系统是最有利于气团形成的环流条件。

4.5.1.2　气团的变性

大气经常处于运动中，已形成的气团随着环流条件的变化将离开源地，移到新的地表上。在移动过程中，气团与流经地区的下垫面不断进行着热量和水分交换，从而逐渐改变了原有的物理属性，获得了与新地表相适应的物理属性，这种过程称为气团变性。

气团变性的快慢和变性程度的大小取决于新地表与气团源地性质差异的大小，取决于气团离开源地时间的长短以及空气运动状态的变化等。气团离开源地越远，时间越长，变性就越明显。至于变性的快慢，一般而言，冷气团变性快，暖气团变性慢。这是因为冷气团自高纬移向低纬时，低层变暖增湿，逐渐趋于不稳定，对流容易发展，能很快把下垫面的热量和水汽向上输送，改变了气团原有的属性。相反，暖气团由低纬移向高纬时，低层变冷，气团逐渐趋于稳定，对流不易发展，气团变性过程比较缓慢。此外，干空气变性快，湿空气变性慢。例如，冬季大陆气团移入大陆后，低层变暖，趋于不稳定，容易获取海面蒸发的水汽而变湿；反之，夏季海洋气团移入大陆后，其变干过程要通过大气中水汽的凝结和降水来实现，显然，这一过程要比变湿过程缓慢多了。

整个大气时刻都在运动着，气团很难长期留在一个地方，所以气团的变性过程是经常发生的。

4.5.1.3　气团的分类

(1) 地理分类　根据气团形成源地的地理位置，对气团进行分类，称为气团的地理分类。在地理分类中，按源地的温度性质，将气团分成冰洋气团、极地气团、热带气团、赤道气团四大类；按源地的湿度性质，每种气团（赤道气团除外）又分为海洋性气团和大陆性气团两种。这样，综合温度和湿度特性，全球大致可分为七种气团。

① 冰洋大陆气团：大致位于纬度 65° 以上的极地大陆。天气特点是寒冷、干燥、气压高、气层稳定，以晴好天气为主。冬季侵入高中纬地区时，会带来暴风雪天气。我国境内看不到这种气团的活动。

② 冰洋海洋气团：大致位于纬度 65°以上的极地海洋。在冬季天气特点与冰洋大陆气团相近。但在夏季可以从海洋获得一定的热量和水汽，出现多云天气。

③ 极地大陆气团：大致位于 40°~70° 纬度带的大陆。低温、干燥、天气晴朗，气团低层有逆温现象，空气层结稳定。冬季出现在我国的多是变性极地大陆气团，势力强，维持时间长，影响范围广，是我国冷空气活动的主要来源。

④ 极地海洋气团：大致位于 40°~70° 纬度带的海洋。冬夏气团性质有显著不同。冬季低层接触洋面，温度较高，湿度较大，常不稳定，易形成对流云，有时产生降水；夏季与极地大陆气团性质差不多，对我国影响不大。

⑤ 热带大陆气团：大致位于 10°~40° 纬度带的大陆。主要源于副热带沙漠地区，如中亚、西南亚、北非撒哈拉沙漠等地。特征是炎热、干燥，该气团长久控制的地区常形成严重的干旱。夏季常影响我国西北地区，为最干热的气团。

⑥ 热带海洋气团：大致位于 10°~40° 纬度带的海洋，如太平洋副热带高压区域和大西洋副热带高压区域。特征是温度高、湿度大、低层不稳定，由于高压中部盛行下沉气流，中层存在下沉逆温，阻碍了对流的发展，天气以晴为主。夏季，它是影响我国天气的主要气团之一，在它的控制下会出现闷热的天气，当它的北缘与变性温带气团相遇时，可出现降水天气。

⑦ 赤道气团：大致位于南北纬 10° 以内的洋面。具有高温、高湿、层结不稳定、多雷暴等天气特征。盛夏时，它影响我国华南一带，天气湿热，常有雷雨产生。

(2) 气团的热力分类 根据气团在移动过程中与所经下垫面的温度对比或两个气团之间的温度差异，可分为冷气团和暖气团两大类。如果气团温度低于流经地区下垫面温度，叫冷气团；相反，如果气团温度高于流经地区下垫面温度，叫暖气团。换言之，移向暖的下垫面的气团称冷气团，移向冷的下垫面的气团称暖气团。一般形成在冷源地的气团是冷气团，形成在暖源地的气团是暖气团。两气团相遇时，温度相对高的称暖气团，温度相对低的称冷气团。

由于不同的气团具有不同的温度、湿度和稳定度等物理特性，它们控制下的地区就分别具有不同的天气特征。

暖气团一般含有丰富的水汽，容易形成云雨天气。但是，当暖气团移向高纬度冷区时，北半球偏南风（南半球偏北风）不仅会使所经之地变暖，而且气团本身逐渐冷却，气层趋于稳定，有时形成逆温或等温层，不利于对流的发展，往往呈现稳定性天气，变性慢。暖气团含有丰富的水汽，气压低，容易形成层状云和连续性毛毛雨、小雨等天气。

冷气团一般形成干冷天气。当冷气团移向低纬度暖区时，北半球偏北风（南半球偏南风）不仅会使所经之地变冷，而且气团低层因不断吸热而增温，层结稳定度减小，气层往往趋于不稳定，有利于对流的发展，变性快。冷气团干燥，气压高，多为晴好天气，气温日较差大。夏季，冷气团来自海洋，水汽含量较多，常形成积云或积雨云，甚至出现阵性大风、阵性降水或雷暴天气。冬季，冷气团中水汽含量通常较少，这时多为少云或碧空天气。

冷、暖气团的天气特征在不同季节、不同下垫面可能有所不同。例如夏季的暖气团水汽含量丰富，被地形或外力抬升时，可能出现不稳定天气。冬季的冷气团不仅水汽含量少而且气层非常稳定，可能出现稳定性天气。同时，冷、暖气团在不同纬度所产生的天气也不完全一样。

4.5.1.4 影响我国天气的气团

我国大部分地区处于中纬度，冷、暖空气交汇频繁，缺少气团形成的环流条件，同时地表性质复杂，很少有大范围均匀的下垫面作为气团源地。因此，活动在我国境内的气团，大多属于外来的变性气团，其中最主要的是变性的极地大陆气团和变性的热带海洋气团。

冬半年，我国主要受变性的极地大陆气团影响，来自西伯利亚和蒙古国的冷空气控制我国大部分地区，通常造成干燥、低温、偏北大风天气。这种气团的地面流场特征为很强的冷性反气旋（冷高压），中低空有下沉逆温，它所控制的地区天气干冷。冬季的变性热带海洋气团源于西太平洋和我国南海海面，因此温暖潮湿，可影响华南、华东和云南等地，冬季，当它与变性极地大陆气团在南岭一带相遇时，往往形成华南的阴雨天气。总之，变性的极地大陆气团的气候特点是干燥、低温、晴朗、多偏北风。

夏半年，我国沿海主要受变性热带海洋气团影响，来自西伯利亚的变性极地大陆气团在我国长城以北和西北地区活动频繁，与南方热带海洋气团交汇，是形成我国盛夏南北方区域性降水的主要原因。我国西部地区主要受热带大陆气团影响，常出现干燥、炎热、少雨的天气。我国长江流域以南地区还受赤道气团影响，可造成大量降水。而云南、云贵高原南部受夏季西南风影响，形成了得天独厚的温暖潮湿的气候特征，如西双版纳就是四季如春。总之，变性的热带海洋气团的气候特点是炎热、潮湿、多雷雨。

春季，变性的极地大陆气团开始减弱，变性的热带海洋气团开始活跃，两种气团势力相当，互有进退，它们的交替影响常造成我国多变的天气特征。同时，春季也是锋面及气旋活动最频繁的时期。

秋季，变性的极地大陆气团逐渐占主要地位，变性的热带海洋气团退居东南海上，我国东部地区在单一气团的控制下，出现全年最宜人的秋高气爽的天气。

4.5.2 锋

锋是重要的天气系统之一。在锋的附近，常形成广阔的云系和降水区，有时还出现大风、降温、雷暴等剧烈天气现象。

4.5.2.1 锋与锋面

气团形成后就要发生移动，冷气团要往低纬地区移动，暖气团则要向高纬地区移动。当冷、暖气团相遇时，两者之间便形成狭窄而又倾斜的过渡区。两个不同性质气团之间的、随高度向冷空气一侧倾斜的狭窄过渡区称为锋。

锋具有三维空间。锋的长度和气团的水平范围相当，可达数百至数千千米，垂直伸展的高度亦与气团相当。锋的宽度在近地面层一般只有数十千米，在高空可达 $200 \sim 400$ 千米，甚至更宽些。因为锋在水平方向的宽度远比其长度小，所以近似地把它看成一个面，称为锋面。锋面与下垫面的交线称为锋线。锋靠近暖气团一侧的界面为锋的上界，靠近冷气团一侧的界面为锋的下界（图4-9）。

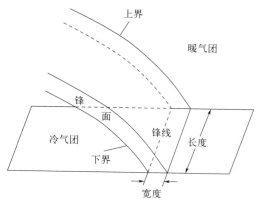

图 4-9 锋的示意图

锋在空间中总是呈倾斜状态，并且随着高度上升而向冷空气一侧倾斜。这是冷暖气团在自转的地球上做大规模的相对运动达到相对平衡的结果。锋面与地面的夹角的正切，称为锋面坡度。

在锋面两侧，冷气团在下，暖气团在上；两侧空气的温度、湿度、稳定度以及风、云、气压等气象要素有明显差异；天气变化也很剧烈，伴有云、雨、大风等天气。因此可以把锋看成是大气中气象要素的不连续面。

4.5.2.2　锋的类型

按照不同的需要，锋有不同的分类方法。根据锋两侧冷暖气团强度、移动方向和结构状况，一般把锋划分为冷锋、暖锋、静止锋和锢囚锋四种类型。

（1）冷锋　冷、暖气团相遇时，冷气团起主导作用，推动锋面向暖气团一侧移动，这种锋称冷锋。冷锋过境后，冷气团占据了原来暖气团所在的位置［图 4-10(a)］。

（2）暖锋　冷、暖气团相遇时，暖气团起主导作用，推动锋面向冷气团一侧移动，这种锋称暖锋。暖锋过境后，暖气团占据了原来冷气团所在的位置［图 4-10(b)］。

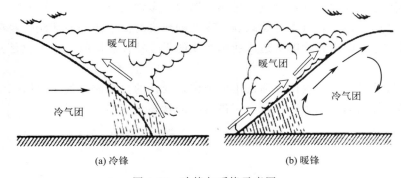

(a) 冷锋　　　　　　　　　　　(b) 暖锋

图 4-10　冷锋与暖锋示意图

（3）静止锋　冷、暖气团势力相当，锋面移动缓慢或几乎呈静止状态，这种锋叫静止锋，又称准静止锋。实际上，有时冷气团占主导地位，有时暖气团占主导地位，使锋面来回摆动。

（4）锢囚锋　冷锋移动速度快于暖锋，冷锋赶上暖锋后，迫使暖空气抬离地面，近地面层由冷锋后部的冷气团与暖锋前的冷气团构成的交界面，称锢囚锋。如锋后的冷气团比锋前的冷气团更冷，此类锢囚锋称冷式锢囚锋；如锋后的冷气团比锋前的冷气团暖，此类锢囚锋称暖式锢囚锋；若锋后的冷气团与锋前的冷气团温度相差不大，此类锢囚锋称中性锢囚锋。

组成冷锋、暖锋、静止锋和锢囚锋的冷暖气团的位置、锋的运动方向和锋面符号见图 4-11。

4.5.2.3　锋面天气特征

锋面天气主要指锋附近的温度、气压、云系、雾、降水、风、能见度等气象要素的分布和演变状况。锋附近的天气主要取决于锋附近空气的垂直运动状况、气团的属性和锋的强弱、锋面坡度的大小及地形等因素。这些因素的不同组合状况构成了多种多样的锋面天气。尽管锋面天气因时间、地点、冷暖气团强弱而千差万别，但人们从大量个例中概括出了一些典型的天气模式，对初学者分析锋面天气很有参考价值。

（1）暖锋天气　暖锋是暖气团推动冷气团后退，暖锋过境意味着后面的暖气团取代前面

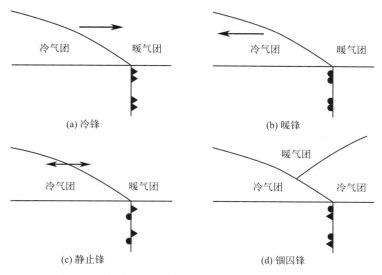

图 4-11 冷暖气团的位置、锋的移动方向及锋面符号

的冷气团，引起气温逐渐升高，气压逐渐降低。暖锋的坡度较小，为 1/150 左右。暖锋中，暖气团在推挤冷气团过程中缓慢沿锋面向上滑行，滑行过程中绝热冷却，上升到凝结高度后在锋面上产生云系，如果暖气团滑行的高度足够高，水汽又比较充足，锋上常常出现广阔的、系统性的层状云系。

暖锋降水主要发生在锋前的雨层云和高层云内，多是连续性降水，降水时间长，强度小。天气谚语所说的"天上钩钩云，地上雨淋淋"就是典型暖锋云系和降水的生动写照。锋下靠近地面锋线的冷气团中，在气流辐合和湍流作用下常产生层积云和积云。春季暖气团中水汽含量较少时，可能仅仅出现一些高云，很少产生降水。夏季暖气团不稳定时，可能出现积雨云，产生雷雨等阵性降水。

（2）冷锋天气　冷锋根据移动速度的快慢分为一型冷锋和二型冷锋两种类型。

一型冷锋（缓行冷锋）移动缓慢，锋面坡度较小，约为 1/100。冷气团缓慢地推动暖气团，当暖气团比较稳定、水汽比较充沛时，产生与暖锋相似的层状云系，只是云系的分布序列与暖锋相反，而且云系和雨区主要位于地面锋线附近及锋后。由于锋面坡度大于暖锋，因此云区和雨区都比暖锋窄一些，且多稳定性降水。但当锋前暖气团不稳定时，在地面锋线附近也常出现积雨云和雷阵雨天气。这类冷锋是影响我国天气的重要天气系统之一。

二型冷锋（急行冷锋）移动快，坡度大，在 1/40 与 1/80 之间。冷锋后的冷气团势力强，移速快，猛烈地冲击着暖空气，使暖空气急速上升，形成范围较窄、沿锋线排列很长的积状云带，产生对流性降水天气。夏季，空气受热不均，对流旺盛，冷锋移来时常常狂风骤起、乌云满天、暴雨倾盆、雷电交加，气象要素发生剧烈变化。但是，这种天气历时短暂，锋线过后气温急降，天气豁然晴朗。在冬季，由于暖气团湿度较小、气温较低，二型冷锋天气不可能发展成强烈不稳定天气，只在锋前方出现卷云、卷层云、高层云、雨层云等云系。当水汽充足时，地面锋线附近可能有很厚、很低的云层和宽度不大的连续性降水。锋线一过，云散雨消，出现晴朗、大风和降温天气。

（3）静止锋天气　静止锋大多是由冷锋演变而成的，因此静止锋天气与一型冷锋天气相似。静止锋的坡度通常比较小，约为 1/200 或 1/300，沿锋面上滑的暖空气可以延伸到距离地面锋线很远的地方，其云区和降水区比冷锋更为宽广。降水强度较小，持续时间长，经常绵绵细雨连日不断。如静止锋控制的江淮梅雨天气，持续时间甚至可达一个月以上。"清明时节雨纷纷"就是江南地区这种天气的写照。如果暖气团湿度大而不稳定，静止锋上也可能出现积雨云和雷阵雨天气。

在冬半年，静止锋坡度特别小，暖气团滑升到距地面锋线一定距离之外才能凝结成云雨，故云雨天气区离锋线有一定距离。静止锋在我国的活动具有明显的地域特点，主要出现在华南、西南和天山北侧，相应的静止锋称为华南静止锋、西南静止锋和天山静止锋。

（4）锢囚锋天气　锢囚锋是由两条锋合并形成的，它的天气必然会保持原来两种锋面的基本特征。如果锢囚锋是由具有层状云系的冷、暖锋合并而成的，那么锢囚锋的云系也呈现层状。当这种锋过境时，云层先由薄变厚，再由厚变薄。如果原来的一条锋上是积状云，另一条锋上是层状云，锢囚后积状云便与层状云相连。锢囚锋降水不仅保留着原来锋段降水的特点，而且由于锢囚作用促使上升作用发展，暖空气被抬升到锢囚点（地面图上气旋中锢囚锋、冷锋、暖锋三者的交点）以上，利于云层变厚、降水增强、降雨区扩大。由此可见，锢囚锋具有冷锋和暖锋的特点，锋面过境时，两侧均为降水区和锋面雾，先是暖锋云系和连续性降水，而后转为冷锋云系和阵性降水。

4.5.3　气旋与反气旋

4.5.3.1　气旋

气旋是指北（南）半球，大气中水平气流呈逆（顺）时针旋转的、中心气压比四周低的水平空气涡旋，也是气压系统中的低压。气旋在等高面图上表现为闭合等压线所包围的低气压区，在等压面图上表现为闭合等高线所包围的低值区。气旋近似于圆形或椭圆形，大小悬殊。由于气旋是一个低压区，因此气旋中有强烈的上升气流，有利于云和降水的形成，常表现为阴雨天气（图4-12）。

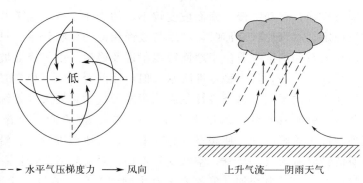

--→ 水平气压梯度力　→ 风向　　　　上升气流——阴雨天气

图4-12　气旋（北半球）示意图

气旋的强度通常以气旋中心气压值来表示。中心气压值越低，表示气旋越强；中心气压值越高，表示气旋越弱。一般地面气旋中心气压值在 1010～970hPa，强大的可低于935hPa。另外，气旋的强弱也可以用其中心最大风速和影响范围来表示，最大风速大的表示气旋强，最大风速小的表示气旋弱。

气旋的水平范围以地面天气图上最外围一条闭合等压线围成的近似圆形区域的直径表

示，平均为 1000km，大的达 2000～3000km，小的只有 300～500km。

当气旋中心气压值随时间降低时，称气旋发展或加深；当气旋中心气压值随时间升高时，则称气旋减弱或填塞。

根据气旋形成和活动的地理区域，将气旋分为温带气旋、热带气旋、极地气旋性涡旋。

（1）温带气旋　温带气旋即锋面气旋，一般活动于中纬度地区，常表现为阴雨天气。锋面气旋天气比较复杂，既有气团天气，也有锋面天气。强烈的上升气流有利于云和降水的形成。气团湿度大，更易发生降水；气团干燥则仅形成一些薄云。气团层结稳定，暖气团得到系统抬升，产生展状云系和连续降水；气团层结不稳定，则利于对流发展，产生积状云和阵性降水。

（2）热带气旋　生成于热带海洋上的强大而深厚的气旋性空气涡旋，称热带气旋。热带气旋中心附近最大风力≤7 级（≤17.1m/s）的称为热带低压；8～9 级（17.2～24.4m/s）的称为热带风暴；10～12 级（24.5～32.6m/s）的称为强热带风暴；≥12 级（≥32.7m/s）的称为台风（或飓风）。

台风是最强的热带气旋，它的结构和天气可以说是热带气旋结构和天气的典型。根据台风中的风、云、雨等在水平方向上的分布特征，可将台风分为大风区、暴雨区和台风眼区。大风区：自台风边缘到最大风速之间的区域，风速在 8 级以下，向中心急增。暴雨区：从最大风速区到台风眼壁，有狂风、暴雨、强烈的对流等，台风中最恶劣的天气均集中出现其间。台风眼区：台风眼是由于外围的气流旋转太急，无法侵入而造成的，半径约 5～20km。台风眼内气流下沉，风速迅速减弱或静风，天气晴好。

台风的生命期一般为 3～8 天，直径一般为 600～1000km，最大可达 2000km，最小只有 100km。就全球来说，平均每年出现 80 次台风（包括热带风暴），北半球占 73%，南半球占 27%。在北半球，一年四季都有台风（包括热带风暴）活动，大多数出现在夏、秋季节，尤以 8 月和 9 月最集中。在南半球，绝大多数台风发生在 1—3 月，尤以 1 月最多。

热带气旋的形成是有一定环境条件的，例如海面温度要高，必须超过 26.5℃，又如纬度要偏低，但又不可能在赤道洋面处形成，因为那里地球偏转力为零。因此，热带气旋常发生在 5°～20°N 的洋面上，尤以 10°～15°N 为多。除满足上述两个条件外，更重要的是，北半球夏季，这里正是西南季风与由副高吹向低纬的东北信风的热带辐合带。在此辐合带上有强烈的上升气流，容易生成涡旋，形成逆时针方向的气旋，愈近中心气压愈低，于是便发展成为热带气旋。

4.5.3.2　反气旋

反气旋是指中心气压比四周气压高的水平空气涡旋，也是气压系统中的高压。北半球反气旋中，低层的水平气流呈顺时针方向向外辐散，南半球反气旋则呈逆时针方向向外辐散。由于反气旋是一个高压区，因此反气旋中有强烈的下沉气流，常表现为晴冷少云的天气（图4-13）。

反气旋中心气压值一般为 1020～1030hPa，最高达 1083.8hPa。反气旋中风速较小，地面最大风速也只有 20～30m/s，中心区风力微弱。反气旋直径小的几百千米，大的可与最大的大陆相比，例如冬季亚洲大陆反气旋可笼罩整个亚洲大陆面积的 3/4。

根据热力结构，反气旋可分为冷性反气旋和暖性反气旋；按形成原因和主要的活动区域，反气旋可分为副热带反气旋、温带反气旋。活动在高纬度大陆近地层的反气旋，多属冷

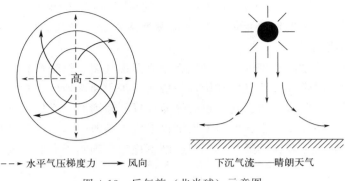

图 4-13　反气旋（北半球）示意图

性反气旋，即温带反气旋。活动于副热带区域的反气旋，则属暖性反气旋。

（1）冷性反气旋　冷性反气旋也称冷高压，发生于中高纬度地区的格陵兰、加拿大、西伯利亚和蒙古国等地。冬半年活动频繁，势力强大，影响范围广，往往对活动地区造成降温、大风和降水，是中高纬度地区冬季最突出的天气系统。

冷性反气旋内部空气比较干冷，空气下沉，云雨不易形成，在它的控制下较多出现晴冷少云的天气，易发生霜冻。当高空形势改变时，受高空气流引导而向东向南移动，又称移动性反气旋。

活动于我国境内的冷性反气旋冬季最强，春季最多，冬半年大约每 3～5 天就有一次冷性反气旋活动。强烈的冷性反气旋带来冷空气入侵，形成降温、大风天气，易使越冬作物受到低温冻害。冬半年，冷性反气旋活动频繁。强烈的冷高压南移时，造成大规模的冷空气入侵，引起大范围地区剧烈的降温、霜冻、大风等严重的灾害性天气，称为寒潮。

（2）暖性反气旋　暖性反气旋形成于副热带地区，是常年存在的稳定少变高压区，厚度可达对流层，冬季位置偏南，夏季偏北。反气旋的路径不如气旋路径清楚。由于南、北纬 25°～30°空气下沉，在近地面扩散形成反气旋，因此在海洋上，全年都存在副热带反气旋。在大陆上，副热带反气旋冬季月份往往发展得很好；夏季由于温度高，形成各类季风，反气旋带破碎。夏季，暖性反气旋控制下的地区往往出现晴朗炎热天气。盛夏，北太平洋副热带高压强大西伸时，我国东南部地区在其控制下盛行偏南气流。东南气流尽管来自海洋，空气湿度大，但因下沉气流阻碍地面空气上升，难以形成云雨，天气更显闷热。长江中下游河谷夏季酷暑天气的出现与副高暖性反气旋活动有很大关系。当副高势力强大、位置少移动时，其控制地区将出现持续干旱现象。

4.6　气候与气候系统

4.6.1　概述

4.6.1.1　气候

气候是指在太阳辐射、大气环流、下垫面性质和人类活动长时间相互作用下，某一地区某一时段内（多年间）大量天气过程的综合。天气是指某个地方距离地表较近的大气层在短时间内的具体状态。天气现象是指发生在大气中的各种自然现象，即某瞬时内大气中各种气象要素（如气温、气压、湿度、风、云、雾、雨、闪、雪、霜、雷、雹、霾等）空间分布的综合表现。

世界气象组织将表现气候统计状态的基本时段规定为 30 年。不同基本时段之间气象要素的统计量是有差异的，这种差异即气候变化。科学的发展使人们认识到要解释气候的形成，探讨气候变化的原因，进行气候预测，必须研究包括大气、海洋、冰雪、陆面及生物圈在内的整个系统，即气候系统。所以，盖特斯把某一地区的气候状态定义为该地气候系统的全部成分在任一特定时段内的平均统计特征。

4.6.1.2　气候系统

气候系统是指包括大气圈、水圈、陆地表面、冰雪圈和生物圈在内的，能决定气候形成、气候分布和气候变化的统一的物理系统。气候系统各组成成分（子系统）间通过物质和能量交换紧密地相互联系和相互影响。它是一个开放系统，控制气候系统总体行为的两个重要的外强迫因子是源于外空间能量输入的太阳辐射和源于地球本身的重力作用，地球气候系统的热力学和动力学状态无不和这两个因子有关。此外，地球本身的固有性质，如旋转、椭球形状、地轴倾斜和轨道运动等也制约着气候系统的热力学和动力学状态。

太阳辐射是气候系统的能源。在太阳辐射下，气候系统内部产生一系列的复杂过程，这些过程在不同时间和不同空间尺度上有着密切的相互作用，各个组成成分之间通过物质交换和能量交换，紧密地结合成一个复杂的、有机联系的气候系统。

（1）气候系统的属性　气候系统的属性可以概括为以下四个方面。①热力属性，包括空气、水、冰和陆地表面的温度；②动力属性，包括风、洋流及与之相联系的垂直运动和冰体运动；③水分属性，包括空气湿度、云量及云中含水量、降水量、土壤湿度、河湖水位、冰雪等；④静力属性，包括大气和海水的密度和压强、大气的组成成分、大洋盐度及气候系统的几何边界和物理常数等。这些属性在一定的外因条件下，通过气候系统内部的物理过程、化学过程和生物过程相互作用着、关联着，并在不同时间尺度内变化着，形成不同时期的气候特征。

（2）气候系统的组成

① 大气。大气是指包围在地球外围的一层气体。其中对流层是气候变化的主要场所。外界热量输入发生变化后，大气内部通过热量输送和交换过程，在一个月内（称为热响应时间尺度）重新调整对流层的温度分布。所以大气是气候系统中最易变化的部分。

② 海洋。海洋由地球上各大洋和与大陆邻近的海域所组成，占地球表面积的 71% 左右。海洋吸收了到达海面的大部分太阳辐射，又具有大的热容，因此是气候系统的巨大能量库。同时，洋流挟带大量的热量从赤道输向极地，在维持地球高低纬度的能量平衡中起着重要作用。此外，海洋上层与大气、海冰相互作用而调节其温度，其热响应尺度为几月到几年，但对海洋深层热量的调节则需要几百年时间。

③ 冰雪覆盖层。冰雪覆盖层由全球的冰体和积雪组成，包括大陆冰原、山地冰川、海冰和陆面雪盖等。冰雪具有很大的反射率，为气候系统中的一个致冷因素。陆面雪盖和海冰有明显的季节变化。冰川和冰原变比缓慢，它们既是气候变化的指示器，又对气候长期变化产生影响。

④ 陆地表面。陆地表面指的是大陆，包括山脉、表面岩石、沉积物、土壤以及地表水等。其中江、湖等地表水是水分循环的重要分量，在各种尺度气候变化中有重要作用。陆地表面位置及高度的变化十分缓慢，在季节、年际以至 10 年尺度的气候变化中是可以忽略的，但陆地表面是大气气溶胶的源地，在气候变化中有重要的作用。另外，土壤还参与了气候和植被的相互作用。

⑤ 生物圈。生物圈包括陆地和海洋中的植物，在空气、海洋和陆地生活的动物，也包括人类本身。生物在大气和海洋 CO_2 的平衡、气溶胶的产生以及其他气体成分和盐类的化学平衡中都有很重要的作用。生物圈与气候休戚相关，生物必须适应气候，同时也影响气候。植物可随着温度、辐射和降水的变化而发生自然变化。反过来，植物会改变地面的反射率、粗糙度和蒸发，以及地下水循环，从而影响着气候。动物作为食物链中的一环，对气候的适应和影响也是明显的。自人类进入文明时代以来，人类对气候的影响与日俱增，影响程度可与自然因子相当。

4.6.2　气候的形成

影响气候形成和变化的因子包括太阳辐射因子、环流因子、下垫面因子以及人类活动的影响。

4.6.2.1　太阳辐射因子

太阳辐射是气候系统的能源，又是大气中一切物理过程和物理现象形成的基本动力，所以它是气候形成的基本因素。

太阳辐射在大气上界的时空分布是由太阳与地球间的天文位置决定的，又称天文辐射。由天文辐射所决定的地球气候称为天文气候，它反映了世界气候的基本轮廓，构成了因纬度而异的天文气候带。

（1）赤道带　位于 10°S～10°N 之间，占地球总面积的 17.36%。此带内，全年正午太阳高度角大，昼夜长短几乎均等。一年中正午有两次受到太阳直射的机会。因此，此带得到的天文辐射年总量最大，年变化小，日变化大。

（2）热带　位于纬度 10°～25°之间，在南北半球各占地球总面积的 12.45%。此带内，夏半年获得的辐射能量最多，除回归线以北（或以南）小部分地区外，其他地区一年中正午有两次受到太阳直射的机会。天文辐射日变化大，年变化仍小（比赤道带稍大）。

（3）副热带　位于纬度 25°～35°之间，在南北半球各占地球面积的 7.55%，是热带与温带之间的过渡带。

（4）温带　位于纬度 35°～55°之间，在南北半球各占地球面积的 12.28%。这一地带太阳高度角的变化幅度相对较大；同热带相比，昼夜时间的长短也存在明显的季节差异。因此，天文辐射具有四季分明的特点。

（5）副寒带　位于纬度 55°～60°之间，在南北半球各占地球面积的 2.34%，是温带与寒带的过渡带。此带内昼夜长短差别大，但无极昼、极夜现象。

（6）寒带　位于纬度 60°～75°之间，在南北半球各占地球面积的 5.0%。此带内一年中昼夜长短差别更大，在极圈内有极昼、极夜现象。全年天文辐射总量与热带相比减少得很明显。

（7）极地　位于纬度 75°～90°之间，在南北半球各占地球面积的 1.7%。此带内，昼夜长短差别最大，在极点，半年为昼、半年为夜。即使在昼半年正午，太阳高度角仍甚小，是天文辐射日变化最小、年变化最大的地区。

天文气候大致反映了世界气候分布的基本轮廓，特别是气温的地理分布和季节变化与天文辐射有一定的相似性。但因为还有其他因素影响，气温的分布及其变化并不完全取决于天文辐射。实际上，决定地面温度的主要因素是辐射收支和热量平衡。

4.6.2.2　环流因子

（1）大气环流因子　在高低纬度和海陆之间，由于冷热不均，还会出现气压差异，引起大气环流。大气环流在高低纬度和海陆之间进行热量与水汽的输送和交换。性质不同的两种气流汇合还能生成气旋，产生云和降水，所以大气环流也是气候形成的基本因子。

季风环流也是一般大气环流之一，它是由于海陆热力性质不同而产生的特殊大气环流。在季风环流作用下，冬季侵袭我国的气团是寒冷而干燥的极地大陆气团，夏季侵袭我国的气团是温暖而潮湿的热带海洋气团和赤道海洋气团。冬夏两季，两种性质不同的气团带来了截然不同的天气和气候，大陆性气团控制下表现为大陆性气候，海洋性气团控制下则表现为海洋性气候。

性质不同的两种气团经常交汇的地区形成气候交锋带。锋带地区往往有丰沛的降水和其他天气现象。此外，气旋和反气旋也是大气环流中的大规模扰动，它们可以促使不同性质的气团做大范围的移动，造成大量的热量和水分交换，使地球上南北及海陆之间温度和水分差异变得和缓，同时也使各地具有不同的气候特点。气旋活动频繁的地方，一般气候湿润，多阴雨；反气旋活动多的地区，一般气候干燥，降水稀少。

综上所述，大气环流与气团、锋和气旋的活动联系密切。因此研究大气环流情况及其对某一地区气候的影响时，必须统计和分析侵入该地区气团的源地、频率、性质、路径、季节分布和主要锋带的位置，才能对各地气候的起源和形成得出正确的结论。

（2）洋流因子　海洋是地球表面巨大的热量贮存器。它的温度变化和表层（200～1000m）洋流状况对气候有重要影响。

洋流是海洋中的海水经常朝着一定方向进行的有规律的大规模流动。洋流按其成因可分为风海流、密度流、倾斜流、补偿流等，按所经过海区的水温的高低分为暖流和寒流等。洋流对气候的影响首先表现在它可以从低纬度向高纬度传输热量，又能从高纬度地区向低纬度地区输送海冰和冷水，因此，洋流对气候的形成具有重要作用。

洋流除了在高、低纬度之间的热量输送中起重要作用外，还造成大陆东西两侧气温以及降水的差异。在热带和副热带地区，大陆东岸暖流的水温比同纬度平均水温高 3℃ 左右，海气之间的热量交换使气温升高，来自海洋的气流使大陆东岸的一些地区气温也升高；大陆西岸冷流的水温比同纬度平均水温低 3℃ 左右，来自海面的气流使大陆西岸一些地区气温降低。结果就造成同纬度大陆东西两岸气温的显著差异。例如亚洲大陆东岸的上海，与同纬度北美大陆西岸的美国圣选戈相比，最热月平均气温要高 6.9℃；又如南美大陆东岸巴西的里约热内卢，与同纬度非洲大陆西岸纳米比亚的鲸湾港相比，最热月平均气温要高 6.4℃。冬季除了一些受季风强烈影响的地区外，热带、副热带一般也是大陆东岸的气温高于大陆西岸。在温带和寒带，由于冷、暖洋流分布情况和热带、副热带地区相反，大陆东岸有冷流，西岸有暖流，因此，一般大陆东岸地区的气温要低于大陆西岸。

洋流对大陆东、西两岸降水的影响也是明显的。在暖流流域，热量和水汽的输送形成暖而湿的海洋性气团，带有大量水汽，使热带、副热带大陆东岸的降水普遍增多；在冷流流域，低层空气变冷，层结稳定，有水汽也不易向上输送，因而大陆西岸降水普遍稀少。例如，大陆东岸的上海，年降水量 1139mm，而同纬度大陆西岸摩洛哥的马拉喀什年降水量仅 241mm。

4.6.2.3　下垫面因子

下垫面是指与大气下层直接接触的地球表面。大气圈以地球的水陆表面为其下界，称为大气层的下垫面。下垫面特性对大气的热量、水分、干洁度、运动状况有明显影响，在气候形成过程中也是一个重要因子。

（1）海陆分布在气候形成中的作用　海陆性质的差别首先表现在吸收和反射辐射不同上。海陆对太阳辐射的反射率不同。据观测，海洋对太阳辐射的反射率约为 5%～14%，大陆约为 10%～30%，即洋面反射率只有陆面的一半。海洋上吸收热量多，放出热量少，海洋比大陆获得的总热量要多。海陆对太阳辐射透过的深度也不同。太阳辐射穿过陆面的深度不足一毫米，陆地所吸收的太阳能分布在很薄的地表面上，以致地表急剧增温，这也加强了陆面和大气之间的湿热交换。太阳辐射穿过海洋的深度可达几十米。在海水中 10 米深的地方，太阳辐射强度仍可达海面的 18%。水面所得的太阳辐射分布在较厚的层次，以致水温不易升高，也就相对地减弱了水面和大气之间的湿热交换。所以同样多的太阳辐射能量在海洋中可以分配在相当深厚的水层中，而在大陆上则集中在很薄的一层内。

其次是海陆之间热属性不同。海洋和大陆的热容量和热导率差别很大，一般常见的岩石比热容大约是 0.837J/(g·K)，而水的比热容是 4.1868J/(g·K)。因此接受等量的热能，如果使一定体积的水的温度发生 1℃ 的变化，那么该热能可使同体积岩石发生 2℃ 以上的变化。

海水是不停地运动着的，水体不仅可以借助分子传导进行热能交换，而且有热力对流和动力对流。水平方向的平流作用也能进行热量交换。海洋水面在风的吹动下，既能形成巨大的波浪，也能形成大小不同的旋涡，铅直方向的涡动可以使上下层水分子发生对流混合，形成动力对流。海洋水面冷却时，表面的冷水因密度大而下沉，下层暖而轻的水上升，使上下层间温度缓和，形成热力对流。

海面有充分的水源供应，以致蒸发量较大，失热较多，这也使得水温不容易升高，直接影响洋面的温度和大气的热力作用。而且，海面上的空气因水分蒸发而含有较多水汽，以致空气本身有较大的吸收热量的能力，也就使得气温不易降低。陆地上的情况正好相反。

在上述海陆性质差别的影响下，形成两种不同的气候，即海洋性气候和大陆性气候。它们之间的不同最突出地表现在气温日较差和年较差上。海洋上或沿海附近地区，气温日较差和年较差比大陆上小，最高气温、最低气温出现时间也较大陆落后。海陆之间形成的气候差别也反映在湿度、降水、云量和雾上。大气中的水汽来源主要是洋面蒸发。离海洋近，空气中水汽含量就多，湿度也大，云量和降水必然也多。离海洋远的大陆内部地区，湿度小，降水稀少。沿海雾多，属平流雾；内陆雾少，属辐射雾。海陆分布对风向、风速也有影响。海岸附近具有以一日为周期的海陆风，有的地方还存在以一年为周期的季风。海洋上因摩擦作用消耗的能量远比陆地上为小，所以海洋上及沿海地区的风速较内陆为大。

总之，海洋性气候的特点是：夏季凉爽，冬季温和，春温低于秋温，气温的日变化和年变化比较小，相时也落后，降水丰沛，而且各季分布均匀。大陆性气候的特点是：夏季炎热，冬季寒冷，气温日较差和年较差大，相时超前，春温高于秋温，降水稀少，而且集中于夏季。

（2）地形在气候形成中的作用　地形对气候的影响包含两层含义，一是起伏地形所在区域本身具有的气候特点，二是起伏地形对邻近区域气候产生的影响。地形对于气候的影响是巨大的，并且是多样的，可以影响辐射、温度、湿度、降水和风等各个气候要素。在地形复杂的区域，气候分布通常是多种多样而且错综复杂的。气候要素不但在水平方向具有各种各样的差异，在垂直方向也具有差异。不同地形形状对气候各种各样作用的结果，就构成特别复杂的山地气候。

一是海拔。海拔影响气温、气压、湿度等，高度差异越大，气候差异也越大，气候类型也随高度而改变。首先，由于空气的增热主要是从地面取得热量，随着海拔增加，与热源的距离就增大，温度降低较水平方向迅速。例如，在温带，高度每增加100m，温度通常要降低0.65℃，而在水平方向，纬度增加1°也不过降低1℃。同时，随着高度的增加，温度日变化和年变化的位相也将落后。其次，随着高度增加，空气变得稀薄，水汽显著减少，大气对太阳辐射的吸收减弱，总辐射则显著增强，而大气逆辐射减弱，地面有效辐射也会增大，这就使气温白天很高，夜间很低，在高原上更能引起气温剧烈的日变化。最后，随着海拔增加，平流作用增强，自由大气对温度的影响愈发显著，从而大大减小了温度的日变化和年变化。

二是地面形态。地面形态非常复杂，包括凸出地形如丘陵、山峰、山脊等，凹入地形如盆地、山谷等，凸凹地形如鞍形山脊、隧道等，常常产生不同的气候特点。盆地中气候要素的变化比较剧烈，高山上气候要素的变化比较缓和。首先由于坡向、坡度不同接受了不同的太阳辐射，从而引起热力的差异；其次，这种热力差异引起了局地性气流的作用。这些差异和作用的结果，就决定了不同地形条件下的气候分布特征。在夏季，迎着海洋气流的山坡，不但湿度大，而且由于气流被迫上升，云、雾易于形成，降水特别丰富；同时，这种湿润的海洋气流对温度也具有显著的调节作用，使气温不易升高，气温日、年变化变得和缓，而背着海洋气流的山坡则往往有焚风产生，从而呈现极为干燥炎热的特征。在冬季，迎着大陆气流的山坡气候极度干寒，而背着大陆气流的山坡则因焚风作用显得较温暖。同一山地因方位的影响而使各坡气候显著不同，向阳面和背阴面在短距离内可以具有很大的差异，早春南坡已经转绿，而北坡仍为深冬景色。

地形对气候的作用还表现在其对气流的机械作用上。高大的山脉和高原是巨大的障碍物，它们对气流活动有阻碍、抑制、分支的作用，在不同程度上影响大气环流，从而产生了各种不同的气候类型。高大的山脉和高原对气候的这种作用，通常影响到范围相当广大的邻近地区，使山脉两侧气候有巨大的差异，成为气候的分界线。如果山脉走向与盛行风向垂直，屏障作用就显得更为明显。

总之，地形对气候的影响是错综复杂的，不同地形条件本身会产生多种多样的气候特点，而且还会对邻近地区气候产生影响。所以，不同地形条件都有其本身的特殊性，这种特殊性构成地区气候本质上的差别。

4.6.2.4　人类活动的影响

不仅自然因素在气候形成过程中起着重要作用，人类活动对气候也有巨大影响。人类对气候的影响是多方面的，既会使气候恶化，又会调节改良气候。人类活动是不可忽视的气候形成因子。

人类活动对气候的影响是多方面的。但是归纳起来，人为因子影响气候的途径包括改变下垫面性质、改变大气成分、释放热量三种。

（1）改变下垫面性质　人类活动可以明显改变下垫面性质。滥伐森林、盲目开荒等可以造成植被破坏和地表状况的剧烈改变，引起反射率、粗糙度或水热平衡发生变化，使这些地区的气候逐渐干旱、日趋恶化。现代出现的海洋石油污染有可能改变大范围的下垫面性质，对气候产生更大的影响。海洋石油污染在海面上形成的油膜会抑制海水蒸发，阻碍潜热释放，引起海水温度和海面气温升高，加剧温度的日变化和年变化。海水蒸发减少，海面上空气也变得干燥，失去海洋对气候的调节作用。

当然，人类也可以通过改变下垫面性质使局部地区的气候得到改善，如灌溉、种植防护林带、建造水库等能改造干旱气候。灌溉不仅使土壤湿润，而且可以提高空气湿度，降低最高温度，往往起到缓和干旱气候的作用。种植防护林带后，林带内风速、温度和湿度等一系列气象要素发生变化，同时径流量也减少，有利于水分涵养和水土保持。建造大型水库可以调节库区附近的温度，气温日较差和年较差减小。如我国新安江水库建成后，位于新安江水库附近的淳安县初霜推迟，终霜提前，无霜期平均延长了20天。

（2）改变大气成分　人类活动可以明显改变大气的成分。随着世界人口的增加，大规模的工业开发活动使大气和海洋污染加重，全世界每年燃烧几十亿吨煤和石油，使大气中二氧化碳、二氧化硫、甲烷等含量增加，二氧化碳引起的温室效应正在人为地改变着地球上的气候。人类活动向大气中释放的各种粉尘等颗粒物对气候的影响是多重的。这些悬浮在大气中的灰尘微粒使空气层变得浑浊，对太阳辐射有较强的吸收和反射能力，这就削弱了到达地面的太阳辐射，因而使地面温度降低。

（3）释放热量　人类活动如大量消耗能源可直接向大气层释放热量，也能影响局部地区气候。其中，城市所在地区更加明显，形成明显的热岛效应。热岛中心区域近地面气温高，大气做上升运动，与周围地区形成气压差异，周围地区近地面大气向中心区辐合，从而在城市中心区域形成一个低压旋涡，结果就势必造成城市地区所独有的大气局地环流。

4.6.3　世界气候类型

根据各地气温和降水的状况及气候特征，可以将世界气候划分为若干种类型。

4.6.3.1　低纬度气候（热带气候）

（1）热带雨林气候　主要分布在赤道附近地区，如南美洲亚马孙河流域、非洲刚果盆地、亚洲马来群岛等。气候特点表现为：全年长夏，无季节变化；终年高温，年平均温度在26℃；气温年较差小于3℃；气温日较差6～12℃；全年多雨无干季；年平均降水量大于2000mm；最少月降水大于60mm（图4-14）；天气变化单调，闷热、潮湿、无风、多雷雨。

这里全年高温多雨，植物终年茂盛，许多地区分布着茂盛的热带雨林，所以称热带雨林气候。

（2）热带草原气候　分布在5°～15°N（S），集中分布在中美、南美、非洲热带雨林气候的南北两侧。这里终年高温，最冷月的平均气温大于16～18℃，热季出现在干季之后雨季之前，干湿季分明，至少有1～2个月为干季；平均年降水量在750～1000mm，雨季的降水量可达年降水总量的70%；地面分布着大片的热带草原。

（3）**热带季风气候** 分布在南北纬10°至南北回归线之间的大陆东岸，以亚洲南部印度半岛和东南部的中南半岛最为显著。这种气候终年高温，年平均温度大于20℃，最冷月平均温度大于18℃；年平均降水量1500～2000mm，可分为旱、雨两季；雨季，风从海洋吹向陆地，降水集中，降水变率大；旱季，风从陆地吹向海洋，干旱少雨（图4-15）。

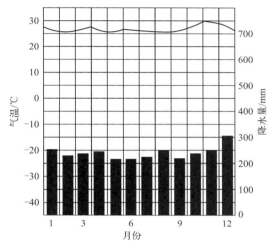

图4-14 新加坡气温年变化曲线和逐月降水量图

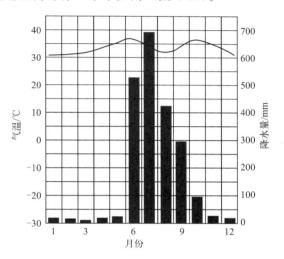

图4-15 孟买气温变化曲线和逐月降水量图

（4）**热带沙漠气候** 主要分布在南北纬15°～25°至南北回归线附近之间的大陆西岸和内陆地区，如亚洲西部、非洲北部和澳大利亚中部等地。这种气候终年炎热干燥，气温高，最热月的平均气温为30～35℃，一年中有5个月月平均温度大于30℃，年较差大，在10～20℃；年平均降水量小于125mm，降水稀少，变率大；地面有大片的沙漠。

4.6.3.2 中纬度气候（副热带、温带气候）

（1）**副热带季风气候** 纬度30°向南、北各延伸5°左右的地区，东亚副热带地区明显。一年之中四季分明，冬季和夏季的风向有显著变化。夏季盛行来自海洋的偏南风，高温多雨；冬季盛行来自内陆的偏北风，寒冷干燥。夏季气温高，冬季温暖，最热月平均温度大于22℃，最冷月温度0～15℃。降水丰富，夏雨较多，年平均降水量750～1000mm（图4-16）。

（2）**副热带海洋性气候** 南北纬25°～35°美洲东岸及澳大利亚东海岸。与副热带季风气候相似，相比冬夏温差较小，降水分配较为均匀。

（3）**副热带夏干气候（地中海气候）** 主要位于大陆西岸30°～40°间的中低纬地区，

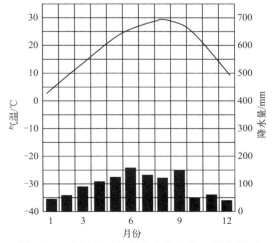

图4-16 上海气温年变化曲线和逐月降水量图

以地中海沿岸分布最广,故称地中海气候。这种气候夏季干燥,冬季多雨,年降水量300～1000mm。沿岸为凉夏型,夏季凉爽多雾,最高气温22℃以下,冬季最冷月气温10℃以上。内陆为暖夏型,气温年较差相对较大(图4-17)。

(4)副热带干旱与半干旱气候 南北纬25°～35°大陆内部和西岸。副热带干旱气候是热带干旱气候的延伸,相比凉季气温较低,且有气旋雨。副热带半干旱气候分布在副热带干旱气候的外缘,相比夏季气温较低,冬季降水量大,年降水量约300mm。

(5)温带海洋性气候 纬度50°向南、北伸展10°左右的温带大陆西岸,以欧洲分布最广。终年受来自海洋的暖湿气流影响,全年湿润多雨,且冬雨较多,年平均降水量在750～1000mm;冬暖夏凉,最冷月的平均温度高于0℃,最热月的平均温度低于22℃,气温年较差小。

(6)温带季风气候 35°～55°N的亚欧大陆东岸,主要分布在我国的华北和东北、朝鲜的大部分。一年之中四季分明,冬季和夏季的风向有显著变化。夏季盛行来自海洋的偏南风,暖热多雨,最热月平均温度22℃以上,南北气温差异小;冬季盛行来自内陆的偏北风,寒冷干燥,最冷月平均温度0℃以下,南北气温差异很大;年降水量500～600mm,集中在夏季(图4-18);天气的非周期性变化显著。

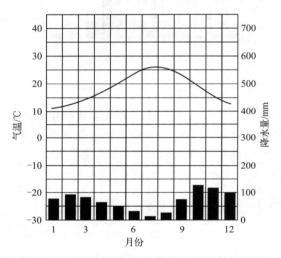

图4-17 罗马气温年变化曲线和逐月降水量图

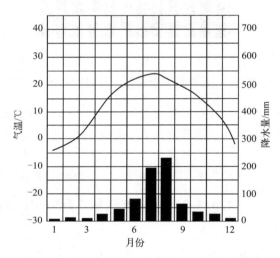

图4-18 北京气温年变化曲线和逐月降水量图

(7)温带大陆性湿润气候 亚欧大陆温带海洋性气候区的东侧,北美大陆100°W以东的40°～60°N地区。冬季冷而少雨;夏季炎热而多雨;与季风气候相比,冬温高、降水多,夏温低、降水少,夏季雨水集中程度小。

(8)温带大陆性干旱与半干旱气候 纬度35°～50°N的亚洲和北美大陆中心部分。温带干旱气候:年降水量在250mm以下,也称温带荒漠气候。温带半干旱气候:年降水量在250～500mm,也称温带草原气候。

4.6.3.3 高纬度气候(寒带气候)

寒带地区包括极地冰原气候(冰原气候)和极地长寒气候(苔原气候)两种类型,合称极地气候。

极地长寒气候又称苔原气候,分布在亚欧大陆和北美大陆的北部边缘地带。这里长冬无夏,一年中只有 1~4 个月平均气温在 0~10℃；降水量少，多云雾，蒸发微弱（图 4-19）；地面生长着苔藓、地衣等植物。

极地冰原气候又称冰原气候，分布在格陵兰和南极大陆的冰冻高原。全年严寒，各月气温均在 0℃ 以下；极昼、极夜现象很明显；降水量少，年降水量小于 250mm，但能长年积累，形成很厚的冰原。

4.6.3.4　高山气候

主要分布在 55°S~70°N 之间的大陆高山高原地区，如喜马拉雅山脉和青藏高原。由于海拔高，终年低温，气候垂直地带性明显。

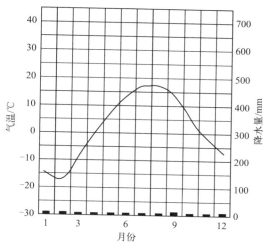

图 4-19　巴罗气温年变化曲线和逐月降水量图

4.6.4　我国的气候变化

我国地域辽阔，西北位于世界最大的大陆——亚欧大陆的腹地，东南濒临世界上最大的水面——太平洋，西南为世界上最高的高原——青藏高原。这样极其复杂的地理条件使我国的气候具有强烈的季风性、大陆性和多样性的特征。与世界同纬度的其他国家相比，我国气候的这种特征是很独特的。

4.6.4.1　季风性气候显著

我国处于亚欧大陆的东南部，面对广阔的海洋，海陆之间的巨大热力差异使我国季风气候特点更为明显，主要表现为冬夏盛行风向有显著的变化，随季风的进退，降水也有明显的季节性变化。

冬季，我国大陆主要为极地大陆气团或变性极地大陆气团所控制，在 80°~90°E 高空多为高压脊，而沿海高空常为一大槽，脊前、槽后的冷空气不断南下，加强了地面的冷高压（蒙古高压），温暖的海洋上多为低气压所控制，使得我国冬季对流层低层盛行西北、北和东北风。极地大陆冷高压及其伴随的极锋或次冷锋是冬季我国天气的主要控制系统，气候特征是降水少和低温、干燥。尤其是寒潮或强冷空气天气过程，持续时间长，影响范围广，伴随的大风和降温对工农业生产危害较大。

夏季，我国大陆大部分地区为热带、副热带海洋气团和热带大陆气团所控制，高空在 70°~80°E 处为一低压槽，沿海为一浅脊，地面气压系统在亚欧大陆均为蒙古低压所盘踞，蒙古低压与海洋上的高压相配合使得我国夏季对流层低层盛行西南、南和东南风，气候特征是高温、湿润和多雨。

4.6.4.2　大陆性气候强烈

我国大陆性气候的特征主要表现在：气温的年、日变化大；冬季寒冷，南北温差悬殊；夏季炎热，全国气温普遍较高；最冷月多出现在 1 月份，最冷月平均气温远低于全世界同纬度的平均值。夏季，我国又是世界上同纬度除沙漠干旱地区外最热的国家。最热月几乎都出现在 7 月份。由于我国气候的大陆性强，最热月平均气温的南北差异比最冷月平均气温的南北差异小得多，全国气温年较差基本上随纬度升高而增大。

思考题

1. 为什么客机在靠近对流层顶部的平流层飞行？
2. 大气对太阳辐射的削弱作用有哪些？
3. 什么是逆温？逆温有哪些类型？
4. 冬天，在冷空气来临前为什么京津冀地区常出现温度较高、雾霾污染的天气？
5. 我国北方某地 3 月 1 日出现了雨夹雪的降水，该降水属于什么类型？
6. 什么是雨凇？为什么雨凇破坏能力强？
7. 影响大气环流的主要因素有哪些？
8. 影响空气水平运动的力有哪些？
9. 试述局地环流的类型。
10. 从热力环流角度考虑，城市内的工厂搬迁到郊区能否充分减少污染？
11. 惊蛰时间反映了什么气象现象？
12. 我国东部地区"一场秋雨一场凉"，说明了什么现象？

水圈系统特征

5.1 水圈与水循环

水是指地球上水圈内所有形式的水，如海洋水、河流水、湖泊水、沼泽水、冰川水、地下水、土壤水、生物水、大气水等。在地理环境要素中，水是最活跃的因子，在其循环运动过程中，与大气圈、岩石圈、生物圈之间相互联系、相互作用，水量与水质不断发生变化。水又是宝贵的自然资源，是保证人类生活和发展工农业生产的重要物质条件之一。世界淡水资源在时间和空间上分布极不均匀，使有限的淡水资源不能得到有效利用。水资源短缺和水污染问题成为环境科学研究的重点领域。

5.1.1 地球上水的分布

水是地球上分布最广泛的物质之一，它以气态、液态和固态三种形式存在于空中、地表、地下及生物有机体内，形成了海洋、河流、湖泊、沼泽、冰川、地下水及大气水等各种水体，组成了一个统一的、相互联系的水圈。地球表面积为 5.1 亿平方千米，约 70.8% 的面积为水所覆盖，因此地球有"水的行星"之称。

水在地球上的分布很不均匀。地球上的水绝大部分集中于海洋，小部分分布于陆地表面和地下，极小部分悬浮于大气中和储存于生物有机体内。地球总水量约为 13.86 亿立方千米，其中海洋水总量 13.38 亿立方千米，占地球总水量的 96.5%。海洋是地球上最为庞大的水体，水分多以液态形式存在，小部分以固态形式存在于高纬海区；陆地上的水体类型最为多样，南极大陆表面全部为冰雪所覆盖，高山雪线以上部分大多有冰川和积雪，广大的陆地表面分布着众多的河流、湖泊和沼泽；大气水的密度最小，以水滴和冰晶的形式浮游于近地大气层。

地球上水储量的分布情况如表 5-1 所示。全球水储量共约 13.86 亿立方千米，其中包括海洋水在内的全部咸水储量占总储量的 97.5%，约 13.51 亿立方千米。淡水储量包括冰川与永久积雪、地下淡水、河流等水体，大气中的水分和生物体中的水分等在内，只占水总储量的 2.5%，约 0.35 亿立方千米，其中人类难以利用的冰川和永久积雪、永冻地层中的冰就占淡水总储量的 69.5%，地下淡水量占淡水总储量的 30.1%，人类能够开发利用的水只有很小一部分。

表 5-1 地球上水储量的分布情况

水体类型	分布面积 /10^4km²	水 量 /10^4km³	水深 /m	占全球总储量比例/%	
				占总储量	占淡水储量
1. 海洋水	36130	133800	3700	96.5	—
2. 地下水(重力水和毛管水)	13480	2340	174	1.7	—
其中地下水淡水	13480	1053	78	0.76	30.1
3. 土壤水	8200	1.65	0.2	0.001	0.05
4. 冰川与永久雪盖	1623.25	2406.41	1463	1.74	68.7
(1)南极	1398	2160	1546	1.56	61.7
(2)格陵兰	180.24	234	1298	0.17	6.68
(3)北极岛屿	22.61	8.35	369	0.006	0.24
(4)山脉	22.4	4.06	181	0.003	0.12
5. 永冻土底冰	2.1	30	14	0.222	0.86
6. 湖泊水	205.87	17.64	85.7	0.013	—
(1)淡水	123.64	9.1	73.6	0.007	0.26
(2)咸水	82.23	8.54	103.8	0.006	—
7. 沼泽水	268.26	1.147	4.28	0.0008	0.03
8. 河床水	14.88	0.212	0.014	0.0002	0.006
9. 生物水	51	0.112	0.002	0.0001	0.003
10. 大气水	51	1.29	0.025	0.001	0.04
水体总储量	51000	138598.461	2718	100	
其中淡水储量	14800	3502.921	235	2.53	100

5.1.2 地球上水的性质

5.1.2.1 水的物理性质

（1）水的形态及其转化 地球上的水以气态、液态和固态三种形式存在，在常温条件下三相可以互相转化。

每个水分子（H_2O）都是由一个氧原子和两个氢原子组成的。由于氧原子对电子的吸引力比氢原子大得多，所以在氧原子一端显示出较强的负电荷，形成负极，氢原子端形成正极，使水分子具有极性。因此，在自然界中，水不完全是单水分子 H_2O，更多的情况下是水分子的聚合体。随着水温的变化，三态水分子的聚合体也在不断变化，如表 5-2 所示。

表 5-2　不同水温水分子聚合体的分布　　　　　　　　　单位：%

分子式	冰	水			
	0℃	0℃	4℃	38℃	98℃
H_2O	0	19	20	29	36
$(H_2O)_2$	41	58	59	50	51
$(H_2O)_3$	59	23	21	21	13

随着水温的升高，水分子聚合体不断减少，而单水分子不断增多。当温度高于 100℃，水呈气态时，水主要由单水分子组成。随着水温降低，水分子聚合体不断增多。水温在 3.98℃ 时，结合紧密的二分子最多，所以此时水的密度最大，为 $1g/cm^3$。

（2）水的热容量与潜热　把水加热到某一温度要比质量相同的其他物质需要更多的热量，这是因为水的比热容比较大。

水的蒸发和冰的融化都要吸收热量，水的凝结和凝华都要放出热量，而且吸收或放出的热量是相等的。水在相变过程中吸收或放出的热量称为水的潜热。水在 0℃ 时的蒸发潜热为 2500J/g，在 100℃ 时的汽化潜热为 2257J/g；冰在 0℃ 时的溶解潜热为 1401J/g，冰升华潜热为 3901J/g。冰的融化和水的蒸发的潜热均较其他液体大，这与水分子结构有关。因为热量不仅用于克服分子间作用力，而且需要用于双水分子和三水分子聚合体的分解。

水的比热容与潜热特性使其对整个地球上的热量变化具有重要的调节作用，使冬季不过冷、夏季不过热。

（3）水温　水温是一个很重要的物理特性，它影响水中生物的生长、水体自净能力和人类对水的开发利用。各种水体的温度受太阳辐射和近地面大气温度变化的影响，从而具有日变化和年变化特征。水温也与水体所处的地理位置、补给来源等有关。对于具体的水体类型，水温影响因素不同，水温变化也各有特点。

大洋表面水温年变化的影响因素有太阳辐射、洋流性质、季风和海陆位置。从赤道和热带海区向中纬度海区，水温年变幅增大，向高纬海区却减小；同一热量带内，大洋西侧较东侧年变幅大。日变化的影响因素有太阳辐射、季节变化、天气状况（风、云）、潮汐和地理位置等。大洋表面水温日较差不超过 0.4℃。水温的日变化随纬度的增加而减小。最高、最低水温出现的时间各地不同，但最高水温通常出现在 14—16 时，最低水温出现在 4—6 时。

河流水温受太阳辐射、气温等地带性因素的控制和补给来源的影响。高山冰雪融水补给的河流水温低；雨水补给的河流水温较高；地下水补给的河流水温变幅小。河流水温年变化主要随气温有季节变化：春季河水温度升高，最高水温多出现在盛夏；秋季河水温度降低，最低水温多出现在冬季，甚至出现结冰和封冻等水情。不同地理位置水温的年变幅不同。在非封冻地区，水温年变幅与气温年变幅的变化趋势相同，即随着海拔升高，变幅减小；随着纬度的增高和大陆度的增强，变幅增大。在封冻区，除了高度增大，变幅减小外，由于水温下限是固定的，随着纬度增高，夏季气温较低，水温年变幅反而减小。河流水温日变化取决于天气、季节、地理位置和水量等。河流水量越大，水温日变幅越小；中高纬度夏季水温的日变幅大于其他季节；水温日变幅晴天大于阴天。

（4）水的密度　水的密度是指单位体积内所含水的质量，其单位为 g/cm^3。水溶液的密度是温度、溶质种类和数量与悬浮物质浓度的函数，同时还受大气压的影响。水密度与温度的关系见表 5-3。

表 5-3　水密度与温度的关系

温度/℃	−20	−10	0(冰)	0(水)	3.98	10	50	100(水)
密度/(g/cm³)	0.9403	0.9186	0.9167	0.9999	1.0000	0.9997	0.9881	0.9584

习惯上使用的海水密度是指海水的相对密度，即在一个大气压[1]条件下，海水的密度与水温 3.98℃时蒸馏水密度之比。海水密度一般都大于 1，例如 1.01600，并精确到小数点后五位，为书写方便，常将计算得到的海水密度减 1 再乘 1000。如海水密度为 1.02823，则简化后为 28.23。

海水密度与温度、盐度和压力的关系比较复杂，凡是影响海水温度和盐度变化的地理因素，都影响其密度变化。但总体来看，海水密度具有如下两个基本分布特征。

① 各大洋不同季节的密度分布规律基本相同，即大洋表面密度随纬度的增高而增大，等密度线大致与纬线平行。赤道地区温度很高，空气对流运动发展，降水多，盐度较低，因而表面海水的密度很小，约 1.02300。亚热带海区盐度和温度均很高，故密度不大，一般在 1.02400 左右。极地海区温度较低，空气多下沉运动，密度最大。在三大洋的南极海区，海水密度均很大，可达 1.02700 以上。

② 海水密度向下垂直不均匀递增，但随纬度不同也有差异。在南北纬 20°之间 100m 左右深度水层内，密度最小，并且在 50m 以内垂直梯度极小，几乎没有变化；50~100m 深度上密度垂直梯度最大，出现密度的突变层（跃层）；从 1500m 左右水深开始，密度垂直梯度变得很小，在深层，密度垂直梯度几乎为零。

（5）水色和透明度

① 水色。纯水是无色的，但自然界水体的水色是由水体的光学性质以及水中悬浮物质、浮游生物的颜色所决定的。水色是水体对光的选择性吸收和散射作用的结果，因为水体对太阳光谱中的红、橙、黄光容易吸收，而对蓝、绿、青光散射最强，所以海水多呈蔚蓝色、绿色。水体的颜色与天空状况、水体底质的颜色也有关。

水色常用水色计测定。水色计由 21 种颜色组成，由深蓝色到黄绿色直到褐色，并以号码 1~21 代表水色。号码越小，水色越高；号码越大，水色越低。

② 透明度。透明度是表示各种水体能见程度的一个量度，也是各种水体浑浊程度的一种标志。通常是把透明度板（白色圆盘，直径为 30cm）放到水中，从水面上方垂直用肉眼向下注视圆盘，测出直到看不见圆盘时为止的深度，单位为 m。这一深度值就是透明度。除水体的清浊程度外，透明度还随水面波动、天气状况、太阳光照等外部条件的不同而异。

水色和透明度都反映了水体的光学特性。水面上光线越强，透入越深，透明度就越大；反之则小。水色越高，透明度越大；水色越低，透明度越小。

世界大洋中透明度最大值出现在大西洋的马尾藻海，达 66.5m。这与该区位于大西洋中部，受大陆影响小、海水盐度高、离子浓度大、海水运动不强烈、悬浮物质下降快等因素有关。

5.1.2.2　水的化学性质

（1）天然水的化学成分

① 天然水化学成分概述。天然水在循环过程中不断地与大气、土壤、岩石及生物体接

---

[1] 1 个大气压（1atm）＝101.325kPa。

触，水中便溶解和聚集了各种气体、离子等溶解物质和胶体物质，天然水是化学成分极其复杂的溶液。因此，自然界并不存在化学概念上的纯水。目前，各种水体里已发现 80 多种元素。

天然水中各种物质按照性质分成悬浮物质（粒径大于 100nm）、胶体物质（粒径 1～100nm）和溶解物质（粒径小于 1nm）等三大类。苏联学者阿列金把天然水中的溶解物质概括地分为以下五组。

溶解性气体：主要溶解性气体有 O_2 和 CO_2，有时含 N_2、CH_4、H_2S 和少量的惰性气体 He 等。

主要离子：Na^+、K^+、Ca^{2+}、Mg^{2+}、Cl^-、SO_4^{2-}、HCO_3^- 和 CO_3^{2-}。这八种离子是天然水中含量最多的八种离子，它们的含量占天然水中离子总量的 95%～99%。这八种离子在各类水体中的含量和自然地理条件密切相关，如海水中以 Na^+ 和 Cl^- 含量占绝对优势，河水中 Ca^{2+} 和 HCO_3^- 含量占优势。

营养物质：N 和 P 的化合物。

微量物质：指在天然水中含量低于 0.01% 的阴离子（如 I^-、Br^-、F^-）、微量金属离子、放射性元素等。

有机质：溶解于水中的有机质包括腐殖质、生物生命活动过程中所产生的普通有机质、生物残体分解所产生的普通有机质。

水中 Ca^{2+}、Mg^{2+} 含量称为水的硬度。水中所含的 Ca^{2+}、Mg^{2+} 的总量称为总硬度。将水加热至沸腾，由于形成碳酸盐沉淀而从水中失去一部分 Ca^{2+} 和 Mg^{2+}，失去的这部分 Ca^{2+}、Mg^{2+} 的数量为暂时硬度。总硬度与暂时硬度之差，称为永久硬度。硬度的表示方法很多，有德国制、法国制、英国制等。一个德国制硬度相当于 1L 水中含有 10mg CaO。一个法国制硬度相当于 1L 水中含有 10mg $CaCO_3$。一个英国制硬度相当于 1L 水中含有 14mg $CaCO_3$。我国目前常用简单快捷的络合滴定法测定硬度，单位为 mmol/L，1mmol/L 的钙镁总量相当于 100.1mg/L $CaCO_3$ 表示的硬度。

水中各种离子的总量称为水的矿化度，以 1L 水中含有的可溶性盐分的质量（以蒸干残余物的量来计算）表示。各种溶解质在天然水中的累积和转化是天然水的矿化过程。

② 河水的化学组成及特点。河水化学成分的特点如下：河水的矿化度普遍较低，一般小于 1g/L，平均只有 0.15～0.35g/L；河水化学组成的空间分布差异较大，离河源越远，矿化度越大，同时钠和氯的含量增大，碳酸氢盐含量减小；河水化学组成的时间变化明显，河水补给来源随季节变化明显，因而水化学组成也随季节变化，如以雨水或冰雪融水补给为主的河流，在汛期河水量增大，矿化度明显降低，夏季水生植物繁茂，使 NO_3^-、NO_2^-、NH_4^+ 含量减少；河水中各种离子的含量差异很大，其含量大小为 $HCO_3^- > SO_4^{2-} > Cl^- > NO_3^-$，$Ca^{2+} > Na^+ > Mg^{2+} > K^+$。

③ 海水的化学组成与特点。海水是含有多种溶解性固体和气体的水溶液，其中，水占 96.5%，其他物质占 3.5%。海水中有少量的无机和有机的悬浮固体物质。天然元素在海水中已发现 80 多种，其含量差别很大，除了 H 和 O 两种元素外，主要化学元素是 Cl、Na、Mg、S、Ca、K、Br、C、Sr、B、Si、F 共 12 种，被称为海水的大量元素，其他元素含量都在 1mg/L 以下，称为海水的微量元素。海水中氯化物含量最高，占 88.6%，硫酸盐次之，占 10.8%。

海水运动使不同区域中海水主要化学成分含量的差别减小到最低程度，上述 12 种元素的离子浓度之间的比例几乎不变，从而使海水的化学组成具有恒定性，这是海水化学组成的最大特点。该特点对计算海水盐度具有重要意义。

海水盐度有绝对盐度和实用盐度之分，绝对盐度（S_A）是海水中全部溶解物质的质量与海水质量的比值。在实际工作中，此量不易直接测量，而以实用盐度代替。实用盐度（S）通过一个标准大气压、15℃条件下，海水样品的电导率与同温同压下标准氯化钾溶液的电导率的比值 K_{15} 来确定。现已制成实用盐度与电导率比值查算表和温度订正表，供实际应用。平时习惯上所指的盐度即为实用盐度，可用盐度计直接测量获得盐度值。盐度的单位符号为"‰"，后改为 10^{-3}。

海水的盐度在空间和时间上有一定幅度的变化，主要取决于影响海水盐度的各自然环境因素以及发生于海水中的许多增盐和减盐过程。在低纬海区，降水、蒸发、洋流和海水滚动、对流混合等起主要作用。降水大于蒸发，使海水冲淡，盐度降低；蒸发大于降水，则盐度升高。盐度较高的洋流流经一海区时，可使盐度升高；反之，可使盐度降低。在高纬海区，除受上述因素影响外，结冰和融冰也能影响盐度。在大陆沿海地区，河流等淡水注入使盐度降低，例如我国长江口附近，在夏季因流量增加，海水冲淡，盐度平均值可降低到 11.5×10^{-3} 左右。

世界大洋海水的盐度一般为 33‰～37‰，平均为 34.69‰（34.69×10^{-3}）。海洋表面盐度分布的总趋势是从亚热带海区向高、低纬度递减。大洋表层盐度随时间变化幅度很小，一般日变幅不超过 0.05×10^{-3}，年变幅不超过 2×10^{-3}。只有大河河口附近，或有大量海冰融化的海域，盐度的年变幅才比较大。

④ 地下水的化学组成与特点。地下水化学组成类型多，地区差异大。地下水化学成分特点如下。

地下水填充于岩石、土壤孔隙中，与岩石、土壤接触广泛，使得岩石圈和土壤各种元素及化合物都可能存在于地下水中。

地下水矿化度变化范围大，从淡水直到盐水。淡水中阴离子以 HCO_3^- 为主，阳离子以 Ca^{2+} 为主。随着矿化度的增加，主要阴离子按 $HCO_3^- \rightarrow SO_4^{2-} \rightarrow Cl^-$ 次序变化；阳离子中 Na^+ 含量增多，逐渐替代 Ca^{2+} 成为主要成分，Mg^{2+} 的含量稍有增加。

地下水化学成分的时间变化极为缓慢，常需以地质年代衡量。

地下水与大气接触有限，生物的呼吸、有机质分解使土壤中 CO_2 含量增加、O_2 含量降低，还可能有 H_2S 和 CH_4 等气体。地下水中的气体含量会直接受土壤空气中组分含量影响而表现出相似的组成特性，即 CO_2 的含量增多、O_2 含量降低，并可能有 H_2S、CH_4 等还原性气体。

⑤ 湖水的化学组成与特点。湖泊是陆地表面天然洼陷中流动缓慢的水体。湖泊的形态和规模、吞吐状况及所处的地理环境造成了湖水化学成分及其动态的特殊性。湖水的化学成分和含盐量与海水、河水、地下水有明显差异。溶解在湖水中的物质主要有离子、生物原生质、溶解性气体、有机质和微量元素等。湖水化学成分特点如下。

湖水成分和矿化度差异较大，有淡水湖（＜1g/L）、微咸水湖（1～24.7g/L）、咸水湖（24.7～35g/L）、盐湖（＞35g/L）等各种类型。不同地区湖泊具有不同的化学成分和矿化度。在年降水量大于蒸发量的地区，湖水矿化度低，为淡水湖。在年蒸发量远大于年降水量的干旱地区，内陆湖的入湖径流全部耗于蒸发，导致湖水中盐分积累，矿化度增大，形成咸水湖或盐湖。

湖水中生物作用强烈，甚至在湖泊的形成、发展和演化过程中扮演着重要的角色，并深刻影响湖水的化学组成。其中水生生物（主要是藻类）的大量生长和繁殖使湖泊的溶解氧含量降低，并使湖泊加速衰老，发展成为富营养湖。淡水湖泊都有不同程度的富营养化趋势。

湖水交替缓慢，深水湖有分层性。随着水深增加，溶解氧的含量降低，CO_2 的含量升高。在湖水停滞区域，会形成局部还原环境，以致湖水中游离氧消失，出现 H_2S、CH_4 等还原性气体。

（2）天然水的分类　在不同地理环境中，天然水的矿化度和主要离子组成都有很大的差异。对天然水进行系统的水化学分类，不仅能反映天然水水质的形成条件和演化过程，而且可以为水资源评价、利用和保护提供科学依据。水化学分类方法很多，现介绍几种主要的分类方法。

① 按矿化度分类。天然水的矿化度综合反映了水被矿化的程度，主要离子的组成与矿化度大小存在密切关系。苏联学者阿列金（1970）提出了表 5-4 所示的按矿化度分类方案。美国（1970）所采用的按矿化度分类的数值界限与阿列金提出的分类稍有区别。

表 5-4　矿化度分类简表

类型	低矿化水（淡水）	弱矿化水（微咸水）	高矿化水（盐水）	强矿化水（卤水）
阿列金分类	< 1	1～25	25～50	> 50
美国分类	0～1	1～10	10～100	>100

② 阿列金的按主要离子间比例关系分类。阿列金提出一个简单的水化学分类系统。首先按占优势的阴离子将天然水分为三类：碳酸氢盐类（C）、硫酸盐类（S）、氯化物类（Cl）。其次，对每一类天然水按占多数的阳离子分为钙质（Ca）、镁质（Mg）、钠质（Na）三组。然后，在每一组内又按各种离子物质的量的比例关系分为四个水型。

Ⅰ型：$[HCO_3^-] > [Ca^{2+} + Mg^{2+}]$。Ⅰ型水是低矿化水，由岩浆岩溶滤或离子交换作用形成。

Ⅱ型：$[HCO_3^-] < [Ca^{2+} + Mg^{2+}] < [HCO_3^- + SO_4^{2-}]$。Ⅱ型水是低矿化和中等矿化水，多由岩浆岩、沉积岩的风化物与水相互作用而形成。低中矿化度的河水、湖水、地下水大多属于这一类型。

Ⅲ型：$[HCO_3^- + SO_4^{2-}] < [Ca^{2+} + Mg^{2+}]$ 或 $[Cl^-] > [Na^+]$。Ⅲ型水包括高矿化度的地下水、湖水和海水。

Ⅳ型：$[HCO_3^-] = 0$。Ⅳ型水是酸性水，pH<4.5 时，水中游离的 CO_2 和 H_2CO_3、HCO_3^- 的浓度为零，包括沼泽水、硫化矿床水和煤田矿坑水。

根据阿列金这种分类系统，共划分出 27 个天然水种类，如图 5-1 所示。例如，C_{II}^{Ca} 表示碳酸氢盐类、钙组、Ⅱ型水。

③ C. A. 舒卡列夫的按水化学成分分类法。C. A. 舒卡列夫化学分类考虑了主要离子成分的摩尔分数和水的矿化度，以相对含量超过 25% 的七组主要阳离子和七组主要阴离子成分进行组合得到 49 组，如表 5-5 所示。该方法是目前普遍采用的地下水化学分类方法。

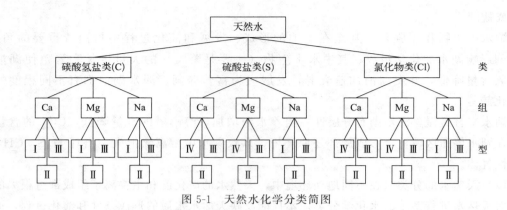

图 5-1　天然水化学分类简图

表 5-5　天然水的舒卡列夫化学分类方法

相对含量超过 25%的离子	HCO_3^-	$HCO_3^- + SO_4^{2-}$	$HCO_3^- + SO_4^{2-} + Cl^-$	$HCO_3^- + Cl^-$	SO_4^{2-}	$SO_4^{2-} + Cl^-$	Cl^-
Ca^{2+}	1	8	15	22	29	36	43
$Ca^{2+} + Mg^{2+}$	2	9	16	23	30	37	44
Mg^{2+}	3	10	17	24	31	38	45
$Na^+ + Ca^{2+}$	4	11	18	25	32	39	46
$Na^+ + Ca^{2+} + Mg^{2+}$	5	12	19	26	33	40	47
$Na^+ + Mg^{2+}$	6	13	20	27	34	41	48
Na^+	7	14	21	28	35	42	49

④ 按水化学成分分类的库尔洛夫分类法。按照水中各种主要离子成分的相对含量等指标，以公式的形式表示水的基本化学性质。例如，某地下水的化学分析结果如下：

$$F_{0.005} H_2 SiO_{0.32}^3 M_{0.38} \frac{HCO_{65}^3 SO_{21}^4}{(K+Na)_{60} Ca_{27}} T_{49}$$

式中，横线上下分别为阴、阳离子的摩尔分数，按递减顺序排列，含量小于 10% 的不予表示；横线前面的 M 为矿化度，最前面为气体成分和特殊成分，均以 g/L 计；横线后面 T 为水温，还可以写出 pH 等指标。各类成分的含量和特征值均标在化学式的右下角，将右下角的原子数移至右上角。

（3）天然水化学的演化过程　随着天然水中离子总量的变化，水的化学类型也相应发生变化。据此，科夫达将天然水的演变分为四个阶段，每个阶段的水具有一定的空间分布规律，潜水和湖水非常典型。

① 硅酸盐-碳酸盐水阶段。该阶段离子总量不高，溶质组分以 Na 和 Ca 的碳酸盐为主，主要分布在苔原带、森林带和潮湿的亚热带地区。在我国主要分布在东北和淮河以南的地区以及大多数山地地区。

② 硫酸盐-碳酸盐水阶段。该阶段离子总量可达 3～5g/L，主要分布在草原地带。在我国主要分布在内蒙古西部、宁夏和甘肃等地区。

③ 氯化物-硫酸盐水阶段。该阶段在各个地区的离子总量浓度范围不同，如有些地方离子总量高于 0.5～1g/L 就达到该阶段，而有些地方离子总量高于 5～20g/L 时才达到该阶

段。主要分布在荒漠与荒漠草原地带。在我国主要分布在新疆、青海、甘肃等地区的内陆盆地中。

④ 硫酸盐-氯化物水阶段。演变的最后阶段，离子总量达到最高，多出现在最干旱地区的地下水及盐湖水中，离子总量通常高于 $5\sim20g/L$。主要分布在世界上最干旱的局部封闭凹地的中心部分和盐湖周边地区。

5.1.3 地球上的水循环

5.1.3.1 水循环基本过程

地球上的水不断运动变化，进行循环。地球表面的水经过蒸发（evaporation）和蒸散（evapotranspiration，指植物体吸收土壤中的水分，经由茎叶气孔向大气中扩散的现象）作用进入大气，进入大气的水汽被大气带到不同地区，水汽冷却凝结（condensation）或凝华，再以降水（precipitation）形式降落到地表（海洋、陆地），到达陆地表面的水，或汇流成河川与湖泊，或渗入地下成为地下水，或形成冰川积雪，河、湖、地下水等水分最终流入海洋或逐渐蒸发进入大气。如此周而复始形成水文循环（hydrologic cycle），简称水循环（water cycle）。水循环使地球上的水分不断在大气圈、水圈、岩石圈、生物圈之间流动、循环。

水循环整个过程可分解为水分蒸发蒸散、水汽输送、降水、水分入渗、地表和地下径流五个基本环节。这五个环节紧密联系、交错并存、相对独立，形成一个巨大的动态系统。在不同环境条件下，这些环节呈现不同的组合，在全球各地形成一系列不同规模的地区水循环。

水循环作用的范围广及整个水圈，并深入大气圈、岩石圈及生物圈，上至大气圈中距地15km 的高度，下至岩石圈中地表以下平均约 1.0km 的深度。

5.1.3.2 水循环的类型

水循环系统是由无数不同尺度、不同规模的局部水循环组合而成的复杂巨系统，通常，按水循环的途径与规模，将全球的水循环分为大循环与小循环。

（1）大循环 大循环是发生在海洋与陆地之间的全球性水循环，又称外循环。

在大循环过程中，海洋蒸发的水汽由气流带到陆地上空，冷却形成降水，降到地表之后部分蒸发直接返回空中，部分经地表和地下径流汇入海洋。蒸发和凝结是大循环的两大基本环节，在空中与海洋、空中与陆地之间进行垂向交换，同时以水汽输送和径流的形式进行横向交换。当然，大循环过程中，陆地也向海洋输送水汽，即陆地也通过空中向海洋输送水分，但是数量很少。

（2）小循环 小循环是指发生于海洋与海洋大气之间或陆地与陆地大气之间的水循环，又称内部循环，前者称海洋小循环，后者称陆地小循环。

每年有114.8 万立方千米的水参加全球水循环，其中，全球蒸发量的 87.5%和降水量的 79.3%发生在由海洋与其上空大气耦合形成的海洋-大气系统中，海洋小循环的水分从海洋蒸发，在海洋上空凝结凝华，以降水形式返回海洋，仅存在水分的纵向交换，比较简单。

全球蒸发量的 12.5%和降水量的 20.7%发生在由陆地与其上空大气耦合形成的陆地-大

气系统中，陆地小循环主要包括陆地表面的蒸发、蒸散、入渗与降水等环节，比海洋小循环要复杂得多，并且内部存在明显的差别。从水汽来源看，有陆面自身蒸发的水汽，也有自海洋输送来的水汽，并在地区分布上很不均匀，一般规律是距海愈远，水汽含量愈少，因而水循环强度具有自海洋向内陆深处逐步递减的趋势。如果地区内部植被条件好，储水比较丰富，自身蒸发的水汽量就比较多，有利于降水的形成，因而可以促进地区小循环。

全球水循环是闭合系统，但局部水循环却是开放系统。因为地球与宇宙空间之间虽亦存在水分交换，但每年交换的水量还不到地球上总贮水量的十五亿分之一，所以可将全球水循环系统近似地视为既无输入又无输出的一个封闭系统。但对地球内部各大圈层，对海洋、陆地或陆地上某一特定地区、某个水体而言，既有水分输入，又有水分输出，因而是开放系统。

全球水循环过程如图 5-2 所示。

图 5-2   全球水循环过程示意图

5.1.3.3   水体的更替周期

水体的更替周期是指水体在参与水循环过程中全部水量被交替更新一次所需的时间，全球各水体的更替周期见表 5-6。

表 5-6   全球各水体的更替周期

水体	周期	水体	周期
永冻土下的冰	10000 年	沼泽水	5 年
极地冰川	9700 年	土壤水	1 年
世界大洋	2500 年	河水	16 天
山地冰川和永久积雪	1600 年	大气水	8 天
深层地下水	1400 年	生物水	12 小时
湖泊水	17 年		

表 5-6 所列的更替周期，是在有规律地逐步轮换这一假设条件下得出的平均更替周期。实际情况非常复杂，如深海盆地中的水需要依靠大洋深层环流才能缓慢地发生更替，其周期要超过 2500 年；表层海水直接受到蒸发和降水的影响，其更替周期小于 2500 年，尤其是边缘海受入海径流影响，周期更短。例如，渤海总贮水量约 $19.0 \times 10^{11} \, \mathrm{m}^3$，而黄河、辽河、海河多年平均入海水量达 $14.55 \times 10^{10} \, \mathrm{m}^3$，仅此一项就使渤海海水 13 年内可更新一次。再

如，世界湖泊平均更替周期为 17 年，而我国长江中下游地区的湖泊出入水量大，交换速度快，一年中就可更替若干次。

水体的更替周期不仅反映水循环强度，还能反映水体水资源可利用率。因为从水资源永续利用的角度来衡量，水体的储水量并非全部都能利用，只有其中积极参与水循环的那部分水量，由于利用后能得到恢复，才能算作可供利用的水资源量。而这部分水量的多少，主要取决于水体的循环更新速度和周期的长短，循环速度愈快，周期愈短，可开发利用的水量就愈大。以我国高山冰川来说，其总储水量约为 $5\times10^{13}\,m^3$，而实际参与循环的年平均水量为 $5.46\times10^{11}\,m^3$，仅为总储水量的 1/100 左右，如果想用人工融冰化雪的方法增加其开发利用量，就会减少其储水量，影响后续利用。

5.1.3.4　水循环的作用与效应

水循环作为地球上最基本的物质大循环和最活跃的自然现象，深刻地影响着全球地理环境、生态平衡和水资源的开发利用，是千变万化的水文现象的根源。

（1）水循环与地球圈层构造　地球表层由大气圈、岩石圈、生物圈以及水圈组合而成。水圈居于主导地位，通过不断的循环运动积极参与圈层之间的界面活动，并且深入四大圈层内部，将它们耦合在一起。

水循环上达 15km 的高空，是大气圈的有机组成部分，担当了大气循环过程的主角；下达地表以下 1～3km 深处，积极参与岩石圈中化学元素的迁移过程，成为地质大循环的主要动力因素；同时作为生命活动的源泉、生物有机体的重要组成部分，水全面地参与了生物大循环，成为沟通无机界和有机界的纽带，并将四大圈层串联在一起，组合成相互影响、相互制约的统一整体。从这一意义上说，水循环深刻地影响了地球表层结构的形成和演变。

（2）水循环与全球气候　水循环的一些环节本身就是天气现象，如大气降水。一些环节（蒸发、凝结等）与天气、气候有密切关系，深刻地影响着全球天气和气候的形成和变化。

① 水循环是大气系统能量的主要传输、储存和转化者。虽然太阳辐射是地球表层的根本热源，但是大气源自太阳的直接辐射仅占它吸收的总能量的 30%，而来自地面的长波辐射占 23%，地面与大气之间的显热交换占 11%，来自蒸发潜热输送的能量占到 36%，居第一位。苏联学者布德科研究指出，大气循环的能量主要由水循环过程中汽化潜热的转化提供。他还通过计算表明，如果大气圈中的水汽含量比现在减少一半，地球表面的平均气温将降低 5℃，两极地区的冰盖将大大扩展，地球将进入冰期。

② 水循环通过对地表太阳辐射能的重新分配，使不同纬度热量收支不平衡的矛盾得到一定缓解。在南北纬 35°之间地区，陆地-大气系统的辐射差额为正，而在纬度高于 35°的地带则支出大于收入。据估算，如果没有冷、暖平流来调节高低纬度之间的这种热量分配不均的状态，赤道附近地区的温度要比现今提高约 10℃，两极地区则要降低约 20℃。此外，昼夜的温差亦要远远超过现今的状况。

③ 水循环会直接影响各地的天气过程，甚至可以决定地区气候的基本特征。如墨西哥暖流与北大西洋西风漂流对整个西北欧地区的气候影响显著，使得 55°～70°N 之间大洋东岸最冷月平均气温比同纬度大洋西岸高出 16～20℃，并在北极圈内出现了不冻港。

雨、雪、霜、霰以及台风、暴雨等天气现象本身就是水循环的产物，没有水循环，就不存在这类天气现象。

（3）水循环与地貌形态及地壳运动　水循环过程中的流水以其持续不断的冲刷作用、侵蚀作用、搬运与堆积作用以及水的溶蚀作用，在地质构造的基底上重新塑造了全球的地貌形态，如冰川地貌、海岸地貌、河流地貌以及千姿百态的岩溶地貌等，无不是水循环的杰作。

水循环不仅重新塑造地表形态，还深刻影响地壳表层内应力的平衡，是触发地震、滑坡、崩塌和泥石流，甚至引起地壳运动的重要原因。

(4) 水循环与生态平衡   水是生命之源，又是生物有机体的基本组成物质。地球上所有生物体中含有的水分总量约有 $1120km^3$，它们积极参与了水循环过程，其平均循环周期仅十几小时，远远高于一般水体的循环速度。没有水循环，就不会有生命活动，就不存在生物圈。

同时，水循环还是制约一个地区生态系统平衡状况的关键因素。例如，同属热带，水循环强盛的地区可以成为生物繁茂的热带雨林，水循环弱的地区则成为干旱草原，甚至热带沙漠。处于同一纬度带的大陆东西两岸，凡是受海洋影响大的海岸，水循环强盛，生态环境比较适合生物生长；水循环弱的海岸，生态环境相对比较脆弱。如我国东部地区处于季风气候区，受海洋影响大，降水丰沛，生态系统复杂多样；同纬度的西部则为内陆干旱气候区，基本不受海洋影响，降水稀少，沙漠分布广，生态系统脆弱。

此外，水循环还是造成洪、涝、旱等自然灾害的主要原因，循环强度过大，可能引发洪水与涝渍灾害；循环过弱，可能产生水资源不足的问题，形成旱灾。

(5) 水循环与水资源开发利用   水是人类赖以生存、发展的宝贵资源，是清洁的能源、农业的命脉、工业的血液和运输的大动脉。正是由于水循环才使水资源具有可再生性和可以永续利用的特点。如果自然界不存在水循环现象，水资源就不能再生，也无法永续利用。但必须指出的是水资源的可再生性和可以永续利用的特性并不意味着"取之不尽，用之不竭"。因为水资源永续利用是以水资源开发利用后能获得及时补充、更新为条件的。更新速度和补给量要受到水循环的强度、循环周期的制约，一旦水资源开发强度超过地区水循环更新速度或者水资源遭受严重的污染，就会面临水资源不足甚至枯竭的严重局面。所以对于特定地区，可开发利用的水资源量是有一定限度的。必须重视水资源的合理利用与保护，只有在开发利用强度不超过地区水循环更新速度以及控制水污染的条件下，水资源才能不断获得更新、实现永续利用。

(6) 水循环与水文现象及水文学科发展   水循环是地球上一切水文现象的根源，没有水循环，地球上就不会发生蒸发、降水、径流，不存在江河、湖泊。所以研究地球上的水循环，是认识和掌握自然界错综复杂的水文现象的一把钥匙，是把握自然界各种水的性质、运动、变化及相互关系的有效方法和手段。可以说对水循环与水量平衡的研究引导了以往水文学科的发展，亦将指导水文学的未来，并正从宏观与微观双向尺度上不断拓宽与加深水文学科。

5.2   海洋

海洋是地球上广阔连续的咸水水体的总称。地球上所有的大陆都被海洋所分隔和包围，海洋相互贯通，连成一片，形成世界大洋。海洋是地球水圈的主体。根据所处的地理位置和水文特征，将海洋分为洋、海、海湾、海峡等。

5.2.1　海洋的组成与结构

5.2.1.1　海洋的组成

洋是世界大洋的中心部分和主体部分，远离大陆，深度大，面积广，不受大陆影响，具有较稳定的理化性质和独立的潮汐系统，以及强大的洋流系统。世界大洋被大陆分为太平洋、大西洋、印度洋和北冰洋四大洋。

位于大洋边缘，被大陆、半岛或岛屿所分割成的具有一定形态特征的小水域，称为海、海湾和海峡。

海是与大陆毗邻，深度浅，面积小，兼受洋、陆影响，理化性质较不稳定，潮汐现象明显，有独立海流系统的水域。根据海被大陆孤立的程度及其地理位置和其他地理特征，海可分为陆间海、内陆海和边缘海。陆间海是介于两个以上大陆之间，并有海峡与相邻海洋相连通的水域，一般深度大，如亚、欧、非大陆之间的地中海。内陆海深入大陆内部，受大陆影响显著，海的地区个性很强，如黑海和波罗的海等。边缘海是位于大陆边缘的海，如东海。

海湾是海洋深入大陆的部分，其深度和宽度向大陆方向逐渐减小，一般以入口处海角之间的连线或湾口处的等深线作为洋或海的分界线，海湾潮差较大。

海峡是连通海洋与海洋的狭窄的天然水道，水流急，流速大，上下层或左右两侧海水理化性质不同，流向不同。

5.2.1.2　海洋的结构

根据海底地貌的基本形态特征，可将海洋底部分为大陆边缘、大洋盆地和洋中脊三个地貌结构单元，如图 5-3 所示。

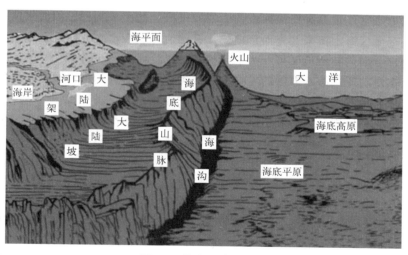

图 5-3　海底地貌类型图

（1）大陆边缘　大陆边缘可分成大陆架、大陆坡、大陆基和岛弧及海沟。大陆架（或称大陆浅滩）是与大陆毗邻的坡度平缓的浅水区域，是大陆在海面以下的自然延伸部分，通常取 200m 等深线为大陆架外缘。大陆坡和大陆基是大陆架与大洋盆地之间的过渡地带。大陆坡位于上部，坡度较陡，水深 200～3000m。大陆基位于下部，坡度较缓，水深 3000～

4000m。岛弧和海沟主要分布在大陆边缘与大洋盆地交接处。岛弧是弧形排列的群岛，也称"岛链""花彩列岛"。弧形的凸面常指向一个洋底海盆的中心。海沟多分布于大洋边缘，岛弧的向海一侧，为两侧坡度陡急、深度超过 5000m 的狭长的海底凹地。

（2）大洋盆地　大洋盆地是世界海洋中面积最大的地貌单元，可分为深海盆地、火山及海峰、海底高原和海底平原，水深 4000～6000m，约占世界海洋总面积的 45% 左右。

（3）洋中脊　洋中脊或中央海岭是世界大洋中最宏伟的地貌单元。它隆起于海底中央部分，贯穿于整个大洋，成为一个具有全球规模的洋底山脉。大洋中脊总长约 80000km，相当于陆上所有山脉长度的总和；面积约 1.2 亿平方千米，约占世界海洋总面积的 32.7%。洋中脊顶部和基部之间的深度落差平均为 1500m。

5.2.2　海水运动

海洋处于不停的运动变化之中，从表层到深层，从水平到垂直，从周期运动到无周期运动，运动形式多种多样，但引起海水运动的形式主要包括规模宏大的洋流系统、周期涨落的潮汐系统、汹涌澎湃的波浪系统和永无休止的混合系统。

5.2.2.1　洋流系统

洋流（或称海流）是海洋中具有相对稳定的流速和流向的海水，从一个海区水平地或垂直地向另一海区大规模的非周期性的运动。洋流是海水的主要运动形式。

洋流按成因可分为三类。①风海流，是海水在风力作用下形成的水平运动。风海流使大洋表层环流与盛行风系相适应。②密度流，是由海水密度分布不均匀引起的，当摩擦力可以忽略不计时，密度流又称地转流或梯度流。密度流是由于海水受热、冷却、蒸发和降水分布不均匀，使海水密度分布不均匀而产生的；也可能是由于不均匀的风作用于海面产生垂直环流，进而导致海水密度重新分布而形成的。③补偿流，是由于某种原因海水从一个海区大量流出，而另一个海区海水流来补充而形成的。补偿流可以在水平方向上发生，也可在垂直方向上发生。垂直方向的补偿流又可分为上升流和下降流。

按照海流本身与周围海水温度的差异分为两类：①暖流，指本身水温较周围海水温度高的海流；②寒流，指本身水温较周围海水温度低的海流。

产生海流的主要原因是风速和密度差异，实际海水的运动是上述几种类型的综合。

5.2.2.2　潮汐系统

潮汐指海水的周期性涨落现象。潮汐现象在垂直方向上表现为海水的周期性升降运动，习惯称为潮汐；而在水平方向上表现为海水的周期性水平流动，习惯称为潮流。海水升起前进时叫涨潮，下降后退时叫落潮。海水涨得最高时叫高潮（满潮），落得最低时叫低潮（干潮）。当潮汐达到高潮或低潮时，海面在一段时间内既不上升也不下降，而是处于一个相对平稳的状态，分别叫平潮或停潮。平潮的中间时刻为高潮时，停潮的中间时刻为低潮时。相邻高潮和低潮的水位差，叫潮差。

（1）潮汐的成因　潮汐现象主要是由月球和太阳等天体的引力在地球上的分布差异引起的，这个差异就是引潮力。

当只考虑月球作用时，可以把地球和月球看作一个地月引力系统，它们之间相互吸引。

月球引力与地球和月球质量的乘积成正比，与地月距离的平方成反比，指向月球中心。地球表面不同地点的水质点所受月球引力大小和方向都不同，离月球近的点受到的引力大，反之则小。此外，由于地球质量是月球质量的 81.3 倍，地月系统的公共质心就大大偏向地球中心的一侧，位于地球半径的 0.732 倍处，因此，地月系统围绕位于地球内部的公共质心旋转，使地球上各个质点受到大小相等、方向都指向月球对地心引力的相反方向的惯性离心力。地球表面各质点受到的月球引力和地月系统旋转产生的惯性离心力的矢量和就是月球引潮力。

当只考虑太阳作用时，可以把地球和太阳看作一个日地引力系统，它们之间相互吸引。太阳引力与地球和太阳质量的乘积成正比，与日地距离的平方成反比，指向太阳中心。地球表面不同地点的水质点受太阳引力大小和方向都不同，距离太阳近的点受到的引力大，反之则小。同时，由于太阳质量是地球质量的 333400 倍，日地系统的公共质心就大大偏向太阳中心的一侧，可以看成是地球绕着太阳公转。这使地球上各个质点受到大小相等、方向都指向太阳中心的离心力作用。地球表面各质点受到的太阳引力和日地系统旋转产生的惯性离心力的矢量和就是太阳引潮力。可见，太阳引潮力和月球引潮力类似。

太阳最大引潮力相当于地球重量的 1940 万分之一，月球最大引潮力相当于地球重量的 893 万分之一，也就是说，月球最大引潮力是太阳最大引潮力的 2.17 倍。因此，在近似地讨论潮汐现象时通常仅用月球引潮力，而忽略太阳引潮力。

引潮力是矢量，可以分成垂直引潮力和水平引潮力两个分力。垂直引潮力只能使海水的重力发生轻微的变化。水平引潮力虽然小，但没有力与其相抗衡，所以微小的水平引潮力就能使海水发生水平流动。向月半球上的海水从四面八方汇聚于正垂点（正对着月球的地球表面上的点），使该点的海水积聚而高涨；背向月半球上的海水也同样从四面八方汇聚于反垂点（正背着月球的地球表面上的点），从而在反垂点形成海水高涨现象。上涨的海水，上涨到一定高度后，受重力作用而下降；下降的海水，又将其减小的势能转变为动能赋予后继的上升海水之上。于是海水升降振动不已，可以持续一段相当长的时间。

太阳引潮力引起的潮汐叫太阳潮，月球引起的潮汐叫太阴潮。实际的潮汐是二者综合作用的结果。但是由于太阳引潮力比较小，太阳潮不明显，只对太阴潮起到增强或减弱的作用。总体来看，海水在月球引潮力作用下，海面由球形变成椭球形，正对和背向月球处是高潮，过地心而垂直于引潮力的垂直面上是低潮。

（2）潮汐日变化　当月球在赤道平面的延长线上时，地球各点的海面在一个太阴日（24 小时 50 分）内有两次高潮和两次低潮，且相邻高潮或低潮的潮高几乎相等，涨落潮时也几乎相等，这样的潮汐称半日潮，又称赤道潮或分点潮。

当月球偏离赤道平面的延长线时，在一个太阴日内有两次高潮和低潮，但潮差不等，涨潮时和落潮时也不等，出现高高潮、高低潮、低高潮和低低潮，称不正规半日潮。

当月球偏离赤道平面的延长线更远时，其中的一次高潮和一次低潮消失，半个月内有连续七天以上在一个太阴日内只出现一次高潮和一次低潮，这样的潮汐称全日潮。

在半个月内，较多天数为不正规半日潮，但有时一天里也发生一次高潮、一次低潮的现象，称不正规全日潮。

（3）潮汐月变化　每逢朔望（日月相合，月球被太阳照射的一面完全背着地球，看不到月球，这时的月相叫新月，也称朔，阴历初一就规定在朔日；日月相冲，地球在太阳和月球之间，月球受光的一面完全向着地球，圆形的月相叫满月，也称望，阴历十五就规定在望日），月球、太阳和地球三者大致位于一条直线上，月球引潮力和太阳引潮力相互重叠，这时的引潮力最大，形成高潮特高、低潮特低的大潮（或称朔望潮）。上、下弦（月球受光面的一半向着地球，呈现西边半圆形的月相为上弦月，东边半圆形的月相为下弦月，分别在阴历初七、八和二十二、二十三），月球、太阳和地球三者的位置形成直角，月球和太阳引潮力互相抵消一部分，这时的引潮力最小，形成一个月中两次高潮不高、低潮不低、潮差最小的小潮（或称两弦潮）。大潮和小潮的周期都是半月，它们也称半月潮。

（4）潮汐年变化　月球在近地点形成近地潮，在远地点形成远地潮，近地潮比远地潮大39%。如果月球在近地点，又恰逢朔望交食（即太阳在交点附近），则潮汐特别大。在一年内的二分日前后，太阳在二分点附近，如再逢朔望，则使一些海区内潮差增大。变化周期为一年。

由于摩擦力作用，高潮向后延迟，即一日间的高潮落后于月球中天的时刻，一月间的大潮落后于朔望1～3日。因此，一般情况下，钱塘江大潮的观潮时间以阴历八月十六到八月十八为宜。

（5）潮流　潮流是海水在天体引潮力作用下所形成的周期性水平运动，与垂直方向上的潮汐现象同时产生。有潮汐就伴有潮流，且潮汐与潮流周期相同。随着涨潮而产生的潮流称涨潮流，随着落潮而产生的潮流称落潮流。平潮或停潮时，潮流速度非常缓慢，近乎停止，称憩流。

潮流受海底地形及深度等地理环境影响而有差异：在大洋中部潮流不显著，潮速小；浅海区潮流较显著，潮速较大；海峡、海湾入口处潮流最明显，潮速最大；最大潮速可达到5m/s以上，使海水强度扰动，并可产生大小不等的旋涡。潮流受地转偏向力的作用，北半球顺时针旋转，南半球逆时针旋转。在海峡、港湾入口或江河海口处，潮流容易受到海洋宽度的限制，形成往复流。

5.2.2.3　波浪系统

波浪是海洋、湖泊、水库等宽敞水面上常见的水体运动。水质点在其平衡位置附近做近似封闭的圆运动，便产生了波浪。按成因，波浪可以分成四种。①风浪和涌浪，风直接作用下在水面出现的波动为风浪，风浪离开海区传至远处或风区里，风停息后所留下的波浪为涌浪；②内波，发生在海洋内部，由两种密度不同的海水做相对运动而引起的波动现象；③潮汐波，海水在引潮力作用下产生的波浪；④海啸，由火山、地震或风暴等引起的巨浪。

5.2.3　厄尔尼诺现象与拉尼娜现象

近几十年来，厄尔尼诺现象与拉尼娜现象日益成为人们关注的一个焦点，更成为全球气候变化研究的热点之一。厄尔尼诺现象是一种气候变化的事件。厄尔尼诺是西班牙语 El Niño 音译，意为"圣婴"。通常在赤道太平洋东部的厄瓜多尔和秘鲁沿岸，由于盛行与海岸平行的偏南风，表层水在风和地转偏向力作用下产生离岸流，这一带海面温度较低，大气稳定，气候干燥，是著名的赤道干旱带。为了保持水体平衡，深层较冷的海水便涌升上来形成补偿上升流，将深海中富含的营养物质带入表层，上升流为上层鱼类生长提供了极为有利的饵料条件，所以那里鱼类资源十分丰富，形成世界闻名的秘鲁渔场。但是，每年约12月末，有一支弱表层暖流，沿南美洲秘鲁和厄瓜多尔海岸向南流动，代替了那里表层原来的冷水，沿岸上升流也随之减弱或消失，使太平洋中部的广大海面海水温度异常上升，也影响到深海营养物质的输送，使秘鲁渔场大幅度减产，这种现象通常发生于圣诞节前后，故当地渔民取名为"圣婴"。

在平常年份，厄尔尼诺现象每年发生一次，但是不严重。但在一些异常年份里，其造成的危害较大，影响较大的厄尔尼诺现象出现的周期并不规则，2~7 年不等，平均约 4 年一次。

厄尔尼诺造成的影响可以波及全球，造成世界性的天气异常。

拉尼娜系西班牙语 La Nina 的音译，意为"圣女"，是指厄尔尼诺发生地区海水温度异常偏低的现象，其特征恰与厄尔尼诺现象相反，因而又称"反厄尔尼诺"现象。

关于厄尔尼诺现象的研究由来已久，但对和它有关的许多重要问题，包括形成机制、暖水来源以及东部和中西部赤道太平洋环流之间的动力学交换，目前还很不清楚。现在，主要有以下几种观点：地球自转速度变化与厄尔尼诺有关；海底火山喷发和热液活动引发厄尔尼诺事件；气旋活动是产生厄尔尼诺事件的重要原因；太阳活动与厄尔尼诺现象有关；日食活动与厄尔尼诺现象有关；厄尔尼诺现象的出现与赤道太平洋面的东西坡度及逆洋流的强度的变化有关，而赤道洋面的东西坡度及从西向东的赤道逆洋流的强度又和南半球大范围信风系统的强弱有关；厄尔尼诺与太平洋海温每年波动有关等。以上观点各有一定道理，但是还有许多疑点，仍需要科学界的不断努力。

5.2.4　海平面变化

自海洋形成以来，由于海水体积逐渐增加，海平面在总体上是逐渐上升的，根据克林格（1980）的估算，40 亿年前的海平面比现在低 2490m，20 亿年前低 1500m，10 亿年前低 620m，5 亿年前仍低 320m。但是这一估算结果的可信度无法确定。

5.2.4.1　历史时期的海平面变化

近代在全球各个大陆发现的贝壳堤、海滩岩、珊瑚礁、牡蛎堤，以及取自钻孔剖面的沉积物和生物遗迹标本，都毋庸置疑地证明，即使在最近地质历史时期，也出现过远高于现代的海平面，而大量埋藏在今天的海水下的贝壳堤、海滩、海滨沼泽、村落遗址、河口三角洲和外陆架，又证明过去确曾发生过海平面远低于现代海平面的情况。

局部地区海岸线的变化由于叠加了该地区地壳形变因素的影响，不一定能准确反映海平面升降幅度。但是，全球范围的海平面变化无疑应该是全球气候变化的反映。当冰期来临时，气候变冷，引起大陆冰盖和冰川扩展，使大量水体以固态形式储存于极地和其他大陆的山地，必然导致海平面降低、海洋面积减小。例如末次冰期最盛期（大约 18000 年前），海平面比现在低 155m；间冰期时，冰盖和山岳冰川强烈消融，又必然引致海平面迅速上升，例如末次冰期开始前，海平面就比现在高 10m，冰后期的全球大暖期中，海平面上升更多。

我国东部海岸变迁史表明，70000 年前渤海西海岸比现在平均偏西 200km，而黄海海岸更是远及大运河至太湖一带。44000 年前出现了完全相反的情况：黄海、东海海平面下降，海岸线向东推进到现代海岸以东达 4 个经度。距今 25000 年前，海平面再次上升，渤海海岸距北京不过 100km，黄海海岸则西移至镇江、扬州一带。但是仅仅过了 2000 年，海平面下降又使黄海、东海海岸线后退到目前海岸线以东 500km 以外。距今 15000 年前，东海海岸更是东移到距现在的日本九州岛不过 120km 附近,成为真正意义上的"一衣带水"。上述海域均有埋藏于水下的贝壳堤、滨海沼泽和河口三角洲作为当时低海平面的证据。到距今 10000 年前,海平面上升,海岸西进。但此时朝鲜半岛西海岸与我国黄海海岸之间仍只不过 350～400km 宽,远比目前浩瀚的黄海狭窄。

冰后期海平面升降幅度明显减小,再没有出现大起大落现象。距今 8000～7500 年前,海平面快速上升到接近现代高度;6500～6000 年前,渤海出现最高海面,且一直持续到距今 5000 年前,淹没的陆地仅在渤海西部就比现在多 2700km^2,天津东北与西南均有此时期的贝壳堤,天津没于海底自不用说。苏北海岸比现在偏西 60～100km,苏南、上海海岸偏西 150km,浙江东北也没于海下,杭州湾尚不存在。当时的长江口位于镇江、扬州附近。珠江三角洲几乎全被淹没,海岸线西移至现在广州市花都区附近。大暖期后,海平面变化更趋平缓。

5.2.4.2　近代海平面变化

20 世纪,由于气候变暖导致海洋热膨胀和冰川消融加剧,加上 CO_2 排放量猛增形成的温室效应,全球海平面普遍呈上升趋势。紧迫感和危机感促使许多研究者对海平面上升进行观测和估算,但所得结果差异悬殊。较近的研究成果同样很不一致。据分析,这与验潮站分布不均及所在地区构造升降不同、记录时间长短不一、采用的研究方法有别等因素有关,但对海平面上升这一点并无异议。

1980—2022 年,我国沿海海平面平均上升速率为 3.5mm/a,高于同时段全球平均水平。2022 年,我国沿海海平面较常年时段(1993—2011 年)高 94mm,为 1980 年以来最高。与常年相比,2022 年渤海、黄海、东海和南海沿海海平面分别高 119mm、86mm、79mm 和 94mm。

5.2.4.3　海平面上升预测

1990 年政府间气候变化专门委员会(IPCC)对未来海平面上升情况做了预测估算:如果 CO_2 不受限制照常排放,21 世纪海平面上升速度将为 20 世纪的 3～5 倍;如果能源供应转向低碳燃烧,可再生能源与核能取代矿物燃料,2050 年 CO_2 排放量降到 1985 年的一半,那么,到 2050 年全球海平面将上升 20～31cm。

1992 年,一批欧洲学者与中国学者合作,依据 IPCC 1992 年的温室气体排放方案(IS92a)提出 2050 年海平面上升最佳估计值为 22cm,2100 年为 48cm。

1993 年中国科学院地学部以全球海平面 2050 年上升 20～30cm 为依据,估计我国珠江三角洲海面将上升 40～60cm,上海地区 50～70cm,天津地区 70～100cm,估计时同时考虑了上述各地区的地面下沉幅度。

5.2.4.4　海平面变化的影响

海平面上升将使沿岸地区风暴潮灾害加剧,海岸侵蚀强化,潮滩湿地损失加剧,盐水入侵河口以及海岸底下含水层,阻碍陆地洪水与沿海城镇污水排放,理应受到高度重视。

海平面上升对人类社会的影响是深刻的。目前世界上有 50% 以上的人口生活在距海 50km 以内的海岸地带,平均人口密度比内地高出 10 倍。荷兰学者统计:如果今后一个世纪海平面上升 1m,直接受影响的土地有 500 万平方千米,人口约 10 亿,耕地占世界的

1/3。

我国大陆海岸线 1.8 万千米，沿海地区是改革开放的前沿、经济发展的重心，又有黄河、长江、珠江三大三角洲和低平的海岸平原，极易受到海平面上升的危害，应及早谋求对策。

5.3 河流

5.3.1 水系和流域

5.3.1.1 河流、水系的概念及特征

河流的发源地为河源，终点为河口。河流的河口可能在河流入海处、入湖处、注入其他河流处。干旱地区的一些河流可能消失在沙漠中而无明显河口，称为瞎尾河。河口处经常形成三角洲。

在一定的集水区域内，大小不一、规模不等的河流构成脉络相通的系统，称为水系。

当一条河由两条河流汇合而成时，其汇合的地方是这条河的开端，而不是源头，通常把其中较长的那条河流（即干流）的起点作为这条河的河源。直接与干流相通或直接注入干流的为一级支流，注入一级支流的为干流的二级支流，依此类推。

由源头起到河口的河道轴线长度为河流长度（河长）。

某河段的实际长度与该河段直线长度之比，称为该河段的弯曲系数，用来表示河道的弯曲程度。弯曲系数越大，河道越弯曲，弯曲系数大对航运和排洪不利。

某一研究时刻的水面线与河底线包围的面积为过水断面。过水断面上河道被水流浸湿部分的周长为湿周。过水断面面积与水面宽度的比值为平均水深。过水断面面积与湿周的比值为水力半径。

5.3.1.2 流域的概念及特征

分隔不同水系的高地或山岭等称为分水岭，如秦岭就是长江水系和黄河水系的地表分水岭。分水岭最高点的连线为分水线。地表以下不透水层或水面的最高点的连线为地下分水线。在地形起伏较大的山地丘陵地区，确定地表分水线比较容易；但是，在地表平坦的平原或沼泽地区就比较困难，这时可以根据地表水的流向或精密的水准测量来确定分水线。地下分水线通常较难确定，相邻大中流域的地表分水线与地下分水线不重合造成的水分交换量相对于流域总水量一般很小，可忽略不计。故一般将地表分水线所包围的区域称为流域。一个水系的流域就是该水系的地表集水。但在岩溶地区应该考虑地下集水区。流域中单位面积内的河流长度为河网密度，用来表示河道的疏密程度。

地表分水线在水平面上的投影所环绕的范围大小为流域面积，单位为 km^2。流域的轴长为流域长度，一般将干流河口至河源的直线距离作为流域长度。对于弯曲的流域，以河口为中心作同心圆，在同心圆与流域的地表分水线相交处绘出若干圆弧割线，割线中点连线的长度可视为弯曲流域的长度。流域面积与流域长度的比值为流域平均宽度。流域内各处高度

的平均值为流域平均高度。流域内各处坡度的平均值为流域平均坡度。流域面积与流域长度的平方的比值为流域形状系数。

5.3.2 河流的发育过程

5.3.2.1 冲沟的形成与发展

降雨或融雪时产生的无固定水道的细小水流沿斜坡向下的运动称为面流。斜坡面流虽然动能不大，但能够挟带坡面的输送物质如细颗粒物质沿斜坡向下运动。冲沟发育的第一个阶段是在斜坡上形成细谷。大气降水时，斜坡面流的水汇集到低洼处，在细小水流的冲刷下逐渐形成了细谷。随着这种作用的进行，细谷汇集的水流越来越多，从而扩大侵蚀面积，细谷加深的同时，其长度也沿坡向下、向上扩展。细谷向分水岭一侧移动，在接近斜坡谷源头处经常会出现一个较大落差，形成顶部跌水，即冲沟发育的第二阶段。这一阶段，冲沟纵剖面很陡，沟底不平坦，其出口呈"悬挂"状，在整个沟谷范围内发生强烈的垂向侵蚀。降雨和融雪后流水冲击顶部跌水的峭壁，使其遭到破坏。冲沟就这样每年向上加长，向分水岭发展。冲沟生长的这种过程，称为后退式侵蚀或向源侵蚀。冲沟除向上生长以外，还发生沿坡向下的强烈侵蚀，直到冲沟口达到冲沟水流排泄的河、湖或大海为止。冲沟排泄的河流或任一盆地的水面称为冲沟的侵蚀基准面。

以侵蚀基准面为准，开始冲沟发育的第三阶段。垂向侵蚀逐渐使原来不平的沟谷变平缓，沟底的纵剖面逐渐平滑。而在其上游区沟底仍然较陡，冲沟的横剖面一般有很大的坡度，有时呈"V"型谷。在冲沟发育的第四阶段，垂向侵蚀减弱，沟谷顶部峭壁变缓，冲沟岸坡逐渐塌落，形成稳定的天然斜坡角，局部被植物覆盖。沿冲沟流动的水冲走岩堆和其他重力作用或坡积作用的产物，并将其中一部分堆积在搬运的途中，在冲沟谷底的最深部形成厚度不大的堤状冲沟沉积物。在冲沟与河谷或湖泊（海）相接的出口处，局部形成沟谷冲积锥。一旦冲沟谷底达到地下水水面，冲沟中便产生经常性水流，并逐渐演变成不大的河谷。

5.3.2.2 河谷形态的发育阶段

河谷的发育过程可以划分为几个阶段。

第一阶段为河谷发育的初期，以底蚀或垂向侵蚀作用为主，主要分布在山地和高原区，具有陡峭的纵坡、跌水和瀑布。在这个阶段，水流运动速度很大，底蚀作用占主导地位，可以造成很深的、具陡坡的河谷。这些年轻河谷的形态特征是河谷深度大于宽度数倍，河床几乎被水充满，而局部沉积下来的冲积物只是暂时性的，当洪水泛滥时，可沿河向下再迁移。

河谷发育的中期，侧蚀作用加强，主河道时而向一岸，时而向另一岸迁移，并形成弯曲的河流——河曲。等河道冲平后（V字形剖面），河流侵蚀凹进去的河岸，在凸岸堆积，河流更加弯曲，旁蚀作用拓宽河谷，在中下游区形成蜿蜒曲流和宽坦的谷底平原。

河谷发育的晚期，侧蚀作用大大加强，在河流侧蚀的持续作用下，河道的弯曲程度越来越大，其结果是使河道截弯取直，留下废弃的古河道。地球自转也对大河谷的加宽及非对称性的侵蚀产生影响。在旋转体表面运动的物体都要受到科里奥利力的影响发生偏转，因此，北半球的河流右岸侵蚀较左岸强烈，往往形成右岸陡峭、左岸宽缓的地貌。

5.3.3　河流的水情要素

河流水情要素是用以表达河流水文情势变化的主要尺度，主要包括河流的水位、流速、流量等。

5.3.3.1　水位

水位指水体的自由水面高出基面的高程。基面有两种：一种是绝对基面，也叫标准基面；一种是测站基面。

绝对基面以海滨某一地点的特征海水面为零点确定。我国目前采用的有大连、大沽、黄海、废黄河口、吴淞和珠江口基面。为使不同河流的水位可以对比，目前全国统一采用青岛基面（即黄海基面）。

测站基面是水文测站专用的一种固定基面，以略低于历年最低水位的点或以河床最低点作为零点计算水位高程。采用测站基面便于就地观测和计算水位。

水位观测大都采用水尺法，即在河中立一木桩，桩上安装垂直于水面的搪瓷水尺。观测时，读出水面在水尺上所截的刻度，加上该点的零点高程，即为水位。

为了研究水位的变化规律，常将水位资料绘成水位过程线。水位过程线指水位随时间变化的曲线，它以时间为横坐标，水位为纵坐标。按需要可以绘制时、日、月、年及多年等不同时段的水位过程线，各时间段的水位采用该时间段内的平均水位，如小时均值、日均值、月均值和年均值等，但是一年中最高水位和最低水位转折处仍然采用最大和最小观测数值。

一年中等于和大于某一水位出现的次数之和为历时。将一年内逐日平均水位按递减次序排列，并将水位分成若干等级，分别统计各级水位发生的次数，再由高水位至低水位依次计算各级水位的累积次数（历时），以水位为纵坐标，以历时为横坐标绘制的曲线为水位历时曲线。根据该曲线可以查得一年中等于和大于某一水位的总天数（即历时），这对航运、桥梁、码头、引水工程的设计和使用均有重要意义。水位历时曲线常与水位过程线绘在一起，通常还在水位过程线图上标出最高水位、平均水位、最低水位等特征水位以供生产、科研使用。

5.3.3.2　流速

流速指流中水质点在单位时间内移动的距离，即

$$v = L/t \qquad (5\text{-}1)$$

式中，v 为流速，m/s；L 为距离，m；t 为时间，s。

流速沿深度的分布称垂线流速分布，以水深为纵坐标、垂线上各点的流速为横坐标，点绘成线得到垂线流速分布曲线，如图 5-4 所示。垂线流速分布曲线包围的面积除以水深得到垂线平均流速。通常，最大流速分布在水面以下 0.1~0.3m 水深处，最小流速出现在近河底处，平均流速一般相当于 0.6 倍水深处的点流速。如果河面封冻，则最大流速下移。河流过水断面上流速分布

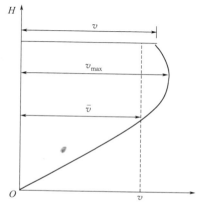

图 5-4　流速在垂线上的分布

一般都是由河底向水面、由两岸向河心逐渐增大的，河面封冻，则较大的流速常出现在断面中部。

可用流速仪测量河流流速，也可利用水力学公式——谢才公式计算，公式如下：

$$v = C\sqrt{RI} \tag{5-2}$$

式中，v 为断面平均流速；R 为水力半径；I 为水面比降；C 为流速系数。

一般河流的河床比降与水面比降数值相近，用河床比降代替水面比降计算。流速系数也称谢才系数，与河床粗糙系数、水深和过水断面形状等有关，通常用曼宁公式计算。

$$C = \frac{1}{n}R^{\frac{1}{6}} \tag{5-3}$$

式中，C 为流速系数；R 为水力半径；n 为粗糙系数，可查表 5-7 获得。

表 5-7   河道与河滩的粗糙系数

河道与河滩特征	粗糙系数
条件很好的天然河道（河道平直且清洁，水流畅通）	0.025
条件一般的河道（河道中有一定数量的石块和水草）	0.035
条件较差的河道（水流方向不甚规则，河道弯曲或河道虽然直但河底高低不平，浅滩、深潭、石块和水草较多）	0.040
淤塞和弯曲的周期性水流的河道，有杂草和灌木的不平整河滩（有深潭和土堆）；水面不平顺的山溪型卵石和块石河道	0.067
杂草丛生、水流缓弱且有多而大的深潭的河道和河滩；水流翻腾、水面带浪花的山溪型块石河道	0.080
沼泽型河流（有茂密水草、草墩且多处水不流动），具很大的死水区域的多树林的河滩；具深坑的河滩及湖泊河滩等	0.149

5.3.3.3   流量

流量（Q）指单位时间内流经某一过水断面的水量，$Q = vF$。式中，Q 为流量，m^3/s；v 为过水断面平均流速，m/s；F 为过水断面面积，m^2。

与水位类似，流量随时间的变化可以通过绘制流量过程线和流量历时曲线来分析。流量过程线是以时间为横坐标、流量为纵坐标绘制的曲线，用于分析某一时段的平均流量。流量历时曲线是以历时为横坐标、流量为纵坐标绘制的曲线，可以用于分析一年中大于等于某一流量的天数。

5.3.4   河流径流

沿地表和地下运动着的水流称径流。液态降水形成降雨径流，固态降水则形成冰雪融水径流。由降水到达地面时起，到水流流经出口断面的整个物理过程，称为径流形成过程。我国的河流以降雨径流为主，冰雪融水径流只在西部高山及高纬地区河流的局部地段发生。径流的形成与集流过程包括流域降水阶段、蓄渗阶段、漫流阶段、河网集流阶段四个阶段。根据形成过程和径流途径不同，河川径流又可分为地面径流、地下径流及壤中流（表层流）三种。

5.3.4.1   径流的表示方法

径流研究中经常用到如下径流特征值。

径流总量（W）：一定时段内通过河流某过水断面的总水量称为该断面以上流域的径流总量，m^3。

径流模数（M）：流域单位面积上的平均径流量，$m^3/(s \cdot km^2)$ 或 $L/(s \cdot km^2)$。

径流深度（R）：把某时段内径流总量平均分布于全流域面积上所得到的水深，mm。

模比系数（K）：某时段的径流值与该时段多年平均径流值之比，%。

径流系数（a）：某时段的径流深度与同一时段内降水量之比，%。

河流水量经常变化，各年的径流量就不相同。实测各年径流量的平均值为多年平均径流量，如果统计的实测资料年数增加到无限大，多年平均径流量将趋于一个稳定的数值，称为正常年径流量。正常年径流量是一个相对稳定的数值。正常年径流量是年径流量总体的平均值，也是多年平均径流量的代表值。多年平均径流量可以用年平均流量 Q（m^3/s）、多年平均径流总量 W（m^3）、多年平均径流深度 R（mm）及多年平均径流模数 M [$L/(s \cdot km^2)$] 表示。由于河川径流量的总体是无限的，取得总体的全部河川年径流量的资料非常困难，故一般情况下，只要有一定长度的系列资料，就可采用年径流量的多年平均值代替正常年径流量。

5.3.4.2　正常年径流量的计算

正常年径流量反映了河流某断面多年平均来水情况，是水资源可能利用的最大限度，因而在水利工程设计和水文计算中是很重要的资料。资料掌握的程度不同，推求正常年径流量的方法也不同。

（1）资料充分时正常年径流量的推求　资料充分是指掌握具有一定代表性的、足够长的实测资料系列。一般要求实测资料系列超过 30 年，其中要包含特大丰水年、特小枯水年及相对应的丰水年组和枯水年组，只有这样才能客观地反映过去的水文特征，才能为正确地预估未来水文情势提供可靠的依据。资料充分时，可用算术平均值法计算多年平均径流量，以代替正常年径流量。

（2）有短期实测资料时正常年径流量的推求　实测资料时段较短，一般不到 20 年，代表性较差，这时通常要选择参证站，建立计算站与参证站水文要素（参证变量）之间的数量关系，用参证站较长系列展延计算站的年径流系列，使其资料充分后，再用算术平均值法进行计算。参证站水文要素的选择直接影响成果的精度，因此，必须详细地分析径流形成的基本条件。目前水文计算时常用的参证变量是参证站的年径流量资料、本站或邻站的年降水资料。

① 利用年径流量实测资料延长插补系列。在本流域内（上、下游测站）或相邻流域，选择有长期充分实测年径流量资料的参证站，利用该站 N 年（大于 20 年）资料中与计算站 n 年同期对应的资料建立相关关系，利用参证站（$N-n$）年的径流量，通过相关公式推求计算站径流资料，使之达到 N 年。

② 利用年降水资料展延插补系列。如果附近缺乏长期充分的年径流量参证变量资料，可以选择降水量作为参证变量，这是因为降水量的多少在一定程度上决定年径流量的大小。实践表明，用降水量作为参证变量，可得到较准确的结果。建立参证雨量站（在本流域内或相邻流域或计算站附近）降水量与计算站的相应时段的实测径流资料之间的相关关系，利用降水量资料延长径流量资料系列。

（3）缺乏实测径流资料时正常年径流量的推求　一些中小河流无实测资料，一般通过间接途径推求正常年径流量。

① 等值线图法。水利部门常根据有限的实测资料绘制径流特征等值线图，例如正常年径流深度等值线图。

使用正常年径流深度等值线图时，首先要在图上勾绘出计算断面以上的流域，并计算流域面积 F。如果流域面积较小，或者等值线分布均匀，可用插值法求得流域形心处等值线的数值来代表正常年径流深度 R_0。如果流域面积较大，等值线分布又不均匀，则采用面积加权法计算，加权法计算公式为：

$$R_0 = \frac{\sum_{i=1}^{n} R'_i f_i}{F} \tag{5-4}$$

式中，R_0 为正常年径流深度；R'_i 为相邻两等值线的平均年径流深度的平均值；f_i 为流域界线以内相邻两等值线之间的面积；$F = f_1 + f_2 + f_3 + f_4 + f_5 + \cdots + f_n$，即流域面积。

根据计算的流域面积 F 和正常年径流深度 R_0，即可得到正常年径流量。

② 水文比拟法。首先选择参证流域，要求研究流域与参证流域的各项水文因素相似且参证流域具有较充分的长期水文实测资料，然后直接用参证流域的水文特征值来代表研究流域上的相应水文特征。如果两者个别因素有差异，需要适当修正。例如：两流域自然地理条件相似，而降雨情况稍有差别，则可用雨量系数加以修正；如果两者面积不同，则可利用面积系数加以修正。

5.3.4.3 年径流量的变化规律

年径流量多年变化规律的研究，可以为确定水利工程的规模和效益提供基本依据，对中长期水文预报和跨流域引水也十分重要。年径流量的变化规律一般包括年际变化和年内变化两个方面。

（1）径流量年际变化　通常用径流量年际变化的绝对比值和变差系数表示径流量年际变化幅度。

年际变化的绝对比值（K_n）为统计时间段内多年最大径流量与多年最小径流量的比值，也称年际极值比。K_n 越大，年际变化幅度越大；反之越小。

年径流量的变差系数（C_v）反映年径流量总体系列的离散程度。C_v 值大，年径流量的年际变化剧烈，不利于水资源的利用，且易发生旱涝灾害；C_v 值小，年径流量的年际变化小，利于水资源的利用。年径流量的变差系数 C_v 的计算公式如下：

$$C_v = \sqrt{\sum_{i=1}^{n} \frac{(k_i - 1)^2}{n - 1}} \tag{5-5}$$

式中，n 为数据年数；k_i 为第 i 年的年径流量变率，即第 i 年年均径流量与正常年径流量的比值。

河流各年年径流量的丰、枯情况，可按照一定保证率（P）的年径流标准划分，通常以 $P \leqslant 25\%$ 为丰水年，$P > 75\%$ 为枯水年，$25\% < P \leqslant 75\%$ 为平水年。在径流的年际变化过程中，丰水年、枯水年往往连续出现，而且丰水年组与枯水年组循环交替。中国南方和北方河流丰、枯水段的交替循环具有不同的特征：南方河流丰枯水循环交替的周期短，变化幅度小；北方河流丰枯水循环交替的周期长，变化幅度大。

（2）径流的年内变化　河流径流量的季节差异称径流的年内变化或年内分配或季节分配。

径流的年内变化影响河流对工农业的供水、通航时间长短和河流环境容量。河流径流量年内分配一般是不均匀的。以降雨补给为主的河流，降雨和蒸发的年内变化直接影响径流的年内分配；冰雪融水及季节性积雪融水补给的河流，气温的年内变化过程与径流季节分配关系密切；流域内有湖泊、水库调蓄或其他人类活动因素影响的河流，径流的年内变化极其复杂。

一般以多年平均季（或月）径流量占多年平均径流量的百分比（径流的季节分配）和一些特征值综合反映径流的年内变化状况。综合反映河川径流年内分配不均匀指标的特征值很多，常用径流年内分配不均匀系数和完全年调节系数两个指标来表征河川径流年内分配不均匀情况。

径流年内分配不均匀系数 C_{vy} 的计算式为：

$$C_{vy} = \sqrt{\frac{\sum_{i=1}^{12}\left(\frac{k_i}{\bar{k}}-1\right)^2}{12}}$$　(5-6)

式中，k_i 为第 i 月径流量占年径流的百分比；$\bar{k}$ 为 1 个月的月数（即 1）占全年总月数（即 12）的百分比，即 $100\%/12 = 8.33\%$。

C_{vy} 越大，各月径流量相差越大，即年内分配越不均匀；C_{vy} 越小，则分配越均匀。

径流年内分配完全年调节系数 C_r 的计算式为：

$$C_r = \frac{V}{W}$$　(5-7)

式中，V 为完全年调节库容；W 为年径流总量。

径流年内分配不均，通常建水库进行调节。如果水库能把下游的径流调节得十分均匀，即在一年内，无论是在洪水期还是枯水期，水库下游的河流流量是一样的（即等于年平均流量），这样的调节称为完全年调节。此时，水库用来储存上游来水的库容即为完全年调节库容。水库用来调节径流量的调节库容会随着径流量年内变化而变化。

（3）我国河川径流变化规律　夏季是我国河川径流最丰沛的季节，统称为夏季洪水。季风气候区受东南季风和西南季风的影响，夏季季风地区降水量大增；西北地区，夏季气温升高，冰雪大量融化。这就形成我国绝大部分地区夏季径流占优势的基本局势，洪水灾害也多发生在夏季。

冬季是我国河川径流量最为枯竭的季节，统称为冬季枯水。枯水是河流断面上较小流量的总称。枯水经历的时间为枯水期。当月平均水量占全年水量的比例小于 5% 时，则属于枯水期。北方的河流因气候严寒和受冰冻的影响，冬季径流量大部分不及全年的 5%；主要靠雨水补给的南方河流，每年冬季降雨量较北方多，但也较其他月份少，冬季也为枯水阶段。

春季是我国河川径流普遍增多的时期，但增长程度相差悬殊。东北、西北融雪和解冻形成显著的春汛；江南雨季开始，径流量增加迅速，可占全年的 40% 左右；西南地区因受西南季风的影响，一般只占全年的 5%～10%，造成春旱；华北地区一般在 10% 以下，春旱现象普遍。每年春末夏初、积雪融水由河网泄出后，在夏季雨季来临前，一般会经历一次枯水期。

秋季是我国河川径流普遍减退的季节，也称秋季平水。全国大部分地区秋季径流量比例为 20%～30%。海南岛为全国秋季河川径流量最高的地区，可达 50% 左右，为一年中径流最多的季节。其次是秦岭山地及其以南的地区，可达 40%。

可见，我国河流径流年内分配不均，夏秋多、冬春少。

（4）洪水

① 洪水三要素。大量降水或冰雪融水在短时间内汇入河槽形成的特大径流，称为洪水。

暴雨洪水的流量大，通常占全年径流总量的 50% 以上。以时间为横坐标、洪水流量为纵坐标绘制的曲线称为洪水过程线。分析洪水过程线可得到表征洪水特征的三要素，即洪峰流量 Q_m（洪水过程线的顶点）、洪水总量 W（洪水过程线与横坐标所包围的平面的面积）和洪水总历时（洪水过程线的底宽）。洪水三要素是水利工程设计的重要依据，水工建筑物能够抵御的最大洪水称为设计洪水。通常所说某水库是按百年一遇洪水设计，就是指该水库能够抵御重现期为百年的洪水，"百年一遇"即为该水库的设计标准。

② 洪峰流量的推求。洪峰流量的推求是港口建设、给水排水、道路桥梁及河流开发常遇到的水文问题。对于大多数中小流域的洪水计算，一般多缺乏实测资料，而小流域洪峰流量突出地受到流域自然地理因素的影响，流域面积小、汇流时间短、洪水陡涨陡落，故一般用洪峰流量与有关影响因素（主要是降雨和流域特征）之间的经验关系，建立经验的或半推理半经验的公式推求洪峰流量。

a. 根据洪水观测资料推求给定频率的洪峰流量。如果河流某断面上有年限较长（20 年以上）的洪水实测资料，可从中挑选一个最大的洪峰流量，或将每年洪水记录中超过某一标准定量的洪峰流量都选上，进行频率计算，从而求得所需频率的洪峰流量。

b. 地区综合经验公式法。对于无实测洪水资料的小流域，可选取适宜的经验公式推求洪峰流量。经验公式是利用一些资料建立的洪峰流量与影响洪水的主要因素之间的经验关系式，这类公式很多，也比较简单，其基本形式是：

$$Q_p = C_p F^n \tag{5-8}$$

式中，Q_p 为给定频率 p 的洪峰流量，m^3/s；F 为流域面积，km^2；C_p 为随自然地理条件和频率变化的系数；n 为经验指数，一般为 1/2、1/4 或 1。

c. 推理公式。推理公式多用来推求小流域洪峰流量，公式很多。中国水利水电科学研究院提出了适用于小于 $500km^2$ 流域的洪峰流量的半理论半经验公式，即：

$$Q_m = 0.278\varphi \frac{S}{t_n} F \tag{5-9}$$

$$S = H_{24p} \times 24^{n-1}$$

式中，Q_m 为洪峰流量，m^3/s；φ 为洪峰径流系数，即汇流时间 t 内最大降雨所产生的径流深 h 与 H 之比值；F 为流域面积，km^2；0.278 为单位换算系数；S 为雨力，mm/s，与暴雨的频率有关，一般可由最大 24h 设计暴雨量按 $S = H_{24p} \times 24^{n-1}$ 计算而得，也可直接查 S 等值线图；n 为暴雨衰减指数，表示一次暴雨过程中各种时段的平均暴雨强度随着时段的加长而减小的指标；H_{24p} 为频率为 p 的最大 24h 设计平均雨量，mm。当推求小于 1h 的时段平均暴雨强度时，$n=n_1$，约为 0.5；当推求大于 1h 而小于 24h 的时段平均暴雨强度时，$n=n_2$，约为 0.7。也可查阅各省区 n 的等值线图或地区综合成果来获取。

5.4 湖泊、水库与沼泽

5.4.1 湖泊

湖泊是陆地表面具有一定规模的天然蓄水洼地，是由湖盆、湖水以及水中物质组成的自然综合体。湖泊对维护自然平衡和人类文明发展有着重要意义。在地表水循环过程中，有的湖泊是河流的源泉，起着水量贮存与补给的作用；有的湖泊（与海洋沟通的外流湖）是河流的中继站，起着调蓄河川径流的作用；还有的湖泊（与海洋隔绝的内陆湖）是河流终点的汇集地，构成了局部的水循环。

湖泊遍及世界各地，总面积达270万平方千米，约占陆地面积的1.8%，其水量约为地表河流溪沟所蓄水量的180倍，是陆地表面仅次于冰川的第二大水体。湖泊差异很大：世界最大的湖泊是里海，面积约371000km²；苏必利尔湖是世界最大淡水湖，面积为82100km²；最深的湖泊是贝加尔湖，深达1620m；最高的湖泊是我国西藏的纳木错，湖面海拔4718m；最低的是位于巴勒斯坦、约旦两国间的死海，水面比地中海海面低415m。湖泊最多的国家是芬兰，共有湖泊约18.8万个，占该国面积的8%，有"千湖之国"之称。我国也是多湖国家。

5.4.1.1　湖泊的分类

（1）按湖盆的成因分类　湖泊的成因类型繁多，概括地说可以分成自然成因和人工造湖两大类。天然湖泊是在内、外力相互作用下形成的，以内力作用为主形成的湖泊主要有构造湖、火山口湖和堰塞湖等，以外力作用为主形成的湖泊主要有河成、风成、冰成、海成以及溶蚀等不同类型的湖泊。天然湖泊具有以下成因类型。

① 构造湖。由于地壳的构造运动（断裂、断层、地堑等）所产生的凹陷积水而形成，其特点是湖岸平直、狭长、陡峻，深度大，如贝加尔湖、洱海等。

② 火山口湖。火山喷发停止后，火山口成为积水的湖盆，其特点是外形近圆形或马蹄形，深度较大，如长白山天池。

③ 堰塞湖。有熔岩堰塞湖与山崩堰塞湖之分。前者为火山爆发熔岩流阻塞河道形成，如五大连池；后者为地震、山崩引起河道阻塞所致，这种湖泊往往维持时间不长又被冲没而恢复原河道，如岷江上的大小海子（1932年地震山崩形成）。

④ 岩溶湖。由地表水及地下水溶蚀了可溶性岩层所致，多呈圆形或椭圆形，水深较浅，主要分布在碳酸盐岩地区，如贵州的草海。

⑤ 风成湖。由风蚀洼地积水而成，多分布在干旱或半干旱地区，湖水较浅，面积、大小、形状不一，矿化度较高，如我国内蒙古的湖泊。

⑥ 河成湖。河流改道、截弯取直、淤积等使原河道变成了湖盆，其外形特点多是弯月形或牛轭形，故又称牛轭湖（图5-5），一般水深较浅，如我国江汉平原上的一些湖泊。

⑦ 海成湖。在浅海、海湾及河口三角洲地区，沿岸流的沉积使沙嘴、沙洲不断发展延伸，最后封闭海湾部分地区形成湖泊，这种湖泊又称潟湖，如我国的西湖、太湖。

⑧ 冰成湖。古代冰川或现代冰川的刨蚀或堆积作用形成的湖泊，包括冰蚀湖与冰碛湖，特点是大小、形状不一，常密集成群分布，如北美五大湖区、芬兰的多数湖泊及我国西藏的湖泊。

总之，天然湖盆往往是由两种以上因素共同作用而成的。

（2）按湖水矿化度分类　按湖水的矿化度可将湖泊分为淡水湖（矿化度小于1g/L）和咸水湖（矿化度大于1g/L）。咸水湖可能是潟湖继承海水性质造成的，也可能形成于干旱地区，强烈蒸发使得矿物盐浓度增加而形成。外流湖大多为淡水湖，内陆湖则多为咸水湖、盐湖。

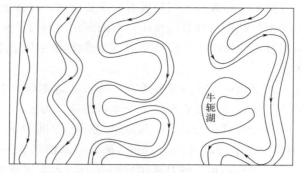

图 5-5　牛轭湖及其形成过程示意图

（3）按湖水营养物质含量分类　按湖水营养物质（主要是氮和磷）的含量，可以将湖泊划分为贫营养湖、中营养湖和富营养湖。湖泊富营养化是湖泊自然衰老的一种表现。但是，接近大城市的湖泊，由于城市污水及工业废水的大量进入而加快了富营养化的进程，多已成为富营养化的湖泊。湖泊富营养化程度与湖水中氮、磷含量有密切关系，但两者并不呈线性相关。根据对瑞典 46 个湖的资料统计，不同富营养化程度的湖泊，氮和磷的含量不同（表5-8）。

表 5-8　瑞典湖泊氮、磷含量与富营养化程度的关系

富营养化程度	总磷/(mg/m³)		无机氮/(mg/m³)	
	平均值	范围	平均值	范围
贫-中营养	8.0	7.3～8.7	312	228～392
中-富营养	17.6	11.0～26.6	470	342～518
富营养	84.4	45.8～144	1170	420～2370

国际上一般认为，总磷浓度为 $20mg/m^3$、总氮浓度为 $200mg/m^3$ 是湖泊富营养化的发生浓度。但不同研究者对富营养化的划分常常相似而又不完全相同。美国水质标准中规定的警戒值是：流水中的磷不超过 $100mg/m^3$，湖泊水体中的磷不得超过 $50mg/m^3$。对于发生富营养化来说，磷的作用远大于氮。当磷的含量不很高时，就可引起富营养化作用，但也不能因此忽略高浓度氮的作用。

由于单因子评价富营养化具有片面性，一些学者相继提出了综合营养状态指数，如美国的卡尔森提出了以湖水透明度为基准的营养状态评价指数，日本的相崎守弘等提出了以叶绿素浓度为基准的营养状态指数。我国在《湖泊（水库）富营养化评价方法及分级技术规定》中推荐使用以叶绿素 a（chla）、总磷（TP）、总氮（TN）、透明度（SD）、高锰酸盐指数（COD_{Mn}）为基准的综合营养状态指数公式来评价湖泊的富营养化状态。

（4）其他　按湖水补排情况可分为吞吐湖和闭口湖两类。前者既有河水注入，又能流出，如洞庭湖；后者只有入湖河流，没有出湖水流，如罗布泊。按湖水与海洋沟通情况可分为外流湖与内陆湖两类。外流湖能通过出流河汇入大海，内陆湖则与海隔绝。

5.4.1.2　湖水的补给和排泄

湖水主要来自大气降水、地表流水和地下水，某些湖泊来自冰川融水和残留海水。湖水的供给受气候和地形的影响。一般情况下位于高处的湖泊，如山顶的火山口湖，主要靠大气

降水补给；位于低洼处的湖泊，其水源除大气降水外还有地下水；温带湖泊，湖水主要来自地表径流与降水；干冷气候区湖泊的补给以冰雪融水和地下水为主。

湖水通过蒸发、流泄和向地下渗透三种方式排泄。干旱气候区多数湖泊无出口，湖水主要以蒸发方式排泄。潮湿气候区多数湖泊有出口，湖水主要以流泄方式排泄。

如果湖水的流入量大于或等于湖水的排泄量，湖泊能长期存在；如果湖水的流入量小于排泄量，湖泊便逐渐干涸或成为季节性间歇湖，湖泊水体更新速度慢，更容易造成湖泊污染。

5.4.1.3 湖泊的演化

湖泊有其发生、发展与消亡的过程。湖泊一旦形成，由于自然环境的变迁、人类活动的影响，湖盆形态、湖水性质、湖中生物等均不断发生变化。其中湖泊形态的改变往往会导致其他变化。

湖泊由深变浅、由大变小，湖岸由弯曲变为平直，湖底由凹凸变为平坦，这些变化会使深水植物逐渐演化为浅水植物，沿岸的植物逐渐向湖心发展。由于泥沙不断充填、水中生物死亡和堆积，最后湖泊会转变为沼泽。干燥区湖泊由于盐分不断累积，由淡水湖转化为咸水湖。盐度较小的湖泊，其生物大致与淡水湖相同；盐度较大的湖泊中，淡水生物很难生存。水量继续蒸发减少，咸水湖可以变干，转化为盐沼，至此湖泊全部消亡。

(1) 湖盆的演化 湖岸长期接受湖水浸润并在波浪、湖流的不断冲击作用下会发生崩塌、滑塌等变形，在湖流的侵蚀下，原岸线逐渐侵蚀后退，形成侵蚀浅滩；在流速小的地方发生岸边沉积，并逐渐向湖心方向发展形成淤积浅滩；湖水中的化学沉积、生物沉积及机械沉积使湖底逐渐变平、面积和容积逐渐缩小；当浅滩发展到足以消耗传至岸边波浪的全部能量时，湖岸便演化成相对稳定的形态。当湖泊变浅时，深水部分产生的淤泥往往被浅水沉积物重新覆盖。

(2) 湖水的演化 湖水的演化是指湖水化学性质的改变。引起湖水化学性质改变的自然因素主要包括气候变化或盐分平衡变化。如气候变干，蒸发加强，盐分不断浓缩，水的矿化度不断增大，水量不断减少，各种盐类均可析出而沉积于湖底。引起湖水化学性质改变的人为因素主要包括工业废水、农田灌溉用水的排入。湖水化学性质的改变进而影响湖中生物的种类和数量。

(3) 湖中生物的演化 湖泊水生生物可分为浮游生物、漂浮生物、自游生物和底栖生物等。不同的水生生物要求不同的湖泊环境。湖盆的演化、湖水水质的变化必然使湖泊生物群落的组成结构、生物的种类和数量相应发生变化。

随着湖盆为沉积物充填，环生的草丛从四周向湖心扩展，使湖心开阔的水面逐渐缩小，当湖泊水深减到一定程度，植物就沿着湖面从湖底露出水面。生物残骸与泥沙的沉积日积月累，湖泊最终消亡成为沼泽。

5.4.2 水库

5.4.2.1 水库的结构和特征水位及特征库容

(1) 水库的结构 用大坝阻塞河道形成的人工蓄水洼地，叫水库 (reservoir)。水库一般由拦河坝、输水建筑物和溢洪道三部分组成。拦河坝也称挡水建筑物，主要起抬高水位、拦蓄水量的作用。输水建筑物是专供取水或放水用的，即用于引水发电、灌溉、放空水库等，也能兼泄部分洪水。溢洪道又称泄洪建筑物，供宣泄洪水、防洪调节及保证水库安全之用。此外，有的水库还增设通航建筑物、发电机房、排沙底孔等。修水库的目的是调节径流、综合利用水资源。水库的规模用库容来描述，库容指水库纳蓄一定量的水的容积，按照库容的大小可以把水库分为大（大于 1 亿立方米）、中（1000 万～1 亿立方米）、小（10 万～1000 万立方米）和塘坝（小于 10 万立方米）四种类型。我国是世界上水库最多的国家，截至 2018 年已建成大、中、小型水库 9.8 万多座，总库容 8983 亿立方米，另外还有库容在 10 万立方米以下的塘坝 630 多万个。数量如此众多的水库、塘坝，对我国的生态环境和经济发展有着巨大的影响。

（2）特征库容与特征水位　水库总库容包括防洪库容、兴利库容和死库容，相应于各种库容有各种特征水位（即库中水面的高程），如图 5-6 所示。

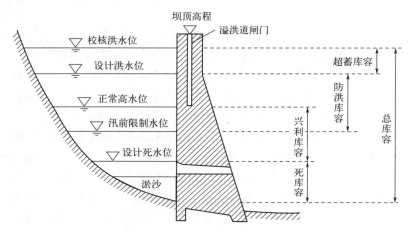

图 5-6　水库特征库容及其相应水位

① 死库容与死水位。根据发电最小水头、灌溉最低水位和泥沙淤积情况而设计的最低水位称为死水位，死水位以下对应的库容为死库容。死库容不能用于调节水量。

② 兴利库容与正常高水位。为满足灌溉、发电等需要而设计的库容称为兴利库容，对应的水位为正常高水位（设计蓄水位），即水库在正常运行条件下允许经常保持的最高水位。

③ 防洪库容与设计洪水位、校核洪水位与汛前限制水位。为了调蓄上游入库洪水、削减洪峰，减轻洪水对下游的威胁以达防洪目的而设计的库容称为防洪库容，所对应的水位为设计洪水位，即正常年份发生防洪库容设计流量洪水时，水库允许达到的最高水位。当发生特大洪水时，水库允许达到的最高水位称为校核洪水位。在汛期到来之前，为了削减洪峰、拦蓄部分洪水，常腾出一部分兴利库容以备调蓄洪水，其相应的水位称为汛前限制水位（防洪限制水位），洪水来临之前不应超过汛前限制水位进行蓄水。

5.4.2.2　水库的调节作用

修建水库的目的是改变河川径流的时空分配，实现兴利除害。入库流量为拦河坝以上流域的地表径流和地下径流，出库流量则为人们所控制，根据需要有计划地放出水量，这就是水库的调节作用。水库改变了原来河流的水文规律。汛期，水库将部分径流拦蓄起来，减轻洪水对下游的威胁；枯水期，水库有计划地将部分蓄水排放出来，减轻干旱威胁。可见，正是调节作用使得水库具有防洪、灌溉、发电、航运等多方效益。按调节周期的长短，水库的调节作用可分为日调节、年调节和多年调节。

洪水期间，水库的调节作用非常重要。图 5-7 为一次洪水过程中水库对洪水的调节作用示意图。假定水库溢洪道无闸门控制，水库汛前水位与溢洪道堰顶高程齐平。开始时，入库洪水量大于溢洪道下泄洪水量。随着入库洪水量逐渐增大，下泄流量也相应增加，但仍小于入库流量，水库水位不断上升。在 t_1 时刻，入库洪峰流量出现后，入库洪水量开始减少。在 $t_1 \rightarrow t_2$ 时段内，入库流量仍大于出库流量，水库水位仍在上升，下泄洪水量仍然增加。在 t_2 时刻，出库流量达到最大值，入库流量等于出库流量，水位升至最高。此后，入库流量小于出库流量，水库水位趋于下降，出库流量也随之减小，直到水库水位又与溢洪道堰顶高程齐平为止。

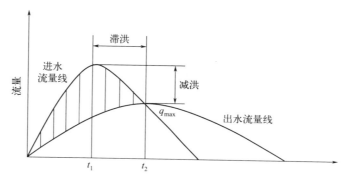

图 5-7　水库对洪水的调节作用示意图

可见，洪水进入水库后便留一部分水量暂时调蓄在水库中（图中阴影部分），t_2 时刻后，这部分水又慢慢流出来，其结果使洪峰削弱，峰线时间延后，洪水过程拉长。

5.4.2.3　水库淤积

河道上建坝形成水库，由于改变了河道的流量和流速，使河流失去了原有的平衡和输沙能力而不足以挟带原有的泥沙，泥沙便在水库中沉降。因此，所有水库都存在不同程度的淤积问题。水库淤积形式和来水来沙条件、库底地形及水库运行方式等密切相关。

水库泥沙淤积量一般可用沙量平衡方法和实测水库水下地形的方法进行计算和分析，在此基础上可推求水库寿命。在没有实测资料时可用下垫面条件相似的邻近水库的淤积资料，按照下式粗略计算淤积量：

$$W = GF \tag{5-10}$$

式中，W 为设计水库多年平均的年淤积量，m^3/a；G 为相似水库单位水土流失面积上多年平均年淤积量，$m^3/(a \cdot km^2)$；F 为设计水库所在流域水土流失面积，km^2。

水库寿命 T 为：

$$T = V_{死}/W \tag{5-11}$$

式中，$V_{死}$ 为水库的死库容，m^3。

5.4.3　沼泽

沼泽是地表土壤层水过饱和的地段，是一种特殊的自然综合体，具有三个基本特征：

①地表经常过湿或有薄层积水；②其上生长湿生植物或沼生植物；③有泥炭积累或无泥炭积累但有潜育层存在。

全球沼泽面积约占陆地面积的0.8%。我国的沼泽主要分布在四川的若尔盖高原、三江平原等地，总面积约11万平方千米，占全国陆地面积的1.15%。

5.4.3.1 沼泽的形成

沼泽地段的自然条件一般是地势低平、排水不畅、蒸发量小于降水量，地表组成物质黏重不易渗透，故主要分布在冷湿或温湿地带。其形成大致可分为两种情况。

（1）水体沼泽化 主要是指海滨沼泽化、湖泊沼泽化和河流沼泽化。最常见的是湖泊沼泽化，又可分为浅湖沼泽化和深湖沼泽化两类。

浅湖沼泽化过程：水生植物或湿生植物不断生长与死亡，沉入湖底的植物残体在缺氧的条件下，未经充分分解便堆积于湖底，变成了泥炭，再加上泥沙的淤积，使湖面逐渐缩小，水深变浅，水生植物和湿生植物不断地从湖岸向湖心发展，最后整个湖泊就变成了沼泽。

深湖沼泽化过程：水中生长长根茎的漂浮植物，其根茎交织在一起形成"浮毯"，浮毯可与湖岸相连，由风或水流带入湖中的植物种子便在浮毯上生长起来。以后由于植物不断生长与死亡，其残体便累积在浮毯上形成泥炭，当浮毯层发展到一定厚度时，其下部的植物残体渐渐沉入湖底，形成下部泥炭层。随着时间的推移，上、下部泥炭层扩大和加厚，加上湖底填高，净水层渐渐减小，以致两者相连，湖泊就全部转化为沼泽。

（2）陆地沼泽化 陆地沼泽化又可分为森林沼泽化和草甸沼泽化。森林沼泽化过程往往在森林的自然演替、采伐和火烧之后形成。在寒带和寒温带茂密的针叶林区，森林阻挡了阳光和风，枯枝落叶层掩盖了地面，减小了地面蒸发，又拦蓄了部分地面径流，如遇土壤底层为不易透水的岩石或沉积层，就会使土壤过湿，引起森林退化，使适合这种环境的草类、藓类植物生长，森林从而逐渐演变成沼泽。此外，森林采伐和火烧，可使土壤表层变紧，减少水分蒸腾，使土壤表层变湿，为沼泽植物生长发育创造条件，因而在采伐和火烧迹地上容易引起沼泽化。

草甸沼泽化过程常发生在地势低平、排水不畅的地方，疏丛草被密丛草所代替，植物残体在水不易流通的环境里因分解不充分而转化为泥炭，草甸植被逐渐为沼泽植被所代替，草甸转化为沼泽。

5.4.3.2 沼泽的水文特征

（1）沼泽水的存在形式 沼泽水大都以重力水、毛管水、薄膜水等形式存在于泥炭层和草根层中。当潜水出露地面成为地表积水或汇成小河、小湖、常年积水、季节积水或临时积水、片状积水，深度小于50cm，有草丘时，水积于丘间洼地。

（2）沼泽水的运动 沼泽径流中除部分沼泽在个别时段有表面流外，大部分是孔隙介质中侧向渗透的沼泽表层流。表层流存在于潜水位变动带内，呈层流状态，可用达西定律描述。速度与水力坡度和渗透系数成正比。通常水力坡度与沼泽表面坡降相同，渗透系数各层不一。流量的大小取决于潜水位的高低、各层渗透系数和泥炭层或草根层的厚度。

（3）沼泽水量平衡 蒸发量大、径流量小是沼泽水量平衡的重要特点。在多年变化中，蒸发量变化小，径流量变化相对较大。沼泽蒸发量的大小与沼泽类型、气候条件及沼泽蓄水的多少有关。一般情况下，潜育沼泽、低位沼泽蒸发量较大。沼泽蓄水多时，蒸发量与辐射平衡值呈正相关。在夏季，当沼泽前期蓄水量基本耗尽时，沼泽蒸发与降水量也呈正相关。

（4）沼泽的温度、冻结和解冻　表面有积水或表层水饱和的沼泽，其表面温度及日变幅都小于一般地面，地表无积水而近于干燥的泥炭沼泽和干枯的潜育沼泽则相反。沼泽温度日变化波及的垂直深度一般均很小。高纬地区的沼泽有冻结现象。当潜水位到达沼泽表面时，冻结过程开始较晚，冻结慢、深度小；当表层有机物质近于干燥时，冷却快、冻结早，但下层冻结很迟缓，冻结深度也小。同理，春天解冻迟、化透时间晚。例如，三江平原7月间正值盛夏，沼泽表面温度可高于20℃，但有的沼泽表面以下仍有冻层存在。

（5）沼泽水水质特征　沼泽水含有机质和悬浮物，生物化学作用强烈。水体浑浊，呈黄褐色。因有机酸和铁锰含量较高，沼泽水面常出现红色。沼泽水矿化度较低，除干旱区的盐沼和海滨沼泽外，一般不超过500g/L。水的硬度很低，pH值3.5～7.5，呈酸性和中性反应，以弱酸性反应居多，腐殖质的含量从几毫克每升到上百毫克每升不等。

5.5　地下水

地下水作为地球上重要的水体之一，与人类社会密切相关。地下水以其稳定的供水条件、良好的水质，成为农业灌溉、工矿企业以及城市生活用水的重要水源，尤其是在地表缺水的干旱、半干旱地区，地下水常成为当地的主要供水水源。例如，据不完全统计，20世纪70年代的以色列75%以上的用水为地下水。同时，地下水作为一个重要的生态因子，对地区生态环境起着非常重要的作用。但是，过量开采和不合理利用常造成地下水位严重下降，形成大面积的地下水下降漏斗和地面沉降。此外，工业废水与生活污水的大量入渗，常严重地污染地下水源，危及地下水资源。因此，系统地研究地下水的形成和分类、地下水的运动等具有重要意义。

5.5.1　地下水的性质

（1）温度　地下水的埋深不同，温度变化规律也不同。近地表地下水的水温受气温的影响，具有周期性变化：一般在日常温层以上，水温有明显的昼夜变化；在年常温层以上，水温具有季节性变化。在年常温层中，地下水温度变化很小，一般不超过0.1℃。而在年常温层以下，地下水温度则随深度的增加而逐渐升高，其变化规律取决于一个地区的地热增温级。地热增温级是指在常温层以下，温度每升高1℃所需增加的深度，单位为m/℃。各处地热增温级不同，一般为33m/℃。

在不同地区，地下水温度差异很大。如在新火山地区，地下水温可达100℃以上；而在寒带、极地及高山、高原地区，地下水的温度很低，有的可低至−5℃。地下水按温度差异可分为表5-9所示的几类。

表5-9　地下水温度分类

类别	非常冷水	极冷水	冷水	温水	热水	极热水	沸腾水
温度/℃	<0	0～4	4～20	20～37	37～42	42～100	>100

（2）颜色　地下水一般是无色透明的，但有时因含某种离子、富集悬浮物或含胶体物

质，也可显出各种颜色。例如含亚铁离子或硫化氢气体的水呈浅蓝绿色，含腐殖质或有机物的带浅黑色，含黑色矿物质或碳质悬浮物的为灰色，含黏土颗粒或浅色矿物质悬浮物的为土色等。

（3）透明度　地下水的透明度取决于水中所含盐类、悬浮物、有机质和胶体的数量。透明度分为透明、微浑浊、浑浊和极浑浊四级。水深60cm能看见容器底部3mm粗的线者为透明；于30~60cm深度能看见者为微浑浊；30cm深度以内能看见者为浑浊；水很浅也看不见者为极浑浊。

（4）相对密度　地下水相对密度取决于水温和溶解盐类。溶解的盐分愈多，相对密度愈大。地下淡水相对密度常常接近1。盐水的相对密度可用波美度来表示，1L水中含有10g氯化钠，则其盐度相当于1波美度。

（5）其他　地下水具有导电性。地下水的导电性取决于所含电解质的数量与性质，离子含量越多，离子价越高，则水的导电性越强。地下水多含有放射性气体和放射性物质，所以大都有放射性。此外，因含有不同气体成分和有机物，地下水具有不同的嗅感和味感。

5.5.2　地下水的赋存状态

5.5.2.1　地下水的存储状态

自然界的岩石、松散堆积物和土壤均是多孔介质，在它们的固体骨架间存在着形状不一、大小不等的空隙（包括孔隙、裂隙或溶隙等）。空隙主要被空气占据的为包气带，空隙主要被水所占据的为饱水带。地下水是存在于地表以下岩（土）层空隙中的各种不同形式水的统称。在不同的深度范围内，地下水存在形式不同。图5-8是典型地下水垂向层次结构的基本模式。自地表起至地下某一深处出现稳定不透水层为止，可分出包气带和饱水带两个部分。存在于包气带的地下水包括结合水（吸湿水、薄膜水）、毛管水（分为毛管悬着水与毛管上升水）、重力水（分为上层滞水与渗透重力水）。存在于饱水带的地下水包括潜水、承压水（分为自流溢水与非自流溢水）。

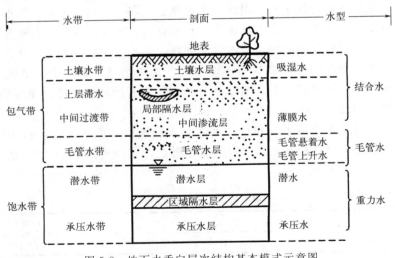

图 5-8　地下水垂向层次结构基本模式示意图

　　根据存在形态可将地下水分为固态水（地下水冻结时形成的冰）、液态水和气态水（存在于土壤空气中的水汽）。液态水可按存在形态分为吸湿水（物理紧束缚水）、膜状水（物理松束缚水）、毛管水、重力水等四种类型。

　　（1）固态水　固态水是以固体状态存在的水分。当土壤和岩石的温度在 0℃ 以下时，地下水结成固态水，在高纬度地带及高山区的冰沼有永冻层的固态水存在。此外，在冬季寒冷的中纬度地带，土壤中有季节性固态水。固态水不能为植物所利用。

　　（2）气态水　一般情况下，土壤中存在着气体状态的水分，它是土壤空气的组成部分。水汽在土壤孔隙中靠扩散作用进行运动，而且单位距离内水汽压力相差越大，扩散越快。气态水含量虽然很少，但由于它能自由移动，并能调节其他形态的水分，故其重要性不能忽视。

　　（3）吸湿水　单位体积的土壤具有的土壤颗粒表面积很大，因而具有很强的吸附力，能将周围环境中的水汽分子吸附于土壤颗粒表面，这种束缚在土粒表面的水分即吸湿水。吸湿水不能自由移动，无溶解能力，不能被植物吸收，无导电性。土壤吸湿水含量达到最大值时，称为吸湿系数。土壤吸湿水含量与土壤空气相对湿度大小、土壤质地粗细、土壤有机质含量多少密切相关。土壤质地愈细，吸湿量愈大；土壤有机质含量越多，吸湿量越大；空气相对湿度越大，吸湿量越大。

　　（4）膜状水　吸湿水达最大数量后，土粒已无足够力量吸附空气中活动力较强的水汽分子，只能吸持周围环境中处于液态的水分子。由这种吸着力吸持的水分使吸湿水外面的薄膜逐渐加厚，形成连续的水膜，称为膜状水。吸湿水和膜状水合称物理束缚水，前者叫物理紧束缚水，后者称物理松束缚水。膜状水能从水膜厚处向薄处移动，具有较低的溶解能力，它的外层可被植物吸收利用，但移动速度极慢，供不应求，满足不了植物对水分的需求。因此，即使膜状水含量还很高，植物也会开始凋萎。植物呈永久萎蔫的土壤含水量，称凋萎系数。水膜厚度达到最大含量时的膜状水含量叫最大分子持水量。

　　（5）毛管水　岩石和土壤中的细小空隙可视为毛管，薄膜水达最大后，多余的水分由毛管力吸持在毛管孔隙中，称为毛管水。毛管水具有溶解能力，植物可充分利用。毛管水根据其水分来源，可分为毛管悬着水和毛管上升水。毛管上升水是指地下水位较高的条件下，地下水沿毛管上升而存在于毛管孔隙中的水分。在干旱区，优质的地下水沿毛管上升，因而地下水具有特殊意义，地下水含盐分过高则易引起次生盐渍化。毛管悬着水是指与地下水无联系而保持在土壤上层的毛管水，主要由降水、灌溉、融雪等入渗而形成。毛管悬着水达到最大时的土壤含水量，称田间持水量。毛管都充满水时的含水量为最大毛管持水量。

　　（6）重力水　若土壤和岩石的含水量超过了最大毛管持水量，多余的水分不能被毛管力吸持，就会在重力作用下沿着非毛管孔隙下渗，这部分水称为重力水。土壤或岩石空隙全部充满水时的含水量称全持水量，土壤或岩石含水量达到全持水量后，重力水继续向下渗透。渗透过程中，如果重力水被局部隔水层阻截，则形成上层滞水，如果遇到区域稳定隔水层，则形成潜水；如果重力水赋存于两个稳定隔水层之间，则形成承压水。排水良好时，重力水不能利用，很快消失；排水不良时，水生植物可利用重力水。

5.5.2.2　地下水的分类

　　地下水的分类方法很多，得到广泛关注的是按照地下水的存储条件对地下水进行分类，可分成包气带水和饱水带水两大类。

（1）包气带水　埋藏在地表以下，地下自由水面（潜水面）以上包气带中的水，称为包气带水。与饱水带中的地下水相比，包气带水具有如下特征。①埋藏特征。埋藏在地表与潜水面之间，直接与大气相通。②水力特征。水所受的压力小于大气压力，受分子力、毛管力和重力作用，其中上层滞水属于无压水（上层滞水指处于包气带中局部隔水层或弱透水层之上的重力水）。③水面特征。毛管水无连续水面，上层滞水的水面受局部不透水层构造的支配。④补给区、分布区与排泄区的分布关系。补给区、分布区与排泄区一致。⑤动态特征。包气带含水率、水质和剖面分布最容易受外界条件的影响，会随季节变化，受地表人类活动影响较大，随大气降水、灌溉水等水质变化而变化，尤其与降水、气温等气象因素关系密切。因此，在多雨季节，雨水大量入渗，包气带含水量显著增加，而干旱月份土壤蒸发强烈，包气带含水量迅速减少，致使包气带水呈现强烈的季节性变化。

（2）潜水　饱水带中，埋藏于地下第一个稳定隔水层之上并具有自由水面的重力水称潜水。这个自由水面就是潜水面，从地表到潜水面的距离称为潜水埋藏深度（T，m）。潜水面上任一点的海拔即为该点的潜水位（h，m）。潜水面至隔水底板的距离为含水层厚度（H，m）。潜水面上任意两点的水位差与该两点间的实际水平距离之比为潜水水力坡度。

潜水具有以下特点。①埋藏特征。埋藏在潜水面与第一个稳定隔水层之间。②水力特征。由于潜水面上没有稳定的隔水层，潜水面通过包气带中的孔隙与地表大气相连通，潜水面上任一点的压强等于大气压强，潜水面不承受静水压力，为无压水，与河流常有水力联系。③水面特征。具有自由水面，其形状随地形、含水层的透水性和厚度及隔水底板的起伏而变化，潜水面可以是倾斜的、水平的或者低凹的曲面。潜水面的位置随着补给来源变化而发生季节性升降。④补给区、分布区与排泄区的分布关系。补给区、分布区与排泄区一致。⑤动态特征。潜水含水层通过包气带与地表水及大气圈之间存在密切联系，深受外界气象、水文因素和人类活动影响，动态变化比较大，潜水的水位、水量、水温、水质等呈现明显的季节变化。丰水季节潜水补给充足，贮量增加，潜水面上升，厚度增大，埋深变浅，水质冲淡，矿化度降低；枯水季节补给量减少，潜水面下降，埋深加大，水中含盐量增大，矿化度提高（图 5-9）。

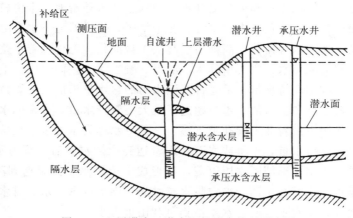

图 5-9　上层滞水、潜水和承压水特征示意图

（3）承压水　承压水（层间水）是指充满于两个稳定隔水层之间的重力水。含水层厚度指隔水层顶板到底板的垂直距离。钻井钻到隔水层顶板底面时，可见承压水，此时的高程为该点承压水的初见水位（H_1）。承压水沿着钻井上升，最后稳定的高程为承压水在该点的承

压水位（H_2）。如果承压水位高于地表，承压水将能自喷到地表，这样的承压水又称自流水。水井凿至受压地下水，且含水层微倾、井口的高度低于受压水面，则地下水会自然涌出。地下水自然涌出的水井，称为自流井。地面到承压水位的距离称为埋藏深度。自隔水层顶板的底面到承压水位之间的距离称为承压水头（h），即 H_2 与 H_1 之差。

承压水的形成主要取决于地质构造条件，只要有合适的地质构造，无论孔隙水、裂隙水还是岩溶水都可以形成承压水。最适宜形成承压水的是向斜构造和单斜构造。

承压水具有以下特点。①埋藏特征。埋藏在两个稳定隔水层之间。②水力特征。受重力、静水压力作用以及第一个隔水层以上的土壤、岩石等的静压力，若河流切穿含水层，承压水就会补给河流。③水面特征。具有稳定的隔水层顶板，无自由水面，假想的压力水面只有在含水层被切穿时才能显示出来，其形状与补给区和排泄区之间的相对位置有关，见图5-9。④补给区、分布区与排泄区的分布关系。补给区、分布区与排泄区分布一般不一致。补给区位置通常较高，直接接受大气降水和地表水补给，补给区的水已为潜水。分布区即承压区，往往大于补给区。排泄区多在低平地段或断裂构造带以泉的形式出露地表。补给区、承压区与排泄区三部分的相对位置视具体情况而定：可以像自流盆地那样，补给区与排泄区位于两侧，中间为承压区；也可能承压区位于一侧，而补给区与排泄区相邻。⑤动态特征。隔水层顶板的存在，在相当大的程度上阻隔了外界气候、水文因素、人类活动等对承压水的影响，因此承压水的水位、水温、水质等受外界的影响相对较小，比较稳定。承压水不易受污染，一旦受到污染很难修复。⑥水质类型多样，变化大。承压水的水质从淡水到矿化度极高的卤水都有，具备地下水各种水质类型。有的封闭状态极好的承压含水层，与外界几乎不发生联系，至今仍然保留着古代的海相残留水，由于高度浓缩，其矿化度可达几百克每升之高。此外承压水的水质常具有垂直或水平分带规律。

（4）孔隙水　孔隙水是指埋藏于松散岩土孔隙中的重力水。孔隙水既可以是承压的，也可以是非承压的。在我国，孔隙水主要贮存于第四纪和第三纪未胶结的松散岩土层中。

与裂隙水、岩溶水相比，由于松散岩层一般连通性好，含水层内水力联系密切，地下水具有统一水面，孔隙水透水性、给水性的变化较裂隙、岩溶含水层为小，孔隙水的运动大多呈层流状态。通常，根据松散沉积物的成因类型以及地貌条件差异，孔隙水还可区分为山前倾斜平原孔隙水、河谷地区孔隙水、冲积平原孔隙水、山间盆地孔隙水，以及黄土地区孔隙水和沙漠地区孔隙水等。

（5）裂隙水　裂隙水是指存在于岩石裂隙中的地下水。裂隙水的埋藏、分布与运动规律，主要受岩石的裂隙类型、裂隙性质、裂隙发育的程度等因素控制。与孔隙水相比，裂隙水具有以下特征。

① 裂隙水埋藏与分布不均匀。这种不均匀性是由贮水裂隙在岩石中分布不均匀引起的。岩石裂隙发育的处所容易富集地下水；反之，裂隙不发育也就难以集聚地下水。裂隙水的这一特性，往往造成同一地区两个相邻钻孔的出水量可相差几十甚至上百倍。

② 裂隙水的动力性质比较复杂。由于基岩裂隙发育程度，裂隙大小、形状以及充填情况不同，水在裂隙中的运动性质，诸如动水压力、流速等就不同，即使处在同一基岩中的孔隙水，也不一定具有统一的地下水面。水的运动不像孔隙水那样沿着多孔介质渗透，而是沿裂隙渗流及呈网脉状流动，而且其透水性往往在各个方向上呈现各向异性的特点。

③ 基岩裂隙的发育具有明显的分带性。通常由地表向下随着深度的增加，裂隙率迅速递减。裂隙水在垂直方向上的运动，亦存在分带现象，主要表现为渗透系数迅速减小。井孔

的涌水量，随着深度增加先是增大，到一定深度后又急剧减小。

裂隙水主要分布于基岩广布的山区，平原地区一般仅埋藏于松散沉积物覆盖之下的基岩中，在地表极少出露。裂隙水像孔隙水一样，亦可按埋藏条件区分为裂隙潜水和裂隙承压水。此外，按裂隙的成因不同，可分为构造裂隙水、成岩裂隙水及风化裂隙水。

（6）岩溶水　在可溶性岩石（如石灰岩、白云岩、石膏等）的溶隙中贮存、运动的地下水称岩溶水。我国可溶性岩石广布，尤其是广大西南地区岩溶地貌发育，岩溶水分布极为广泛，水文情势非常复杂。概括起来，岩溶水有如下基本特征。

① 分布不均匀。岩溶水分布的不均匀性主要是由可溶性岩石强烈的透水性，以及岩溶隙在空间分布上的不均匀性造成的。石灰岩原始孔隙很小，透水性能差，但经溶蚀以后产生的不同形状的溶隙，包括溶蚀漏斗、落水洞、溶洞，其渗透性能可比原始孔隙大千倍甚至万倍，一些巨大的地下管道和洞穴可成为地下暗河，加上岩溶发育程度在空间上的差异性，促使岩溶水在地区分布上存在严重的不均匀性，而且往往造成地下埋伏有暗河、地表水难以滞留而干旱缺水等现象。

② 地下径流动态不稳定。这种不稳定性一方面表现为岩溶水的地下径流的流速比其他类型的地下水流要快，各向异性强，即使处在同一水力系统内，不同过水断面上的渗透系数、水力坡度、渗流速度各不相同，往往是层流和紊流两种流态并存。另一方面还表现为岩溶水的水位与流量过程呈现强烈的季节性变化。其水位变幅可达几米甚至几十米，流量可相差几十倍甚至百倍。

③ 地表径流与地下径流、无压流与有压流相互转化。岩溶区从分水岭到河流各排水基面，一般均具有向地表径流迅速转化的趋势。但在此过程中，由于受到岩溶程度差异、岩性以及构造条件、地貌形态变化等的影响，地表明流与地下暗河间存在频繁交替转化的现象。当地下径流遇到非可溶岩或阻水断层的阻隔时，常以泉或冒水洞的形式转化为地表明流。

从总体看，岩溶地区的地下径流总是趋向附近的排泄基面，向河谷或低洼汇聚以水平循环运动为主，但在岩溶地块发育的溶蚀洼地、落水洞和漏斗成为地表水与地下水之间的联系通道，水流以垂直运动为主，相互之间水力联系很差。

5.5.3　地下水的补给与排泄

地下水作为水圈的重要组成部分，一方面积极地参与了全球的水循环过程，另一方面在一定的环境条件下，一定区域范围内的地下水自身通过不断地获得补给、产生径流而后排泄等环节，发生周而复始的运动，形成相对独立的地下水循环系统。循环系统的强度规模主要取决于补给与排泄这一对矛盾。如果补给充足、排泄畅通，地下水径流过程就强烈。如果补给来源充足，但排泄不畅，必然促使地下水位抬升，甚至溢出地表，并在一定的环境条件下使地表沼泽化。反之排泄通畅，但补给水源不足，迫使含水层中的地下水逐渐减少，甚至枯竭，地下水循环受到抑制，以至中断。由此可见，地下水补给和排泄是决定地下水循环的两个基本环节，是地下径流形成的基本因素。补给来源和排泄方式的不同，以及补给量和排泄量的时空变化，直接影响到地下径流过程以及水量、水质的动态变化。

5.5.3.1　地下水的补给来源

含水层自外界获得水量的过程称为补给，补给按来源的不同可分为：降水入渗补给、地表水入渗补给、凝结水补给、来自其他含水层的补给以及人工补给等。

在以上各种补给来源中，凝结水的补给量有限，但对降水量稀少、昼夜温差大的沙漠干旱地区，凝结水的补给具有重要意义，至于来自其他含水层的补给，则是发生在地下水内部的一种水量交换过程。所以从整体上说，地下水的主要来源还是大气降水和地表水的入渗补给，而随着人类活动日益扩展，人工补给重要性与日俱增。

（1）降水入渗补给   大气降水是地下水最主要的补给来源。降水入渗补给的一般过程是：如雨前土壤相当干燥，则到达地面的降水先被土壤颗粒表面吸附力所吸引，形成薄膜水，可称薄膜下渗；当土壤吸附的薄膜水达最大持水量时，继续下渗的雨水将被吸入细小的毛管孔隙，形成毛管悬着水，形成毛管下渗；包气带土层中的结合水、毛管悬着水达到极限以后，后续雨水将在重力作用下，通过静水压力的传递，连续而稳定地补给地下水。在地下水埋藏较深的地方，这一过程需要很长时间才能完成。由此可见，降水的入渗过程是在分子力、毛管力以及重力的综合作用下进行的。地下水自降水获得的补给量除了与降水本身的强度、降水总量等有关外，还与土层蓄水能力有关。只有降水入渗量超过土层的蓄水能力，多余的降水才能补给潜水。

（2）地表水入渗补给   地表上的江河、湖泊、水库以及海洋皆可成为地下水的补给水源。现以河流为例，说明地表水入渗补给的一般规律。

河流对于地下水的补给，主要取决于河水水位与地下水位的相对关系。这种关系对于大江大河来说，在不同河段往往存在明显的差别。上游山区河段通常河流深切，河水水位常年低于地下水位，河水无法补给地下水；进入中下游地区，堆积作用加强，河床抬高，地下水埋藏深度加大，河水水位一旦高于地下水位，即可发生补给地下水的现象。补给量的大小及持续时间，除了与河床的透水性能、河床的周界有关外，主要取决于江河水位高低以及高水位持续时间的长短。

江河对地下水的补给与降水入渗补给还存在明显的不同点。①前者的补给局限于河槽边界，呈线状补给，补给面比较窄；降水补给呈面状，在一次降水期间普遍而均匀。②雨停后，降水补给亦很快停止，所以时间上断断续续；江河的补给，只要河水位高于两岸地下水位，就可持续进行。

（3）地下水的人工补给   人工补给在地下水各种补给来源中愈来愈重要。在一些国家，用人工回灌补给地下水的水量已占到地下水利用总量的30%左右。人工补给可分为两大类。一类是修建水库、引水灌溉农田，城市工矿企业产生的工业废水以及城镇生活污水因渗漏而补给地下水。这是一种无计划的盲目补给，虽然可以增加地下水储量，但常常引起土壤发生次生盐渍化、地下水遭到污染的矛盾。另一类则是人类为了有效地保护地下水资源、改善水质，控制地下漏斗以及地面沉降现象的出现，采取的一种有计划、有目的的人工回灌，我国水资源供需矛盾比较突出的一些北方省份，以及过量开采地下水的大中城市开展了这方面的工作。如河北省的南宫"地下水库"回灌工程，设计总蓄水量达4.8亿立方米，可调蓄水量达1亿立方米。上海市采用人工回灌方法，控制过量开采深层地下水而引起的地面沉降，取得了举世瞩目的成就。

5.5.3.2 地下水的排泄

地下水失去水量的过程就是地下水的排泄。其排泄方式有点状排泄（泉）、线状排泄（向河流泄流）及面状排泄（蒸发）三种。在排泄过程中，地下水的水量、水质及水位均相应发生变化。其中蒸发排泄仅消耗水分，盐分仍留在地下水中，所以蒸发排泄强烈的地区，地下水的矿化度比较高。

（1）泉排泄　泉是地下水的天然露头，是含水层或含水通道出露地表发生地下水涌出的现象。通常山区及山前地带泉水出露较多，与这些地区流水切割作用比较强烈、蓄水构造类型多样及断层切割比较普遍等因素有关。

泉的分类方法有多种，按泉水出露时的水动力学性质可将泉水分为上升泉和下降泉两大类。上升泉一般是承压含水层排泄承压水的一种方式，泉水在静水压力的作用下呈上升运动，这种泉水的流量比较稳定，水温年变化较小；下降泉是无压含水层排泄地下水的一种方式，地下水在重力作用下溢出地表，水量、水温等往往呈现明显的季节性变化。

泉可以单个出现，亦可在特定的地质、地貌条件下呈泉群出现，泉水流量则相差悬殊。山东省济南市是著名的泉城，在市区 2.6 平方千米的范围内分布有大小共 106 个泉，总涌水量达 $8333m^3/s$，成为济南市区的供水水源之一。

（2）蒸发排泄　潜水蒸发是浅层地下水消耗的重要途径，主要通过包气带岩土水分蒸发和植物蒸腾来完成。其蒸发的强度、蒸发量的大小与气象条件、潜水埋藏深度及包气带的岩性有关。气候愈干燥，相对湿度愈小，岩土中的水分蒸发便愈强烈，而且蒸发作用可深入岩土几米乃至几十米的深处。

（3）泄流排泄　地下水通过地下途径直接排入河道或其他地表水体，称为泄流排泄。泄流只在地下水位高于地表水位的情况下发生，泄流量的大小取决于含水层的透水性能、河床切穿含水层的面积，以及地下水位与地表水位的高差。

5.5.4　地下水的运动

地下水的运动形式一般分为层流运动和紊流运动两种。除了在宽大裂隙和孔洞中具有较大的速度成为紊流外，一般为层流运动。地下水的运动又称为渗透。

（1）线性渗透定律　法国水力学专家达西（H. Darcy）在 1852—1855 年，通过实验得出如下公式：

$$Q = KF \frac{h}{l} \tag{5-12}$$

式中，Q 为单位时间内的渗透水量，m^3/d；K 为渗透系数，m/d；F 为渗透水流过的过水断面面积，m^2；h 为渗透路径上的水头降低值，m；l 为渗透距离，m。

令 $\frac{h}{l} = I$，I 通常称为水头梯度，即单位渗透距离上水头损失量，为正值。

由水力学知识，$Q = VF$，其中 V 为渗透流速，m/d，可得如下公式：

$$V = \frac{Q}{F} = KI \tag{5-13}$$

上式为达西定律，也称线性渗透定律，渗透流速与水头梯度成正比。

达西定律适用于层流状态的水流，且要求流速较小。自然条件下，地下水运动多服从达西定律。

（2）非线性渗透定律　在大孔隙和溶洞中，地下水运动具有紊流性质或水流速度较大，这时需采用非线性渗透定律。公式如下：

$$V = K_m I^{\frac{1}{m}} \tag{5-14}$$

式中，K_m 为随 $1/m$ 变化的含水层渗透系数；m 为液态指数，范围为 1~2；其他符号同前。

1769 年法国工程师谢才（A. Chézy）提出了用于描述地下水呈紊流状态时运动规律的数学表达式，具体如下：

$$V = K I^{\frac{1}{2}} \tag{5-15}$$

渗透系数 K 的测定方法很多，最简便的方法是根据经验数值查表而得（表 5-10）。

表 5-10　各种沉积物的渗透系数（近似值）

岩石、沉积物、土壤	渗透系数/(m/d)	岩石、沉积物、土壤	渗透系数/(m/d)
黏土	<0.001	中砂	5~15
亚黏土	0.001~0.1	粗砂	15~50
亚砂土	0.1~0.5	砾石砂	50~100
粉砂	0.5~1.0	砾石	100~200
细砂	1~5		

思考题

1. 水的主要物理性质如何？
2. 试述天然水化学成分的主要组成。
3. 什么是水循环？简述水循环的意义。
4. 试述海洋的组成与结构特征。
5. 试阐述潮汐的基本要素和潮汐类型。
6. 何谓厄尔尼诺现象？
7. 什么是水系和流域？其区别和联系分别是什么？
8. 试述正常年径流量的意义及推求方法。
9. 水库的特征库容和水位的含义是什么？

土壤圈系统特征

[学习目的] 通过本章的学习，了解土壤的物质组成，土壤形成的自然因素与人为因素，土壤剖面的特征；了解土壤质地、结构等土壤的主要物理性质，土壤胶体的吸附性，土壤的氧化还原性，土壤的酸碱性，土壤的缓冲性，等等；了解土壤的分类体系和命名以及土壤的地带性分布特征。

6.1 土壤与土壤物质组成

6.1.1 土壤概述

6.1.1.1 土壤与土壤圈

土壤是指地球陆地表面具有肥力能够生长植物的疏松表层。土壤肥力是指土壤为植物生长不断供应和协调养分、水分、空气和热量的能力。

土壤以不完全连续的状态存在于地球表层，构成土壤圈。土壤圈处于大气圈、生物圈、岩石圈、水圈紧密交接的地带，平均厚度为 5m，面积约为 $1.3 \times 10^8 km^2$。土壤圈是结合无机界和有机界的枢纽，是二者长期共同作用的产物，也是联系各个圈层的关键环节。

6.1.1.2 土壤与周边圈层的物质循环

（1）土壤圈与生物圈　土壤为植物生长提供养分，生物代谢则向土壤释放其储存的养分；土壤资源决定自然植被的分布。

（2）土壤圈与水圈　土壤水是水圈的重要组成部分；土壤水影响和改变陆地水的重新分配；土壤圈中的水分循环伴随着元素迁移影响水质。

（3）土壤圈与大气圈　土壤中气体的大量存在是土壤具有肥力的基础；土壤中的生物过程和活动影响和改变大气圈中的成分和含量。

（4）土壤圈与岩石圈　岩石圈的地质大循环是形成土壤的基础，土壤的物质循环迁移影响和改变岩石圈。

6.1.2　土壤物质组成

土壤是由固相（包括矿物质、有机质和活的生物有机体）、液相（土壤水分或溶液）和气相（土壤空气）等不同物质、多种成分共同组成的多相分散体系。按体积计，理想土壤中，固相物质约占总容积的50%，其中矿物质占38%～45%，有机质占5%～12%；液相和气相共同存在于固相物质之间的孔隙中，各占土壤总体积的20%～30%，总和占50%。按质量计，矿物质占固相部分的90%～95%，有机质占1%～10%。由此可见，土壤是以矿物质为主的多组分体系。

6.1.2.1　土壤矿物质

土壤矿物质是土壤固相的主体物质，构成了土壤的"骨骼"，占土壤固相总质量的90%以上。土壤矿物质胶体是土壤矿物质中最活跃的组分，其主体是黏粒矿物。

（1）土壤矿物质的主要元素组成　土壤矿物质主要由岩石中的矿物变化而来，土壤矿物部分元素组成很复杂，元素周期表中的全部元素几乎都能从中发现。但主要的约有20种，包括氧、硅、铝、铁、钙、镁、钛、钾、钠、磷和硫，以及锰、锌、铜、钼等微量元素。

土壤矿物的化学组成，一方面继承了地壳化学组成的特点，另一方面在成土过程中某些化学元素含量增加了，如氧、硅、碳、氮等，有的化学元素含量却显著下降了，如钙、钠、钾、镁等（表6-1）。这反映了成土过程中元素的分散、富集特性和生物积聚作用。

表 6-1　地壳和土壤的平均化学组成（质量分数）　　　　单位：%

元素	地壳中	土壤中	元素	地壳中	土壤中
O	47.0	49.0	K	2.50	1.36
Si	29.0	33.0	Mg	1.37	0.60
Al	8.05	7.13	Mn	0.10	0.085
Fe	4.65	3.80	P	0.093	0.08
Ca	2.96	1.37	S	0.09	0.085
Na	2.50	1.67			

（2）土壤的矿物组成　土壤矿物按矿物的来源可分为原生矿物和次生矿物。原生矿物直接来源于母岩的矿物，岩浆岩是其主要来源；次生矿物则由原生矿物分解转化而成。

土壤原生矿物是指经过不同程度的物理风化，未改变化学组成和晶体结构的原始成岩矿物。主要分布在土壤的砂粒和粉粒中，以硅酸盐占绝对优势。土壤中原生矿物类型和数量在很大程度上取决于矿物的稳定性。石英是极稳定的矿物，具有很强的抗风化能力，因而土壤的粗颗粒中其含量较高。长石类矿物占地壳质量的50%～60%，同时也具有一定的抗风化稳定性，所以土壤粗颗粒中的含量也较高。土壤原生矿物是植物养分的重要来源，原生矿物中含有丰富的钙、镁、钾、钠、磷、硫等常量元素和多种微量元素，经过风化作用释放可供植物和微生物吸收利用。

岩石风化和成土过程中新生成的矿物，各种简单盐类，以及铁、铝、锰、硅等的氧化物及其水合物等次生氧化物和铝硅酸盐类矿物，统称次生矿物。次生矿物多数是土壤矿物质中最细小的部分（粒径<0.001mm），具有胶体特性，所以又常称之为黏土矿物或黏粒矿物。次生矿物影响着土壤许多重要的物理、化学性质，如吸收性、膨胀收缩性、黏着性等。

6.1.2.2　土壤有机质

有机质是指土壤中动植物残体、微生物体及其分解和合成的物质，与矿物质一起构成土壤的固相部分。土壤中有机质含量并不多，主要来源是各种植物残体，只占固相总量的10%以下，耕作土壤多在5%以下。土壤有机质是土壤肥力和土壤发育形成的主要标志。

（1）有机质来源　一般来说，自然土壤有机质的主要来源是长期生长在其上的植物（地上的枯枝落叶和地下的死根与根系分泌物）及土壤生物；耕作土壤的情况则不同，其有机质来源主要是人工施入的各种有机肥料、作物根茎以及根的分泌物，其次才是各种土壤生物。

有机质的含量在不同土壤中差异很大，高的可达200g/kg，甚至300g/kg以上（如泥炭土、一些森林土壤等），低的不足5g/kg（如一些沙漠土和砂质土壤）。在土壤学中，一般把耕作层有机质含量200g/kg以上的土壤称为有机质土壤，有机质含量200g/kg以下的土壤称为矿质土壤。耕作土壤中，表层有机质含量通常在50g/kg以下。土壤中有机质的含量与气候、植被、地形、土壤类型、耕作措施等影响因素密切相关。

（2）有机质成分　土壤有机质的主要组成元素是C、O、H和N，其次是P和S，碳氮比在10左右。土壤有机质主要的化合物组成是木质素和蛋白质，其次是半纤维素、纤维素、乙醚和乙醇等化合物。与植物组织相比，土壤有机质中木质素和蛋白质含量显著增加，而纤维素和半纤维素含量明显减少，大多数土壤有机质组分为非水溶性。

（3）土壤腐殖质　土壤腐殖质是除未分解和半分解动植物残体及微生物以外的有机质的总称。土壤腐殖质由非腐殖物质和腐殖物质组成，通常占土壤有机质的90%以上。

非腐殖物质为有特定物理化学性质、结构已知的有机化合物，其中一些是经微生物代谢后的植物有机化合物，而另一些则是微生物合成的有机化合物。非腐殖物质占土壤腐殖质的20%~30%，其中，碳水化合物（包括糖、醛和酸）占土壤有机质的5%~25%，平均为10%，在增强土壤团聚体稳定性方面起着极其重要的作用。此外还包括氨基糖、蛋白质和游离氨基酸、脂肪、蜡质、木质素、树脂、有机酸等。

腐殖质是一类组成和结构都很复杂的天然高分子聚合物，其主体是各种腐殖酸及其与金属离子相结合形成的盐类，与土壤矿物质密切结合形成有机无机复合体，因而难溶于水。因此要研究土壤腐殖酸的性质，首先必须用适当的溶剂将它们从土壤中提取出来。理想的提取剂应满足下列要求：对腐殖酸的性质没有影响或影响极小；能获得均匀组分；具有较高的提取能力，能将腐殖酸几乎完全分离出来。但是，由于腐殖酸的复杂性以及组成上的非均质性，满足所有这些条件的提取剂尚未找到。

根据腐殖质在碱、酸溶液中的溶解度可划分出几个不同组分。传统的分组方法是将土壤腐殖物质划分为胡敏酸、富里酸和胡敏素三个组分，其中：胡敏酸是碱可溶、水和酸不溶，颜色和分子质量中等；富里酸是水、碱和酸都可溶，颜色最浅，分子质量最低；胡敏素则是水、碱和酸都不溶，颜色最深且分子质量最高，但其中一部分可被热碱提取。胡敏酸和富里酸合称腐殖酸。

（4）土壤有机质转化及其影响因素　有机质进入土壤后，在以土壤微生物为主导的各种作用综合影响下，向两个方向转化。一个转化方向是有机质在土壤微生物生物酶的作用下发生氧化反应，彻底分解最终生成 CO_2、H_2O 和能量，N、P、S 等营养元素则在一系列特定反应后，释放出可为植物利用的矿质养料，这一过程称为有机质矿化。另一个转化方向则是各种有机化合物通过土壤微生物的合成，或在原植物组织中聚合转变，形成结构比原有机化合物更为复杂的新有机化合物，这一过程称为腐殖化。有机残体的矿化和腐殖化是同时发生的两个过程，矿化是进行腐殖化过程的前提，而腐殖化过程是有机体矿化过程的部分结果，矿化和腐殖化在土壤形成中是对立统一的。

有机质是土壤最活跃的物质组成。一方面，外来有机质不断进入土壤，经微生物分解和转化形成新的腐殖质；另一方面，土壤原来的有机质不断分解和矿化，离开土壤。进入土壤的有机质主要由每年加入土壤的动植物残体数量和类型决定，而土壤有机质的损失则主要取决于土壤有机质的矿化及土壤侵蚀程度。

有机质进入土壤后经历的一系列转化和矿化过程所构成的物质流通称为土壤有机质的周转。由于微生物是土壤有机质分解和周转的主要驱动力，因此，凡是能影响微生物活动及其生理作用的因素都会影响有机质的转化。

6.1.2.3 土壤水分

土壤水分是土壤的重要组成部分之一。由于土层内各种物质的运动主要是以溶液形式进行的，这些物质随同液态土壤水一起运动，因此，土壤水分在土壤形成过程中起着极其重要的作用。土壤水分主要来自大气降水、地下水、灌溉用水等，而土壤蒸发、植物吸收利用、水分渗漏和径流则造成土壤水分的损失。

按照存在状态，土壤水分可以是存在于土壤空气中的水汽、土壤水冻结形成的固态水和充填在孔隙中的液态水。土壤水分一般是指液态水，分为吸湿水、薄膜水、毛管水和重力水等类型。

(1) 吸湿水 土粒通过吸附力吸附空气中的水汽分子所保持的水分。吸附力主要指土粒分子引力（土粒表面分子和水分子之间的吸引力）以及胶体表面电荷对水的极性引力。土粒分子引力产生的主要原因是土粒表面的表面能，其吸附能力可达上万个大气压。极性引力的产生是因为水分子是极性分子，土粒吸引水分子的一个极，另一个被排斥的极本身又可作为固定其他水分子的点位。

土粒对吸湿水的吸持力很大，最内层可达 $1.013 \times 10^9 Pa$，最外层约为 $3.141 \times 10^6 Pa$，因此不能移动。由于植物根细胞的渗透压一般为 $1.013 \times 10^6 \sim 2.026 \times 10^6 Pa$，所以，吸湿水不能被作物根系吸收。

土壤吸湿水含量受土壤质地和空气湿度的影响。黏质土吸附力强，吸湿水含量高，砂质土则吸湿水含量低；空气相对湿度高，吸湿水含量高，反之则吸湿水含量低。

(2) 薄膜水 土粒吸附力所保持的液态水，在土粒周围形成连续水膜。薄膜水的形成是由于土粒表面吸附水分子形成吸附水层以后，尚有剩余的吸附能力，它不能吸附动能较大的气态水分子，只能吸附动能较小的液态水分子，从而在吸附水层外面形成一层水膜。膜状水所受吸附力比吸湿水小。

薄膜水的黏滞性较高而溶解性较小。它能移动，以湿润的方式从土粒水膜较厚处向土粒水膜较薄处移动，速度非常缓慢，一般为 $0.2 \sim 0.4 nm/h$。

(3) 毛管水 土壤中粗细不同的毛管孔隙连通形成复杂的毛管体系。毛管水是土壤自由水的一种，其产生主要是土壤中毛管力吸附的结果。毛管力的实质是毛管内气水界面上产生的力。根据土层中地下水与毛管水相连与否，可以将毛管力分为毛管悬着水和毛管上升水两类。

① 毛管悬着水。在地下水较深的情况下，降水或灌溉水等地面水进入土壤，借助毛管力保持在上层土壤毛管孔隙中，这部分水与来自地下水上升的毛管水并不相连，就像悬挂在上层土壤中一样，称为毛管悬着水。毛管悬着水达最大量时的土壤含水量，被称为田间持水量，是用来反映土壤保水能力大小的指标。毛管悬着水是山区、丘陵等地势较高地区植物吸收水分的主要来源。

② 毛管上升水。借助毛管力由地下水上升进入土壤中的水称为毛管上升水。毛管水从地下水面所能上升的最大高度称为毛管水上升高度。毛管水上升的高度和速度与土壤孔隙大小有关：在一定的孔径范围内，孔径越粗，上升的速度越快，但上升的高度越低；孔径越细，上升的速度越慢，但上升的高度越高。孔隙过细的土壤中，毛管水不但上升速度极慢，上升高度也有限。砂土的孔径粗，毛管上升水上升快，高度低；无结构的黏土，孔径细，非活性孔多，上升速度慢，高度也有限。

（4）重力水　当土壤水分超过田间持水量时，多余的水分就受重力作用沿土壤大孔隙向下移动，这种受重力支配的水叫作重力水。重力水不受土壤吸附力和毛管力的作用。当土壤被重力水饱和时，即土壤的大小孔隙全部被水分充满时的土壤含水量称为饱和持水量，也称全蓄水量或最大持水量。

6.1.2.4　土壤空气

土壤空气是土壤的重要组成之一，它对土壤微生物活动、营养物质和土壤污染物转化以及植物生长发育有重要作用。

（1）土壤空气的数量及其影响因素　空气和水分共存于土壤的孔隙系统中，在水分不饱和的情况下，孔隙中总有空气存在。土壤空气主要从大气渗透进来；其次，土壤内部进行的生物化学过程也能产生一些气体。

土壤空气的数量取决于土壤孔隙的状况和含水量。在土壤固液气三相体系中，土壤空气存在于被水分占据的孔隙中，一定容积的土体，如果孔隙度不变，土壤含水量升高，空气含量必然减少，所以在土壤孔隙状况不变的情况下，二者是此消彼长的关系。土壤质地、结构和耕作状况都可以影响土壤孔隙状况和含水量，进而影响土壤空气的数量。轻质土壤的大孔隙较多，因此具有较大的容气能力和较好的通气性；黏质土壤的大孔隙少，相应降低了容气能力和通气性。

（2）土壤空气的组成　土壤空气的成分与大气成分有一定区别。由于土壤生物（根系、土壤动物和土壤微生物）的呼吸作用和有机质分解等，土壤空气的 O_2 含量明显低于大气。土壤通气不良时，或当土壤中的新鲜有机质、温度和水分状况有利于微生物活动时，都会进一步提高土壤空气中 CO_2 的含量并降低 O_2 的含量。当土壤通气不良时，微生物对有机物进行厌氧分解，产生大量还原性气体，如甲烷、氢气等，而大气中还原性气体较少。此外，土壤空气中经常含有与大气相同的污染物。

土壤空气的数量和组成不是固定不变的，土壤孔隙状况和含水量的变化是土壤空气量变化的主要原因。土壤空气组成的变化也同时受到两组过程的制约。一组过程是土壤中的各种化学和生物化学反应，其作用结果是产生 CO_2 和消耗 O_2；另一组过程是土壤空气与大气的相互交换，即空气运动。这两种过程，前者趋于扩大土壤空气组成与大气的差别，后者趋于使土壤空气与大气成分一致，总体表现为一种动态平衡。

6.1.2.5　土壤生物

土壤生物是土壤具有生命力的主要原因，在土壤形成和发育过程中起主导作用，对土壤有机污染有明显的净化作用，是评价土壤质量和健康状况的重要指标。

土壤生物是栖居在土壤（包括枯枝落叶层和枯草层）中的生物体的总称，主要包括土壤动物、土壤微生物和高等植物根系，有多细胞的后生动物，单细胞的原生动物，真核细胞的真菌（酵母、霉菌）和藻类，原核细胞的细菌、放线菌和蓝细菌，以及没有细胞结构的分子生物，等等。

（1）土壤动物　土壤动物是指在土壤中度过全部或部分生活史的动物，种类繁多、数量庞大，几乎所有的动物门、纲都可在土壤中找到它们的代表。按照系统分类法，土壤动物可分为脊椎动物、节肢动物、软体动物、环节动物、线形动物和原生动物。

（2）土壤微生物　在土壤-植物整个生态系统中，微生物分布广、数量大、种类多，是土壤生物最活跃的部分。土壤微生物的分布与活动，一方面反映了土壤生物因素对生物分布、群落组成及其种间关系的影响和作用，另一方面也反映了微生物对植物生长、土壤环境、物质循环与迁移的影响和作用。

目前已知的微生物绝大多数是从土壤中分离、驯化和选育出来的，但只占土壤微生物实际总数的 10% 左右。一般 lkg 土壤可含 5×10^8 个细菌、1×10^{10} 个放线菌、近 1×10^9 个真菌和 5×10^8 个微小生物，其种类主要是原核微生物、真核微生物和非细胞型生物。

（3）植物根系　植物根系的数量、种类以及在土层中的分布状况，对土壤形成过程和土壤性质演化有重要作用。对于植物根系的观察、描述标准可分为根系的粗细与数量两方面。

根系的粗细描述标准可分为四级：极细根，直径小于 1mm，如草原土壤中的禾本科植物毛根；细根，直径 1~2mm，如禾本科植物的须根；中根，直径 2~5mm，如木本植物的细根；粗根，直径 >5mm，如木本植物的粗根。

根系的数量描述标准也可分为四级。无根系：0 条/cm²；少量根系：1~4 条/cm²；中量根系：5~10 条/cm²；大量根系：>10 条/cm²。

6.2　土壤的形成与土壤剖面

6.2.1　土壤形成的因素

自然土壤是在母质、气候、生物、地形和时间的综合作用下逐渐发育形成的。这五种自然成土因素间相互作用，而且是同等重要的，不能加以割裂，它们共同影响土壤形成发育的速度、方向和程度。如果有一个因素发生变化，土壤类型将相应发生变化，因此土壤具有多样性。在这些因素中，前三者参与土壤物质和能量的交换，后两者只是对前三者与土壤间进行的物质和能量交换产生影响。人类活动对土壤也有深刻的影响。

6.2.1.1　成土母质

土壤母质与土壤矿物质的矿物组成和化学组成、土壤机械组成有着先天的关系，同时也影响到土壤成土作用。母质是岩石风化的产物，为土壤形成提供最基本的原料。土壤是在母质的基础上发育形成的，土壤的某些性质是从母质那里继承过来的，二者之间存在"血缘"关系。土壤发育时间越长，成土过程越久，与原来母质的性质差异越大，但母质的某些性质仍会长期保留下来，如土壤的机械组成等。

自然界成土母质的类型繁多，主要类型有残积母质、冲积母质、坡积母质、洪积母质、黄土母质、风积母质、冰碛母质、重力堆积母质等。不同的土壤母质，存在的形式、物理性状、化学组成差异很大，对土壤的形成、土壤理化性质和肥力特征的影响也都不同。

（1）土壤矿物质源于土壤母质，并在土壤发育过程中进一步风化　母质对土壤矿物质的矿物组成和化学组成的影响是巨大的，进而影响到土壤养分状况和理化性质。例如，在温暖湿润的气候条件下，花岗岩母质形成的土壤含石英多，含铁锰矿物少，土壤盐基离子少，多半是偏酸性，这是因为花岗岩是酸性岩。而由安山岩及玄武岩等中性岩或基性岩风化形成的土壤，一般富含丰富的钙和磷，土壤多为中性。

（2）土壤母质的机械组成决定了土壤的机械组成　残积母质形成的土壤质地越往下越粗；花岗岩含有大量石英颗粒，抗风化能力强，形成的土壤多是粗质地的，而石灰岩母质发育的土壤质地黏重；河流冲积母质发育的土壤多是砂黏土层相间的；洪积母质发育的土壤常含有粗大的角砾；湖积母质发育的土壤则十分黏重。

（3）母质透水性对成土作用有显著影响　水分在土体中的移动是促进剖面层次分化的重要因子。砂质的母质透水性强，水分容易从其中迅速通过，其化学风化作用弱，可淋溶物质少，但向下淋移快，剖面分异不明显。壤质的土壤母质有适当的透水性，在水分下渗的影响下，母质易发生化学风化，风化产物又能随水下移淀积，因而易发生层次分化。黏质的母质则由于透水不良，水分在土壤中移动缓慢，土壤物质由上向下的垂直移动慢，剖面发生分异的速度慢。

6.2.1.2　气候

土壤和大气之间不断进行着水分和热量的交换。因此，气候状况直接影响土壤的水热状况，主要体现在大气温度和湿度的差异。气候也影响着土壤中物质的累积、迁移和转化。

（1）气候决定着土壤的水热条件　土壤与大气之间进行的水分和热量交换，对土壤水热状况和土壤物理、化学过程有一定影响。在地球陆地表面，由低纬到高纬，温度逐渐降低，从沿海到内陆气候越来越干旱，土壤的水热条件也相应地发生变化。

（2）气候与土壤有机质含量的关系　气候决定土壤水热条件，在很大程度上控制植物的生长和微生物的活动，影响到土壤有机质的积累和分解。一般而言，降水量越大，植物生长越繁茂，每年进入土壤中的有机质也就越多，反之则越少。在一定范围内，随土壤温度升高，土壤微生物的活动越旺盛，土壤有机质分解速率加快，若年平均温度超过 25℃，则有机质难以积累。

（3）气候对风化过程和土壤淋溶过程的影响　气候还可以通过影响岩石风化过程、土壤淋溶过程影响土壤的形成和发育。气候干旱地区，化学风化过程和淋溶过程微弱，因此土壤成分变化很小，土壤中的盐基成分如钾、钠、钙、镁的淋溶量和淋溶深度都很小。例如我国西部黄土高原及漠境地区的土壤剖面中有碳酸钙的聚积层，有的甚至有盐分聚积层，由西往东，降雨量增加，淋溶作用、风化作用加强，盐分聚积层逐渐消失，碳酸钙聚积层的位置逐渐变深，土壤碱性降低。

我国东部地区由北向南，随湿度增大，温度升高，土壤化学风化作用加强，土壤中的各种矿物受到强烈破坏，淋溶作用变强，钾、钠、钙、镁等盐基成分大量淋失，土壤盐基饱和度降低，酸性加强，矿质养分减少。

我国从北到南，由寒温带、温带、暖温带至亚热带、热带，气候由冷变暖；从东到西，由湿润、半湿润、半干旱至干旱地带，气候由湿逐渐变干。在宏观上，气候与植被不断变化，形成不同的生物气候带，也就形成了与生物气候相适应的土壤带。

6.2.1.3　生物

生物在五大自然成土因素中起着重要的作用，严格地说，母质中出现了生物后才开始成土过程。生物作用使太阳能参与到成土过程之中，使分散在岩石圈、水圈、大气圈的营养元素汇聚于土壤中。

（1）植物的作用　在土壤形成过程中，植物的最重要作用表现在其与土壤之间的物质交换和能量流动。植物可把分散于母质、水圈和大气圈中的营养元素选择性地吸收起来，通过光合作用合成有机质，这些有机质在植物死亡后回归土壤被分解、转化，变成简单的矿质营养元素或比较复杂的腐殖质。植物根系可分泌有机酸，通过溶解和根系的挤压作用破坏矿物晶格，改变矿物的性质，促进土壤的形成，并通过根系活动促进土壤结构的发展。

（2）动物的作用　蚯蚓、昆虫等动物的生命活动对土壤的形成也有重要的意义，土壤动物的种类组成和数量在一定程度上是土壤类型和土壤性质的标志，可作为土壤肥力的指标。

土壤动物参与了土壤腐殖质的形成和养分的转化。动物一方面以其遗体增加土壤有机质，另一方面在其生活过程中搬动和消化其他动物、植物有机体，分解有机质，并将其拌和于土壤中，引起土壤有机质的深刻变化。

动物的活动可疏松土壤，促进团聚结构的形成。蚁类等各种昆虫及其幼虫、蚯蚓、蜘蛛等能够翻动土壤、分解土壤有机质，脊椎动物中的鼠类、蜥蜴、蛇、獾等翻动土壤的能力强，对土壤的透水性、通气性和松紧度均有很大影响，促进团聚结构的形成，可大大改善土壤的物理性质。

（3）微生物的作用　微生物是土壤物质循环和能量流动不可或缺的一环。土壤微生物能够充分分解动植物残体，甚至使之完全矿质化；能够分解有机质，释放营养元素；能够合成腐殖质，提高土壤有机-无机复合胶体含量，改善土壤的物理化学性质；能够固定大气中的氮素，增加土壤含氮量；能分解、释放矿物中的元素，促进土壤物质的溶解和迁移，增加矿质养分的有效含量，提高土壤中营养物质的含量。

6.2.1.4　地形

地形在成土过程中的作用主要表现在以下三个方面。

（1）地形对土壤水分的再分配　地形支配着地表径流，影响水分的重新分配，很大程度上决定着地下水的活动情况。在较高的地形部位，部分降水受径流的影响，从高处流向低处，部分水分补给地下水源，土壤中的物质易遭淋失；在地形低洼处，土壤获得额外的水量，物质不易淋溶，腐殖质较易积累，土壤剖面的形态也有相应的变化。

坡面的形态对水分状况影响很大。凸坡和光滑的坡面不易保存水分，而凹坡与粗糙坡面水分较充足。平原地区由于地下水位较高，因此微地形的差异会引起土壤水分状况存在很大的差别。

（2）地形对热量的再分配　在山地和丘陵地区，南北坡接受的光热明显不同。在北半球，南坡日照时间长，光照强，土温高，蒸发大，土壤干燥，北坡则正相反。所以南坡和北坡土壤发育强度和类型均有区别。海拔影响气温和土壤热量状况。中纬地区，通常海拔升高1000m，气温下降6℃，所以海拔越高，气温和土壤温度越低。这种现象在高山、高原地区特别明显。

（3）地形对母质的再分配　地形对母质起着重新分配的作用，不同的地形部位常分布有不同的母质：山地上部或台地上主要是残积母质；坡地和山麓地带的母质多为坡积物；在山前平原的冲积扇地区，成土母质多为洪积物；河流阶地与泛滥地和冲积平原、湖泊周围、滨海附近地区，相应的母质为冲积物、湖积物、海积物。

由于地形条件不同，岩石风化物或其他地表沉积体会产生不同的侵蚀、搬运、堆积状况。通常，陡坡受冲蚀影响，土层薄，质地粗，养分易流失，土壤发育度低。坡脚和缓坡产生堆积，土壤性质与陡坡正相反。在干旱气候环境中，由于地形条件不同，土壤盐分发生再分配，可导致盐渍化程度的差异。在微起伏的小地形区，高凸地由于蒸发强烈，表土积盐现象特别严重，一般垄作区的垄台较垄沟积盐严重。

6.2.1.5　时间

土壤随时间推移而不断发育，上述四种成土因素相互间的作用也随时间延长而加深。在其他各种成土因素相同的基础上，时间长短不同，土壤发育的程度和阶段也不一样。

在理想的条件下，土壤从开始发育到发育成土，大致经历了母质、年轻土壤、成熟土壤和老年土壤四个阶段。母质阶段：风化已经开始，但许多母质物质仍保留在土壤中；年轻土壤阶段：易风化的矿物大部分已分解，黏粒明显增加；成熟土壤阶段：矿物分解已处于最后阶段，只有少数强抗风化的原生矿物被保存；老年土壤阶段：土壤发育已完成，原生矿物基本上彻底风化。

6.2.1.6　人类活动

自从人类诞生以来，人类活动就对土壤产生了极为深刻的影响。人为因素对土壤的影响是有目的性的，人类通过施肥、灌溉、排水、客土、轮作换茬、土壤耕作等措施，极大程度上改变了土壤中物质和能量的交流，改变了自然物质循环过程，改变了各种自然因素对土壤形成的影响，控制了土壤发育的方向。

例如，砍伐原有自然植被，代之以人工栽培作物或人工育林，可以直接或间接影响物质的生物循环方向和强度；通过灌溉和排水，可以改变自然土壤的水热条件，从而改变土壤中的物质运动过程；通过耕作、施肥等农业措施，可直接影响土壤发育以及土壤的物质组成和形态变化；在坡地上修筑水平梯田，防止水土流失；给盐碱地平整地面，挖沟排水，控制地下水位，灌水洗盐，大量施用有机肥，合理耕作，改良盐碱土，使其在短时间内成为高产农田；植树种草，可以涵养水源，防止侵蚀，也可以防风固沙，从而改善小气候。

　　人为因素对土壤的影响具有两重性：利用合理，有助于土壤肥力提高；不合理利用土壤资源则会导致土壤资源遭受极大破坏，土壤肥力下降。

6.2.2　土壤发生层与土壤剖面

　　土壤在成土因素的作用下产生了一系列的土壤属性，这些属性的内在综合表现为肥力，而其外在特征则反映于土壤剖面的形态、发生层或土体构型上。所以土壤剖面、发生层和土体构型是土壤发育的具体表现。

　　土壤剖面是具体土壤的垂直断面，其深度一般达到基岩或达到地表沉积体的相当深度。一个完整的土壤剖面应包括土壤形成过程中所产生的发生学层次（发生层）和母质层。不同发生层的组合构成了各种类型的土体构型，是土壤剖面的最重要特征，由此产生各种土壤类型的分化。

　　（1）土壤发生层和土体构型　　土壤发生层是指土壤形成过程中形成的具有特定性质和组成的、大致与地面相平行的，并具有成土过程特性的层次。土壤发生层反映了土壤形成过程中物质的迁移、转化和累积的特点。

　　作为一个土壤发生层，至少应能被肉眼识别，并不同于相邻的土壤发生层。识别土壤发生层的形态特征一般包括颜色、质地、结构、新生体和紧实度等。土壤发生层分化越明显，即上、下层之间的差别越大，表示土体非均一性越显著，土壤的发育度越高。但许多土壤剖面中发生层之间是逐渐过渡的，有时母质的层次性会残留在土壤剖面中。

　　土体构型（土壤剖面构型）是各土壤发生层（也包括残留的具层次特征的母质层）有规律的组合、有序的排列状况，是土壤剖面的最重要特征，是鉴别土壤的重要依据。

　　（2）土壤剖面构型　　依据土壤剖面中物质累积、迁移和转化的特点，一个发育完全的典型的土壤剖面，从上至下可划分出淋溶层、淀积层、母质层三个最基本的发生层，组成典型的土壤构型（图6-1）。

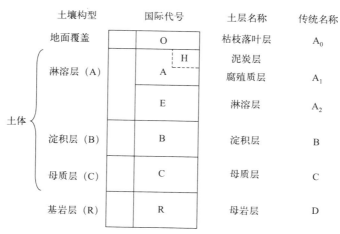

图6-1　自然土壤剖面示意图

　　① 枯枝落叶层（A_0）。由植物死亡的有机残体堆积在地表形成，是以分解的或未分解的有机质为主的土层，其中一部分初步分解形成粗腐殖质，森林植被下的有机质层称为枯枝落叶层。国际土壤学会将该层划分为有机质层，用O表示。

② 淋溶层（A）。分为腐殖质层和淋溶层。

腐殖质层（A_1）。位于枯枝落叶层之下，由于腐殖质的累积，腐殖质和矿质养料含量丰富，且结合紧密，多呈良好的团粒结构，土色较深。国际土壤学会将该层划分为腐殖质层，用符号 A 表示。草甸、沼泽植被下的腐殖质层称泥炭层，国际土壤学会用 H 表示。

淋溶层（A_2）。位于腐殖质层（A_1）之下，由于雨水的淋洗作用，土体中易溶性盐类及铁和铝的水化物、腐殖质胶体受到淋失向下移动，石英或其他抗风化矿物的砂粒或粉粒相对富集的矿质发生层。该层腐殖质及养分含量减少，土色较浅。土层多片状结构，紧实。国际土壤学会将该层划分为淋溶层，用 E 表示。

③ 淀积层（B）。上面土层中淋洗下移的物质在此层淀积，主要为硅酸盐黏粒、铁、铝、腐殖质、碳酸盐、石膏或硅的淀积；由于有大量氧化物胶膜，土壤亮度较上、下土层为低，彩度较高，色调发红；土壤紧实，多核状、柱状、棱柱状结构。国际土壤学会将该层用符号 B 表示。

④ 母质层（C）。位于淀积层下面。母质层的土层较深，受成土因素影响小，保持土壤母质特性。国际土壤学会将该层用符号 C 表示。

⑤ 母岩层（D）。由未风化的岩石组成。国际土壤学会将该层用符号 R 表示。

（3）旱地耕作层土壤发生层划分与序列

① 耕作层（表土层，A_p）。由长期耕作形成的土壤表层；耕作层的厚度一般为 15～20cm；与下伏层区分明显，养分比较丰富，作物根系最为密集，土壤为粒状、团粒状或碎块状结构；耕作层由于经常受农事活动干扰和外界自然因素影响，其水分物理性质和速效养分含量的季节性变化较大。

② 犁底层（亚表土层，P）。位于耕作层以下较为紧实的土层，由于长期耕作经常受到犁的挤压和降水时黏粒随水沉积而形成，起托水托肥作用。一般厚 5～7cm。犁底层多半为片状、大块状或层状结构，腐殖质显著减少，容重大，总孔隙度小并且多毛管孔隙，造成土壤通气性差，透水性不良，根系下扎困难。

③ 心土层（生土层，B）。位于犁底层以下，厚度为 20～30cm，由表土淋溶下来的物质形成。旱作土壤的心土层一般保持着开垦种植前自然土壤淀积层的形态和性状。水稻土的心土层在正常情况下多发育为具有棱块或棱柱状结构的斑纹层。

④ 死土层（底土层，C）。未受耕作影响，保持母质或自然土壤淀积层的原来面貌。成土母质是土状堆积物，则底土层的性质与母质基本上相同；成土母质为岩石风化碎屑，则底土层中也往往掺杂有这些碎屑物。

6.3 土壤的性质

6.3.1 土壤的物理性质

6.3.1.1 土壤颗粒与粒级

（1）土粒 即土壤颗粒，通常专指矿物颗粒。土粒大小以粒径为标准，土粒形状大多不是球形，只能用当量粒径（即与其静水沉降速度相同的圆球的直径）代替之。

（2）粒级　根据土粒的特性并按其粒径大小划分为若干组，使同一组土粒的成分和性质基本一致，组间的差异较明显。土壤中单粒的直径是一个连续的变量，只是为了测定和划分的方便进行了人为分组。表6-2列出了当前不同机构的粒级分级标准。

表6-2　常见土壤粒级分级标准

粒径/mm	中国制（1987）	卡庆斯基制（1957）		美国制（1951）	国际制（1930）
3～2	石砾	石砾		石砾	石砾
2～1				极粗砂粒	
1～0.5	粗砂粒	物理性砂粒	粗砂粒	黏砂粒	粗砂
0.5～0.25			中砂粒	中砂粒	
0.25～0.2	细砂粒		细砂粒		
0.2～0.1				细砂粒	细砂
0.1～0.05				极细砂粒	
0.05～0.02	粗粉粒		粗粉粒		
0.02～0.01					
0.01～0.005	中粉粒	物理性黏粒	中粉粒	粉粒	粉粒
0.005～0.002	细粉粒		细粉粒		
0.002～0.001	粗黏粒				
0.001～0.0005	细黏粒	黏粒	粗黏粒	黏粒	黏粒
0.0005～0.0001			细黏粒		
<0.0001			胶质黏粒		

① 石砾：主要成分是各种岩屑，由母岩碎片和原生矿物粗粒组成，山区和河漫滩土壤中常见。其大小和含量直接影响耕作的难易程度。

② 砂粒：由母岩碎屑和原生矿物细粒（如石英等）组成，比表面积小，养分少，保水保肥性差，通气性好，无胀缩性。

③ 粉粒：其矿物组成以原生矿物为主，也有次生矿物，氧化硅及铁硅氧化物的含量分别为60%～80%及5%～18%。粉粒颗粒的大小和性质介于砂粒和黏粒之间，有微弱的黏结性、可塑性、吸湿性和胀缩性。

④ 黏粒：主要成分是黏土矿物，由次生铝硅酸盐组成，是各级土粒中最活跃的部分，呈片状，颗粒很小，比表面积大，养分含量高，保肥保水能力强，通气性较差。黏粒矿物的类型和性质能反映土壤形成条件和形成过程的特点。

6.3.1.2　土壤质地

土壤中不同粒级的土壤颗粒组合表现不同的土壤粗细状况，称为土壤的机械组成或土壤质地。土壤质地影响土壤肥力，如土壤持水力、土壤通气性、有机质的贮存、营养元素的吸附和土壤的耕性，从而影响植物生长。土壤质地可分为砂土、壤土、黏土三大类。

（1）国际制　国际制土壤质地分类称为三级分类法，按砂粒、粉砂粒、黏粒的质量分数组合将土壤质地划分为4类13级，其具体分类标准见图6-2。

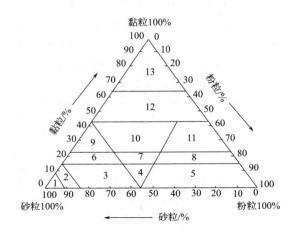

图 6-2　土壤质地分类三角坐标图（国际制）

1—砂土；2—壤质砂土；3—砂质壤土；4—壤土；5—粉砂质壤土；6—砂质黏壤土；7—黏壤土；8—粉砂质黏壤土；

9—砂质黏土；10—壤质黏土；11—粉质黏土；12—黏土；13—重黏土

国际制土壤质地分类的主要标准是以黏粒含量 15%、25% 作为砂土、壤土与黏壤土、黏土类的划分界限；以粉砂粒含量达到 45% 作为"粉砂质"土壤定名；以砂粒含量在 55%～85% 作为"砂质"土壤定名，>85% 则作为划分"砂土类"的界限。应用时根据土壤各粒级的质量分数可查出任意土壤质地名称。

（2）美国制　美国制土壤质地分类也是三级分类法，按照砂粒、粉粒和黏粒的质量分数划分土壤质地，具体分类标准也常用三角坐标图表示，如图 6-3 所示，其应用方法同国际制三角坐标图。例如，某土壤中砂粒、粉粒和黏粒含量分别为 65%、20% 和 15%，则三线交汇于图 6-3 中的砂质壤土处，因此得知该土壤质地名称为"砂质壤土"。

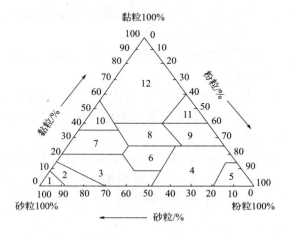

图 6-3　土壤质地分类三角坐标图（美国农业部制）

1—砂土；2—壤质砂土；3—砂质壤土；4—粉壤土；5—粉土；

6—壤土；7—砂黏壤；8—黏壤；9—粉黏壤；10—砂黏土；11—粉黏土；12—黏土

（3）中国质地分类制　中国科学院南京土壤研究所等综合国内土壤情况及其研究成果，将土壤质地分为 3 类 12 级（表 6-3）。

表6-3 土壤质地分类表（中国制）

质地组	质地名称	颗粒组成/%		
		砂粒(1～0.05mm)	粗粉粒(0.05～0.01mm)	细黏土(<0.001mm)
砂土	极重砂土 重砂土 中砂土 轻砂土	>80 70～80 60～70 50～60		<30
壤土	砂粉土 粉土	≥20 <20	≥40	
	砂壤土 壤土	≥20 <20	<40	
黏土	轻黏土 中黏土 重黏土 极重黏土			30～35 35～40 40～60 >60

中国土壤质地分类标准兼顾了我国南北方土壤的特点。如北方土中含1～0.05mm砂粒较多，因此砂土组将1～0.05mm砂粒含量作为划分依据；黏土组主要考虑南方土壤情况，以<0.001mm细黏粒含量划分；壤土组的主要划分依据为0.05～0.01mm粗粉粒含量。

6.3.1.3 土壤结构

土壤结构就是土壤固体颗粒的空间排列方式。自然界的土壤往往不是以单粒状态存在，而是形成大小不同、形态各异的团聚体或颗粒，这些团聚体或颗粒就会产生各种土壤结构。其中，土壤结构体是指土壤中的各级土粒或其中的一部分互相胶结、团聚而形成的大小、形状、性质不同的土团、土块、土片等。土壤结构性是指土壤中的单粒和结构体的数量、大小、形状、性质及排列和相应的孔隙状况等的综合特性。

土壤结构体的划分主要依据其形态、大小和特性等。目前国际上尚无统一的土壤结构体分类标准。最常用的是根据形态、大小等外部性状来分类，较为精细的分类则结合外部性状与内部特性（主要是稳定性、多孔性）同时考虑，常分为块状、柱状、片状、团粒结构等（图6-4）。土壤结构体的发育程度可分为无结构、弱发育结构、中度发育结构和强发育结构等级别。

① 块状结构。近立方体，纵横轴大致相等，边面的棱角不明显，边面不明显，内部紧实。这种结构在土壤质地黏重、缺乏有机质的表土中常见，特别是在土壤过湿或过干时最易形成。按其大小又可分为大块状结构（轴长大于5cm）、块状结构（轴长3～5cm）和碎块状结构（轴长0.5～3cm）。

② 核状结构。近立方体型，边面明显，多棱角碎块，内部紧实，泡水后不易散碎。轴长0.5～1.5cm，在黏重的心土层或由氢氧化铁胶结土粒后形成核状结构。根据核的大小，划分为：大核状，直径>1cm；核状，直径7～10mm；小核状，5～7mm。

③ 柱状结构与棱柱状结构。柱状结构的纵轴远大于横轴，在土体中呈直立状态，按棱角明显程度分为两种，棱角不明显的叫柱状结构，棱角明显的叫棱柱状结构。柱状结构是碱化土壤的标志性特征，常在干旱半干旱地带的底土中出现；棱柱状结构往往在心土层、底土

(a) 单粒结构　　　　　　　(b) 粒状结构　　　　　　　(c) 片状结构

(d) 块状结构　　　　　　　(e) 柱状结构　　　　　　　(f) 团粒结构

图 6-4　土壤结构

层出现，在干湿交替作用下形成。根据纵轴大小可划分为大柱状结构（＞5cm）、柱状结构（3～5cm）、小柱状结构（＜3cm）。

④ 片状结构。横轴远大于纵轴，呈扁平薄片状，老耕地犁底层中常见到。此外雨后或灌水后形成的地表结壳和板结层也属于片状结构。大小划分：＞3mm 者为板状，＜3mm 者为片状。

⑤ 团粒结构。近似球形、疏松多孔的小土团称为团粒结构，包括团粒和微团粒，是有机质含量丰富的肥沃土壤的标志性特征。团粒的直径为 0.25～10mm。0.25mm 以下的则为微团粒。这种结构体在表土中出现，具有水稳性（泡水后结构体不易分散）、力稳性（不易被机械力破坏）和多孔性等良好的物理性能，是农业土壤的最佳结构形态。

6.3.1.4　土壤孔性

土粒与土粒或团聚体之间以及团聚体内部的孔洞，叫作土壤孔隙。土壤孔隙是容纳水分和空气的空间，取决于土壤质地、松紧度、有机质含量和结构等。土壤孔性是指土壤孔隙的性质，通常包括孔隙的数量（总量）、类型（孔隙的大小）及分配（大小孔隙的比例）三个方面。土壤中的孔隙容积越大，水分和空气的容量就越大。土壤孔隙度一般不直接测定，而是利用土壤的容重和密度计算获得。

① 土壤密度。土壤密度指单位容积固体土粒（不包括粒间孔隙的容积）的质量，单位是 g/cm^3。土壤密度的大小主要取决于它的矿物组成，而有机质含量对其也有一定影响。多数土壤的密度为 2.6～2.7 g/cm^3。

② 土壤的容重。土壤的容重指单位容积原状土体（包括土粒和孔隙在内）的干土重，单位是 g/cm^3。土壤容重多为 1.0～1.5 g/cm^3。土壤容重的大小与土壤质地、结构状况、有机质含量有关，变化范围较大。土壤容重小，说明土壤有机质较多、结构较好、疏松、多孔。所以土壤容重是反映土壤孔隙状况、松紧程度以及土壤通气和透水状况的一个指标。

③ 土壤孔隙度。土壤中孔隙的容积占整个土壤容积的分数称作土壤孔度（孔隙度）。常

利用土壤密度和容重换算求得。计算公式为：

$$土壤孔隙度(\%) = 100\% - \frac{容重}{密度} \times 100\% = \left(1 - \frac{容重}{密度}\right) \times 100\%$$

6.3.2　土壤胶体的吸附性

土壤具有吸附并保持固态、液态和气态物质的能力，也即土壤具有吸附性能。土壤的吸附性能与土壤中存在的胶体物质密切相关。土壤胶体是土壤固体颗粒中最细小的、具有胶体性质的微粒，土壤学中的土壤胶体是指土壤颗粒直径小于 $2\mu m$ 的土壤微粒。

6.3.2.1　土壤胶体的种类

按成分和来源，土壤胶体可分为无机胶体、有机胶体和有机-无机复合胶体三类。

（1）无机胶体　无机胶体又称矿质胶体，主要为极细微的土壤颗粒，包括成分简单的晶质和非晶质的硅、铁、铝的含水氧化物，成分复杂的各种类型的层状硅酸盐（主要是铝硅酸盐）矿物，常把此两者统称为土壤黏粒矿物。通常用土壤中黏粒（$d < 0.001mm$）的含量反映土壤无机胶体的数量。不同质地的土壤，无机胶体的含量差异很大，砂土中无机胶体的含量要比黏土少得多。土壤中无机胶体的数量和组成对土壤的理化性质影响较大。

含水氧化物主要包括水化程度不等的铁和铝的氧化物及硅的水化氧化物。其中又有结晶型与非晶质无定形之分，结晶型含水氧化物有三水铝石（$Al_2O_3 \cdot 3H_2O$）、水铝石（$Al_2O_3 \cdot H_2O$）、针铁矿（$Fe_2O_3 \cdot H_2O$）、褐铁矿（$2Fe_2O_3 \cdot 3H_2O$）等，非晶质无定形含水氧化物有不同水化度的 $SiO_2 \cdot nH_2O$、$Fe_2O_3 \cdot nH_2O$、$Al_2O_3 \cdot H_2O$ 和 $MnO_2 \cdot H_2O$ 及它们相互复合形成的凝胶、水铝英石等。

（2）有机胶体　主要是腐殖质，还有少量的木质素、蛋白质、纤维素等。腐殖质胶体含有多种官能团，属于两性胶体，但因等电点较低，所以在土壤中一般带负电，因而对土壤中的无机阳离子特别是重金属离子的吸附性能影响巨大。但它们不如无机胶体稳定，较易被微生物分解。

（3）有机-无机复合胶体　土壤的有机胶体很少单独存在，大多通过多种方式与无机胶体相结合，形成有机-无机复合胶体，其中主要是二、三价阳离子（如钙、镁、铁、铝等）或官能团（如羧基、醇羟基等）与带负电荷的黏粒矿物和腐殖质的连接作用。有机胶体主要以薄膜状紧密覆盖于黏粒矿物表面，还可能进入黏粒矿物的晶层之间。土壤有机质含量愈低，土壤胶体中的有机-无机复合胶体含量愈高，一般变动范围为 $50\% \sim 90\%$。

6.3.2.2　土壤胶体的结构

土壤胶体在分散溶液中构成胶体分散体系，胶体分散体系包括胶粒和粒间溶液两大部分。胶粒由以下几个部分构成（图6-5）。

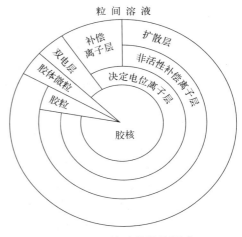

图 6-5　土壤胶体结构图式

（1）胶核　胶粒的基本部分，由黏粒矿物、腐殖质等分子团所组成的微粒核。

（2）双电层　包括决定电位离子层和补偿离子层。

① 决定电位离子层。胶核表面分子与胶核内部分子处于不同状态下，使胶核表面产生一层带电的离子层。这层带电的离子决定着胶粒的电荷符号和电位大小，因而被称为决定电位离子层，或称双电层内层。它决定着土壤的交换吸收性能。黏土矿物和腐殖质胶体的决定电位离子层一般带负电。所以，土壤胶体一般带负电。在某些情况下，决定电位离子层中的离子也能为粒间溶液离子所替代而产生专性吸附，使电荷性质发生改变。

② 补偿离子层。由于胶核表面决定电位离子层带电，产生的静电引力吸附粒间溶液中带相反电荷的离子，形成补偿离子层，又称双电层外层。在此层中，距决定电位离子层远近不同，所受引力也不同。距离近的受静电引力大，离子活动性小，只能随胶核移动，称非活性补偿离子层，由于受到强大的静电引力，一般难以和粒间溶液中的离子交换，但在某些情况下，也能进行上述代换而产生专性吸附。在此层之外，距离远，受静电引力较小，离子活动性大，疏散分布，称扩散层。扩散层离子具有交换能力，很容易与粒间溶液中的离子进行交换，即通常所指的离子交换。扩散层实际上是由胶粒向粒间溶液逐渐过渡的部分。

6.3.2.3　土壤胶体的性质

（1）大的比表面积和表面能　比表面积是单位质量（或体积）物质中所有颗粒的总表面积之和（单位为 cm^2/g 或 cm^2/cm^3）。一般包括外表面和内表面，外表面主要指黏土矿物、氧化物（如铁、铝和硅等的氧化物）和腐殖质分子等暴露在外的表面，内表面主要指的是层状硅酸盐矿物晶层之间的表面以及腐殖质分子聚集体内部的表面。土壤中常见黏土矿物的比表面积见表 6-4。

表 6-4　土壤中常见黏土矿物的比表面积　　　　单位：m^2/g

胶体成分	内表面积	外表面积	总表面积
蒙脱石	700～750	15～150	700～900
蛭石	400～750	1～50	400～800
水云母	0～5	90～150	90～150
高岭石	0	5～40	5～40
水铝英石	130～400	130～400	260～800

比表面积是衡量物质特性的重要参量，其大小与颗粒的粒径、形状、表面缺陷及孔隙结构等密切相关；一定质量或体积的土壤，随着颗粒数增多，比表面积增大。物体表面分子与该物体内部的分子处于不同环境中，内部分子与相似分子接触，受到相等的吸引力可相互抵消，而表面分子受到内部和外部不同的吸引力因此具有多余的自由能。处于胶体表面的分子受到内部和周围接触介质界面上的引力不平衡而具有的剩余能量称为表面能。物质的比表面积越大，表面能越大，因而表现出吸附特性。

（2）表面带有电荷　土壤胶体微粒都带有一定的电荷，多数情况下带负电荷，也有带正电荷的，还有因环境条件不同而带不同电荷的两性胶体。土壤胶体微粒带电的主要原因是微粒表面分子本身的离解。因为土壤胶体微粒具有双电层结构，微粒的内部一般带负电荷，形成一个负离子层，其外部由于电性吸引，形成一个正离子层，合称为双电层。

土壤胶体的种类不同，产生电荷的机制也不同。根据土壤胶体电荷产生的机制，一般可将其分为永久电荷和可变电荷。永久电荷是由黏土矿物晶格中的同晶置换所产生的电荷。黏土矿物的结构单位是硅氧四面体和铝氧八面体。硅氧四面体的中心离子 Si^{4+} 和铝氧八面体的中心离子 Al^{3+} 能被其他离子所代替，从而使黏土矿物带电荷。如果中心离子被低价阳离子所代替，黏土矿物带负电荷；如果中心离子被高价阳离子所代替，黏土矿物带正电荷。一般情况下是黏土矿物的中心离子被低价阳离子所取代，如 Si^{4+} 被 Al^{3+}、Fe^{3+} 取代，Al^{3+} 被 Mg^{2+}、Fe^{2+} 取代，因而黏土矿物以带负电荷为主。由于同晶置换一般发生在黏土矿物的结晶过程中，存在于晶格的内部，这种电荷一旦形成就不会受到外界环境（pH 值、电解质浓度等）的影响，称为永久电荷。

土壤胶体表面电荷的数量和性质会随着介质 pH 值的改变而改变，这些电荷称为可变电荷。可变电荷是因为土壤胶体向土壤中释放离子或吸附离子而产生的。如果在某个 pH 值时，黏土矿物表面上既不带正电荷，又不带负电荷，其表面净电荷等于零，此时的 pH 值称为电荷零点（ZPC），如 $Al(OH)_3$ 的电荷零点为 $4.8 \sim 5.2$，Fe_2O_3 为 3.2。当介质 pH 值大于电荷零点时，胶体中电离出 H^+，使胶粒带负电荷，胶粒会吸附土壤中带正电的离子；当介质 pH 值小于电荷零点时，胶体中电离出 OH^-，使胶粒带正电荷，胶粒会吸附土壤中带负电的离子。

颗粒表面既带负电荷又带正电荷的土壤胶体称为两性胶体，随溶液土壤反应的变化而变化（如三水铝石、腐殖质等结构中的某些原子团在不同 pH 值条件下的变化）。以 $Al(OH)_3$ 为例说明如下：

在酸性环境中带正电：$Al(OH)_3 + H^+ === [Al(OH)_2]^+ + H_2O$

在碱性环境中带负电：$Al(OH)_3 + OH^- === [Al(OH)_2O]^- + H_2O$

可变电荷胶体表面电荷会随介质 pH 值的改变而改变，带电量按电性不同可分为正电荷和负电荷。

一般土壤中游离的 Fe、Al 氧化物的 ZPC 大于 6.5 而小于 10.4，是产生正电荷的主要物质，高岭石裸露在外的铝氧八面体在酸性条件下发生质子化可带正电荷，有机质中—NH_2 基团在酸性条件下发生质子化也能带正电荷；同晶置换，含水氧化硅的离解，含水氧化铁和铝在碱性条件下的离解，黏土矿物表面—OH 在碱性条件下的离解，腐殖质官能团中 R—COOH、R—CH_2—OH 等的离解产生负电荷。由于一般情况下土壤带负电荷的数量远大于正电荷的数量，所以大多数土壤带有净负电荷，只有少数含 Fe、Al 氧化物在含量较高的强酸性土壤中才有可能带净正电荷。

（3）凝聚性和分散性　由于胶体的比表面积和表面能都很大，为了减小表面能，土壤胶体具有相互吸引、凝聚的趋势，这就是胶体的凝聚性。但在土壤溶液中，胶体常带负电荷，即具有负的电动电位，所以胶体微粒又因电荷相同而相互排斥。电动电位越高，相互排斥力越强，胶体微粒呈现出的分散性也越强。

溶胶的形成是由于胶体带有相同电荷和胶粒表面水化层的存在，带相同电荷的胶粒电性相斥，水膜的存在则妨碍胶粒的相互凝聚。影响土壤凝聚性能的主要因素是土壤胶体的电动电位和扩散层厚度。例如当土壤溶液中阳离子增多时，土壤胶体表面负电荷被中和，从而加强了土壤的凝聚。此外，土壤溶液中电解质浓度、pH 值也将影响其凝聚性能。

土壤胶体主要是阴离子胶体，因此可在阳离子作用下凝聚。阳离子对带负电荷的胶体的凝聚能力随离子的价数增加、半径增大而增强，常见阳离子凝聚能力的大小顺序为：

$$Fe^{3+}>Al^{3+}>Ca^{2+}>Mg^{2+}>K^+>NH_4^+>Na^+$$

6.3.2.4 土壤吸附性

土壤是永久电荷表面共存的体系，可吸附阳离子，也可吸附阴离子。土壤胶体表面能通过静电吸附的离子与溶液中的离子进行交换反应，也能通过共价键与溶液中的离子发生配位吸附。土壤固相和液相界面上离子或分子的浓度大于整体溶液中该离子或分子浓度的现象，称为正吸附。在一定条件下也会出现与正吸附相反的现象，即负吸附。

土壤吸附性是土壤重要的化学性质之一。它取决于土壤固相物质的组成、含量、形态以及酸碱性、温度、水分状况等条件及其变化，影响着土壤中物质的形态、转化、迁移和有效性。按产生机理的不同可将土壤吸附性分为交换吸附、专性吸附、负吸附及化学沉淀、生物吸附等类型。

（1）交换吸附 带电荷的土壤表面借静电引力从溶液中吸附带异号电荷的离子或极性分子，在吸附的同时，另一种有等当量电荷的同号离子从表面上解吸而进入溶液，其实质是土壤固液相之间的离子交换反应。

① 阳离子交换。土壤溶液中的阳离子与土壤胶体表面吸附的阳离子互换位置。被土壤胶体表面吸附，能被土壤溶液中的阳离子所交换的阳离子称为交换性阳离子。土壤胶体一般带负电荷，通过静电力（库仑力）吸附溶液中的阳离子，土壤溶液中的阳离子转移到土壤胶体表面，为土壤胶体所吸附，此过程称为阳离子吸附。下式显示了土壤胶体吸附的 NH_4^+、K^+、Na^+ 被溶液中的 Ca^{2+} 交换的情况。

$$\begin{array}{c}NH_4^+ \quad NH_4^+ \\ K^+ \\ K^+ \end{array}\boxed{\text{土壤胶体}}\begin{array}{c}Na^+ \\ Na^+\end{array} + 3Ca^{2+} \Longleftrightarrow Ca^{2+}\begin{array}{c}Ca^{2+}\end{array}\boxed{\text{土壤胶体}}Ca^{2+} + 2K^+ + 2Na^+ + 2NH_4^+ \\ \begin{array}{c}H^+ \quad Mg^{2+}\end{array} \qquad\qquad\qquad \begin{array}{c}H^+ \quad Mg^{2+}\end{array}$$

阳离子静电吸附的速度、数量和强度，取决于胶体表面电位（电荷数和电荷密度）、离子价数和半径等因素。表面负电荷愈多，吸附的阳离子数量就愈多；表面电荷密度愈大，阳离子价数愈高，吸附愈牢固。

不同价的阳离子与胶体表面亲和力的顺序为 $M^{3+}>M^{2+}>M^+$；对于同价阳离子，胶体的吸附力主要取决于离子的水合半径，水合半径较小的离子，与胶体表面的距离较近，彼此的作用较强。

② 阴离子交换。土壤胶体带正电荷的表面对溶液中阴离子（主要是 Cl^-、NO_3^-、ClO_4^-）的吸附。土壤中铁、铝、锰氧化物是产生正电荷的主要物质；高岭石边缘或表面羟基也可产生正电荷。有机胶体表面的氨基通过反应 $R—NH_2 + H^+ \rightarrow R—NH_3^+$ 也可吸附阴离子。正电荷主要是可变电荷，受 pH 的影响。当 pH > 7 时，土壤胶体的正电荷基本消失，不发生阴离子的静电吸附。

（2）专性吸附 相对于交换吸附而言，专性吸附是非静电引力引起的土壤对离子的吸附。专性吸附在胶体表面带正、负、零电荷时均可发生，反应结果使体系 pH 下降。专性吸附的金属离子为非交换态，不参与一般的阳离子交换反应，可被与胶体亲和力更强的金属离子置换或部分置换，或在酸性条件下解吸。

① 阳离子。土壤中的铁、铝、锰等氧化物胶体，其表面阳离子不饱和而发生水合或水化，产生可离解的水合基（—OH_2）或羟基（—OH），它们与溶液中的过渡金属离子

（M^{2+}、MOH$^+$）作用而生成稳定性高的表面络合物，这种吸附称为专性吸附。过渡金属（ⅠB、ⅡB 族等）水合热较大，在水溶液中呈水合离子形态，并易水解成羟基阳离子：

$$M^{2+}+H_2O \longrightarrow M(H_2O)^{2+} \longrightarrow MOH^+ + H^+$$

水解阳离子电荷减少，致使其向吸附胶体表面靠近的能垒降低，有利于与表面的相互作用。若过渡金属呈 M^{2+} 态被专性吸附，形成单配位基表面络合物（—O—M），反应后释放 1 个 H$^+$，并引起 1 个电荷变化。若呈 MOH$^+$ 离子态被吸附，形成双配位基表面络合物（—O—M—OH），反应后释放 2 个 H$^+$，但表面电荷不变。层状硅酸盐黏土矿物表面裸露的 Al—OH 基和 Si—OH 基与氧化物表面羟基相似，有一定的专性吸附能力。

② 阴离子。阴离子作为配位体，进入黏土矿物或氧化物表面金属原子的配位壳，与其中的羟基或水合基交换而被吸附，发生在胶体双电层的内层。发生专性吸附的阴离子有 F$^-$ 和磷、钼、砷酸根等含氧酸根离子。图 6-6 显示了不同 pH 值条件下磷酸根离子的配位专性吸附特征。

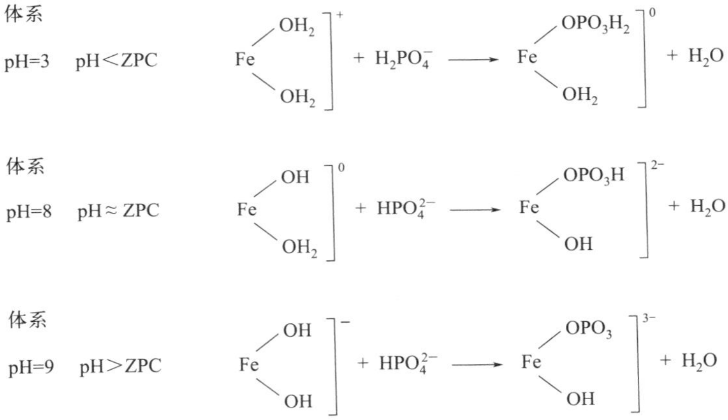

图 6-6 磷酸根离子的配位专性吸附特征

（3）负吸附 与上述两种吸附相反，负吸附是土壤表面排斥阴离子或分子的现象，表现为在土壤固液相界面上离子或分子的浓度低于整体溶液中该离子或分子的浓度。该现象是静电因素引起的，即阴离子在负电荷表面的扩散双电层中受到相斥作用。在土壤吸附性能的现代概念中，负吸附仅指前一种（阴离子），后者（分子）常归入土壤物理性吸附的范畴。

（4）化学沉淀 指进入土壤中的物质与土壤溶液中的离子（或固相表面）发生化学反应，形成难溶性的新化合物而从土壤溶液中沉淀出（或沉淀在固相表面）的现象，实为化学沉淀反应，而不是界面化学行为的土壤吸附现象，但在实践中两者有时很难区分。

（5）生物吸附 指生活在土壤中的生物（包括植物、微生物和一些小动物）通过生命活动，把有效的养分吸收、积累、保存在生物体中的作用，又称为养分生物固定。

6.3.3 土壤的酸碱性

土壤的酸碱性指土壤溶液中 H$^+$ 浓度和 OH$^-$ 浓度比例不同而表现出来的酸碱性质，是土壤的重要化学性质之一。土壤酸碱度常用土壤溶液的 pH 值表示。土壤 pH 值常被看作土壤性质的主要变量，对土壤的许多化学反应和化学过程都有很大的影响，对土壤中的氧化还原、沉淀溶解、吸附解吸和配位反应起支配作用。土壤酸碱性影响土壤矿物质的风化强度、土壤生物的活动及有机质的转化，同时还影响溶液中化合物的溶解与沉淀，以及离子的吸附和代换。

6.3.3.1 土壤酸度

土壤酸度指土壤酸性的程度，是土壤溶液中 H^+ 浓度的表现，H^+ 浓度越大，土壤酸性越强。根据 H^+ 的存在形式，土壤酸度分为活性酸度和潜性酸度。

(1) 土壤活性酸度　活性酸度是指土壤溶液中的 H^+ 浓度导致的土壤酸度，通常用 pH 表示。土壤酸碱性主要根据活性酸度划分，分为强酸性（pH<5.0）、酸性（pH 为 5.0～6.5）、中性（pH 为 6.5～7.5）、碱性（pH 为 7.5～8.5）、强碱性（pH> 8.5）五级。我国土壤 pH 值一般在 4～9，在地理分布上由南向北 pH 值逐渐增大。长江以南的土壤为酸性和强酸性，长江以北的土壤多为中性或酸性，少数为强碱性。

用水浸提土壤，得到的 pH 值可以反映土壤活性酸度的强弱。测定土壤 pH 值时的水土比，一般参考国际土壤学会推荐的 2.5∶1 的标准，水土比大时，测出的 pH 值偏大。用 KCl 浸提，得到的 pH 值（pH盐）除反映土壤溶液中的氢离子浓度外，还反映由 K^+ 交换出的氢离子和铝离子显出的酸性。因此，pH水>　pH盐。

(2) 土壤潜性酸度　潜性酸度是指土壤固相物质表面吸附的交换性氢离子、铝离子、羟基铝离子被交换进入溶液后引起的酸度，以质量摩尔浓度（单位为 cmol/kg）表示。这些离子的酸性只有在交换进入土壤溶液后才能显示出来。潜性酸可分为两类。

① 交换性酸。用过量中性盐（氯化钾、氯化钠等）溶液，与土壤胶体发生交换作用，土壤胶体表面的氢离子或铝离子被浸提剂的阳离子所交换，使溶液的酸性增强。测定溶液中氢离子的浓度即得交换性酸的数量。

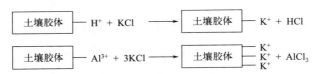

② 水解性酸。用过量强碱弱酸盐（CH_3—COONa）浸提土壤，胶体上的氢离子或铝离子释放到溶液中所表现出来的酸性。CH_3—COONa 水解产生 NaOH，pH 值可达 8.5。Na^+ 可以把绝大部分交换性的氢离子和铝离子代换下来，从而形成乙酸，滴定溶液中乙酸的总量即得水解性酸度。

交换性酸是水解性酸的一部分，水解能置换出更多的氢离子。要改变土壤的酸性程度，就必须中和溶液中与胶体上的全部交换性氢离子和铝离子。在改良酸性土壤时，可根据水解性酸来计算所要施用的石灰的量。

(3) 土壤酸的来源　土壤环境的酸碱性是气候、植被、成土母质以及人为因素等共同作用的结果。

① 植物呼吸作用：植物呼吸作用排出的 CO_2 溶解于水形成的碳酸离解产生的 H^+。

② 微生物分解作用产生的有机酸、无机酸离解产生的 H^+：土壤有机体的分解产生有机酸，硫化细菌和硝化细菌还可产生硫酸和硝酸；生理酸性肥料（硫酸铵、硫酸钾等）。

③ 土壤中铝离子的活化：黏土矿物铝氧层中的铝在较强的酸性条件下释放出来，进入

土壤胶体表面成为交换性的铝离子，其数量比氢离子数量大得多，土壤表现为潜性酸。例如，长江以南的酸性土壤主要是由铝离子引起的。

④ 气候因素：在多雨潮湿地带，盐基离子被淋失，溶液中的氢离子进入胶体取代盐基离子，导致氢离子积累在土壤胶体上。东北地区的酸性土是在寒冷多雨的气候条件下产生的。西北地区降雨量少，淋溶作用弱，导致盐基积累，土壤大部分为石灰性、碱性或中性土壤。

6.3.3.2 土壤碱度

土壤碱度指土壤碱性的程度，其大小取决于土壤的 pH 值大于 7.0 时土壤中碱性物质的总量。碱性物质主要是钙、镁、钠的碳酸盐和酸式碳酸盐，以及交换性钠和其他交换性盐基。它们是由碳酸钙的水解、含钠矿物与含二氧化碳的水溶液反应生成碳酸钠，以及交换性钠的水解等作用产生的。

（1）碱性反应的主要机理

碱性反应是指碱性物质的水解反应，如碳酸钙的水解、碳酸钠的水解及交换性钠的水解等。

① 碳酸钙水解：$CaCO_3 + H_2O \longrightarrow Ca^{2+} + HCO_3^- + OH^-$
② 碳酸钠水解：$Na_2CO_3 + H_2O \longrightarrow 2Na^+ + HCO_3^- + OH^-$
③ 交换性钠的水解：当土壤胶体的交换性 Na^+ 积累到一定数量，土壤溶液盐浓度较低时，Na^+ 离解进入溶液，水解产生 NaOH，并进一步形成碳酸盐 Na_2CO_3 和碳酸氢盐 $NaHCO_3$。

（2）土壤碱度的衡量指标

① pH 值：和土壤酸度一样，土壤碱度也常用土壤溶液（水浸液）的 pH 值表示，据此可进行碱性分级。

② 总碱度：土壤溶液中 CO_3^{2-} 和 HCO_3^- 的总量（cmol/L）。

③ 碱化度：土壤碱化度用 Na^+ 的饱和度来表示，是衡量土壤碱度的重要指标。碱化度（exchangeable sodium percentage，ESP）是土壤交换性钠占阳离子交换量（cation exchange capacity，CEC）的比例。其中 CEC 为单位质量的土壤所含交换性阳离子（一价）的总量（cmol/kg）。

按照碱化度，可将土壤划分为轻度碱化土（ESP：5%～10%）、中度碱化土（ESP：10%～15%）和强碱化土（ESP：>15%）。

（3）影响土壤碱度的因素

① 气候因素（干湿度）：碱性土分布在干旱、半干旱地区。在干旱、半干旱条件下，蒸发量大于降雨量，土壤中的盐基物质随着蒸发而表聚，使土壤碱化。

② 生物因素：Na、K、Ca、Mg 等盐基物质的生物积累。一些植物适应在干旱条件下生长，有富集碱性物质的作用。如海蓬子含 Na_2CO_3 3.75%，碱蒿含 2.76%，盐蒿含 2.14%，芦苇含 0.49%。

③ 母质：碱性物质的基本来源。基性岩、超基性岩富含碱性物质，含盐基物质多，形成的土壤为碱性。

④ 施肥和灌溉：施用碱性肥料或用碱性水灌溉会使土壤碱化。如都江堰水质偏碱，长期用都江堰水灌溉的水稻田土壤 pH 有所提高。

土壤碱化与盐化有着一定的联系。盐土在积盐过程中，胶体表面吸附有一定数量的交换性钠，但因土壤溶液中的可溶性盐浓度较高，阻止交换性钠水解，所以，盐土的碱度一般都在 pH 值 8.5 以下，物理性质也不会恶化，不显现碱土的特征。只有在盐土脱盐到一定程度后，土壤交换性钠发生解吸，土壤才出现碱化特征。但土壤脱盐并不是土壤碱化的必要条件。土壤碱化过程是在盐土积盐和脱盐频繁交替发生时，促进了钠离子取代胶体上吸附的钙、镁离子，从而演变为碱化土壤。

6.3.4　土壤的氧化性和还原性

　　与土壤酸碱性一样，土壤氧化性和还原性是土壤的又一个重要化学性质。电子在物质之间的传递引起氧化还原反应，表现为元素价态变化。土壤中参与氧化还原反应的元素有 C、H、N、O、Fe、Mn、As、Cr 及其他一些变价元素，较为重要的是 O、Fe、Mn、S 和某些有机化合物，并以氧和有机还原性物质较为活泼，Fe、Mn、S 等的转化则主要受氧和有机质的影响。

　　土壤中主要的氧化剂有氧气、硝酸根离子、高价金属离子，主要还原剂有有机质和低价金属离子。常见的土壤氧化还原体系有氧体系、锰体系、铁体系、氮体系、硫体系、有机碳体系和氢体系等。

　　土壤空气中，O_2 是主要氧化剂。在通气良好的土壤中，氧体系控制氧化还原反应，使多种物质呈氧化态，如 NO_3^-、Fe^{3+}、Mn^{4+}、SO_4^{2-} 等；土壤有机质特别是新鲜有机物是还原剂，在土壤缺氧条件下将氧化物转化为还原态。土壤中氧化还原体系可分为无机体系和有机体系。无机体系的反应一般是可逆的，有机体系和微生物参与条件下的反应是半可逆或不可逆的。

　　土壤的氧化还原反应不完全是纯化学反应，很大程度上有微生物参与，如 $NH_4^+ \rightarrow NO_2^-$ $\rightarrow NO_3^-$ 分别在亚硝酸细菌和硝酸细菌作用下完成。土壤是不均匀的多相体系，不同土壤和同一土层不同部位，氧化还原状况会有差异。土壤氧化还原状况随栽培管理措施特别是灌水、排水而变化。

　　土壤氧化还原能力的大小可用土壤的氧化还原电位（Eh）来衡量，主要为实测的 Eh 值，其影响因素涉及土壤通气性、微生物活动、易分解有机质的含量、植物根系的代谢作用、土壤的 pH 等多方面。

　　（1）土壤通气性　土壤通气状况决定土壤空气中的氧浓度。通气良好的土壤与大气间的气体交换迅速，土壤氧浓度较高，Eh 值较高。排水不良的土壤通气孔隙少，与大气间的气体交换缓慢，再加上微生物活动消耗氧，氧浓度降低，Eh 值下降。Eh 值可作为土壤通气性的指标。

　　（2）土壤无机物的含量　一般还原性无机物多，还原作用强；氧化性无机物多，氧化作用强。如土壤中氧化锰矿物浓度增加．则 Eh 值变大，氧化能力增强。

　　（3）易分解有机质的含量　有机质的分解主要是耗氧过程，在一定的通气条件下，土壤中易分解的有机质愈多，耗氧愈多，氧化还原电位愈低。易分解的有机质主要指植物组成中的淀粉、纤维素、蛋白质等以及微生物本身的某些中间分解产物和代谢产物，如有机酸、醛类等。新鲜有机质（如绿肥）含易分解的有机质较多。

　　（4）土壤的 pH 值　H^+ 一般参与土壤中物质的氧化还原反应，一般土壤 Eh 值随 pH 值的升高而下降。

（5）植物根系的代谢作用　植物根系分泌物可直接或间接影响根际土壤 Eh。植物根系分泌多种有机酸，形成特殊的根际微生物的活动条件，有一部分分泌物能直接参与根际土壤的氧化还原反应。例如水稻根系分泌氧，使根际土壤的 Eh 值比根外土壤高。

（6）微生物活动　微生物活动对土壤 Eh 值的影响是复杂的过程。一方面，微生物活动需要氧，这些氧可能是游离态的气体氧，也可能是化合物中的化合态氧，如果微生物活动强烈，耗氧多，就使土壤溶液中的氧分压降低，或使还原态物质的浓度相对增加；另一方面，在微生物作用下，低价金属离子可被氧化成高价态的氧化物，如 Mn^{2+} 被氧化生成 MnO_2，Fe^{2+} 被氧化生成 Fe_2O_3，使得土壤 Eh 值增大，氧化能力增强。

6.3.5　土壤的缓冲性

土壤具有抵抗变酸和变碱而保持 pH 稳定的能力，称为土壤缓冲作用或缓冲性能。

土壤中有许多弱酸如碳酸、硅酸、腐殖酸等，当这些弱酸与其盐类共存时，就成为对酸性、碱性物质具有缓冲作用的体系。例如，土壤中的 HAc＋NaAc 缓冲体系具有抵抗少量酸碱的作用，可以保持土壤 pH 值的稳定。

当加入 HCl 时，通过下列反应，抑制酸度变化：

$$NaAc＋HCl \longrightarrow HAc＋NaCl$$

当加入 NaOH 时，通过下列反应，抑制碱度变化：

$$HAc＋NaOH \longrightarrow NaAc＋H_2O$$

土壤胶体交换性阳离子对酸碱的缓冲作用更大。其中盐基离子 M（Ca^{2+}、Mg^{2+}、Na^+ 等）和 H^+、Al^{3+} 能分别对酸、碱起到缓冲作用。

当向土壤中加入酸时，胶体吸附的盐基离子被氢离子代换，抑制酸度增加：

$$\boxed{土壤胶体} - M^+ + HCl \longrightarrow \boxed{土壤胶体} - H^+ + MCl$$

当向土壤中加入碱时，胶体吸附的氢离子被代换，抑制碱度增加：

$$\boxed{土壤胶体} - H^+ + MOH \longrightarrow \boxed{土壤胶体} - M^+ + H_2O$$

常见的土壤酸碱缓冲体系有：①碳酸盐体系，主要是石灰性土壤，其缓冲作用主要取决于 $CaCO_3\text{-}H_2O\text{-}CO_2$ 体系；②硅酸盐体系，对酸性物质有缓冲作用；③交换性阳离子体系，对酸性、碱性物质具有缓冲作用；④铝体系，对碱性物质有缓冲作用（pH＜5.0）；⑤有机酸体系，有机酸及其盐对酸性、碱性物质具有缓冲作用。

6.4　土壤的分类与分布

6.4.1　土壤分类体系

土壤分类就是根据各种土壤之间成土条件、成土过程、土壤属性的差异和内在联系，通过科学的归纳和划分，对自然界的土壤进行系统排列，建立土壤分类系统。

目前还没有世界统一的土壤分类系统，各个国家的土壤分类系统不尽相同，土壤分类多体系并存，各土壤分类体系间有较大差异。世界上几个影响较大的土壤分类体系为美国土壤诊断分类体系、苏联的土壤发生分类、西欧的土壤形态发生学分类、FAO/UNESCO（联合国粮食及农业组织/联合国教科文组织）的土壤分类。其中美国土壤系统分类在世界上的影响越来越大。

我国现行的土壤分类系统采用土纲、亚纲、土类、亚类、土属、土种、亚种七级分类制，其中土类和土种作为基本分类单元。

（1）土纲　最高级土壤分类级别。根据主要成土过程产生的影响及主要成土过程的性质划分为 14 个土纲。例如，淋溶土纲各类土壤以石灰充分淋溶、土壤呈酸性或弱酸性反应、有明显的淋淀黏化过程为其特点。

（2）亚纲　亚纲是在同土纲内根据土壤的明显水热条件差别所形成的土壤属性的重大差异来划分的。例如淋溶土纲亚热带的黄棕壤、暖温带的棕壤、温带的暗棕壤、寒温带的灰化土，其共性是淋溶土范畴，但属性上有明显差异。又如，盐碱土纲的盐土、碱土两亚纲在盐分累积与钠质化程度上存在质的差异。

（3）土类　土类是土壤高级分类的基本分类单元，是根据土壤主要成土条件、成土过程和由此发生的土壤属性来划分的。同土类土壤应具有某些突出的、共同的发生属性与层段，因此其也应具有相同的成土条件及主导成土过程，土类间的发生属性与层段均有明显的、质的差异。如黑钙土、栗钙土、棕钙土，虽同样具有土壤腐殖质层和钙积层，但其腐殖质层的厚度、有机质的含量、钙积层出现的深度与厚度、碳酸钙的含量均有明显差异，据此划分相应土类。

（4）亚类　亚类反映土类范围内较大的差异性。它是依据在同一土类范围内土壤处于不同的发育阶段或土类之间的过渡类型来划分的。后者在主导成土过程以外尚有一个附加的次要成土过程。例如，褐土中的褐土性土、褐土、淋溶褐土是依据褐土的不同发育阶段划分的，潮褐土是褐土向草甸土的过渡类型。又如，白浆化黑土是黑土向白浆土的过渡类型。亚类的土壤发生学特征及改良方向等方面具有比土类更高的一致性。

（5）土属　土属是由高级分类单元过渡到基层分类单元的一个中级分类单元，具有承上启下的作用。它是依据某些地方性因素不同而使土壤亚类的性质发生分异来划分的，如土壤母质及风化壳类型、水文地质状况、中小地形和人为因素等。

（6）土种　土种是土壤分类系统中基层分类的基本单元。同一土种处于相同或相似的景观部位，其剖面形态特征在数量上基本一致。所以同土种土壤应占有相同或近似的小地形部位，水热条件也近似，具有相同的土层层段类型，各土层的厚度、层位、层序也一致，剖面形态特征、理化性质相同或近似。由于同一土种具有一致的理化性状、生物习性，因此其宜耕适种性及限制因素均一致，并且具有一致的生产潜力。

（7）亚种　亚种过去称为变种，是土种范围内的细分，是土种某些性状上的变异，一般以表层或耕作层的某些变化如耕性、养分含量、质地变异来划分，这些变异要具有相对的稳定性。亚种的划分对指导农业生产起到重要的作用。

6.4.2　土壤的命名

我国土壤命名沿用以土类为基础的连续命名法。土类命名大体上采用国际上习用的土壤名称的中译名，如黑钙土、棕壤、红壤、砖红壤等；也有部分名称引自我国农民习用的词汇，如黑垆土、潮土等。

连续命名法举例如下：

土类——红壤

亚类——暗红壤

土属——硅铝质暗红壤

土种——厚层硅铝质暗红壤

亚种——肥沃厚层硅铝质暗红壤

为简化起见，有时也采用分级命名，例如：亚类——暗红壤；土种——黄沙土。目前对耕地土壤也采用这种办法，土种、亚种都分别采用农民习用的土名，每一名词一般仅 2～3 个字，如红胶泥、马肝土等。

6.4.3　土壤的地带性分布

土壤是在各种自然条件和人为因素综合作用下形成的，在一定条件下会形成一定的类型，并且占有一定的空间。随着自然条件和人为因素的变化，土壤类型在空间上也表现出有规律的分布，这便是土壤分布规律；土壤在地理分布上可与生物气候条件相适应，表现为广域的水平分布规律和垂直分布规律；还可以和地方性的母质、地形、水文、成土年龄等条件相适应，表现为区域性分布规律。在耕作、灌溉和施肥的影响下，土壤分布又受到人类生产活动的影响。

6.4.3.1　土壤分布的水平地带性

在水平方向上，土壤随生物气候带而演替的规律称为土壤的水平地带性，包括土壤的纬度地带性和经度地带性。

（1）土壤分布的纬度地带性　是指土壤随纬度不同而呈现出的规律性分布。它的形成与热量自赤道向两极逐渐递减有着密切的关系。由于热量的南北差异，天然植被必然自赤道向两极呈有规律的更替，进入土壤中的有机质的数量、组成和土壤腐殖化过程也必然随纬度不同而有差异，加之岩石风化过程的南北差异，致使土壤的形成和发育沿赤道向两极（特别是在北半球）发生有规律的变化，从而使土壤的分布表现出明显的纬度地带性。

我国土壤的纬度水平地带性分布，由东部湿润海洋地带谱与西部干旱内陆地带谱所构成。东部季风区域表现为自北而南随温度带而变化的规律，寒温带为漂灰土，中温带为暗棕壤，暖温带为棕壤和褐土，北亚热带为黄棕壤，中亚热带为红壤和黄壤，南亚热带为赤红壤，热带为砖红壤，其分布与纬度变化基本一致。

（2）土壤分布的经度地带性　是指土壤随经度不同而出现的变化，在类似的热量条件下，距离海洋的远近、山脉的走向、风向等差异引起土壤类型的地方性差异，从而使土壤分布呈现经度地带性。

我国土壤的经度水平地带性分布，在北部，自东而西表现为随干燥度（年蒸发量/年降水量）而变化的规律，东北的东部干燥度小于1，新疆的干燥度在 4 以上，自东而西土壤依次为暗棕壤、黑土、灰黑土、黑钙土、栗钙土、棕钙土、灰漠土、灰棕漠土，其分布与经度变化基本一致。

可见，由于季风和距海远近不同的影响，我国土壤的水平地带性具有纬度地带性与经度地带性相结合的特点。

6.4.3.2　土壤分布的垂直地带性

土壤分布的垂直地带性是指土壤分布随地形高度不同而出现的变化。它与地势起伏、生物气候带的变化密切相关。山体大小与高低、所在地理位置、坡向与坡度以及母质的变化等，都影响着土壤的发育和分布，因而土壤的垂直地带谱的类型和结构是复杂多样的。

土壤垂直带谱的结构随基带土壤的不同而呈现有规律的变化，因此可以根据基带生物气候特点分布若干类型。处在不同地理位置的山地土壤，由于基带生物气候条件的差异，土壤的垂直地带谱类型也不同。一般说来，这种垂直带谱由基带土壤开始，随着山体升高，依次出现一系列与所在地区向极地分布相应的土壤类型（图6-7）。山体越高，相对高差越大，土壤垂直带谱越完整。

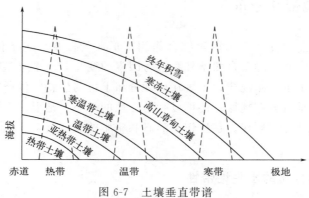

图 6-7　土壤垂直带谱

表 6-5 列出了我国热带湿润地区五指山、温带半湿润地区雾灵山、寒温带湿润地区大兴安岭等山地的土壤垂直带谱。

表 6-5　我国部分山地的土壤垂直带谱

基带地区	土壤垂直带谱
热带湿润地区（五指山东北坡）	砖红壤（<400m）→山地砖红壤（400～800m）→山地黄壤（800～1200m）→山地黄棕壤（1200～1600m）→山地草甸土（1600～1800m）
温带半湿润地区（雾灵山）	褐土（<600m）→淋溶褐土（600～900m）→棕壤（900～1600m）→暗棕壤（1600～2000m）→山地草甸土（2000～2050m）
寒温带湿润地区（大兴安岭北坡）	黑土（<500m）→暗棕壤（500～1200m）→漂灰土（1200～1700m）

6.4.3.3　隐域土

由于土壤侵蚀、成土母质、地下水等区域成土因素的影响，还有一些土壤与地带性土壤不一样，称为隐域土，如紫色土、石灰岩土、黄绵土、风沙土、潮土、草甸土等。这些土壤虽然因为区域成土因素的影响而没有发育成地带性土壤，但仍然有着地带性的烙印，如潮土和草甸土都是受地下水影响，心土或底土具有潜育化过程形成的锈纹锈斑层，土壤剖面有些冲积层理，但因为它们的气候温度不同，腐殖质层的有机质含量不一样，潮土因地处暖温带

（黄淮海平原），其有机质含量低于地处温带（东北平原）的草甸土。

如果控制隐域土的区域成土因素发生变化，经过一定时期，隐域土也会逐渐发育成地带性土壤。例如：潮土和草甸土的地下水位不断下降，脱离地下水的影响，它们将逐渐发育成褐土或黑土；紫色土和石灰岩土如果不再发生土壤侵蚀，会逐渐发育成红壤或黄壤；如果侵蚀停止，退耕还草，黄绵土会逐渐发育成黑钙土或栗钙土。

思考题

1. 什么是土壤？什么是土壤肥力？
2. 简述土壤的物质组成。
3. 简述土壤水分的类型。
4. 土壤空气与大气的差异有哪些？
5. 试述土壤形成的因素。
6. 国际土壤学会将土层剖面从上到下划分为哪几级？各级特点如何？
7. 土壤的物理性质有哪些？
8. 土壤质地有哪几种类型？
9. 什么是土壤胶体？土壤胶体的种类有哪些？
10. 简述土壤胶体的性质。
11. 简述土壤胶体的吸附性。
12. 简述土壤的活性酸与潜性酸的区别与联系。
13. 简述土壤的分类体系。
14. 简述土壤的地带性分布。

生物圈系统特征

[学习目的]　通过本章的学习，了解生物圈与生物多样性的概念；熟悉生态因子的概念、特征、类型和生态因子的生态作用；熟悉生物种群与生物群落的概念，了解种群的基本特征以及种群的密度和增长，理解生物群落的演替特征；了解生态系统的概念、特征、组成和结构，理解生态系统的平衡与调节；了解地球上主要的陆地生态系统类型及其分布规律。

7.1　生物与环境

7.1.1　生命的起源与发展

7.1.1.1　地球的演化

适应生命产生与发展的地球，是在几十亿年间逐渐演化而成的。根据"星云假说"理论，距今 60 亿年以前，地球还是一团没有凝集在一起的云状气尘物质，经过漫长的演化，形成了地球胎。随着放射性元素转化产生的热能聚集，地球内部温度升高，使地球内部物质具有可塑性，为重力的分异产生了条件。较重的金属元素如铁、镍等向地球内部集中，形成了地核，而较轻的物质如硅酸盐、碳酸盐类物质逐渐上升成为地表，由此形成当今地球的地核、地幔、地壳等层次。地球内部的气体则上升到地表，被引力作用吸留在地球的周围，形成了原始的大气圈，其成分主要为 CO_2、CO、CH_4、NH_3，为还原性大气，尚无氧气。最初以结晶水存在于地球内部的水分，因地球内部温度升高，以水蒸气的形式逃逸出地球内部向原始大气层中输送，当温度降低时，则以雨水形式降落于起伏不平的地球表面，继而形成了江河、海洋，并称为水圈。原始的水圈中，海洋以氯化物为主，海水量也只有现在的 1/10。至此，孕育着生命的三圈——水圈、大气圈、岩石圈已基本形成。在水圈、大气圈、岩石圈交互作用下，岩石经长期风化、侵蚀将元素不断释放出来。原始火山气体 CO_2 等在雨水的挟带下形成酸性降水径流，并将岩石的风化物挟带进入原始海洋。在地球环境中，由于各种能量（紫外线、β 射线、γ 射线、雷电及热能）的作用，一些元素和小分子物质如 CO_2、H_2O、CH_4、NH_3、N_2 等合成了生命的基本要素，如氨基酸、核苷酸等有机化合物，此时的原始海洋正在孕育着生命。因此三圈的形成、简单有机物的产生，为生命的诞生准备了充分的环境空间及物质基础。

7.1.1.2　生命的诞生

原始海洋中产生了有机物简单分子（如氨基酸）后，大海便成了生命的摇篮。距今约35亿年前，核酸、蛋白质聚集成团聚体、微小体，继而演化成具单细胞结构、进行无氧呼吸的厌氧生物，也就是厌氧细菌。它们以异养方式，靠吸收水中有机物通过无氧呼吸途径获得能量，水中有机物含量随之减少。约30亿年前，这些原始生物为适应生存环境逐步演化，出现了有叶绿素的光能自养原核生物如蓝藻、燧石藻等。光能自养生物的产生是生命的第一次飞跃，它们的新陈代谢作用减少了大气中的 CO_2，增加了 O_2，逐步使大气环境由还原型向氧化型变化。原始海洋中已有光合自养生物——藻菌。生态系统进一步演化，大约在15亿～10亿年以前，出现了单细胞真核生物。好氧生物的产生与藻类、光合细菌的繁殖，不断向地表、大气输送氧气，逐步改变了原有的还原性环境，使地表环境变得适应生物的生存和发展。6亿年前，海洋中出现动物。随着大气游离氧的增加，约在4亿年前形成了臭氧层。臭氧层能吸收强烈的宇宙紫外线，为生物由水生到陆生创造了必需的条件。水生生物开始登陆，形成了由水生到陆生的飞跃，生物圈由水圈扩展到陆地。地表环境继续发生相应变化，水生生态逐步演化到陆生生态。约4亿～2亿年前，陆地上首次出现了蕨类植物。地球上有了微生物、植物、动物组成的水陆生态系统，生物圈形成雏形。蕨类植物的昌盛不断增加了大气中 O_2 的水平，需氧动物逐步在陆地上繁衍；动物界也由此实现了从水体到陆地、从无脊椎到脊椎动物的飞跃。地球史上中生代时期（距今2.25亿～0.7亿年），地表环境继续演化，自然环境复杂多变，生物界适者生存。典型的事例是进化程度更高、分化功能更强的裸子植物代替了蕨类植物，爬行动物代替了两栖动物；地球上曾出现过爬行动物的巅峰——恐龙时代。进入新生代以后（距今约17000万～300万年），现代地表如海陆分布、山川走势、江河湖海、高山平原均已成形，气候带分异明显，被子植物繁茂，出现了人类赖以生存的禾本科、豆科等植物及大草原。岩石的风化、生物的分解产生了肥沃的土壤。禾本类和豆科植物的繁茂、草原的形成，促使哺乳动物大量发展，也为人类的诞生创造了良好条件。从此，地球上便产生了具有智慧头脑的高级生物——人类。

7.1.2　生物圈

地球上存在生命的部分称作生物圈（biosphere），由大气圈的下层（对流层）、水圈和岩石圈的上层（风化壳）组成。生物圈的范围在地表以上可达23km的高空，而在地表以下可延伸到12km的深度。但是有机体能够定居的区域比这一范围要窄得多。"生物圈"一词是奥地利地质学家修斯（E. Suess）于1875年提出的，当时并未引起人们的注意。50年之后，苏联地质学家维尔纳茨基（V. I. Vernadsky）于1926年发表了著名的"生物圈"演讲，这一概念才引起广泛注意。他指出生物圈是地壳的一部分，是由生命控制的一个完整的动态系统。大气圈中保证生物呼吸的 O_2 和稳定的 CO_2 含量，以及保护地表生命的臭氧层，都是生物长期作用的结果。岩石圈表层土壤的存在以及保证生物生长的化学元素组成，都要归功于 30 多亿年之久的生物与地球环境的相互作用。据粗略估计，地球上活生物的个体数达 5×10^{22} 个，略去 98％的微生物不计，自 7 亿年前后大型动植物有化石记录以来累计总质量达 6.7×10^{30} g，是地球总质量（5.9763×10^{27} g）的 1000 倍；生物转移的物质总质量要比其自身的质量大许多倍，生物圈全部活物质的更新周期平均为 8 年（海洋生物平均周转期仅为 33 天）；海洋中的水平均每半年就通过浮游生物过滤一次。可见，地球表层几乎没有未经生物作用过的物质。因此，可以认为适合生物生存的地球环境是生物与地球协同进化的结果，而这种环境又靠生物来维持和调控，足见生物与环境是相互依存的。

7.1.3　生物多样性

生物多样性是指某一区域内遗传基因的品系、物种和生态系统多样性的总和。生物多样性的出现，是生物不断进化、繁盛、适应环境的结果。从微观来看，它包括种内基因变化的多样性（遗传多样性）、种间即物种的多样性；从宏观来看，它包容了生态系统多样性。这三个层次完整地体现了生命系统从微观到宏观的多个方面的多样性。

7.1.3.1　遗传多样性

遗传多样性指在自然因素或人工手段的处理下，某个种内的遗传物质发生变异，继而反映到了形态特征的综合，产生了变种、亚种等。当然，地球上任何一种生物都有自己独特的遗传物质，本身就具备遗传多样性的特征，种内遗传物质的变异、人工诱变、遗传改造等使原本具有同样遗传特征的个体出现了可遗传的、原本没有的遗传变异。因此，遗传多样性可用特定种、变种或种内遗传的变异来计量。遗传上的多样性带来物种的多样性，它是生物多样性的基础。

7.1.3.2　物种多样性

物种多样性指生命有机体的多样性，是生命形式的具体体现。物种是分类学上分类的基本单位，简称种，指具有一定的形态和生理特征以及一定的自然分布区的生物类群。自然状态下，一个物种中的个体一般不与其他物种的个体交配，即使交配，也不能产生有生殖能力的后代。物种是生物进化过程中从量变到质变的一个飞跃，是自然选择的历史产物。某一物种的活体数量越多，其基因变异的机会越大。不过，某些物种活体数量的过分增加，可能导致其他物种活体数量减少，最终甚至减少该物种的数量或物种的多样性。

7.1.3.3　生态系统多样性

物种的概念强调从分类学的角度来理解物种的特性，即物种间的区别特征。而种群这一概念则强调同一物种的组合，即在一定地域中相互组合的同种个体的集合体。它具有三个特征，即有一定的分布区域、一定的种群数量变化规律、相同的遗传特征。种群是一个群体，不仅具有与个体相似的一般特征，如出生、死亡、寿命、年龄等，同时还有仅在种群水平上才能表现的特征，如出生率、死亡率、平均寿命、性比及年龄比等。种群作为同一物种的有机总体，总是处于动态变化之中，不断与外界环境进行物质和能量交换，能在一定程度上进行内在自我调节。不同的种群在一定的空间内构成了生命活动的总体，称为群落。一个自然群落就是一定地理区域内，生活在同一环境中的动物、植物和微生物种群的总和。由物种到种群，由种群到群落，彼此互有区别，但更多的是相互作用组成一个具有结构功能、内在联系的整体。群落与其周围的环境组成了自然界生物圈的基本功能单位即生态系统，这是所有物种赖以生存和发展的基础。物种存在的生态复合体系的多样化和健康状态构成了生态系统的多样性。生物群落和生态过程的多样化，物种的相互依存、相互制约形成了生态系统的主要特性——整体性。生物与生存环境的密切关系形成了生态系统的地域性特征，而生态系统所包含的众多物种和基因形成了生态系统层次上的特征。物种多样性依赖于生态系统的多样性，生态系统的多样性决定了物种、种群、群落的发展与消亡。

7.1.4　生态因子的概念和特征

7.1.4.1　生态因子的概念

生态因子（ecological factors）是指环境中对生物生长、发育、生殖、行为和分布有直接或间接影响的环境要素，如光照、温度、湿度、氧气、二氧化碳、食物和其他相关生物等。生物生存所不可缺少的各类生态因子，又统称为生物的生存条件，如二氧化碳和水是植物的生存条件，食物和氧气则是动物的生存条件。所有生态因子构成生物的生态环境（ecological environment），特定生物个体或群体的栖息地的生态环境称为生境（habitat）。

7.1.4.2　生态因子的分类

生态因子的数量很多，依其特征可以简单地分为非生物因子和生物因子，非生物因子包括气候、土壤和地形三类相关的理化因子，生物因子包括各种生物之间以及生物与人类之间的相互关系。通常根据生态因子的性质归纳为并列的五类。

（1）气候因子　包括各种主要的气候参数，如温度、湿度、光、降水、风、气压和雷电等。

（2）土壤因子　主要指土壤的各种特性，包括土壤结构、土壤有机物和无机成分的理化性质及土壤生物等。

（3）地形因子　指各种对植物的生长和分布有明显影响的地表特征，如地面的起伏、海拔、坡度和坡向等。

（4）生物因子　指生物之间的各种关系，如捕食、寄生、竞争和互惠共生等。

（5）人为因子　把人为因子从生物因子中分离出来是为了强调人类作用的特殊性和重要性。人类的活动对自然界和其他生物的影响已越来越大并且越来越具有全球性，分布在地球各地的生物都直接或间接受到人类活动的巨大影响。

史密斯（Smith，1935）根据生态因子对生物种群的数量变动的作用，将其分为密度制约因子（density dependent factor）和非密度制约因子（density independent factor）。前者如食物、天敌等生物因子，对生物的影响随着种群密度而变化，对种群数量有调节作用；后者如温度、降水等气候因子，对生物的影响不随种群密度而变化。

7.1.4.3　生态因子作用的一般特征

（1）综合作用　环境中各种生态因子不是孤立存在的，每一个生态因子都在与其他因子的相互影响、相互制约中起作用，任何一个单因子的变化，都会在不同程度上引起其他因子的变化，从而对生物产生综合作用。例如光强度的变化必然会引起大气和土壤温度与湿度的改变，而这些因素共同对生物产生影响，这就是生态因子的综合作用。

（2）主导因子作用　对生物起作用的诸多因子是非等价的，其中有一种或一种以上对生物生长发育起决定性作用的生态因子，称为主导因子。主导因子的改变常会引起许多其他生态因子发生明显变化或使生物的生长发育发生明显变化。例如：对于光合作用，光照强度是主导因子，温度和 CO_2 为次要因子；对于春化作用，温度为主导因子，湿度和通气条件是次要因子。

（3）直接作用和间接作用　区分生态因子的直接作用和间接作用对认识生物的生长、发育、繁殖及分布都很重要。环境中的地形因子，其起伏程度、坡向、坡度、海拔及经纬度等对生物的作用不是直接的，但它们能影响光照、温度、雨水等因子的分布，因而对生物产生间接作用；光照、温度、水分、二氧化碳、氧等则对生物类型、生长和分布起直接作用。

（4）阶段性作用　生物在生长发育的不同阶段往往需要不同的生态因子或生态因子的不同强度，某一生态因子的有益作用常常只限于生物生长发育的某一特定阶段。因此，生态因子对生物的作用具有阶段性。例如：光照长短在植物的春化阶段并不起作用，但在光周期阶段则很重要；低温在植物的春化阶段必不可少，但在其后的生长阶段则不重要，甚至有害。

（5）不可代替性和补偿作用　环境中的各种生态因子虽非等价，但各有其重要性，一个因子的缺失不能由另一个因子来替代，尤其是作为主导作用的因子，因而总体上说生态因子是不可代替的。但某一因子的数量不足，可以依靠相近因子的加强而得到补偿。例如，光照强度减弱所引起的光合作用下降，可以依靠二氧化碳浓度的增加得到补偿。但生态因子的补偿作用只能在一定范围内作部分补偿，且因子之间的补偿作用也不是经常存在的。

7.1.5　生态因子研究的一般原理

7.1.5.1　利比希最小因子定律

1840 年，德国化学家利比希（Liebig）研究土壤与植物的关系时，发现作物的产量并非经常受到大量需要的营养物质（如 CO_2、水）的限制，却受到土壤中一些微量元素（如硼、镁、铁等）的限制。因此，他提出"植物生长取决于处在最少量状况下的营养物的量"，其基本内容是：低于某种生物需要的最小量的任何特定因子，是决定该种生物生存和分布的根本元素。进一步研究表明，这个理论也适用于其他生物种类或生态因子。这个论点被后人称为利比希最小因子定律（Liebig's law of the minimum）。

Liebig 之后，有不少学者对此定律进行了补充。奥德姆（E. P. Odum，1973）建议对上述定律作两点补充。①这一定律只适用于稳定状态，即能量和物质的流入和流出处于平稳的情况下才适用。不稳定状态下，各种营养物的存在量和需求量会发生变化，很难确定最小因子。②要考虑生态因子之间的替代作用。如光照强度不足时，CO_2 浓度的提高可起到部分补偿作用，使光合作用强度有所提高。因而最小因子并不是绝对的。

7.1.5.2　谢尔福德耐受性定律

1913 年，美国生态学家谢尔福德（V. Shelford）进一步发展了利比希最小因子定律，在此基础上提出了谢尔福德耐受性定律（Shelford's law of tolerance），即：任何一个生态因子在数量或质量上不足或过多，达到或超过某种生物的耐受限度时，就会导致该种生物衰退或不能生存。

许多学者在 Shelford 研究的基础上对耐受性定律作了补充和发展，概括如下。

① 生物对各种生态因子的耐性幅度有较大差异，生物可能对一种因子的耐性很广，而对另一种因子的耐性很窄。

② 自然界中，生物并不都一定在最适环境因子范围内生活，对所有因子耐受范围都很广的生物，分布也很广。

③ 当一个物种的某个生态因子不是处在最适度状况时，该物种对另一些生态因子的耐性限度将会下降。如土壤含氮量下降时，草的抗旱能力也下降。

④ 自然界中的生物之所以不在某一个特定因子的最适范围内生活，其原因是种群的相互作用（如竞争、天敌等）和其他因素妨碍生物利用最适宜的环境。

⑤ 繁殖期通常是一个临界期，在此期间环境因子最可能起限制作用。繁殖期的个体、胚胎、幼体的耐受限度要窄得多。

7.1.5.3　生态幅

谢尔福德耐受性定律把最低量因子和最高量因子相提并论，即每一种生物对任何一种生态因子都有一个耐受范围，这个耐受范围就称作该种生物的生态幅（ecological amplitude）（图 7-1）。长期自然选择的结果使自然界的每个物种都有其特定的生态幅，这主要取决于物种的遗传特性。生态学中常常使用一系列名词表示生态幅的相对宽度。英文前缀"steno-"为狭窄之意，而"eury-"为广的意思。上述

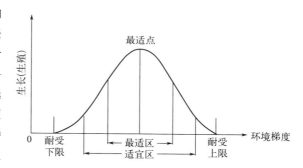

图 7-1　生物对生态因子的耐受曲线

前缀与不同因子配合，就表示某物种对某一生态因子的适应范围，例如狭食性（stenophagy）、狭温性（stenothermal）、狭盐性（stenohaline）等，广食性（euryphagy）、广温性（eurythermal）、广水性（euryhydric）等。广温性与狭温性生物的耐性幅度比较见图 7-2。

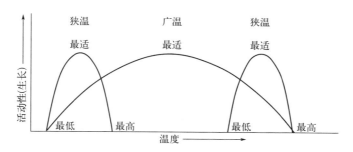

图 7-2　广温性与狭温性生物的耐性幅度比较

当生物对某一生态因子的适应范围较宽，而对另一因子的适应范围很窄时，生态幅常常为后一生态因子所限制。在不同发育时期，生物对某些生态因子的耐性是不同的，物种的生

态幅往往取决于其临界期的耐受限度。通常生物繁殖是一个临界期，环境因子最易起限制作用，从而使生物繁殖期的生态幅比营养期要窄得多。在自然界，生物往往并不分布于其最适生境范围，主要是因为生物间的相互作用妨碍它们去利用最适宜的环境条件，因此生理最适点与生态最适点常常是不一致的。

7.1.5.4   限制因子

目前，生态学家将最小因子定律和耐受性定律结合起来，提出了限制因子（limiting factor）的概念，即：当生态因子（一个或相关的几个）接近或超过某种生物的耐受性极限而阻止其生存、生长、繁殖、扩散或分布时，这些因子就称为限制因子。

限制因子的概念非常有价值，它成为生态学家研究复杂生态系统的敲门砖，指明了生物的生存与繁衍取决于环境中各种生态因子的综合，也就是说，在自然界中，生物不仅受制于最小量需要物质的供给，而且也受制于其他临界生态因子。生物的环境关系非常复杂，在特定的环境条件下或对特定的生物体来说，并非所有的因子都同样重要。如果一种生物对某个生态因子的耐受范围很广，而这种因子又非常稳定、数量适中，这个因子就不可能是限制因子。相反，如果某种生物对某个因子的耐受范围很窄，而这种因子在自然界中又容易变化，这个因子就很可能是限制因子。比如在陆地环境中，氧气丰富而稳定，对陆生生物来说就不会成为限制因子。而氧气在水体中含量较少，且经常发生波动，因此对水生生物来说就是一个重要的限制因子。

7.1.6 主要生态因子的生态作用

7.1.6.1   光因子的生态作用

光是太阳的辐射能以电磁波的形式投射到地球表面的辐射线，是所有生物得以生存和繁衍的最基本的能量源泉。地球上生物生活所必需的全部能量，都直接或间接地源于太阳光。光本身也是一个复杂的环境因子，太阳辐射的强度、质量及其周期性变化对生物的生长发育和地理分布都产生深刻的影响，而生物本身对这些变化的光因子也有着极其多样的反应。

光的波长范围是 150～4000nm，波长小于 380nm 的是紫外光（短波），波长大于 760nm 的是红外光（长波），红外光和紫外光都是不可见光。可见光的波长在 380nm 和 760nm 之间，根据波长的不同又可分为红、橙、黄、绿、青、蓝、紫七种颜色的光。由于波长越长，增热效应越大，所以红外光可以产生大量的热，地表热量基本上都是由红外光产生的。紫外光对生物和人有杀伤和致癌作用，但它在穿过大气层时，波长短于 290nm 的部分被臭氧层中的臭氧吸收，只有波长 290～380nm 的紫外光才能到达地球表面。在高山和高原地区，紫外光的作用比较强烈。可见光具有最大的生态学意义，因为只有可见光才能在光合作用中被植物所利用并转化为化学能。植物的叶绿素是绿色的，它主要吸收红光和蓝光，所以在可见光谱中，波长为 620～760nm 的红光和波长为 435～490nm 的蓝光对光合作用最为重要。

光质随空间发生变化的一般规律是短波光随纬度增加而减少，随海拔升高而增加。在时间变化上，冬季长波光增加，夏季短波光增加；一天之内中午短波光较多，早晚长波光较多。不同光质对生物的作用是不同的，生物对光质也产生了选择性适应。

当太阳辐射穿透森林生态系统时，大部分能量被树冠层截留，到达下木层的太阳辐射不仅强度大大减弱，而且红光和蓝光也所剩不多，所以生活在那里的植物必须要能较好地适应低辐射能环境。

光以同样的强度照射到水体表面和陆地表面。在水体中，水对光有很强的吸收和散射作用，这种情况限制了海洋透光带的深度。在纯海水中，10m 深处的光强度只有海洋表面光强度的 50%，而在 100m 深处，光强度则衰减到只及海洋表面强度的 7%（均指可见光部分）。不同波长的光被海水吸收的程度也不一样，红外光仅在几米深处就会被完全吸收，而紫色和蓝色等短波光则很容易被水分子散射，也不能射入很深的海水中，结果在较深的水中只有绿光占较大优势。植物的光合作用色素对光谱的这种变化具有明显的适应性。分布在海水表层的植物，如绿藻海白菜所含有的色素与陆生植物很相似，主要吸收蓝、红光，而分布在深水中的红藻紫菜，则通过另一些色素有效地利用绿光。

高山上的短波光较多，植物的茎叶含花青素，这是植物避免紫外线损伤的一种保护性适应。由于紫外光抑制了植物茎的伸长，很多高山植物具有特殊的莲座状叶丛。强烈的紫外线辐射不利于植物克服高山障碍进行散布，因此是决定很多植物垂直分布上限的因素之一。

光是影响动物行为的重要生态因子，很多动物的活动都与光照强度有着密切的关系。有些动物适应于在白天的强光下活动，如大多数鸟类，哺乳动物中的灵长类、有蹄类、松鼠，爬行动物中的蜥蜴，昆虫中的蝶类、蝇类和虻类，等等，这些动物被称为昼行性动物。一些动物则适应于在夜晚或晨昏的弱光下活动，如夜猴、蝙蝠、家鼠、夜鹰、壁虎和蛾类等，这些动物被称为夜行性动物或晨昏性动物，又称为狭光性种类。昼行性动物所能耐受的日照范围较广，又称为广光性种类。还有一些动物既能适应于弱光也能适应于强光，它们白天黑夜都能活动，常不分昼夜地表现出活动与休息的不断交替，如很多种类的田鼠，也属于广光性种类。土壤和洞穴中的动物几乎总是生活在完全黑暗的环境中并极力躲避光照，因为光对它们就意味着致命的干燥和高温。蝗虫的群体迁飞也是发生在日光充足的白天，如果乌云遮住了太阳使天色变暗，它们就会停止飞行。

在自然条件下，动物开始活动的时间常常是由光照强度决定的，当光照强度上升到一定水平（昼行性动物）或下降到一定水平（夜行性动物）时，它们才开始一天的活动，随着日出日落时间的季节性变化，这些动物会调整其开始活动的时间。例如夜行性的美洲飞鼠，冬季每天开始活动的时间大约是 16 时 30 分，而夏季每天开始活动的时间将推迟到大约 19 时 30 分，说明光照强度与动物的活动有着直接的关系。

7.1.6.2 温度因子的生态作用

太阳辐射使地表受热，产生气温、水温和土温的变化，温度因子和光因子一样存在周期性变化，称节律性变温。不仅节律性变温对生物有影响，而且极端温度对生物的生长发育也有十分重要的意义。

温度是一种无时无处不在起作用的重要生态因子，任何生物都生活在具有一定温度的外界环境中并受温度变化的影响。地球表面的温度条件总是在不断变化的，在空间上它随纬度、海拔、生态系统的垂直高度和各种小生境而变化，在时间上它有一年的四季变化和一天的昼夜变化。温度的这些变化都能给生物带来多方面和深刻的影响。

温度的变化直接影响生物的生长发育，因为生物体内的生物化学过程必须在一定的温度范围内才能正常进行。一般说来，生物体内的生化反应会随着温度的升高而加快，从而加快生长发育速度；生化反应也会随着温度的下降而变缓，从而减慢生长发育速度。当环境温度高于或低于生物能忍受的温度范围时，生物的生长发育就会受阻，甚至死亡。虽然生物只能生活在一定的温度范围内，但不同的生物和同一生物的不同发育阶段所能忍受的温度范围却有很大不同，每一种生物都具有"三基点"，即最低温度、最适温度和最高温度。生物对温度的适应范围是它们长期在一定温度下生活所形成的生理适应，除了鸟类和哺乳动物是恒温动物，其体温相当稳定而受环境温度变化的影响很小以外，其他所有生物都是变温的，其体温总是随着外界温度的变化而变化，所以如无其他特殊适应，在一般情况下它们都不能忍受冰点以下的低温，这是因为细胞中的冰晶会使蛋白质的结构受到致命的损伤。

温度与生物发育的关系比较集中地反映在温度对植物和变温动物（特别是昆虫）发育速率的影响上，法国学者雷奥米尔（Reaumur，1753）总结出了有效积温（sum of effective temperature）法则。

有效积温法则是指在生物的生长发育过程中，必须从环境中摄取一定的热量才能完成某一阶段的发育，而且各个阶段所需要的总热量是一个常数，可以用下式表示：

$$K = N(T - T_0)$$

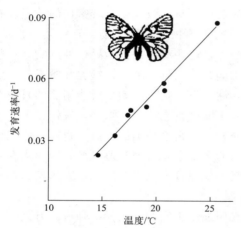

图 7-3 菜粉蝶从卵孵化成蛹的发育速率
（在生物学零度 10.5℃时需要 174d·℃）

式中，K 为该生物发育所需要的有效积温，它是一个常数，d·℃（日度）；T 为当地该时期的平均温度，℃；T_0 为该生物生长发育所需的最低临界温度，又称发育起点温度或生物学零度（biological zero）；N 为生长发育所经历的时间，d。

例如地中海果蝇在 26℃下 20d 内完成生长发育，而在 19.5℃下则需要 41.7d。由此可以计算出 $K = 250$d·℃。图 7-3 给出的是菜粉蝶从卵孵化成蛹的发育速率。又如棉花从播种到出苗，其生物学零度是 10.6℃，有效积温是 66d·℃。

有效积温法则在农业生产上有很重要的意义，全年的农作物茬口必须根据当地的平均气温和每一种作物的有效积温来安排，如小麦的有效积温是 1000～1600d·℃，棉花、玉米是 2000～4000d·℃，椰子约为 5000d·℃以上。该法则还可以用于预测害虫发生的世代数和来年发生程度。

7.1.6.3 水因子的生态作用

地球素有"水的行星"之称，地球表面有 70%以上被水所覆盖。水有固态、液态和气态三种形态，三种形态的水因时间和空间的不同发生很大变化，导致地球上不同地区水分分配不均匀，从而对生物的分布和生长发育产生影响。

水是生物体的重要组成成分，植物体的含水量一般为 60%～80%，有些水生动物高达 90%以上（如水母、蝌蚪等），没有水就没有生命。生物的一切代谢活动都必须以水为介质，生物体内营养的运输、废物的排出、激素的传递以及生命赖以存在的各种生物化学过程，都必须在水溶液中才能进行，而所有物质也都必须以溶解状态才能出入细胞，所以在生物体和它们的环境之间时时刻刻都在进行着水交换。

陆地上水量的多少影响到陆生生物的生长与分布。适应在陆地生活的高等植物、昆虫、爬行动物、鸟类和哺乳动物等生物，它们的表皮和皮肤基本上都是干燥和不透水的，而且在获取更多的水、减少水的消耗和贮存水三个方面都具有特殊的适应性。水对陆生生物的热量调节和热能代谢也具有重要意义，因为蒸发散热是所有陆生生物降低体温的最重要手段。

7.1.6.4 土壤因子的生态作用

土壤是岩石圈表面的疏松表层，是陆生植物和陆生动物生活的基质。土壤不仅为植物提供必需的营养和水分，而且是土壤动物赖以生存的栖息场所，也是人类重要的自然资源。

土壤的形成从开始就与生物的活动密不可分，所以土壤中总是含有多种多样的生物，如细菌、真菌、放线菌、藻类、原生动物、轮虫、线虫、蚯蚓、软体动物和各种节肢动物等，少数高等动物（如鼹鼠等）终生都生活在土壤中。可见，土壤是生物和非生物环境中的一个极为复杂的复合体，土壤的概念总是包括生活在土壤里的大量生物，生物的活动促进了土壤的形成，而众多类型的生物又生活在土壤之中。

土壤无论对植物来说还是对土壤动物来说都是重要的生态因子。植物的根系与土壤有着极大的接触面，在植物和土壤之间进行着频繁的物质交换，彼此产生强烈的影响，因此通过控制土壤因素就可影响植物的生长和产量。对动物来说，土壤是比大气环境更为稳定的生活环境，其温度和湿度的变化幅度要小得多，因此土壤常常成为动物的极好隐蔽所，在土壤中可以躲避高温、干燥、大风和阳光直射。由于在土壤中运动要比大气中和水中困难得多，所以除了少数动物（如蚯蚓、鼹鼠、竹鼠和穿山甲）能在土壤中掘穴居住外，大多数土壤动物都只能利用枯枝落叶层中的孔隙和土壤颗粒间的孔隙作为自己的生存空间。

土壤是所有陆生生态系统的基底或基础，土壤中的生物活动不仅影响着土壤本身，而且影响着土壤上面的生物群落。生态系统中的很多重要过程都是在土壤中进行的，特别是分解和固氮过程。生物遗体只有通过分解过程才能转化为腐殖质、矿化为可被植物再利用的营养物质，而固氮过程则是土壤氮肥的主要来源。这两个过程都是整个生物圈物质循环所不可缺少的过程。

土壤是由固体、液体和气体组成的三相复合系统，其基本物理性质包括土壤质地、结构、容量、孔隙度等，土壤质地与结构的不同又导致土壤水分、土壤空气和土壤温度的差异，而这些因素都会对生物产生影响。

（1）土壤质地与结构　固相颗粒是组成土壤的物质基础，约占土壤全部质量的50%～85%，是土壤组成的骨干。根据土粒直径的大小可把土粒分成粗砂（2.0～0.2mm）、细砂（0.2～0.02mm）、粉砂（0.02～0.002mm）和黏粒（0.002mm以下）。这些不同大小固体颗粒的组合就称为土壤质地（soil texture）。根据土壤质地可把土壤区分为砂土、壤土和黏土三大类。砂土类土壤中以粗砂和细砂为主，粉砂和黏粒所占比重不到10%，因此土壤黏性小、孔隙多，通气透水性强，蓄水和保肥能力差。黏土类土壤中以粉砂和黏粒为主，约占60%以上，甚至可超过85%，故黏土类土壤质地黏重，结构紧密，保水保肥能力强，但孔隙小，通气透水性能差，湿时黏、干时硬。壤土类土壤的质地比较均匀，其中砂粒、粉砂和黏粒所占比重大体相等，土壤既不太松也不太黏，通气透水性能良好，且有一定的保水保肥能力，是比较理想的农作土壤。

土壤结构（soil structure）则是指固相颗粒的排列方式、孔隙的数量和大小以及团聚体的大小和数量等。土壤结构可分为微团粒结构（直径小于0.25mm）、团粒结构（直径为0.25～10mm）和比团粒结构更大的各种结构。团粒结构是土壤中的腐殖质把矿质土粒粘结成的直径为 0.25～10mm 的小团体，具有泡水不散的水稳性特点。具有团粒结构的土壤是结构良好的土壤，因为它能协调土壤中的水分、空气和营养物质之间的关系，改善土壤的理化性质。团粒结构是土壤肥力的基础，无结构或结构不良的土壤土体坚实，通气透水性差，植物根系发育不良，土壤微生物和土壤动物的活动亦受到限制。

土壤的质地和结构与土壤中的水分、空气和温度状况有密切关系，并直接或间接地影响着植物和土壤动物的生活。

（2）土壤水分　土壤中的水分可直接被植物的根系吸收。土壤水分的适量增加有利于各种营养物质的溶解和移动，有利于磷酸盐的水解和有机态磷的矿化，这些都能改善植物的营养状况。此外，土壤水分还能调节土壤中的温度，灌溉防霜就是此道理。水分太多或太少都对植物和土壤动物不利。土壤干旱不仅影响植物的生长，也威胁着土壤动物的生存。土壤中的节肢动物一般都适应于生活在水分饱和的土壤孔隙内，例如金针虫在土壤空气湿度下降到92%时就不能存活，所以它们常常进行周期性的垂直迁移，以寻找适宜的湿度环境。土壤水分过多会使土壤中的空气流通不畅并使营养物质随水流失，降低土壤的肥力。土壤孔隙内充满了水对土壤动物更为不利，常使动物因缺氧而死亡。降水太多和土壤淹水会引起土壤动物大量死亡。此外，土壤中的水分对土壤昆虫的发育和生殖力有直接影响，例如东亚飞蝗在土壤含水量为 8%～22% 时产卵量最大，而卵的最适孵化湿度是土壤含水 3%～16%。含水量超过 30%，大部分蝗卵就不能正常发育。

（3）土壤空气　土壤中空气的成分与大气有所不同。例如土壤空气的含氧量（体积分数）一般只有 10%～12%，比大气中的含氧量低，但土壤空气中二氧化碳的含量却比大气高得多，一般含量为 0.1% 左右。土壤空气中各种成分的含量不如大气稳定，常随季节、昼夜和深度而变化。在积水和透气不良的情况下，土壤空气的含氧量可降低到 10% 以下，从而抑制植物根系的呼吸和影响植物正常的生理功能，动物则向土壤表层迁移以便选择适宜的呼吸条件。当土壤表层变得干旱时，土壤动物因皮肤呼吸受阻而重新转移到土壤深层，空气可沿着虫道和植物根系向土壤深层扩散。

土壤空气中高浓度的二氧化碳（可比大气含量高几十至几百倍）一部分可扩散到近地面的大气中被植物叶子在光合作用中吸收，另一部分则可直接被植物根系吸收。但是在通气不良的土壤中，二氧化碳的浓度常可达到 10%～15%，如此高浓度的二氧化碳不利于植物根系的发育和种子萌发。二氧化碳浓度的进一步增加会对植物产生毒害作用，破坏根系的呼吸功能，甚至导致植物窒息死亡。

土壤通气不良会抑制好氧微生物的种类和数量，减缓有机质的分解活动，使植物可利用的营养物质减少。土壤过分通气又会使有机质的分解速度太快，这样虽能给植物提供更多的养分，却使土壤中腐殖质的数量减少，不利于养分的长期供应。只有具有团粒结构的土壤才能调节好土壤中水分、空气和微生物活动之间的关系，从而最有利于植物的生长和土壤动物的生存。

（4）土壤温度　土壤温度（soil temperature）除了有周期性的日变化和季节变化外，还有空间上的垂直变化。一般说来，夏季的土壤温度随深度的增加而下降，冬季的土壤温度随深度的增加而升高；白天的土壤温度随深度的增加而下降，夜间的土壤温度随深度的增加而升高。土壤温度除了能直接影响植物种子的萌发和实生苗的生长外，还对植物根系的生长和呼吸能力有很大影响。大多数作物在 10～35℃ 的温度范围内生长速度随温度的升高而加快。温带植物的根系在冬季因土壤温度太低而停止生长，但土壤温度太高也不利于根系或地下贮藏器官的生长。土壤温度太高和太低都能减弱根系的呼吸能力，例如向日葵的呼吸作用在土壤温度低于 10℃和高于 25℃时都会明显减弱。此外，土壤温度对土壤微生物的活动、土壤气体的交换、水分的蒸发、各种盐类的溶解度以及腐殖质的分解都有明显的影响，而土壤的这些理化性质又都与植物的生长有着密切关系。

土壤温度的垂直分布从冬季到夏季要发生两次逆转，随着一天中昼夜的转变也要发生两次变化，这种现象对土壤动物的行为具有深刻影响。大多数土壤无脊椎动物都随着季节的变化而进行垂直迁移，以适应土壤温度的垂直变化。一般说来，土壤动物于秋冬季节向土壤深层移动，于春夏季节向土壤上层移动，移动距离常与土壤质地有密切关系。

（5）土壤酸碱度　土壤酸碱度（soil acidity）是土壤化学性质特别是盐基状况的综合反映，对土壤的一系列肥力性质有深刻的影响。土壤中微生物的活动，有机质的合成与分解，氮、磷等营养元素的转化与释放，微量元素的有效性，土壤保持养分的能力都与土壤酸碱度有关。

土壤酸碱度包括酸性强度和数量两方面。酸性强度又称为土壤反应，是指与土壤固相处于平衡的土壤溶液中的 H^+ 浓度，用 pH 表示。酸度数量是指酸度总量和缓冲性能，代表土壤所含的交换性氢、铝总量，一般用交换性酸量表示。土壤的酸度数量远远大于其酸性强度，因此，在调节土壤酸度时，应按酸度数量确定石灰等的施用量。

土壤酸碱度影响土壤动物区系及其分布，一般依其对土壤酸碱度的适应范围可分为嗜酸性种类和嗜碱性种类。如金针虫在 pH 为 4.0～5.2 的土壤中数量最多，在 pH 为 2.7 的强酸性土壤中也能生存。而麦红吸浆虫通常分布在 pH 为 7～11 的碱性土壤中，当 pH＜6.0 时便难以生存。蚯蚓和大多数土壤昆虫喜欢生活在微碱性土壤中。

土壤酸碱度对土壤养分有效性也有重要影响。在 pH 为 6～7 的微酸性条件下，土壤养分有效性最好，最有利于植物生长。酸性土壤中容易引起钾、钙、镁、磷等元素的短缺，而强碱性土壤中容易引起铁、硼、铜、锰和锌的短缺。土壤酸碱度还通过影响微生物的活动而影响植物的生长。酸性土壤一般不利于细菌活动，根瘤菌、褐色固氮菌、氨化细菌和硝化细菌等大多数生长在中性土壤中，它们在酸性土壤中多不能生存。许多豆科植物的根瘤也会因土壤酸性增加而死亡。pH 为 3.5～8.5 是大多数维管束植物的生长范围，但最适合植物生长的 pH 值则远较此范围狭窄。

（6）土壤有机质　土壤有机质（organic matter）是土壤的重要组成部分，土壤的许多属性都间接或直接与土壤有机质有关。土壤有机质可粗略地分为两类：非腐殖质和腐殖质（humus）。前者是原来的动植物组织和部分分解的组织；后者则是微生物分解有机质时重新合成的具有相对稳定性的多聚体化合物，主要是胡敏酸和富里酸，约占土壤有机质的 85%～90%。腐殖质是植物营养的重要碳源和氮源，土壤中 99%以上的氮素是以腐殖质的形式存在的。腐殖质也是植物所需各种矿质营养的重要来源，并能与各种微量元素形成络合物，提高微量元素的有效性。

土壤有机质含量是土壤肥力（soil fertility）的一个重要标志。但一般土壤表层内有机质含量只有 3%～5%。森林土壤和草原土壤含有机质的量比较高，因为在植被下能保持物质循环的平衡，一经开垦并连续耕作后，有机质逐渐被分解，如得不到足够量的补充，会因养分循环中断而失去平衡，致使有机质含量迅速降低。因此，施加有机肥是恢复和提高农田土壤肥力的一项重要措施。

土壤有机质能改善土壤的物理结构和化学性质，有利于土壤团粒结构的形成，从而促进植物的生长和养分的吸收。土壤腐殖质还是异养微生物的重要养料和能源，因此能活化土壤微生物，而土壤微生物的旺盛活动对于植物营养是十分重要的因素。土壤有机质含量越多，土壤动物的种类和数量也越多。在富含腐殖质的草原黑钙土中，土壤动物的种类和数量极为丰富，而在有机质含量很少的荒漠地区，土壤动物的种类和数量则非常有限。

（7）土壤矿质元素　动植物在生长发育过程中，需要不断地从土壤中吸取大量的矿质元素，包括大量元素（氮、磷、钾、钙、硫和镁等）和微量元素（锰、锌、铜、钼、硼和氯等）。植物所需的矿质元素来自矿物质和有机质的矿化分解，动物所需的元素则来自植物。在土壤中将近98％的养分呈束缚态，存在于矿质或结合于有机碎屑、腐殖质或较难溶解的无机物中，它们构成了养分的储备源，通过分化和矿化作用慢慢地变为可用态供给植物生长需要。土壤中含有植物必需的各种元素，比例适当能使植物生长发育良好，比例不适当则限制植物的生长发育，因此可通过合理施肥改善土壤的营养状况来达到植物增产的目的。

土壤中的矿质元素对动物的分布和数量有一定影响。同一种蜗牛，生活在土壤含钙高的地方，其壳重占体重的35％；而在含钙低的地方，其壳重只占体重的20％。由于石灰质土壤对蜗牛壳的形成很重要，所以石灰岩地区的蜗牛数量往往较其他地区多。哺乳动物也喜欢在母岩为石灰岩的土壤地区活动。含氯化钠丰富的土壤和地区往往能够吸引大量的草食有蹄动物，因为这些动物出于生理需要必须摄入大量的盐。

7.2　生物种群与生物群落

7.2.1　种群的概念和基本特征

种群（population）是在同一时期内占有一定空间的同种生物个体的集合。该定义表示种群是由同种个体组成的，占有一定的领域，是同种个体通过种内关系组成的一个统一体或系统。种群内部的个体可以自由交配、繁衍后代，从而与其他地区的种群在形态和生态特征上存在一定的差异。种群是物种存在的基本形式，或者说物种是以种群形式出现的而不是以个体的形式出现。种群是生态系统中组成生物群落的基本单位，任何一个种群在自然界都不能孤立存在，而是与其他物种的种群一起形成群落，共同执行生态系统的能量转化、物质循环和保持稳态机制的功能。种群也是人类开发利用生物资源的具体对象。

种群由一定数量的同种个体所组成，但这种组成并不是简单的相加关系，种群作为更高一级的生命系统具有新质的产生。种群的主要特征表现在三个方面。

①空间分布特征。种群内部的个体与个体之间的紧密或松散的排布方式，可能是均匀分布、随机分布或是成群分布。一般而言，在小范围内的空间分布称为分布格局（distribution pattern），而在大的地理范围内的空间分布称为地理分布（geographical distribution）。分布区受非生物因素（气候、水文、地质）和生物因素（种间竞争、捕食、寄生）的影响。

②数量特征（密度或大小）。种群的数量越多、密度越高，种群就越大，种群的生态学作用就可能越大。种群的数量大小受四个种群基本参数（出生率、死亡率、迁入率和迁出率）的影响，这些参数继而又受种群的年龄结构、性别比率、分布格局和遗传组成的影响。

③遗传特征。种群具有一定的遗传组成，是一个基因库。通过研究不同种群的基因库

存在的差异，种群的基因频率如何从一个世代传递到另一世代，种群在进化过程中如何改变基因频率以适应环境的不断改变，可以揭示物种的分化机制。

7.2.2　种群密度和分布

种群具有一定的大小（个体数量或种群密度），并随时间变化。种群的大小通常与该物种的营养级及其他生态学、生物学特性相关。例如：捕食者种群的个体数量总比猎物种群的个体数量为少；生活史长、繁殖期长的物种的个体数量比生活史短、繁殖期短的物种的个体数量少；对环境适应性广的物种个体数量比适应性专一化的物种个体数量为多。用来衡量种群大小的指标是种群密度，就是指在一定时间内，单位面积上或单位体积内的个体数目，例如，在 $1hm^2$ 荒地上有 10 只山羊或 $1mL$ 海水中有 5×10^6 个硅藻。此外，还可以用生物量来表示种群密度，即单位面积或空间内所有个体的鲜物质或干物质的质量，如 $1hm^2$ 林地上有栎树 350t。因此，种群密度可以细分为总密度和净密度。总密度指全部空间范围内的各物种个体的鲜物质或干物质质量；净密度指物种能适应的那部分空间范围（生态幅）内的物种个体的鲜物质或干物质质量，净密度又叫经济密度。对于特殊的物种，可以有特殊的计算种群密度的方法。例如对于乔木种群，首先可按直径或高度分成不同等级，然后计算每一个等级的个体数，这样可求出各级乔木的百分数（并列出每级乔木的清单）来表明该种群的密度；还可以采用单位面积林地上全部林木胸高（即高 1.30m）处树干横切面的总面积表示该种群的密度。

实际上种群密度每时每刻都在变化，考虑时间的变化关系，用相对多度来表示某一时间范围内种群的个体数目。比如鸟类的相对多度就是指一小时内看到的或听见的鸟的数目，哺乳动物的相对多度就是指 10km 路线上左边 500m 处所碰到的大型哺乳动物的数目。一般分为 5 级。

第 5 级：个体极多；

第 4 级：个体多；

第 3 级：个体数量中等；

第 2 级：个体不多；

第 1 级：个体很少或稀少。

在统计植被的种群密度时，常常用盖度来精确地表示多度的数值，盖度指的是植物地上器官在地上的投影面积与一定土地面积之比（用％表示）。

集群（成群分布）具有重要的生态学意义。

① 有利于改变小气候条件。例如，帝企鹅在冰天雪地的繁殖基地的集群能改变群内的温度，并减小风速。社会性昆虫的群体甚至能使周围的温湿度条件相对稳定。

② 集群甚至能改变环境的化学性质。例如阿利（Allee，1931）的研究证明，鱼类在集群条件下比营个体生活时对有毒物质的抵御能力更强。另外，在有集群鱼类生活过的水体中放入单独的个体，其对毒物的耐受力也明显提高。这可能与集群分泌黏液和其他物质以分解或中和毒物有关。

③ 集群有利于物种生存，如共同防御天敌、保护幼体等。

种群的密度是种群生存的一个重要参数，它与种群中个体的生长、繁殖等特征有密切关系。外界环境条件对种群的数量（密度）有影响，而种群本身也具有调节其密度的机制，以响应外界环境的变化。

很多研究表明，种群密度的增加，倘若是在一定水平内，常常能提高成活率、降低死亡率，其种群增长状况优于密度过低时的增长状况。但是，种群密度过高时，由于食物和空间等资源缺乏、排泄物的毒害以及心理和生理反应，则会产生不利的影响，导致出生率下降、死亡率上升，产生所谓的拥挤效应（overcrowding effect）。种群密度过低，雌雄个体相遇机会太少，也会导致种群的出生率下降，并由此产生一系列生态后果。因此，种群密度过低（undercrowding）和过密（overcrowding）对种群的生存与发展都是不利的，每一种生物种群都有自己的最适密度（optimum density），这就叫阿利氏规律（Allee's law）。阿利氏规律对于濒临灭绝的珍稀动物的保护有指导意义。要保护这些珍稀动物，首先要保证其具有一定的密度，若数量过少或密度过低，就可能导致保护失败。阿利氏规律对指导人类社会发展也是有意义的。显然，在城市化过程中，小规模的城市对人类生存有利，规模过大，人口过分集中，密度过高就可能产生有害因素。因此，对城市的最适大小问题，有必要作出客观的评价。

7.2.3 种群的增长

7.2.3.1 种群的内禀增长率

在自然界中，种群的数量是不断变化的，种群的增长率与出生率、死亡率有直接联系。当条件有利时，种群数量增加，增长率是正值；当条件不利时，种群数量下降，增长率是负值。种群的瞬时增长率（r）＝瞬时出生率（b）－瞬时死亡率（d）。种群在无限制的环境条件下（食物、空间不受限制，理化环境处于最佳状态，没有天敌，等等）的瞬时增长率称为内禀增长率（instrinsic rate of increase，r_m），即种群的最大增长率。内禀增长率也称为生物潜能（biotic potential）或生殖潜能（reproductive potential），是物种固有的，由遗传特性决定。通常通过在实验室中提供最有利的条件来近似地测定种群的内禀增长率。例如，林昌善等曾测定杂拟谷盗实验种群的 r_m 值，$r_m = 0.07426$，即该种群以平均每日每雌增加 0.074 个雌体的速率增长。

种群增长率 r 可按下式计算：

$$r = \ln R_0 / T$$

式中，T 为世代时间，指种群中子代从母体出生到子代再产子的平均时间；R_0 为世代净增殖率，即 $R_0 =$ 第（$t+1$）世代的雌性幼体出生数/第 t 世代的雌性幼体出生数。

从 $r = \ln R_0 / T$ 来看，r 值随 R_0 增大而增大，随 T 值增大而变小。

7.2.3.2 种群的指数增长率

有些生物可以连续进行繁殖，没有特定的繁殖期，在这种情况下，种群的数量变化可以用微分方程表示：

$$\frac{dN}{dt} = N(b-d)$$

其中 dN/dt 表示种群的瞬时数量变化，b 和 d 分别为每个个体的瞬时出生率和死亡率。在这里，出生率和死亡率可以综合为一个值 r，即

$$r = b - d$$

其中 r 值就被定义为瞬时增长率，因此种群的瞬时数量变化就是

$$\frac{\mathrm{d}N}{\mathrm{d}t} = rN$$

显然，若 $r > 0$，种群数量就会增长；若 $r < 0$，种群数量就会下降；若 $r = 0$，种群数量不变。

该方程可以有几种用法。

首先，如果方程两边都除以 N，就可以计算出每个个体的增长率，即

$$\frac{1}{N} \times \frac{\mathrm{d}N}{\mathrm{d}t} = r$$

换句话说，当种群呈指数增长（exponential growth）时，r 就是每个个体的增长率。应当注意的是，对该方程来说，每个个体的增长率是独立于种群数量的。

其次，对 $\mathrm{d}N/\mathrm{d}t = rN$ 积分后可得

$$N_t = N_0 e^{rt}$$

其中，N_t 是 t 时刻的种群个体数量，N_0 是种群起始个体数量，e 是自然对数的底（e = 2.718）。利用这一方程式就可以计算未来任一时刻种群的个体数量。例如，图 7-4 是四个不同 r 值的种群增长曲线，其中有两个 r 值大于零，一个等于零，一个小于零。

应当指出的是，种群的数量变化是连续的，因此增长曲线是平滑的，如果 r 值较大，增长曲线就呈 J 字形。

$N_t = N_0 e^{rt}$ 这个表达式非常类似周限增长时的表达式 $N_t = \lambda^t N_0$，所不同的只是用 e^r 取代了 λ，也就是说

$$\lambda = e^r$$

解此式可知 r 是 λ 的一个函数，可表示为

$$r = \ln\lambda$$

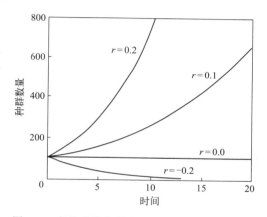

图 7-4 当种群的起始数量为 100 时，4 个不同 r 值的种群增长曲线（引自尚玉昌，2003）

7.2.3.3 种群在无限环境中的指数式增长

在讨论现实的、有限环境中的种群增长之前，先研究一个假设的、理想的无限环境（排除不利的气候条件，提供充足和理想的食物，排除天敌与疾病的袭击……）中的增长模式。

（1）离散世代生物种群的指数增长 所谓离散世代生物，就是世代不重叠生物，假定有一种一年只有一个繁殖季、寿命只有一年的动物，那么其世代是不重叠的。例如，栖居于草原季节性小水坑中的水生昆虫，每年雌虫产一次卵，卵孵化长成幼虫，蛹在泥中度过干旱季节，到第二年蛹才变为成虫，之后交配、产卵。因此，其世代是不重叠的，种群增长是不连续的。假定这些水坑是彼此隔离的，即种群没有迁入和迁出。

① 模型的假设和概念结构。在这个最简单的单种种群增长模型的概念结构里，包含下列四个假设：种群增长是无界的，即假设种群在无限的环境中增长，没有受资源、空间等条

件的限制；世代不相重叠，增长是不连续的，或称离散的；种群没有迁入和迁出；种群没有年龄结构。

② 数学模型。最简单的单种种群增长的数学模型，通常是把世代 $t+1$ 的种群数量 N_{t+1} 与世代 t 的种群数量 N_t 联系起来的差分方程：

$$N_{t+1}=\lambda N_t$$
$$N_t=N_0\lambda^t$$

式中，N 为种群大小，t 为时间，λ 为种群的周限增长率。

例如，开始时有 10 个雌体，到第二年成为 200 个，也就是说 $N_0=10$，$N_1=200$，即一年增长 20 倍。以 λ 代表种群两个世代的比率：

$$\lambda=N_1/N_0=20$$

如果种群在无限环境中以这个速率年复一年地增长，即

$$N_0=10$$
$$N_1=N_0\lambda=10\times20=200(=10\times20^1)$$
$$N_2=N_1\lambda=200\times20=4000(=10\times20^2)$$
$$N_3=N_2\lambda=4000\times20=80000(=10\times20^3)$$
$$\cdots$$
$$N_{t+1}=\lambda N_t \text{ 或 } N_t=N_0\lambda^t$$

λ 在此是表示种群以每年（或其他时间单位）为前一年 20 倍的速率而增长的增长率，称为周限增长率（finite rate of increase）。这种增长形式称为几何级数式增长或指数式增长。

③ 模型的参数 λ。周限增长率 λ 是种群增长模型中有用的量。如果 $N_{t+1}/N_t=1$，表示种群数量在 t 时和 $t+1$ 时相等，种群稳定。从理论上讲，λ 可以有下面四种情况，在种群增长中的含义分别是：

$\lambda>1$，种群上升；

$\lambda=1$，种群稳定；

$0<\lambda<1$，种群下降；

$\lambda=0$，雌体没有繁殖，种群在一代中灭亡。

（2）重叠世代生物种群的指数增长　上面讨论的是世代不相重叠，以差分方程把世代 $t+1$ 的种群与世代 t 的种群联系起来进行描述的情况。如果世代之间有重叠，种群数量以连续的方式改变，通常用微分方程来描述。

① 模型的假设。种群以连续方式增长，其他各点同上一模型。

② 数学模型。对于在无限环境中瞬时增长率保持恒定的种群，种群增长仍旧表现为指数式增长过程，即：

$$\frac{\mathrm{d}N}{\mathrm{d}t}=rN$$

其积分式为：

$$N_t=N_0\mathrm{e}^{rt}$$

式中 N_t、N_0、t 的定义如前，e 为自然对数的底，r 是种群的瞬时增长率。以 b 和 d 表示种群的瞬时出生率和瞬时死亡率，瞬时增长率 r 就等于 $b-d$，即 $r=b-d$（假定没有迁入和迁出）。

③ 模型的行为。例如，初始种群 $N_0 = 100$，r 为 $0.5a^{-1}$，则一年后的种群数量为 $100e^{0.5} = 165$，两年后为 $100e^{1.0} = 272$，三年后为 $100e^{1.5} = 448$。以种群大小 N_t 对时间 t 作图，种群增长曲线呈 J 字形 [图 7-5(a)]；但如以 $\lg N_t$ 对 t 作图，则变为直线 [图 7-5(b)]。

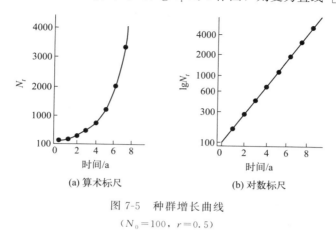

图 7-5　种群增长曲线
($N_0 = 100$，$r = 0.5$)

种群的瞬时增长率 r 用于描述种群在无限环境中呈几何级数式增长的瞬时增长能力。因此，内禀增长能力 r_m 就是一种种群的瞬时增长率。

7.2.3.4　种群在有限环境中的逻辑斯谛增长

自然条件下，种群通常在有限的环境资源中增长。因此，种群的增长除了取决于种群本身的特性外，大多数情况下，还取决于环境中空间、物质、能量等资源的可利用程度以及生物对这些资源的利用效率。

在有限的资源条件下，随着种群内个体数量的增多，环境阻力渐大。当种群的个体数目接近环境所能支持的最大值即环境容量 K 时，种群内个体数量将不再继续增加，而是保持在该水平。这种有限资源条件下的种群增长曲线呈 S 形，称为逻辑斯谛（logistic）增长曲线。其增长速率的表达式为：

$$\frac{\mathrm{d}N}{\mathrm{d}t} = rN\left(\frac{K-N}{K}\right)$$

式中，K 为环境容量，N 为种群数量，r 为瞬时增长率。从式中可以看出，当 N 为 $0 \rightarrow K$ 时，$(K-N)/K$ 由 $1 \rightarrow 0$，当 $N = K$ 时，增长为 0。所以 $(K-N)/K$ 可以看作环境阻力的量度，当种群数量增长到环境容量的附近时，种群停止增长。即随着种群数量由极小逐渐增加到 K 值，由 rN 代表的种群最大增长率的可实现程度逐渐变小。逻辑斯谛方程简明扼要地表达了 S 型增长的过程，同时还有明显的现实性：

当 $K-N > 0$ 时，种群数量增长；

当 $K-N = 0$ 时，种群处于稳定的平衡状态；

当 $K-N < 0$ 时，种群数量减少。

上述方程积分后为：

$$N = \frac{K}{1 + e^{a-rt}}$$

式中，$a = r/K$。

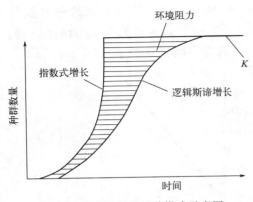

图 7-6　种群增长的两种模式示意图

种群增长的两种模式的曲线如图 7-6 所示。

逻辑斯谛曲线常被划分为 5 个时期：

开始期（initial phase），也可称潜伏期。此期内种群个体数少，密度增长缓慢。

加速期（accelerating phase），随个体数增加，密度增长逐渐加快。

转折期（inflecting phase），个体数达到饱和密度一半（即 $K/2$）时，密度增长最快。

减速期（decelerating phase），个体数超过 $K/2$ 后，密度增长逐渐变慢。

饱和期（asymptotic phase），种群密度达到环境容量，即达到饱和。

7.2.4　生物群落的概念和特征

7.2.4.1　生物群落的概念

生物群落（community）是指在特定的时间、空间或生境下，具有一定的生物种类组成、外貌结构（包括形态结构和营养结构），各种生物之间、生物与环境之间彼此影响、相互作用，并具特定功能的生物集合体。也可以说，一个生态系统中具有生命的部分即生物群落，它包括植物、动物、微生物等各个物种的种群。

生态学家很早就注意到，组成群落的物种并不是杂乱无章的，而是具有一定的规律。早在 1807 年，近代植物地理学创始人、德国地理学家洪堡（A. Humboldt）就首先注意到自然界的植物是遵循一定的规律而集合成群落的。1890 年，植物生态学创始人、丹麦植物学家瓦尔明（E. Warming）在其经典著作《植物生态学》中指出，形成群落的种对环境有大致相同的要求，或一个种依赖于另一个种而生存，有时甚至后者供给前者最适之所需，似乎在这些种之间有一种共生现象占优势。另外，动物学家也注意到不同动物种群的群聚现象。1877 年，德国生物学家莫比乌斯（K. Mobius）在研究牡蛎种群时，注意到牡蛎只出现在一定的盐度、温度、光照等条件下，而且总与一定组成的其他动物（鱼类、甲壳类、棘皮动物）生长在一起，形成比较稳定的有机整体。Mobius 称这一有机整体为生物群落。1911 年，群落生态学先驱谢尔福德（V. E. Shelford）将生物群落定义为"具一致的种类组成且外貌一致的生物聚集体"。1957 年，美国著名生态学家奥德姆（E. P. Odum）在他的《生态学基础》一书中对这一定义作了补充，认为：群落是在一定时间内居住于一定生境中的不同种群所组成的生物系统；它由植物、动物、微生物等各种生物有机体组成，但是一个具有一定成分和外貌比较一致的集合体；一个群落中的不同种群有序协调地生活在一起。

7.2.4.2　生物群落的基本特征

生物群落具有下列基本特征。

（1）具有一定的种类组成　每个群落都是由一定的植物、动物和微生物种群组成的。因此，物种组成是区别不同群落的首要特征。一个群落中物种的多少及每一物种的个体数量，是度量群落多样性的基础。

（2）不同物种之间的相互作用　组成群落的生物种群之间、生物与环境之间相互作用、相互适应，从而形成有规律的集合体。物种能够组合在一起构成群落有两个条件：第一，它们必须共同适应所处的无机环境；第二，它们内部的相互关系必须协调、平衡。

（3）具有形成群落内部环境的功能　生物群落对其居住环境产生重大影响，并形成群落环境。如森林中的环境与周围裸地就有很大的不同，包括光照、温度、湿度与土壤等都经过了生物群落的改造。即使生物散布非常稀疏的荒漠群落，对土壤等环境条件也有明显的改造作用。

（4）具有一定的外貌和结构　生物群落是生态系统的一个结构单位，本身除具有一定的物种组成外，还具有外貌和一系列的结构特点，包括形态结构、生态结构与营养结构，如生活型组成、种的分布格局、成层性、季相、捕食者和被捕食者的关系等，但其结构常常是松散的，不像一个有机体结构那样清晰，故有人称之为松散结构。

（5）具有一定的动态特征　群落的组成部分是具有生命特征的种群，群落不是静止的，物种不断消失和被取代，群落的面貌也不断发生变化。环境因素的影响使群落时刻发生着动态的变化，其运动形式包括季节动态、年际动态、演替与演化。

（6）具有一定的分布范围　组成群落的物种不同，其所适应的环境因子也不同，所以特定的群落分布在特定地段或特定生境中，不同群落的生境和分布范围不同。从各种角度看，如全球尺度或者区域尺度，不同生物群落都按照一定的规律分布。

（7）具有特定的群落边界特征　在自然条件下，有些群落具有明显的边界，可以清楚地加以区分；有的则不具有明显边界，而是呈连续变化。前者见于环境梯度变化较陡或者环境梯度突然变化的情况，而后者见于环境梯度连续变化的情形。在多数情况下，不同群落之间存在着过渡带，被称为群落交错区（ecotone），并导致明显的边缘效应。

7.2.4.3　生物群落的性质

在生态学界，对于群落的性质问题，一直存在着两种绝然对立的观点，通常被称为机体论学派和个体论学派。

（1）机体论学派　机体论学派（organismic school）的代表人物是美国生态学家克莱门茨（Clements，1916，1928），他将植物群落比拟为一个生物有机体，是一个自然单位。他认为任何一个植物群落都要经历一个从先锋阶段（pioneer stage）到相对稳定的顶极阶段（climax stage）的演替过程。如果时间充足，森林区的一片沼泽最终会演替为森林植被。这个演替的过程类似于一个有机体的生活史。因此，群落像一个有机体一样，有诞生、生长、成熟和死亡等发育阶段。

此外，布朗-布朗克特（Braun-Blanquet，1928，1932）和尼科尔斯（Nichols，1917）以及瓦尔明（Warming，1909）将植物群落比拟为一个种，把植物群落的分类看作和有机体的分类相似。因此，植物群落是植被分类的基本单位，正像物种是有机体分类的基本单位一样。

（2）个体论学派　个体论学派（individualistic school）的代表人物之一是格里森（H. A. Gleason，1926），他认为将群落与有机体相比拟是欠妥的，因为群落的存在依赖于特定的生境与不同物种的组合，但是环境条件在空间与时间上都是不断变化的，故每一个群落都不具有明显的边界。环境的连续变化使人们无法划分出一个个独立的群落实体，群落只是科学家为了研究方便而抽象出来的一个概念。苏联的拉门斯基（R. G. Ramensky）和美国的惠特克（R. H. Whittaker）均持类似观点。他们用梯度分析与排序等定量方法研究植被，证明群落并不是一个个分离的有明显边界的实体，多数情况下群落是在空间和时间上连续的一个系列。

个体论学派认为植物群落与生物有机体之间存在很大的差异。第一，生物有机体的死亡必然引起器官死亡，而组成群落的种群不会因植物群落的衰亡而消失；第二，植物群落的发育过程不像有机体发生在同一体内，它表现在物种的更替与种群数量的消长方面；第三，与生物有机体不同，植物群落不可能在不同生境条件下繁殖并保持其一致性。

7.2.5　生物群落的演替

生物群落的动态（dynamics）一直是经典生态学与现代生态学研究的重要内容。生物群落的动态包括生物群落的内部动态（季节变化与年际变化）、生物群落的演替和地球上生物群落的进化。

7.2.5.1　演替的概念

以农田弃耕地为例，农田弃耕闲置后，开始的一两年内出现大量一年生和二年生的田间杂草，随后多年生植物开始侵入并逐渐定居下来，田间杂草的生长和繁殖开始受到抑制。随着时间的进一步推移，多年生植物取得优势地位，一个具备特定结构和功能的植物群落形成了。相应地，适应这个植物群落的动物区系和微生物区系也逐渐确定下来。整个生物群落仍在向前发展，当它与当地的环境条件特别是气候和土壤条件都比较适应时，即成为稳定的群落。在草原地带，这个群落将恢复到原生草原群落；如果在森林地带，它将进一步发展为森林群落。这种有次序的、按部就班的物种之间的替代过程，就是演替（图 7-7）。

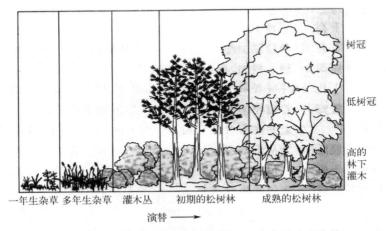

图 7-7　美国卡罗来纳州一块弃置耕地上发生的次生演替

所谓群落演替（community succession），是指某一地段上一种生物群落被另一种生物群落所取代的过程。

7.2.5.2　演替的类型

关于生物群落的演替类型划分，不同学者所依据的原则不同，因此划分的演替类型也不同，主要有以下几类。

（1）按照演替延续的时间可分为快速演替、长期演替和世纪演替

① 快速演替：在时间不长的几年内发生的演替，如地鼠类的洞穴、草原撂荒地上的演替，在这种情况下很快可以恢复成原有的植被。但是要以撂荒地面积不大和种子传播来源就近为条件，否则草原撂荒地的恢复过程可能延续几十年。

② 长期演替：延续的时间较长，几十年或有时几百年。云杉林被采伐后的恢复演替可作为长期演替的实例。

③ 世纪演替：延续时间相当长久，一般以地质年代计算。常伴随气候的历史变迁或地貌的大规模改造而发生。

（2）按演替的起始条件可分为原生演替和次生演替

① 原生演替（primary succession）：这种演替是在从未有过任何生物的裸地上开始的演替。如在裸露的岩石上、在河流的三角洲或者在冰川上开始的演替。

② 次生演替（secondary succession）：这种演替是在原有生物群落被破坏后的次生裸地（如森林砍伐迹地、弃耕地）上开始的演替。在这种情况下，演替过程不是从一无所有开始的，原来群落中的一些生物和有机质仍被保留下来，附近的有机体也很容易侵入。因此，次生演替比原生演替更为迅速。

7.3　生态系统

7.3.1　生态系统的概念和特征

7.3.1.1　生态系统的概念

生态系统一词是英国植物生态学家坦斯利（A. G. Tansley）于1936年首先提出来的。后来苏联地植物学家苏卡切夫（V. N. Sucachev）又从地植物学的研究出发，提出了生物地理群落的概念。生物地理群落（biogeocoenosis）简单说来就是由生物群落本身及其地理环境所组成的一个生态功能单位。1965年的丹麦哥本哈根会议决定生态系统和生物地理群落是同义语，此后生态系统一词便得到了广泛的应用。

生态系统（ecosystem）是在一定空间中共同栖居着的所有生物（即生物群落）与其环境之间由于不断地进行物质循环和能量流动过程而形成的统一整体。生态系统主要强调一定地域中各种生物之间、生物与环境之间功能上的统一性。生态系统主要是功能上的单位，而不是生物学中分类学的单位。

7.3.1.2　生态系统的特征

（1）以生物为主体，具有整体性特征　生态系统通常与一定空间范围相联系，以生物为主体，生物多样性与生命支持系统的物理状况有关。一般而言，一个具有复杂垂直结构的环境能维持多个物种。一个森林生态系统比草原生态系统包含更多的物种。各要素稳定的网络式联系，保证了系统的整体性。

（2）复杂、有序的层级结构　自然界中生物的多样性和相互关系的复杂性，决定了生态系统是一个极为复杂的、多要素和多变量构成的层级系统。较高的层级系统以大尺度、大基粒、低频率和缓慢的速度为特征，它们被更大的系统、更缓慢的作用所控制。

（3）开放的、远离平衡态的热力学系统　任何一个自然生态系统都是开放的，有输入和输出，而输入的变化总会引起输出的变化。生态系统变得更大更复杂时，就需要更多的可用能量去维持，经历着从混沌到有序，到新的混沌，再到新的有序的发展过程。

（4）具有明确的功能　生态系统不是生物分类学单元，而是个功能单元。例如能量的流动：绿色植物通过光合作用把太阳能转变为化学能贮藏在植物体内，然后传递给其他动物，这样营养物质就从一个取食类群转移到另一个取食类群，最后由分解者重新释放到环境中。又如在生态系统内部生物与生物之间、生物与环境之间不断进行着复杂而有规律的物质交换。生态系统就是在多种生态过程中完成了维护人类生存的"任务"，为人类提供了必不可少的粮食、药物和工农业原料等，并提供人类生存的环境条件。

（5）受环境深刻的影响　环境的变化和波动形成了环境压力，最初是通过敏感物种的种群表现出来的。自然选择可以发生在多个水平上。当压力增加到可在生态系统水平上检出时，整个系统的"健康"状况就出现危险的苗头。生态系统对气候变化和其他因素的变化表现出长期的适应性。

（6）环境的演变与生物进化相联系　自生命在地球上出现以来，生物有机体不仅适应了物理环境条件，而且以多种不同的方式对环境进行朝着有利于生命的方向的改造。许多科学家也证实了微生物在营养物质尤其是氮的循环中，以及大气层和海洋的内部平衡中起着重要的作用。

（7）具有自维持、自调控功能　生态系统自动调控机能主要表现在三个方面。第一是同种生物的种群密度的调控，这是在有限空间内存在比较普遍的种群变化规律。第二是异种生物种群之间的数量调控，多发生于植物与动物、动物与动物之间，常有食物链联系。第三是生物与环境之间的相互适应的调控。生态系统对干扰具有抵抗和恢复的能力。生态系统的调控功能主要靠反馈的作用，通过正、负反馈的相互作用和转化，保证系统达到一定的稳态。

（8）具有一定的负荷力　生态系统负荷力是涉及使用者数量和每个使用者强度的二维概念。这二者之间保持互补关系，当每一个体使用强度增加时，一定资源所能维持的个体数目减少。在实践中，可将有益生物种群保持在一个环境条件所允许的最大种群数量附近，此时种群繁殖速率最快。对环境保护工作而言，在人类生存和生态系统不受损害的前提下，一个生态系统所能容纳的污染物可维持在最大承载量即环境容量的水平。

（9）具有动态的、生命的特征　生态系统具有发生、形成和发展的过程。生态系统可分为幼年期、成长期和成熟期，表现出鲜明的历史性特点，生态系统具有自身特有的整体演化规律。换言之，任何一个自然生态系统都是经过长期发展形成的。生态系统这一特性为预测未来提供了重要的科学依据。

（10）具有健康、可持续发展的特性　自然生态系统在数十亿年的发展中支持着全球的生命系统，为人类提供了经济发展的物质基础和良好的生存环境。然而长期以来人类活动给生态系统健康造成极大的威胁。生态文明思想要求人们转变思想，对生态系统加强管理，保持生态系统健康和可持续发展特性在时间和空间上的全面发展。

7.3.2 生态系统的组成

对于地球表面存在的各种生态系统来说，不论是陆地还是水域，大的或小的，一个发育完整的生态系统的基本成分都可概括为生物成分（生命系统）和非生物成分（环境系统）两大部分，包括生产者、消费者、分解者和非生物环境四种基本成分（表7-1）。对于一个生态系统来说，非生物成分和生物成分缺一不可。没有非生物成分形成的环境，生物就没有生存的环境和空间。

表 7-1   生态系统的基本组成

非生物成分（环境系统）				生物成分（生命系统）		
基质和介质	气候	能量来源	代谢物质	生产者	消费者	分解者
岩石 土壤 水体 大气	光照 温度 湿度 大气压 风 …	太阳能 化学能 潮汐能 风能 核能 …	有机质 无机盐 矿质元素 H_2O、CO_2 …	绿色植物 光合细菌 化能合成细菌	食草动物 食肉动物 杂食动物 食腐动物 寄生生物	细菌 放线菌 真菌 黏菌 原生生物

7.3.2.1 非生物环境

非生物环境也即非生物成分，通常包括能量因子和物质因子以及与物质和能量运动相联系的气候状况等，其中能量因子包括太阳辐射能（热能）、化学能、潮汐能、风能、核能与机械能等；物质因子包括岩石、土壤、水体、空气等基质和介质，光照、温度、湿度、大气压、风等气候要素，以及各种生物生命活动的代谢物质，如 CO_2、H_2O、O_2、N_2 等空气成分和 N、P、K、Ca、Mg、Fe、Zn、Se 等矿质元素及无机盐类等，此外也包括一些联结生命系统和环境系统的有机物，如蛋白质、糖类、脂类、腐殖质等。

7.3.2.2 生物成分

生物成分是生态系统中有生命的部分。根据生物在生态系统中的作用和地位，可将其划分为生产者、消费者和分解者三大功能群。

（1）生产者（producer） 是指利用太阳能或其他形式的能量将简单的无机物制造成有机物的各类自养生物，包括所有的绿色植物、光合细菌和化能合成细菌等。它们是生态系统中最基础的成分。

绿色植物通过光合作用制造初级产品——碳水化合物。碳水化合物可进一步合成脂肪和蛋白质，用来建造自身。这些有机物也成为地球上包括人类在内的其他一切异养生物的食物资源。除光合作用外，植物在生态系统中至少还有两个主要作用。一是改造环境，如缩小温差、蒸发水分、增加土壤肥力等。因此，植物在一定程度上决定了生活在生态系统中的生物物种和类群。二是有力地促进物质循环。生物圈中的生命所需的碳、氧、氮、氢、钙等许多元素，主要存在于大气和土壤等介质中。人或者动物没有能力从土壤中吸收矿物分子和离子，植物是生态系统中或有机体所利用的一切必要的矿质营养的源泉。植物借助光合作用和呼吸作用促进了氧、碳、氮等元素的生物地球化学循环。

（2）消费者（consumer）　是指不能利用太阳能将无机物制造成有机物，而只能直接或间接地依赖于生产者所制造的有机物维持生命的各类异养生物，主要是各类动物。根据动物食性的不同，通常又可将其分为以下几类。

① 食草动物（herbivore）。又称初级消费者（primary consumer）或一级消费者，是指直接以植物为营养的动物，也称植食动物，如牛、马、羊、鹿、象、兔、啮齿类动物和食植物的昆虫等。

② 食肉动物（carnivore）。指以食草动物或其他动物为食的动物，根据营养级又可分为一级、二级和三级食肉动物等。一级食肉动物（primary carnivore），又称二级消费者（secondary consumer），指直接以食草动物为食的捕食性动物；二级食肉动物（secondary carnivore），又称三级消费者（tertiary consumer），是指直接以一级食肉动物为食的动物；在有些情况下，有的二级食肉动物还可捕食其他二级食肉动物，这种以二级食肉动物为食的食肉动物即为三级食肉动物（tertiary carnivore），在通常情况下没有更高一级的动物可以捕食它们，故这类动物又统称为顶级食肉动物（top carnivore）。

③ 杂食动物（omnivore）。杂食动物是指既吃植物又吃动物的动物，如熊、狐狸以及人类饲养的猫、狗等动物。人类也属于杂食性消费者，且是最高级的消费者。

④ 食腐动物（saprophage）。食腐动物是指以腐烂的动植物残体为食的动物，如蛆和秃鹫等。

⑤ 寄生动物（zooparasite）。寄生动物是指寄生于其他动植物体上，靠吸取宿主营养为生的一类特殊消费者，如蚊子、蛔虫、跳蚤等。

消费者在生态系统中不仅对初级生产物起着加工、再生产的作用，而且对其他生物的种群数量起着重要的调控作用。

（3）分解者（decomposer）　都是异养生物，包括细菌、真菌、放线菌及土壤原生动物和一些小型无脊椎动物。其作用是把动植物残体中的复杂有机物分解为生产者能重新利用的简单化合物，并释放出能量。其作用正与生产者相反，因此，这些异养生物又称为还原者。分解者在生态系统中的作用是极为重要的，如果没有它们，动植物尸体将堆积成灾，物质不能循环，生态系统将毁灭。分解作用不是一类生物所能完成的，往往有一系列复杂的过程，各个阶段由不同的生物去完成。

7.3.3　生态系统的结构

生态系统结构（ecosystem structure）是指生态系统中生物的和非生物的诸要素在时间、空间和功能上分化与配置而形成的各种有序系统。生态系统结构通常可从物种结构、营养结构、时空结构和层级结构等方面来认识。

7.3.3.1　生态系统的物种结构

生态系统的物种结构（species structure）是指根据各生物物种在生态系统中所起的作用和地位分化不同而划分的生物成员型结构。除了优势种、建群种、伴生种及偶见种等群落成员型外，还可根据各种不同的物种在生态系统中所起的作用与地位的不同，区分出关键种和冗余种等。

（1）关键种（keystone-species）　是指生态系统或生物群落中的那些相对其多度而言对其他物种具有非常不成比例的影响，并在维护生态系统的生物多样性及结构、功能和稳定性方面起关键性作用，一旦消失或削弱，整个生态系统或生物群落就可能发生根本性变化的物种。生态系统或生物群落中的关键种，根据其作用方式可划分为关键捕食者、关键被捕食者、关键植食动物、关键竞争者、关键互惠共生种、关键病原体/寄生物等类型。关键种的丢失和消除可以导致一些物种的丧失，或者一些物种被另一种物种所替代。群落的改变既可能是由于关键种对其他物种的直接作用（如捕食），也可能是间接的影响。

（2）冗余种（redundancy species 或 ecological redundancy）　是指生态系统或生物群落中的某些在生态功能上与同一生态功能群中其他物种有相当程度的重叠，在生态需求性上相对过剩而生态作用不显著的物种。生态功能群是指生态系统中一些具有相同功能的物种所形成的集合。从理论上说，生态系统中除了一些主要的物种以外，其他物种都是冗余种。在维持和调节生态系统的过程中，许多物种常成群地结合在一起，扮演着相同的角色，形成各种生态功能群和许多生态等价物种。在这些生态等价物种中必然有几个是冗余种（除非某一个生态功能群中只有一个物种）。

7.3.3.2　生态系统的营养结构

生态系统的营养结构（nutrition structure）是指生态系统中各种生物成分之间或生态系统中各生态功能群——生产者、消费者和分解者之间，通过吃与被吃的食物关系以营养为纽带依次连接而成的食物链网结构，以及营养物质在食物链网中不同环节的组配结构。它反映了生态系统中各种生物成分取食习性的不同和营养级位的分化，同时反映了生态系统中各营养级位生物的生态位分化与组配情况，是生态系统中物质循环、能量流动和转化、信息传递的主要途径。

（1）食物链和食物网　生产者所固定的能量和物质，通过一系列取食和被食的关系在生态系统中传递，各种生物按其取食和被食的关系而排列成的链状顺序称为食物链（food chain）。生态系统中的食物链彼此交错连接，形成一个网状结构，这就是食物网（food web）（图7-8）。

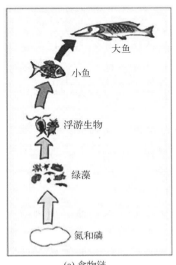
(a) 食物链

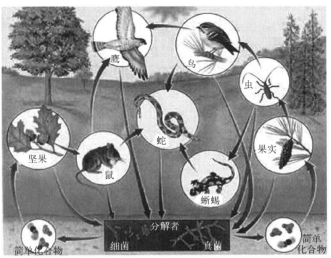
(b) 食物网

图 7-8　食物链和食物网

　　一般地说，对于具有复杂食物网的生态系统，一种生物的消失不致引起整个生态系统的失调，但食物网简单的系统，在生态系统功能中起关键作用的种一旦消失或受严重破坏，就可能引起这个系统的剧烈波动。例如，如果构成苔原生态系统食物链基础的地衣因大气中二氧化硫含量超标而死亡，就会导致生产力遭受毁灭性破坏，整个系统遭灾。

　　根据能流发端、生物食性及取食方式的不同，可将生态系统中的食物链分为以下几种类型，其中捕食食物链和碎屑食物链是两条最基本的食物链。

　　① 捕食食物链（predator food chain）。又称放牧食物链（grazing food chain），是指以活的绿色植物为营养源，经食草动物到食肉动物的食物链。其构成方式是植物→食植动物→食肉动物，如青草→野兔→狐狸→狼、藻类→甲壳类→小鱼→大鱼等。这类食物链中，后一成员与前一成员间为捕食关系，捕食者的能力有从小到大、自弱到强的趋势。

　　② 碎屑食物链（detritus food chain）。也叫腐食食物链（saprophytic food chain）或分解链（decompose chain），是指植物的枯枝落叶和死的动物尸体或动物的排泄物经食腐屑生物（detrivore）（细菌、真菌、放线菌等）分解、腐烂成碎屑后，再被小型动物和其他食肉动物依次所食形成的食物链。其构成方式是：动植物碎屑物（枯枝落叶）→碎食消费者（细菌、真菌等）→原生动物→小型动物（蚯蚓、线虫类、节肢动物）→大型食肉动物。

　　③ 寄生食物链（parasitic food chain）。以活的动物、植物有机体为营养源，以寄生方式形成的食物链。例如黄鼠→跳蚤→鼠疫细菌、鸟类→跳蚤→细菌→病毒等。寄生食物链往往从较大的生物开始到较小的生物为止，生物的个体数量也有由少到多的趋势。

　　④ 混合食物链（mixed food chain）。指各链节中，既有活食性生物成员，又有腐食性生物成员的食物链。例如在人工设计的农业生态系统中，用稻草养牛，牛粪养蚯蚓，蚯蚓养鸡，鸡粪加工后作为添加料喂猪，猪粪投塘养鱼，如此便构成一条活食者与食腐屑者相间的混合食物链。

　　⑤ 特殊食物链。世界上约有500种能捕食动物的植物，如瓶子草、猪笼草、捕蛇草等，它们能捕捉小甲虫、蛾、蜂等，甚至能捕食青蛙。被诱捕的动物被植物分泌物所分解，产生氨基酸供植物吸收。这是一种特殊的食物链。

　　（2）营养级和生态金字塔　　食物链和食物网是物种和物种之间的营养关系，这种关系错综复杂。对此，生态学家提出了营养级（trophic level）的概念。一个营养级是指处于食物链某一环节上的所有生物种的总和。例如，作为生产者的绿色植物和其他所有自养生物都位于食物链的起点，共同构成第一营养级。所有以生产者（主要是绿色植物）为食的动物都属于第二营养级，即植食动物营养级。第三营养级包括所有以植食动物为食的肉食动物。生态系统中的营养级一般只有四五级，很少超过六级。

　　能量通过营养级逐级减少，如果把通过各营养级的能流量由低到高画成图，就成为一个金字塔形，称为能量锥体或金字塔（pyramid of energy）。同样如果以生物量或个体数目来表示，就能得到生物量锥体（pyramid of biomass）和数量锥体（pyramid of numbers）。这三类锥体合称生态锥体（ecological pyramid）。

　　一般说来，能量锥体最能保持金字塔形，而生物量锥体有时有倒置的情况。例如，海洋生态系统中，生产者（浮游植物）的个体很小，生活史很短，某一时刻调查的生物量常低于浮游动物的生物量。这是由于浮游植物个体小、代谢快、寿命短，某一时刻的现存量反而要比浮游动物少，但一年中总能流量还是较浮游动物多。数量锥体倒置的情况就更多一些，如果消费者个体小而生产者个体大，如昆虫和树木，昆虫的个体数量就多于树木。同样，对于寄生者来说，寄生者的数量也往往多于宿主，这样就会使数量锥体的这些环节倒置。

7.3.3.3　生态系统的时空结构

生态系统的时空结构（space-time structure），也称形态结构，是指生态系统中的组成要素或其亚系统在时间和空间上的分化与配置所形成的结构。无论是自然生态系统还是人工生态系统，都具有在水平空间上或简单或复杂的镶嵌性、在垂直空间上的成层性和在时间上的动态发展与演替等特征。

生态系统的水平结构（horizontal structure）是指生态系统内的各种组成要素或其亚系统在水平空间上的分化或镶嵌现象。在不同的环境条件下，受地形、水温、土壤、气候等环境因子的综合影响，生态系统内各种生物和非生物组成要素的分布并不是均匀的。如在景观类型上形成所谓的带状分布、同心圆式分布和镶嵌分布等多种空间分布格局。

生态系统的垂直结构（vertical structure）是指生态系统中的各组成要素或各种不同等级的亚系统在空间上的垂直分异和成层现象。如森林生态系统从上到下依次为乔木层、灌木层、草本层和地被层等层次。

生态系统的时间结构（time structure）是指生态系统中的物种组成、外貌、结构和功能等随着时间的推移和环境因子（如光照强度、日长、温度、水分、湿度等）的变化而呈现的各种时间格局（time pattern）。生态系统在短时间尺度上的格局变化，反映了生态系统中的动植物等对环境因子周期性变化的适应，往往也反映了生态系统中环境质量的高低。

7.3.3.4　生态系统的层次结构

按照各系统的组成特点、时空结构、尺度大小、功能特性、内在联系以及能量变化范围等多方面特点，可将地球表层的生态系统分解为如下若干个不同的层级，即：生物圈（biosphere）/全球（global）、洲际大陆（continent）/大洋（ocean）、国家（national）/区域（region）、流域（valley）/景观（landscape）、生态系统（ecosystem）/群落（community）、种群（population）/个体（organism）、器官（organ）/组织（tissue）、细胞（cell）/亚细胞（subcell）、基因（gene）/生物大分子（molecular）等。其中个体以下的为微观层级，个体至景观和流域水平的为中观层级，区域以上的为宏观层级。生物圈是地球上最大和最复杂的多层级生态系统，或称全球生态系统。

7.3.4　生态系统的平衡与调节

7.3.4.1　生态平衡的概念

从生态学角度看，平衡是指某个主体与其环境的综合协调。从这个意义上说，生命系统的各个层次都涉及生态平衡的问题，如种群和群落的稳定不只受自身调节机制的制约，同时也与其他种群或群落及许多其他因素有关。这是对生态平衡的广义理解。狭义的生态平衡是指生态系统的平衡，简称生态平衡。具体来说，在一定时间内，生态系统中生物各种群之间，通过能流、物流、信息流的传递，达到互相适应、协调和统一的状态，处于动态的平衡之中，这种动态的平衡称为生态平衡（图7-9）。

生态系统通过发展、变化、调节，达到一种相对稳定的状态，包括结构上的稳定、功能

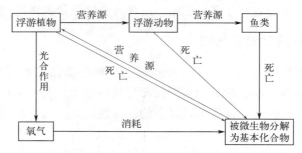

图 7-9   水里微生物、浮游动植物、鱼类之间建立的平衡

上的稳定和能量输入与输出上的稳定。生态平衡是动态的，因为能量流动和物质循环总在不间断地进行，生物个体也在不断地更新。在自然条件下，生态系统总是朝着种类多样化、结构复杂化和功能完善化的方向发展，直到达到成熟的最稳定状态为止。

自然生态系统的平衡并不一定总是适应人们的需要。自然界的顶极群落是很稳定的生态系统，可以说是达到了生态平衡，但它的净生产量却不能满足人们的生产、生活的目的。从人类对食物和纤维等的大量需求来看，基本上不能依靠这种自然界原有的生态平衡的系统，而需要建立各种各样的农业生态系统、人工林生态系统。与自然生态系统相比，农业生态系统是很不稳定的，它的平衡和稳定需靠人类来维持。但自然界原有的生态平衡的系统也是人类所必需的。

7.3.4.2   生态系统平衡的基本特征

生态系统不同发育期在结构和功能上是有区别的。生态学中把一个生态系统从幼年期到成熟期的发展过程称为生态系统发育。在没有人为干扰的情况下，生态系统发育的结果是结构更加多样复杂、各种组分间的关系协调稳定、各种功能更加畅通。奥德姆曾比较生态系统发育过程中在结构和功能等方面发生的一系列变化，这些指标可作为生态系统平衡与否的度量指标。

（1）生态能量学特征   幼年期生态系统的能量学特征具有"幼年性格"。如群落的初级生产超过其呼吸，能量的储存大于消耗，总生产量（P）/群落呼吸量（R）>1。而成熟稳定的生态系统，群落呼吸消耗增加，P/R 常接近 1。在生态学研究中，P/R 比值常作为判断生态系统发育状况的功能性指标。在发展早期，如果 R 大于 P，称为异养演替（heterotrophic succession）；如果早期的 P 大于 R，就称为自养演替（autotrophic succession）。但是从理论上讲，上述两种演替中，P/R 比值都随着演替发展而接近 1。换言之，在成熟的生态系统中，固定的能量与消耗的能量趋于平衡。

（2）食物网特征   幼年期和成熟期的生态系统，能流渠道的复杂程度也有差别。幼年期生态系统中食物链大多结构简单，常呈直链状并以捕食食物链为主。成熟期生态系统中食物网结构十分复杂，在陆地森林生态系统中，大部分能量通过腐食食物链传递。成熟系统复杂的营养结构，使它对于物理环境的干扰具有较强的抵抗能力。这也是处于平衡的动态系统自我调节能力的表现。

（3）营养物质循环特征   物质循环功能上的特征差异是，成熟期生态系统的营养物质循环更趋于"闭环式"，即系统内部自我循环能力强。这是系统自身结构复杂化的必然结果，其功能表现是由环境输入系统的物质量与系统通过还原过程向环境输出的量近似平衡。

（4）群落结构特征　发育到成熟期的生态系统群落结构多样性增大，包括物种多样性、有机物多样性和垂直分层导致的小生境多样化等。其中物种多样性-均匀性是基础，它是物种数量增多的结果，同时又为其他物种的迁入创造了条件（有多种多样的小生境）。有机物多样性（或称生化多样性）的增加，是群落代谢物或分泌物增加的结果，可使系统的各种反馈和相克机制及信息量增多。生物群落多样性可能与群落的生产力呈负相关，但多样性是生态系统进化所需要的。

（5）稳态特征　这是生态系统自身的调节能力。成熟期的生态系统，这种能力主要表现为系统内部生物的种内和种间关系复杂，共生关系发达，抵抗干扰能力强，信息量多，熵值低。这是生态系统发育到成熟期在结构和功能上高度发展和协调的结果。

（6）选择性特征　这实际上是生态系统发育过程中种群的生态对策问题。幼年期生态系统的生物群落与其环境之间的协调性较差，环境条件变化剧烈。与之相适应的是，栖息的各类生物种群以具有高生殖潜力的物种为多。相反，生态系统发育到成熟期后，生态条件比较稳定，因而有利于高竞争力的物种。因此，有的学者提出，量的生产是幼年期生态系统的特征，而质的生产和反馈能力的增强是成熟期生态系统的标志，也是生态系统保持平衡的重要条件。

7.3.4.3　生态平衡的调节机制

生态系统平衡的调节主要是通过系统的反馈机制、抵抗力和恢复力实现的。

（1）反馈机制　反馈可分为正反馈（positive feedback）和负反馈（negative feedback）。正反馈可以使系统更加偏离置位点，它不能维持系统的稳态。生物的生长、种群数量的增加等均属正反馈。要使系统维持稳态，只有通过负反馈机制。种群数量调节中，密度制约作用是负反馈机制的体现。负反馈调节作用的意义就在于通过自身的功能减缓系统内的压力以维持系统的稳定。生态系统由于具有负反馈的自我调节机制，所以在通常情况下会保持自身的生态平衡。

（2）抵抗力　抵抗力（resistance）是生态系统抵抗外干扰并维持系统结构和功能原状的能力，是维持生态平衡的重要途径之一。抵抗力与系统发育阶段状况有关：系统发育越成熟，结构越复杂，抵抗外干扰的能力就越强。例如我国长白山红松针阔混交林生态系统，生物群落垂直层次明显、结构复杂，系统自身储存了大量的物质和能量，这类生态系统抵抗干旱和虫害的能力要远远超过结构单一的农田生态系统。环境容量、自净作用等都是系统抵抗力的表现形式。

（3）恢复力　恢复力（resilience）是指生态系统遭受外干扰破坏后恢复到原状的能力。污染水域切断污染源后，生物群落的恢复就是系统恢复力的表现。生态系统恢复能力是由生物成分的基本属性决定的，即由生物顽强的生命力和种群世代延续的基本特征所决定。所以，恢复力强的生态系统，生物的生活世代短，结构比较简单。如杂草生态系统遭受破坏后的恢复速度要比森林生态系统快得多。生物成分（主要是初级生产者层次）生活世代长、结构复杂的生态系统，一旦遭到破坏则长期难以恢复。但就抵抗力的比较而言，两者的情况却完全相反，恢复力越强的生态系统其抵抗力一般比较弱，反之亦然。

生态系统对外界干扰的调节能力使其保持相对稳定，但是这种调节能力不是无限的。生态平衡失调就是外干扰大于生态系统自身调节能力的结果和标志。不使生态系统丧失调节能力或未超过其恢复力的外干扰及破坏作用的强度被称为生态平衡阈值。阈值的大小与生态系统的类型有关，另外还与外干扰因素的性质、方式及作用持续时间等因素密切相关。生态平衡阈值是自然生态系统资源开发利用的重要参量，也是人工生态系统规划与管理的理论依据之一。

7.4 主要陆地生态系统类型

7.4.1 陆地生态系统分布规律

地理位置、气候条件及下垫面的差异决定了地球上生态系统的多样性。地球表面有陆地与水体之分，生态系统以此可以分为陆地生态系统和水域生态系统。

7.4.1.1 陆地生态系统的特点

与水域生态系统不同，陆地生态系统没有水的浮力，空气温度的变化和极端性要比水环境更为明显，全球气候变化对陆地生态系统具有更明显的影响。此外，人类为了满足生存需求，通过作物收获、放牧等一系列人类活动极大地改变了陆地生态系统。

陆地生态系统的非生物环境具有极大的复杂性和更富于变化的特征，尤其是水分、热量等重要生态因素的不均匀分布、组合，为生物的生存和发展提供了多种多样的生存环境；而土壤的发育和与大气的直接接触，又为生物提供了丰富的营养物质，从而使陆生生物种类繁多，生物群落的类型十分丰富。

7.4.1.2 陆地生态系统分布格局

植物是陆地生态系统的初级生产者，陆地生态系统的外貌主要取决于植被类型，世界的植被类型分布与生态系统类型分布和生物群落类型分布相一致。植被成带分布是适应气候条件变化（主要是热量、水分及其配合状况）的结果。地球上的气候沿着纬度、经度和高度这三个方向改变，与之相应，植被也沿着这三个方向出现交替分布。前两者构成植被分布的水平地带性，后者构成垂直地带性。

（1）水平地带性分布　地球表面的水热条件等环境要素，沿纬度或经度方向发生递变，从而引起植被也沿纬度或经度方向呈水平更替的现象，称为植被分布的水平地带性。水平地带性构成地球表面植被分布的基本规律之一。

① 纬度地带性。纬度地带性分布是指由于太阳高度角及其季节变化因纬度而不同，太阳辐射量也因纬度而异，进而引起热量的纬度差异，这种因纬度变化引起的热量差异形成不同的气候带，如热带、亚热带、温带、寒带等，与此相应，植被也形成带状分布，在北半球从低纬度到高纬度依次出现热带雨林、亚热带常绿阔叶林、温带夏绿阔叶林、寒温带针叶林、寒带冻原和极地荒漠。

② 经度地带性。以水分条件为主导因素，植被分布由沿海向内陆发生更替，这种分布格局称为经度地带性。由于海陆分布、大气环流和大地形等因素的综合作用，降水量呈现由沿海到内陆逐渐减少的规律。因此，在同一热量带，各地因水分条件不同，植被分布也发生明显的变化。例如，我国温带，沿海地区的空气湿润、降水量大，分布着夏绿阔叶林；离海

较远的地区，降水减少、旱季加长，分布着草原植被；内陆地区，降水量少，气候极端干旱，分布着荒漠植被。

（2）垂直地带性分布 地球上生态系统的带状分布规律不仅表现在平地，也出现于山地。通常，海拔每升高100m，气温下降0.6℃，或每升高180m，气温下降1℃。降水量最初随高度的增加而增加，到达一定海拔后，降水量又开始减少。海拔变化引起的自然生态系统有规律的垂直更替现象称为垂直地带性。它与纬度地带性和经度地带性合称为"三向地带性"。但山地垂直地带性规律是受水平地带性制约的。山地各个垂直带由下而上按一定顺序排列形成的垂直带系列叫作垂直带谱。不同山地由于所处纬度与经度不同，具有不同的垂直带谱。通常情况下由低纬到高纬，山地垂直带的数目逐渐减少，相似垂直带分布的海拔逐渐降低。位于同一热量气候带内的山地，由于距离海洋远近不同，垂直带谱的结构也不同，从而有海洋型与大陆型之别；相同垂直带的海拔，大陆型比海洋型分布得高些。此外，山地垂直带谱的基带，其植被或生态系统的类型与该山地所在水平地带性类型一致（图7-10）。

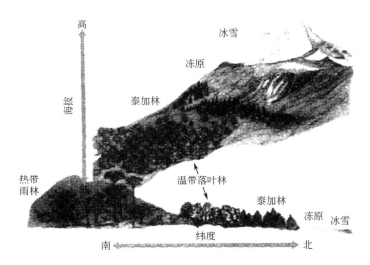

图7-10 水平地带性分布与垂直地带性分布

7.4.2 森林生态系统

森林是以乔木为主体，具有一定面积和密度的植物群落，是陆地生态系统的主干。森林群落与其环境在功能流的作用下形成的具有一定结构、功能和自我调控功能的自然综合体就是森林生态系统（forest ecosystem）。它是陆地生态系统中面积最大、最重要的自然生态系统，在生产有机物和维持生物圈物质与能量的动态平衡中具有重要的地位。地球上森林占全球面积和陆地面积的11％和38％，而森林生产的有机物占全球和陆地净初级生产量的47％和71％。地球上适于森林生长发育的环境条件变化范围很大，不同温度和降雨量条件下的地区会产生不同的森林植物群落，从南往北沿温度和水分变化梯度，森林类型也呈现梯度变化，例如按大陆上的气候特点和森林的外貌，可划分为热带雨林、亚热带常绿阔叶林、温带落叶阔叶林和北方针叶林等主要类型。

据专家估测，历史上森林生态系统的面积曾达到76亿公顷，覆盖着世界陆地面积的2/3，覆盖率约为60％。在人类大规模砍伐之前，世界森林面积约为60亿公顷，占陆地面积的 45.8％。至 1985 年，森林面积下降到 41.47 亿公顷，占陆地面积的 31.7％。至今，森林生态系统仍为地球上分布最广泛的系统。它在地球自然生态系统中占有首要地位，在净化空气、调节气候和保护环境等方面起着重大作用。森林生态系统结构复杂，类型多样，但森林生态系统仍具有一些主要的共同特征。

7.4.2.1　森林生态系统的主要特征

（1）物种繁多、结构复杂　世界上所有森林生态系统保持着最高的物种多样性，是世界上最丰富的生物资源和基因库，热带雨林生态系统就有约 200 万～400 万种生物。我国森林物种调查仍在进行中，新记录的物种不断增加。例如西双版纳的面积只占全国的千分之二，据目前所知，仅陆栖脊椎动物就有 500 多种，约占全国同类物种的 25％。又如长白山自然保护区植物种类亦很丰富，约占东北植物区系近 3000 种植物的 1/2 以上。

森林生态系统比其他生态系统复杂，具有多层次，有的多至 7～8 个层次。一般可分为乔木层、灌木层、草本层和地面层等四个基本层次。森林具有明显的层次结构，层与层纵横交织，显示出系统的复杂性。

森林中还生存着大量的野生动物，有象、野猪、羊、牛、啮齿类、昆虫和线虫等植食动物，有田鼠、蝙蝠、鸟类、蛙类、蜘蛛和捕食性昆虫等一级肉食动物，有狼、狐、鼬和蟾蜍等二级肉食动物，还有狮、虎、豹、鹰和鹫等凶禽猛兽，此外还有杂食动物和寄生动物等。因此，以林木为主体的森林生态系统是个多物种、多层次、营养结构极为复杂的系统。

（2）生态系统类型多样　森林生态系统在全球各地区都有分布，森林植被在气候条件和地形地貌的共同作用和影响下，既有明显的纬向水平分布带，又有山地的垂直分布带，是生态系统中类型最多的。如我国云南省，从南到北依次出现热带北缘雨林、季节雨林带、南亚热带季风常绿阔叶林、思茅松林带、中亚热带和北亚热带半湿性常绿阔叶林、云南松林带和寒温性针叶林等。不同的森林植被带内有各自的山地森林分布的垂直带。亚热带山地的高黎贡山（腾冲境内海拔 3374m）森林有明显的垂直分布规律。

森林生态系统有许多类型，形成多种独特的生态环境。高大乔木宽大的树冠能保持温度均匀、变化缓慢；树干洞穴、树根隧洞等都是动物的栖息场所和理想的避难所。许多鸟类在林中筑巢，森林生态系统的环境有利于鸟类育雏和繁衍后代。

森林生态系统具有多样性，多种多样的种子、果实、花粉、枝叶等都是林区哺乳动物和昆虫的食物，地球上种类繁多的野生动物绝大多数就生存在森林之中。

（3）生态系统的稳定性高　森林生态系统经历了漫长的发展历史，系统内部物种丰富、群落结构复杂，各类生物群落与环境互相协调。群落中各个成分之间、各成分与环境之间相互依存和制约，保持着系统的稳态，并且具有很高的自行调控能力，能自行调节和维持系统的稳定结构与功能，保持着系统结构复杂、生物量大的属性。森林生态系统内部的能量、物质和物种的流动途径通畅，系统的生产潜力得到充分发挥，对外界的依赖程度很小，通过输入、存留和输出等各个生态过程保持平衡。森林植物从环境中吸收其所需的营养物质，一部分保存在机体内进行新陈代谢活动，另一部分形成凋谢的枯枝落叶将其所积累的营养物质归还给环境。通过这种循环，森林生态系统内大部分营养元素实现收支平衡。

（4）生产力高、现存量大，对环境影响大　森林具有巨大的林冠，伸张在林地上空，似一顶屏障，使空气流动变小，气候变化也小。森林生态系统是地球上生产力最高、现存量最大的生态系统。据统计，每公顷森林年生产干物质 12.9t，而农田是 6.5t，草原是 6.3t。森林生态系统不仅单位面积的生物量最高，而且占比最大，生物量约 $1.680 \times 10^9 t$，占陆地生态系统总生物量（约 $1.852 \times 10^9 t$）的 90% 左右。

森林在全球环境中发挥着重要的作用，是养护生物最重要的基地，可大量吸收二氧化碳，是重要的经济资源，在防风沙、保水土、抵御水旱和风灾方面有重要的生态作用。森林在生态系统服务方面所发挥的作用也是无法替代的。

7.4.2.2 森林生态系统的主要类型

（1）热带雨林　热带雨林（tropical rain forest）分布在赤道及其南北的热带湿润区域。据估算，热带雨林面积近 $1.7 \times 10^7 km^2$，约占地球上现存森林面积的一半，是目前地球上面积最大、对人类生存环境影响最大的森林生态系统。热带雨林主要分布在三个区域：一是南美洲的亚马孙盆地，二是非洲刚果盆地，三是印度-马来西亚。我国的热带雨林属于印度-马来西亚雨林系统，主要分布在台湾、海南、云南等省份，以云南西双版纳和海南岛最为典型，总面积 $5 \times 10^4 km^2$。

热带雨林生态系统的主要气候特征是高温、多雨、高湿，为赤道周日气候型。年平均气温在 $20 \sim 28 ℃$，月均温多高于 $20 ℃$；降水量 $2000 \sim 4500 mm$，多的可达 $10000 mm$，降水分布均匀；相对湿度常达到 90% 以上，常年多雾。这里风化过程强烈，母岩崩解层深厚；土壤脱硅富铝化过程强烈，盐基离子流失，铁铝氧化物（Fe_2O_3、Al_2O_3）相对积聚，呈砖红色，土壤呈强酸性，养分贫瘠。有机物矿化迅速，森林需要的几乎全部营养成分均贮备在植物的地上部分。

热带雨林的物种组成极为丰富，而且绝大部分是木本植物，群落结构复杂。热带雨林地区是地球上动物种类最丰富的地区，这里的生境对昆虫、两栖类、爬虫类等变温动物特别适宜。

热带雨林生态系统中能流与物质流的速率都很高，但呼吸消耗量也很大。全球热带雨林的净生产量高达 $34 \times 10^9 t/a$，是陆地生态系统中生产力最高的类型。

热带雨林中的生物资源十分丰富，有许多树种是珍稀的木材资源，有许多是非常珍贵的热带经济植物、药材和水果资源，如三叶橡胶是世界上最重要的橡胶植物，可可、金鸡纳等是非常珍贵的经济植物，还有众多物种的经济价值有待开发。热带雨林中分布着众多珍稀动物。

热带雨林是生物多样性最高的区域，其总面积只占全球面积的 7%，但却拥有世界一半以上的物种。据估计，热带雨林区域的昆虫种数高达 300 万种，占全部昆虫种数的 90% 以上；鸟类占世界鸟类总数的 60% 以上。目前，热带雨林的关键问题是资源破坏十分严重，森林面积日益减少。在高温多雨的条件下，热带雨林中的有机物分解非常迅速，物质循环强烈，而且生物种群大多是 K 对策者，这样一旦植被遭到破坏，很容易引起水土流失，导致环境退化，而且在短时间内不易恢复。因此，热带雨林的保护是当前全世界关心的重大问题，它对全球的生态平衡都有重大影响，例如对维持大气中 O_2 和 CO_2 平衡、减缓全球气候变化、保护生物多样性都具有重大意义。

（2）亚热带常绿阔叶林　亚热带常绿阔叶林（subtropical evergreen broad-leaved forest）指分布在亚热带湿润气候条件下并以壳斗科、樟科、山茶科、木兰科等常绿阔叶树种为主的森林生态系统。它是亚热带大陆东岸湿润季风气候下的产物，主要分布于亚欧大陆东岸 $22° \sim 40°N$ 之间的亚热带地区，此外，非洲东南部、美国东南部、大西洋中的加那利群岛等地也有少量分布。其中，我国的常绿阔叶林是地球上面积最大（人类开发前约 $2.5 \times 10^6 \text{km}^2$）、发育最好的一片。常绿阔叶林区夏季炎热多雨，冬季寒冷而少雨，春秋温和，四季分明，年平均气温 $16 \sim 18℃$，年降雨量 $1000 \sim 1500 \text{mm}$。土壤为红壤、黄壤或黄棕壤。

常绿阔叶林的结构较热带雨林简单，外貌上林冠比较平整。乔木通常只有 $1 \sim 2$ 层，高 20m 左右。灌木层较稀疏，草本层以蕨类为主。藤本植物与附生植物虽常见，但不如雨林繁茂。常绿阔叶林中具有丰富的木材资源，生长着大量珍贵、速生、高产的树种，如北美红杉、桉树，我国的樟木、楠木、杉木等都是著名的良材。还有银杉、珙桐、桫椤、小黄花茶、榉、蚬木、金钱松、银杏等许多珍稀濒危保护植物。

亚热带常绿阔叶林中动物物种丰富，两栖类、蛇类、昆虫、鸟类等是主要的消费者。我国亚热带林区受重点保护的珍贵稀有动物较多，如蜂猴、豹、金丝猴、短尾猴、白头叶猴、水鹿、华南虎、梅花鹿、大熊猫以及各种珍禽候鸟等。

常绿阔叶林经反复破坏后，退化为由木荷、苦槠、青冈等主要树种组成的常绿阔叶林或针叶林。如再遭严重破坏，则退化为灌丛，进一步破坏则退化为草地，甚至导致植被消失。

我国常绿阔叶林区是中华民族经济与文化发展的主要基地，平原与低丘全被开垦成以水稻为主的农田，是我国粮食的主要产区。原生的常绿阔叶林仅残存于山地。

（3）温带落叶阔叶林　落叶阔叶林（deciduous broad-leaved forest）又称夏绿阔叶林（summer green broad-leaved forest），分布在西欧、中欧、东亚及北美东部等中纬度湿润地区，在我国长期常见于东北、华北地区。落叶阔叶林的气候也是季节性的，冬季寒冷，夏季温暖湿润，年平均气温 $8 \sim 14℃$，年降水量 $500 \sim 1000 \text{mm}$。土壤肥沃，发育良好，为褐色土与棕色森林土。

落叶阔叶林垂直结构明显，有 $1 \sim 2$ 个乔木层，灌木和草本各 1 层，优势树种为落叶乔木，常见的有栎类、山核桃、白蜡以及槭树科、桦木科、杨柳科树种。乔木层种类组成单一，高 $15 \sim 20 \text{m}$，灌木密集，有阳光透过的地方草本植物、蕨类、地衣和苔藓植物旺盛。

在集约经营的温带森林中，动物多样性水平低，因为往往栽植非天然的针叶树种，这些种类尽管生长快、需求大，却不能为适应天然落叶林的动物提供食物和栖息地。受干扰少的落叶阔叶林中的消费者有松鼠、鹿、狐狸、狼、獐和鸟类，在我国受重点保护的野生动物有猕猴、麝、金钱豹、羚羊、大熊猫、白唇鹿、双峰驼等哺乳类，以及褐马鸡、天鹅、鹤等鸟类。

跨越北欧的温带森林正受到来源于工业污染的酸雨的危害。森林作业如皆伐使土壤暴露，并造成侵蚀以及水分流失的后果。我国黄河中游地区，由于历史上原生植被遭长期破坏，成为我国水土流失最严重的地区，使黄河中的含沙量居世界河流首位。我国西北、华北和东北西部，由于历史上森林遭到破坏，造成了大片的沙漠和戈壁。

（4）北方针叶林　北方针叶林（boreal coniferous forest）分布在约 $45° \sim 70°\text{N}$ 之间的亚欧大陆和北美大陆的北部，延伸至南部高海拔地区。我国的北方针叶林分布于大兴安岭和华北、西北、西南高山的上部。北方针叶林区的气候条件是冬季长、寒冷、雨水少，夏季凉爽、雨水较多，年平均气温多在 $0℃$ 以下，年平均降水量 $400 \sim 500 \text{mm}$。土壤为灰化土，酸性，腐殖质丰富，因为低温下微生物活动较弱，故积累了深厚的枯枝落叶层。

北方针叶林的树种组成单一，常常是一个针叶树种形成的单纯林，如云杉、冷杉、落叶松、松等属的树种，树高 20m 左右，也可能伴生少量的阔叶树种，如杨、桦。常有稀疏的耐阴灌木，以及适应冷湿生境的由草本植物和苔藓植物组成的地被物层。很多针叶长成圆锥形，是对雪害的一种适应，以避免树冠受雪压。这些树种较低的蒸发蒸腾速率和树叶抗冻的形状能使它们度过冬季时不落叶。

北方针叶林中生活着众多的草食哺乳动物，如驼鹿、鼠、雪兔、松鼠等，还有珍稀动物如貂、虎、熊等。一些肉食种类如狼和欧洲熊因狩猎几乎灭绝，仅有少数孤立的种群。针叶林还是很多候鸟如一些鸣禽和鸫属重要的巢居地，供养着众多以种子为食的鸟类群落。

北方针叶林组成整齐，便于采伐，作为木材资源对人类极其重要。世界工业木材总产量中，一半以上来自针叶林。

7.4.3 草地生态系统

草地生态系统（grassland ecosystem）是以饲用植物和食草动物为主体的生物群落与其生存环境共同构成的开放生态系统。草地与森林一样，是地球上最重要的陆地生态系统类型之一。草地群落以多年生草本植物占优势，辽阔无林，在原始状态下常有各种善于奔驰或营洞穴生活的食草动物栖居。草原是内陆干旱到半湿润气候条件的产物，以旱生多年生禾草占绝对优势，多年生杂类草及半灌木也起到显著作用。

世界草原总面积约 $2.4 \times 10^7 km^2$，为陆地总面积的六分之一，大部分地段作为天然放牧场。因此，草原不但是世界陆地生态系统的主要类型，而且是人类重要的畜牧业基地。

草地可分为草原与草甸两大类。前者由耐旱的多年生草本植物组成，在地球表面占据特定的生物气候地带。后者由喜湿润的中生草本植物组成，出现在河漫滩等湿地和林间空地，或为森林破坏后的次生类型，属隐域植被，可出现在不同生物气候地带。这里主要介绍地带性的草原，它是地球上草地的主要类型。

根据草原的组成和地理分布，可分为温带草原与热带草原两类。温带草原分布在南北两半球的中纬度地带，如欧亚大陆草原（steppe）、北美草原（prairie）和阿根廷草原（pampas）等。这里夏季温和，冬季寒冷，春季或晚夏有一明显的干旱期。由于低温少雨，草群较低，其地上部分高度多不超过 1m，以耐寒的旱生禾草为主，土壤中以钙化过程与生草化过程占优势。热带草原分布在热带、亚热带，其特点是在高大禾草（常 2～3m）的背景上常散生一些不高的乔木，故被称为热带稀树草原或萨瓦纳（savanna）。这里终年温暖，降雨量常达 1000mm 以上，在高温多雨影响下，土壤强烈淋溶，以砖红壤化过程占优势，比较贫瘠。一年中存在一个到两个干旱期，加上频繁的野火，限制了森林的发育。

7.4.3.1 热带草原

在湿季降雨量可达 1200mm，但在长达 4～6 个月或更长的干季则无降雨，加上高温和频繁的野火，限制了森林的发育。一年中大部分时间土壤保持较低的含水量，从而限制了微生物活动和养分的循环，高温多雨时，土壤又强烈淋溶，比较贫瘠，以砖红壤化过程占优势。

植被以热带型干旱草本植物占优势。非洲萨瓦纳以金合欢属构成上层疏林为特征，树木具有小叶和刺，有些旱季落叶，为放牧、吃草的动物提供遮阴、食物，并养育着许多无脊椎动物种。树木具有很厚的树皮，起到绝热防火的作用。在北美和欧洲草原，火是阻止灌木物种侵入草原的一个重要因子。

非洲萨瓦纳生活的食草动物有斑马、野牛、长颈鹿、犀牛等。食肉动物数量多，如狮、豹、鬣狗等。

7.4.3.2　温带草原

为半干旱气候，年降雨量 250～600mm，但可利用水分取决于温度、降雨的季节分布和土壤持水能力。通常，草类物种生活短暂，草原的土壤可获取大量有机质，包含的腐殖质可以超过森林土壤的 5～10 倍。这种肥沃的土壤非常适于作物如玉米、小麦等的生长，北美和俄罗斯的主要粮食生产带就位于温带草原地区。

植被为阔叶多年生植物，在生长季早期开花，而较大的阔叶多年生草本则在生长季末开花。

原始的温带草原动物群落由迁徙性的成群食草动物、啮齿类和相应的食肉动物组成，如狼、鼬、猛禽等。温带草原鸟类物种不是很多，也许是因为植被结构单一和缺乏树木的缘故。生长季短还使两栖类和爬行类没有时间从卵发育成成年个体。

生产力较低的草原已经被用作牧场饲养牛羊，大量的放牧活动导致草原植物群落的破坏和土壤侵蚀。这样下去草类将不能再生，因为表层土壤的丧失和持续放牧会使草原出现荒漠化。

7.4.4　荒漠生态系统

荒漠生态系统（desert forest）是陆地生态系统的重要组成部分，位于极端干旱、降雨稀少、植被稀疏的亚热带和温带地区，主要分布于北非与西南非洲（撒哈拉和纳米布沙漠）和亚洲的一部分（戈壁沙漠）、澳大利亚、美国西南部、墨西哥北部。我国的荒漠分布于亚洲荒漠东部，包括准噶尔盆地、塔里木盆地、柴达木盆地、河西走廊和内蒙古西北部。全世界荒漠面积为 4200 万平方千米，约占陆地面积的 31%。

荒漠地区降雨量不足 200mm，有些地区年降雨量甚至少于 50mm，且时间上不确定。通常白天炎热，晚上寒冷。白天温度取决于纬度，依据温度不同，可分为热荒漠和冷荒漠。热荒漠主要分布在亚热带和大陆性气候特别强烈的地区。冷荒漠主要分布在极地或高山严寒地带。温带荒漠干燥是因为其位于雨影区，山体截留了来自海上的水汽。在极端的荒漠地带，无雨期可能持续很多年，仅有的可利用水分存在于地下深处，或来自夜晚的露水。由于植被稀疏和生产力低，有机物积累量少，导致土壤瘠薄，养分贫乏，保水能力差。

两种类型的荒漠具有不同的植物群落。热荒漠生长着稀疏的有刺半灌木和草本植物，为旱生和短命的植物种类，干旱时期叶片脱落，进入休眠。它们能很快生长和开花，短时期覆盖荒漠地表。地下芽植物以球根和鳞茎的形式存活在地下。而多汁植物，如美洲的仙人掌和非洲的大戟属植物，能自我适应度过长的干旱时期，这些植物表皮厚、气孔凹陷、表面积与体积的比值小，因此减少了水分损失。冷荒漠植物种类贫乏，多呈垫状和莲座状生长，有较密集的灌木植被，如整个夏天都能保持绿色的北美山艾树。分布范围广的浅根系植物与根系长达 30m 的深根系植物往往结合起来利用稀少的降雨和地下水。苔藓、地衣、藻类可在土壤中休眠，但也像荒漠中一年生植物一样，能很快地对寒冷和湿润的时期做出反应。

荒漠生态系统的动物主要为蝗虫、啮齿类的小动物和鸟类等。爬行动物和昆虫能利用其防水的外壳和干燥的分泌物在荒漠条件下生活下去。一些哺乳动物（如几种啮齿类）能通过排泄浓缩的尿液来适应并克服水分的短缺，还进化出了不用消耗水分就能降温的方法。它们甚至不必喝水也能活下来。其他动物如骆驼必须定期饮水，但生理上能适应和忍耐长期的脱水。骆驼能忍受的水分消耗达自身总含水量的 30%，并能在 10min 内饮完占其体重约 20% 的水。

生产力取决于降雨量，几乎呈线性关系，因为降雨是限制生长的主要因子。在美国加利福尼亚州的莫哈韦沙漠，年降雨量 100mm 的地方净生产力为 $600kg/hm^2$，降雨量增加到 200mm 使净生产力增加到 $1000kg/hm^2$。在冷荒漠地区，蒸发损失水分较少，200mm 的年降雨量能维持 $1500\sim2000kg/hm^2$ 的生产力。沙漠地区具有如此大的生产潜力，以至于土壤只要适宜，灌溉就能将荒漠转变成高产农田。但是，问题在于荒漠灌溉能否持续下去。土壤中的水分大量蒸发，从而使盐分被留下来，有可能积累到有毒的水平，这一过程称为盐渍化。为满足农业需要使河流改变方向和排干湖泊，对其他地方的生态环境可能会产生毁灭性的影响。例如，由于实施引水灌溉工程，咸海面积不断萎缩，其水位不断下降。咸海周围的海岸线和暴露出来的湖底近似荒漠，以往繁荣的渔业已经被破坏。

思考题

1. 光因子的生态作用有哪些特点？简述动植物的适应机制。
2. 研究有效积温有何实际意义？举例说明。
3. 物种的地理分布由什么因素决定？
4. 土壤的基本理化性质有哪些？它们对生物有哪些影响？
5. 什么是种群？与个体特征相比，种群有哪些重要的群体特征？
6. 论述保护生物多样性的意义。
7. 生态因子包括哪些？有哪些特征？
8. 生态因子有哪些一般原理？
9. 光、温度、水和土壤因子对生物有哪些影响作用？
10. 生物种群和生物群落的区别有哪些？
11. 种群有哪些特征？
12. 简述集群（成群分布）的生态学意义。
13. 什么是种群的内禀增长率？
14. 利用种群增长的知识，尝试讨论地球上能养活多少人口。
15. 请简述生物群落的基本特征。
16. 请讨论生物群落的性质，你的观点是什么？
17. 什么是群落演替？有哪些演替类型？
18. 简述生态系统的概念和特征。
19. 简述生态系统的结构。
20. 食物链包括哪些类型？
21. 什么是生态系统平衡？有哪些特征？
22. 生态平衡的调节机制是怎样的？
23. 地球上有哪些主要的陆地生态系统类型？有哪些分布规律？

参考文献

[1] 徐九华，谢玉玲，李克庆，等．地质学［M］．5 版．北京：冶金工业出版社，2015.

[2] 闫庆武．地理学基础教程［M］．徐州：中国矿业大学出版社，2017.

[3] 范存辉，王喜华，杨西燕．普通地质学［M］．青岛：中国石油大学出版社，2018.

[4] 李淑一，魏琦，谢思明．工程地质［M］．北京：航空工业出版社，2019.

[5] 关连珠．普通土壤学［M］．北京：中国农业大学出版社，2016.

[6] 胡荣桂，刘康．环境生态学［M］．武汉：华中科技大学出版社，2018.

[7] 刘南威．自然地理学［M］．北京：科学出版社，2000.

[8] 伍光和，田连恕，胡双熙，等．自然地理学［M］．3 版．北京：高等教育出版社，2000.

[9] 陈静生，汪晋三．地学基础［M］．北京：高等教育出版社，2001.

[10] 储金宇．环境地学［M］．武汉：华中科技大学出版社，2010.

[11] 王素兰．环境系统工程［M］．郑州：河南科学技术出版社，2015.

[12] 许汝贞，魏鹏．环境变迁与经济发展关系研究［M］．济南：山东人民出版社，2013.